阴极保护设计、运行与维护

冯洪臣　主　编
王　飞　马书江　张理飞　王　辉　王瑞鹏　副主编

中国石化出版社
·北京·

内容提要

本书系统地介绍了阴极保护系统的工作原理及其应用，阐述了阴极保护系统运行、维护中所使用的仪器仪表、测量方法，阴极保护系统有效性的判断指标，阴极保护系统维护程序，维护过程中经常遇到的问题及处理措施；对于受干扰的管道如何检测、分析判断干扰源及评估干扰的危害程度，如何排流改造以及验收等进行了详细论述；同时对交、直流干扰排流设计，以及陆上、海上设施阴极保护设计进行了介绍。

本书可供阴极保护系统管理人员、工程技术人员及检测服务人员阅读使用，也可作为企业员工培训教材及大专院校相关专业的教学参考书。

图书在版编目（CIP）数据

阴极保护设计、运行与维护 / 冯洪臣主编 . -- 北京：中国石化出版社，2025. 10. -- ISBN 978-7-5114-8160-3

Ⅰ. TG174. 41

中国国家版本馆 CIP 数据核字第 2025DR4333 号

中国石化出版社出版发行

地址：北京市东城区安定门外大街 58 号
邮编：100011　电话：(010) 57512500
发行部电话：(010) 57512575
http：//www.sinopec-press.com
E-mail：press@sinopec.com
宝蕾元仁浩（天津）印刷有限公司印刷
全国各地新华书店经销

*

710 毫米 × 1000 毫米 16 开本 22.25 印张 423 千字
2025 年 10 月第 1 版　2025 年 10 月第 1 次印刷
定价：128. 00 元

前　言

阴极保护是通过给被保护结构施加电流，使结构表面各点达到同一电位，结构表面都成为阴极区而进行腐蚀防护的技术。阴极保护在我国长输管道上的应用始于20世纪60年代初期，到目前为止，几乎所有输油气管道、储罐、海洋结构都施加了阴极保护。对于输水管道，钢筋混凝土码头的阴极保护也逐步展开。

阴极保护的应用极大地延长了金属设施的使用寿命，具有重大的经济效益，同时降低了安全风险，具有重大的社会效益。然而，阴极保护系统是否有效，不仅取决于正确的设计、安装，更取决于正确的运行和维护。

在工作实践中，经常发现具有完整的阴极保护系统却不能发挥应有的作用；阴极保护管理人员对于阴极保护技术只知其然，不知其所以然；对于阴极保护准则也经常混淆概念，知道阴极保护指标的数值但不知其含义。例如，当管道受地铁或高压直流输电系统单极工作干扰时，几十上百伏的管地电位读数中大部分是地表中的电位梯度，不代表施加到管道防腐层破损点上的电压；管地电位变化有时候是由地电位梯度造成的，如果防腐层没有破损点则没有杂散电流进入管道，也不会对管道造成干扰；用通电电位或地电位梯度评价直流杂散电流干扰程度或用管地电压评价交流干扰程度，由于读数中含有参比电极与管道防腐层破损点之间的地电位梯度，读数都具有不确定性，不能作为评价干扰程度的依据，而应用检查片的通电、断电电位评价直流干扰程度，用检查片交流电密度评价交流干扰程度；当管道同时受到交流干扰和动态直流杂散电流干扰时，管地电位波动剧烈，用直流去耦合器加接地极进行交流排流，电容充放电会引入大量直流杂散电流，缩短了阴极保护站的保护距离，扩大了杂散电流干扰范围，因此应慎用直流去耦合器排流；当恒电位仪、直流去耦合器电容量小时，会对管道上的交流电流进行整流，导致管地电位异常负或波动，因此应加大恒电位仪滤波电容、直流去耦合器电容量。

此外，阴极保护系统也存在设计粗放、忽略细节等问题。例如，计算镁阳极寿命时不考虑实际的阳极效率，习惯性地采用 1100A · h/kg；选择阳极地床位置时，一味地选择土壤电阻率低的位置，不考虑阳极电压场范围，不计算阳极地床与受保护及受干扰管道的间隔；设计交流排流系统时，一味地增加排流设施，不考虑交流排流设施对管地断电电位测量、防腐层检漏的影响等；设计钢套管穿越时，不注重钢套管与主管道的绝缘问题；设计输气管道阀室放空管绝缘接头时，一味地埋地安装；限定阴极保护范围时，只知道对受保护结构增加绝缘装置，不会采取措施，通过限制阳极电流的流动范围来限定阴极保护范围等。

针对阴极保护系统在工作实践中出现的各种问题，为更好地满足广大阴极保护从业人员的使用需求，我们编写了《阴极保护设计、运行与维护》一书。本书内容紧密联系实际，以实用为原则，以实际操作和应用为导向，用简明、通俗的语言阐述阴极保护原理以及阴极保护系统在设计、运行与维护中遇到的问题、现象及处理措施，语言深入浅出，理论和实操兼顾。

在本书的编写过程中，陈洪源、杨飞城、张勇、马铭聪、肖文强、李琛、和宏伟等提供了大量现场案例，在此表示感谢。

由于本书可借鉴的文献较少，多数是经验的总结，难免有局限性和错漏之处，敬请各使用单位及个人对本书提出宝贵意见和建议。如果该书的出版能对国内阴极保护行业进步有所帮助，将甚感欣慰。

目　录

第一章 腐蚀及阴极保护基础理论

第一节 基础电学

一、基础电学术语

1. 电子

电子是带单位负电荷的基本粒子，常沿导线移动，其电荷量通常以库仑(C)表示，1 库仑电荷相当于 6.242×10^{18} 个电子所带电荷的总量，如图 1－1 所示。

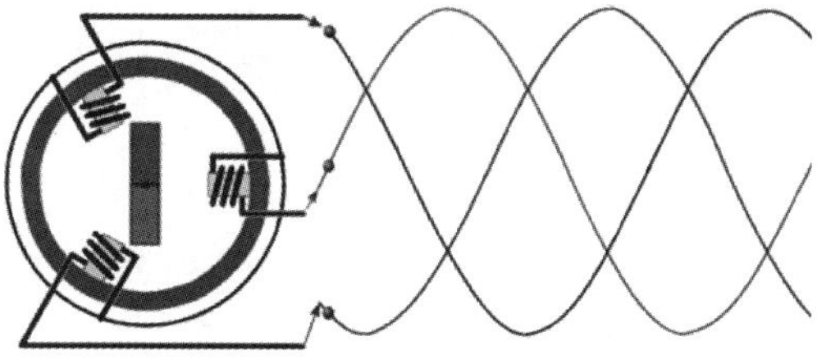

图 1－1 电子沿导线移动

2. 电压

电压是推动电荷有序运动的能量。高压输电线路的电压单位常用千伏(kV)，日常生活用电常用伏(V)，管地电位经常用毫伏(mV)，1kV＝1000V，1V＝1000mV。

3. 结构对地电位

结构与参比电极之间的电压称为结构对地电位，经常用数字万用表测得，如图 1－2 所示。

4. 电流

电流是指沿导电路径流动的电荷流，用安培(A)、毫安(mA)或微安(μA)表示，1A＝1000mA，1mA＝1000μA。

5. 电流强度

电流强度是指单位时间内通过导体某一截面的电荷量。如果每秒钟通过导体截面的电荷量为 1C，则电流强度为 1A。

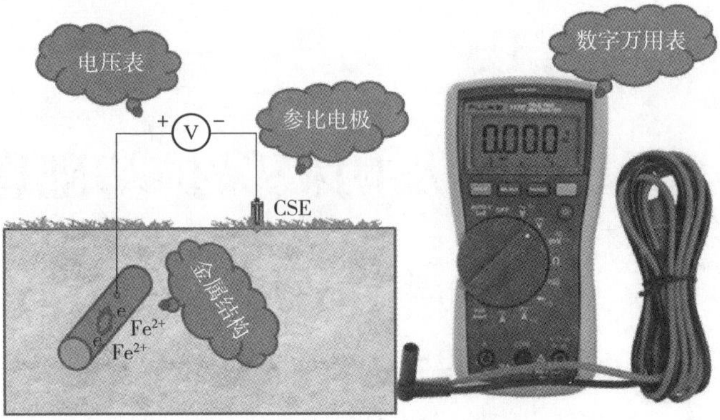

图1-2 结构对地电位测量

6. 电流的方向

把正电荷移动的方向定义为电流的方向。

(1)直流电流(DC):是指具有恒定方向的电流，如蓄电池、干电池、太阳能发电产生的电流等。

(2)交流电流(AC):是指大小及方向都变化的电流。电流方向变化每秒完成50个周期，为50Hz(赫兹)，1s内电流方向变化100次。

7. 变压器

(1)变压器用于升高或降低交流电压，由铁芯导磁。

(2)输出电压与匝数成正比，输出电流与匝数成反比。

(3)传统的变压器结构简单，维修方便，成本低。

8. 电功率

(1)电功率是用电装置消耗电能的能力，用瓦特(W)计量。

$$P = V \times I = I^2 \times R$$

式中 P——电功率，W；

V——电压，V；

I——电流，A；

R——电阻，Ω。

输电线路电压越高，输送同样的功率时电流越小，线损越小。

(2)电源的效率 = 输出功率/输入功率 ×100%，多数取80%。

(3)电源额定功率 = 额定输出电压 × 额定输出电流。

例如恒电位仪输出电压为20V，输出电流为5A，若每度电为1元钱，则一年电费至少为876元(电源的实际效率达不到100%，由于电源自身的消耗，输入功率要大于输出功率)。

（4）假设电源额定输出为 50V × 30A，输入电压为 220V，电源的效率为 80%，则电源线截面积至少应为多大（见图 1－3）？

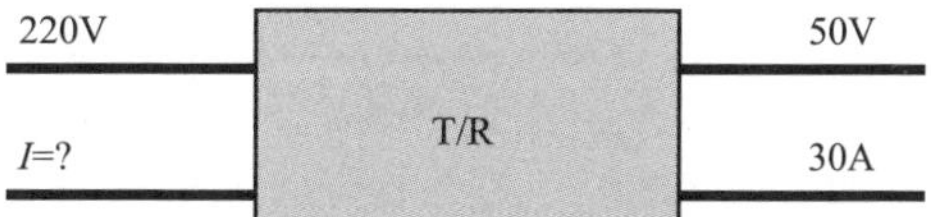

图 1－3　输入输出功率

①输出功率 = 50V × 30A = 1500W；

②输入功率 = 1500W/0.8 = 1875W；

③输入电流 = 1875W/220V = 8.52A。

查表得到，$4mm^2$ 电缆就可以满足电流输送量的要求。出于电缆强度方面的考虑，输入电缆截面积一般大于 $6mm^2$。

9. 电阻（阻抗）及电导

（1）电阻是电荷在材料中运动时遇到的阻力。在直流电路中称为电阻，在交流电路中称为阻抗。

（2）欧姆（Ω）是电阻的常用单位，它是 1V 的电压沿导体产生 1A 电流时导体的电阻。电阻的单位也常用兆欧（MΩ）表示，$1M\Omega = 10^6\Omega$。

（3）电导为电阻的倒数，其单位为西门子（S），1S = 1/Ω。

10. 体积电阻率

（1）体积电阻率表征材料的导电性能，定义为一个边长为 1.0m 的立方体的两个平行面之间的电阻。

（2）体积电阻率的单位为 $\Omega \cdot m^2/m$，简化为欧姆·米（Ω·m）或欧姆·厘米（Ω·cm），如图 1－4 所示。

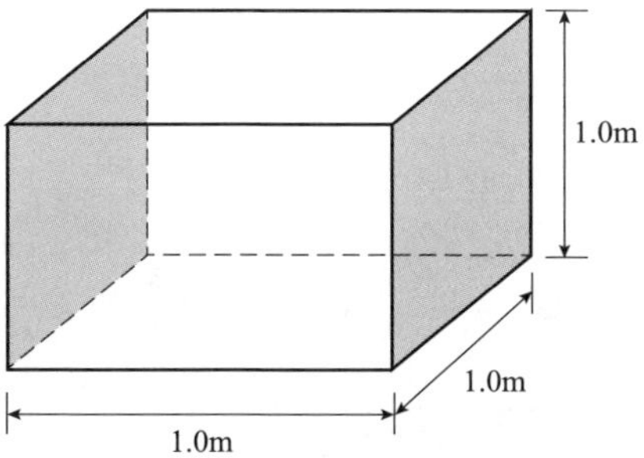

图 1－4　体积电阻率

（3）体积电阻率的用途：

腐蚀和阴极保护中涉及的电解质包括土壤和液体。电解质的电阻率变化范围很大，从海水的 25 ~ 30Ω·cm 到干砂的 5000Ω·m，随季节、位置及土壤类型而变化，受含水量、温度、密实度影响。在进行环境腐蚀性评价、阴极保护、排流设计时，土壤电阻率是一个重要的参数。

（4）典型材料的体积电阻率如表 1－1 所示。

表 1-1 典型材料的体积电阻率

材料	体积电阻率/Ω·cm	材料	体积电阻率/Ω·cm
铝	2.69×10^{-6}	锌	5.75×10^{-6}
碳	3.50×10^{-3}	冰	5.75×10^{8}
铜	1.72×10^{-6}	橡胶	7.20×10^{16}
铁	9.80×10^{-6}	自来水	3.00×10^{3}
钢	18.0×10^{-6}	海水	3.00×10^{1}
铅	2.20×10^{-5}	土壤	$1.00\times10^{2}\sim5\times10^{5}$
镁	4.46×10^{-6}	碎石	$\geqslant5\times10^{5}$

(5)体积电阻率的计算公式(见图 1-5)为:

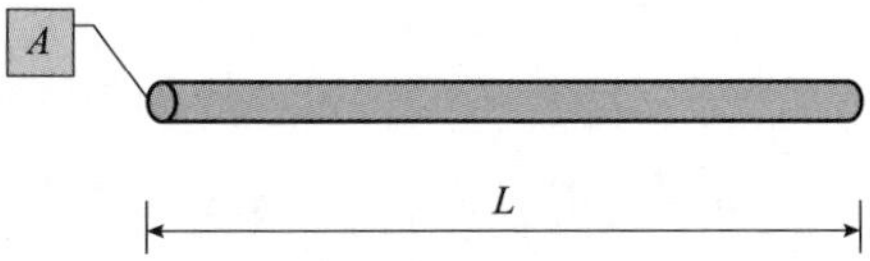

图 1-5 导线体积电阻率

$$\rho=\frac{R\times A}{L}$$

式中 ρ——体积电阻率,Ω·cm;

R——电阻,Ω;

A——导线截面积,cm^2;

L——导线长度,cm。

11. 管道防腐层面电阻率

(1)面电阻率定义:$1m^2$ 防腐层的电阻,如图 1-6 所示。

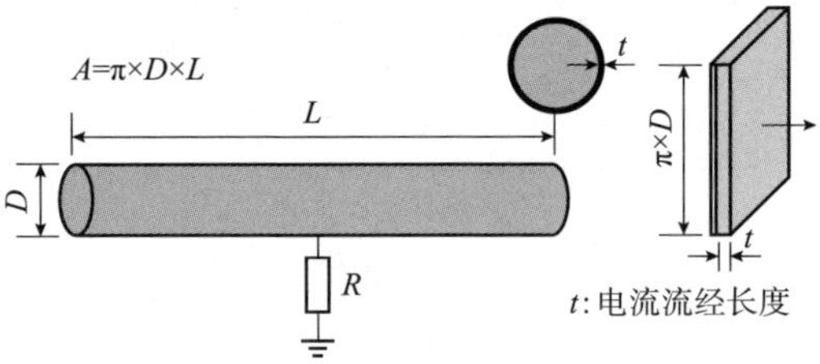

图 1-6 防腐层面电阻率

(2)防腐层面电阻:$R=\rho\frac{t}{A}$,其中 ρ 为防腐层体积电阻率,t 为防腐层厚度,A 为管道表面积。

(3)防腐层面电阻率:$r=R\times A=\rho\times t$,单位为 $\Omega\cdot m^2$。

（4）防腐层面电导率（面电阻率的倒数）：$g=1/r$，单位为 S/m^2。

12. 管道面电阻率计算示例

某管道采用3LPE防腐层，防腐层的体积电阻率为 $10^{16}\Omega\cdot cm$、厚度为3.0mm，管道直径为200mm、长度为1000m。管道防腐层面电阻多大？面电阻率多大？面电导率多大？

防腐层面电阻：$R=\rho\times\frac{t}{A}=10^{16}\Omega\cdot cm\times\frac{0.3cm}{3.14\times20cm\times10^5cm}=0.478\times10^9\Omega$

防腐层面电阻率：$r=R\times A=\rho\times t=0.478\times10^9\Omega\times3.14\times0.2m\times1000m=3\times10^{11}\Omega\cdot m^2$

防腐层电导率：$g=1/r=\frac{1}{3\times10^{11}\Omega\cdot m^2}=0.33\times10^{-5}\mu S/m^2$

二、电学符号示意图

电学符号示意图如图1－7所示。

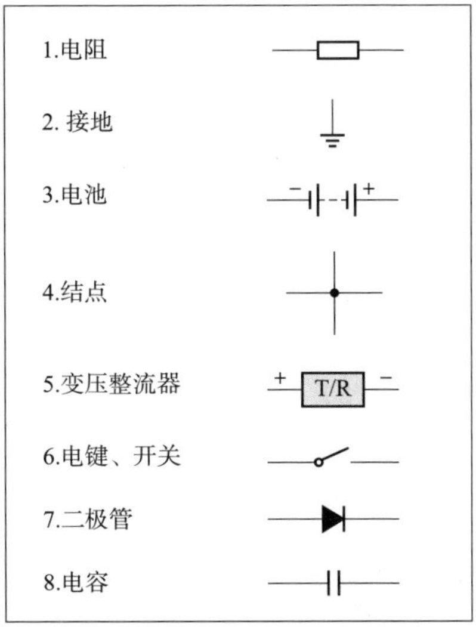

图1－7　电学符号示意图

三、欧姆定律

欧姆定律确定了电路中电压、电流、电阻的关系。1V电压在1Ω电阻上产生1A的电流。

$$I=\frac{U}{R}$$

式中　I——电流，A；

U——电压，V；

R——电阻，Ω。

1. 串联电路(见图1-8)

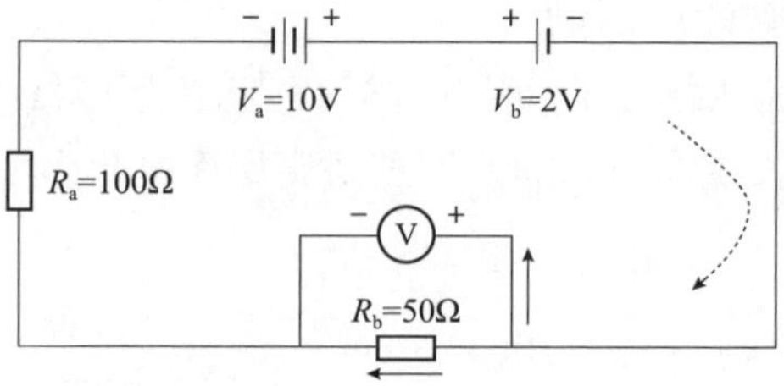

图1-8 串联电路

(1)电源电压等于分电源电压之和：8V(该电路电源极性相反，电压相减)；

(2)总电阻等于分电阻之和：150Ω；

(3)电路中的电流相等：53mA；

(4)电流方向：顺时针，电压表读数为“+”。

2. 并联电路(见图1-9)

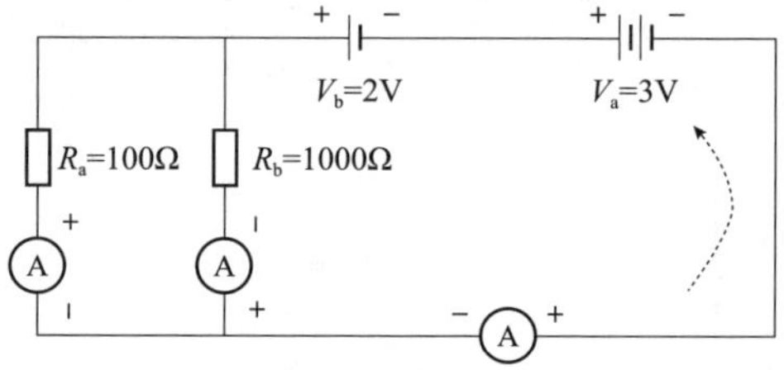

图1-9 并联电路

(1)电路中总电流为支路电流之和：55mA，$I_t = I_a + I_b$；

(2)各支路上的电压相等：5V；

(3)总电阻小于最小支路电阻：91Ω，$\frac{1}{R_t} = \frac{1}{R_a} + \frac{1}{R_b}$。

3. 串并联电路(见图1-10)

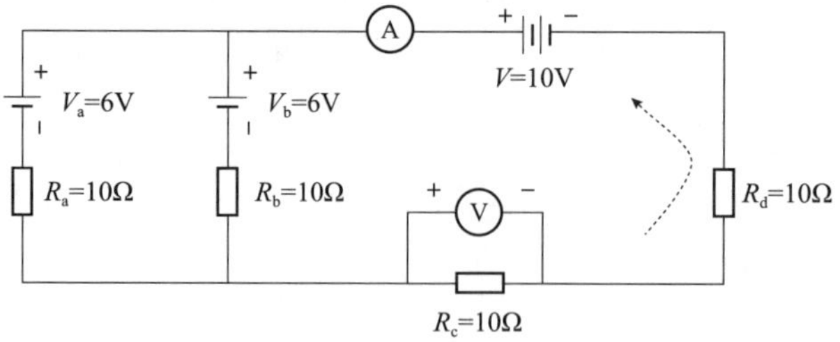

图1-10 串并联电路

(1)驱动电压：4V；

(2)电阻均为10Ω，回路总电阻为25Ω，电流为160mA，R_a、R_b的电流为 80mA。

四、传统的变压整流器

1. 传统的单相变压整流器

电流从变压器次级线圈流出后，经桥式整流电路，使电流始终从设备正极流出，负极流入，方向不再变化而变成直流电，如图 1－11、图 1－12 所示。

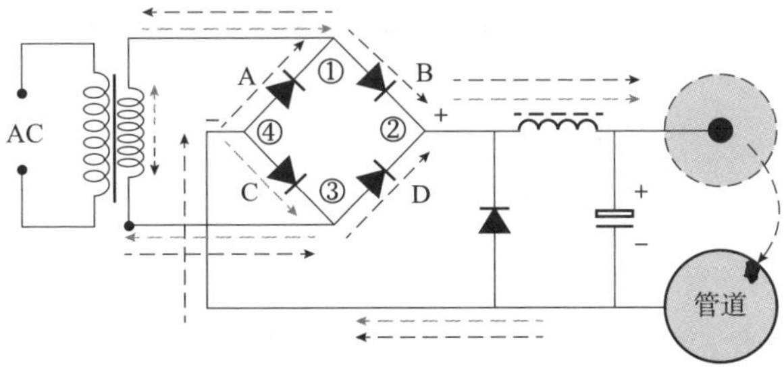

图 1－11　单相变压整流电路

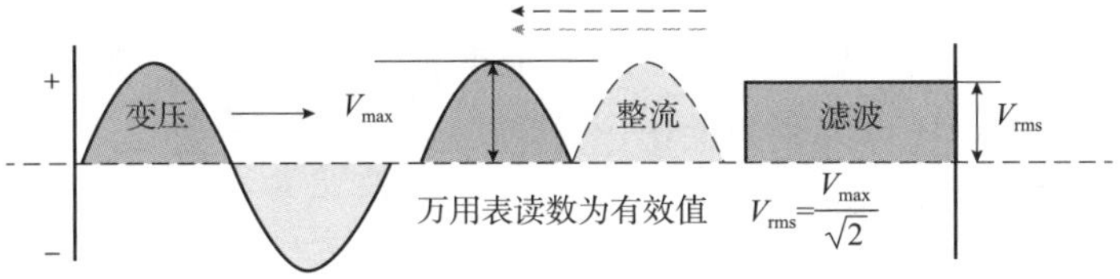

图 1－12　单相变压整流过程

通过调节整流桥与变压器次级线圈的触点，或控制可控硅二极管的导通时间调节输出电压，如图 1－13 所示。

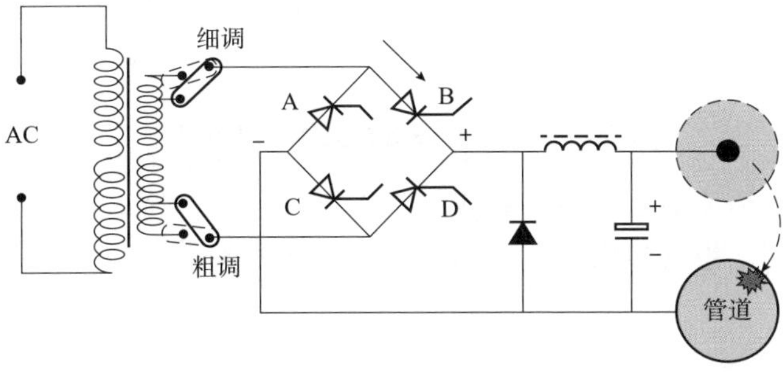

图 1－13　输出电压调节电路

2. 传统的三相变压整流器

三相桥式整流效率高、功率大，与单相整流相比，输出更平滑，如图 1－14、图 1－15 所示。把输出的直流电压中的脉动量峰值与谷值之差的一半，与直流输出电压平均值之比称为纹波系数，恒电位仪的纹波系数等于输出交流电压与直流电压之比。

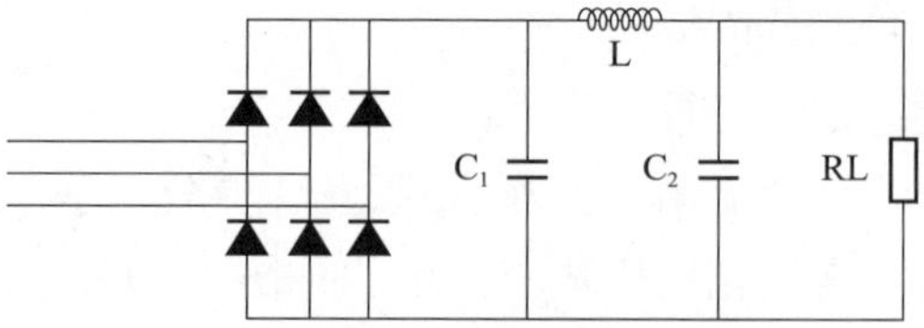

图 1－14 三相变压整流电路

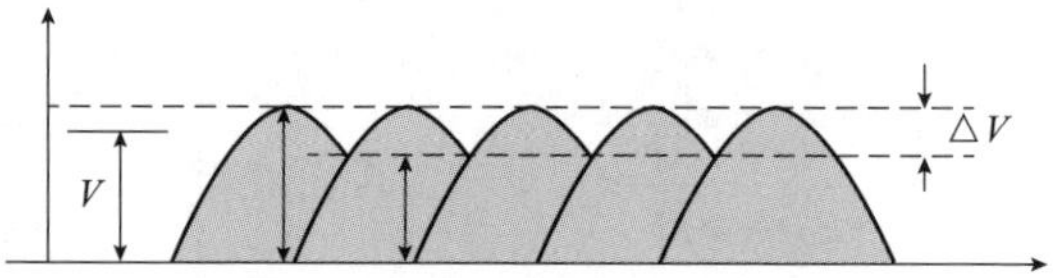

图 1－15 三相变压整流过程

五、开关电源变压整流器

与传统变压整流器不同，开关电源变压整流器先整流，再调频，使交流电流频率可以达到 25kHz，如图 1－16 所示，降低了变压器重量，提高了变压整流器效率。通过调节占空比可以调节输出电压。

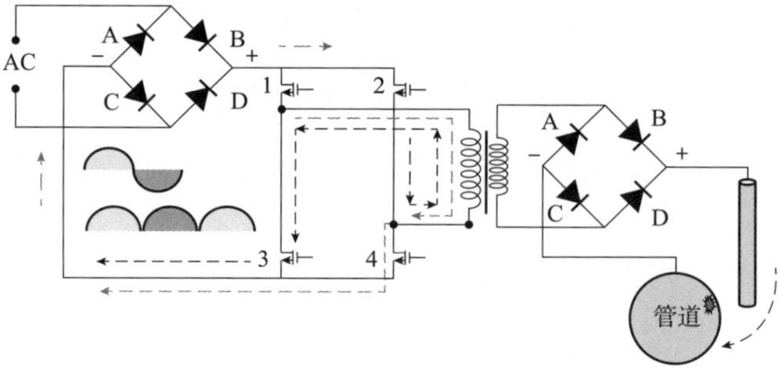

图 1－16 开关电源变压整流电路

可以将变压整流器滤波电路看成一个水缸，水龙头喷水频率越高，水缸液面越高，相当于电源设备输出电压越高，如图 1－17 所示。

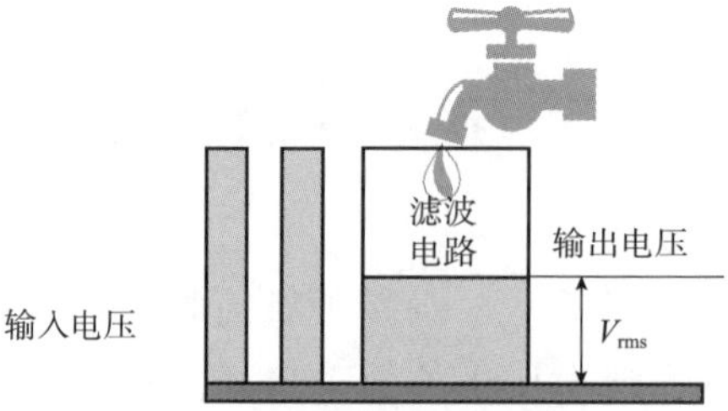

图 1－17 输出电压调整

六、阴极保护常用仪表

阴极保护测量中常用的仪表为万用表，可以用来测量电压、电流、电阻、频率及其他参数。测量电流时，有些万用表需要调整红表笔位置。万用表应坚固耐用，具有一定的精度。万用表最好具有读取最大值、最小值、平均值等功能。万用表适用于结构对电解质(管地)的电位测量、整流器输入(交流电压挡)电压测量、整流器输出(直流电压挡)电压测量。

1. 电压表(见图1－18)

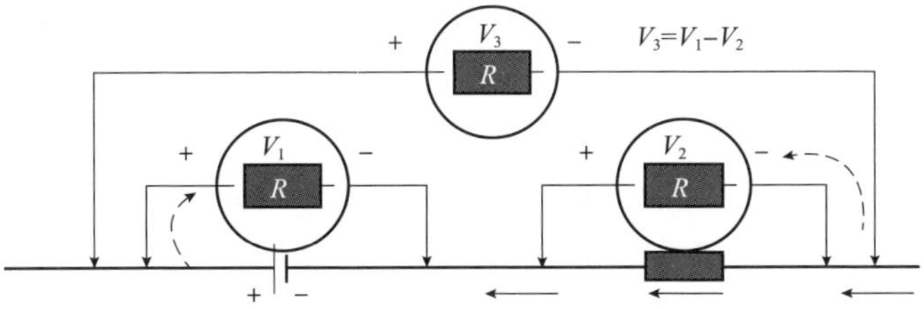

图1－18　电压测量

电压表测量的单位是伏特(V)，测量时跨接在电器元件两端，表笔之间是电阻。如果电流从红表笔流入，从黑表笔流出，则电压读数为正值。输入电阻(阻抗)越大，仪表越精确。大多数数字式仪表的输入阻抗为10～20MΩ，满足了阴极保护工作需要。

2. 电流表

电流表测量的单位是安培(A)或毫安(mA)、微安(μA)，测量时串联在测量回路中，表笔之间是很低的电阻。如果电流从红表笔流入，从黑表笔流出，则电流读数为正值。线圈型的钳形表测量交流电流，利用霍尔效应的电流表可以测量直流电流，如图1－19、图1－20所示。

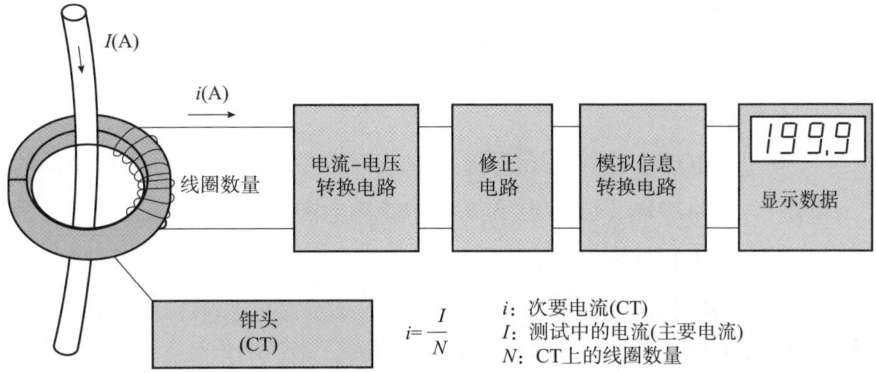

图1－19　钳形电流表测量原理

图 1－20 钳形电流表

电流表适用于整流器(T/R)输出电流、牺牲阳极(SA)输出电流、跨接线(Bond)电流、检查片(Coupon)电流的测量。测量时应注意调换插头位置，如果直接将电流表跨接在电源两端，将烧毁电流表的保险丝。

3. 电阻表

电阻表测量的单位是欧姆(Ω)，测量时跨接在电器元件两端，表笔之间是直流电源，如图 1－21、图 1－22 所示。根据外电阻的大小输出不同的电流，显示不同的电阻。当被测结构两端有电位差时，测量回路中的电源电压发生变化，测到的电阻值不准确，正反表笔测量会得到不同的电阻值。

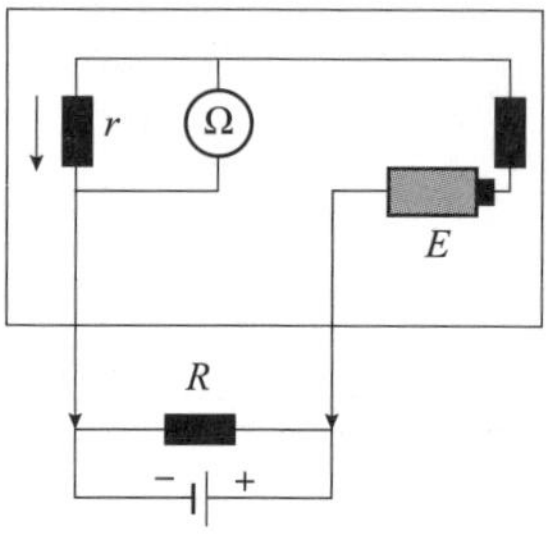

图 1－21 电阻测量

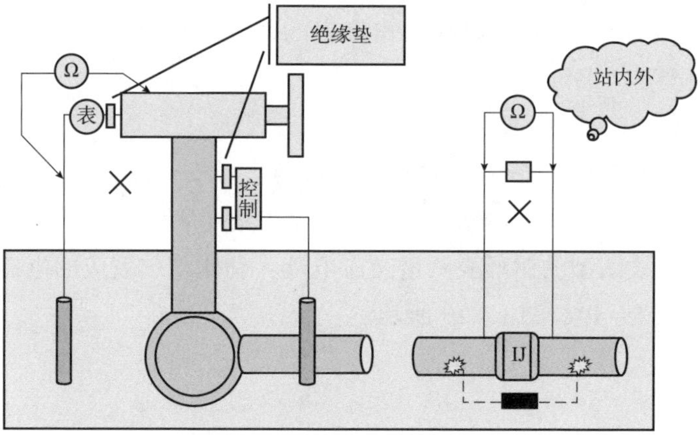

图 1－22 测量方法错误

电阻表适用于电缆、连接点和保险丝连续性的检测。不能用来测量同时处于电解质中的两个金属导体，或有电流流动的导体电阻，例如不能测量绝缘接头两侧之间的电阻或阀体和地网之间的电阻。

4. 模拟式仪表与数字仪表

指针式仪表为模拟式仪表。随着技术的发展，数字仪表逐步取代了模拟式仪表。

第二节　基础化学

一、基础化学术语

1. 元素

（1）所有物质都由元素组成，元素是质子数相同的原子的统称，如图 1－23 所示。

（2）这些元素是物质世界的“基石”，均由原子组成。

（3）目前已知的元素有 118 种。

图 1－23　原子结构

2. 原子

原子由原子核（带正电荷）和围绕其旋转的电子组成。对于给定的原子，其原子核内的质子数等于核外电子数，因此原子不带净电荷。

3. 离子

带电荷的粒子称为离子，分为阴离子和阳离子。

（1）阴离子：原子得到电子而形成的离子称为阴离子，带负电荷。

（2）阳离子：原子失去电子而形成的离子称为阳离子，带正电荷。

二、基本化学反应

1. 氧化反应

（1）失去电子的化学反应为氧化反应，发生氧化反应的电极称为阳极（Anode）。

（2）氧化反应时原子或分子的负电荷减少，如 $Fe - 2e \longrightarrow Fe^{2+}$。

（3）氧化反应和还原反应同时发生。

2. 还原反应

（1）得到电子的化学反应为还原反应，发生还原反应的电极或者金属的部位称为阴极（Cathode）。

（2）还原反应时原子或者分子的负电荷增加，如 $2H^{+} + 2e \longrightarrow H_2\uparrow$。

三、土壤酸碱度

酸度和碱度用 pH 值表示。介质中的 H^{+}（氢离子）浓度较高则为酸性，介质中的 OH^{-}（氢氧根离子）浓度较高则为碱性。pH 中性点为 7，氢离子浓度和氢氧根离子浓度相同（均为 10^{-7}mol/L）。酸性溶液的 pH 值低于 7，碱性溶液的 pH 值高于 7。

1. 酸碱度对金属腐蚀率的影响

在酸性、碱性环境中都腐蚀的金属称为两性金属，如铝、铅、锌等。如图1-24所示，对于很多金属，pH值低于4时，腐蚀率显著增加；pH值为4~8时，腐蚀率与pH值无关；pH值高于8时，金属表面钝化，因此腐蚀率下降。铝、铅、锌的腐蚀率在pH值高于8时，趋向于增加。这是由于这些金属表面的保护性氧化膜在很强的酸或碱中发生溶解，导致金属发生腐蚀。

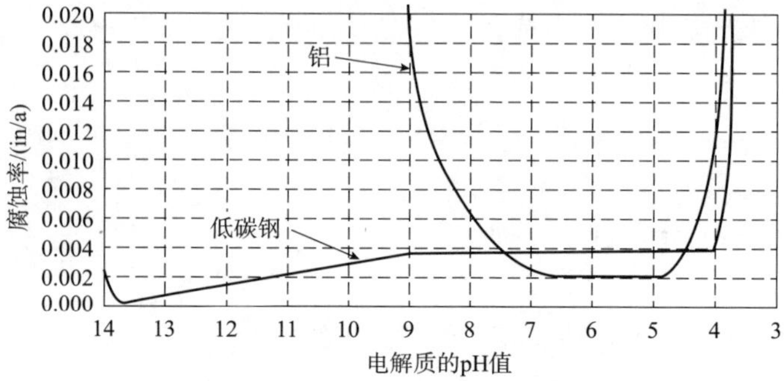

图1-24　腐蚀率与pH值的关系

2. pH值与土壤腐蚀性的关系

pH值对于评价土壤的腐蚀性没有太大意义，但当怀疑有酸性污染时，应当对其进行测量，采用一般的试纸就可以满足测量精度要求。当pH值低于4时，牺牲阳极自身腐蚀加剧，难以对结构提供保护。

四、法拉第第一定律

在阴极上沉积(或由阳极上游离出来)的任何金属质量与通过回路中的电荷量成正比，即

$$W_t = K \times I \times t$$

式中　W_t——金属质量损失，kg；

K——电化学当量，kg/(A·a)；

I——电流强度，A；

t——通电时间，a。

典型金属的电化学当量见表1-2。

表1-2　典型金属的电化学当量　kg/(A·a)

金　属	K	金　属	K	金　属	K
碳	1.3	铁/钢	9.1	锌	10.7
铝	3.0	硅/铬/铁	0.5	铅	33.9
镁	4.0	铜(单价的)	20.8		

注：表中碳和硅为非金属导体，为便于与其他金属比较而列于表中。

计算牺牲阳极消耗量或寿命时，该定律是计算基础。

五、金属的穿孔率与电流密度的关系

在局部腐蚀中，金属的穿孔率与金属电流密度相关。金属的质量等于密度×体积，假设防腐层破损点的面积为 S，腐蚀深度为 h，铁的密度 d 为 7.87g/cm^3，如图 1－25 所示。

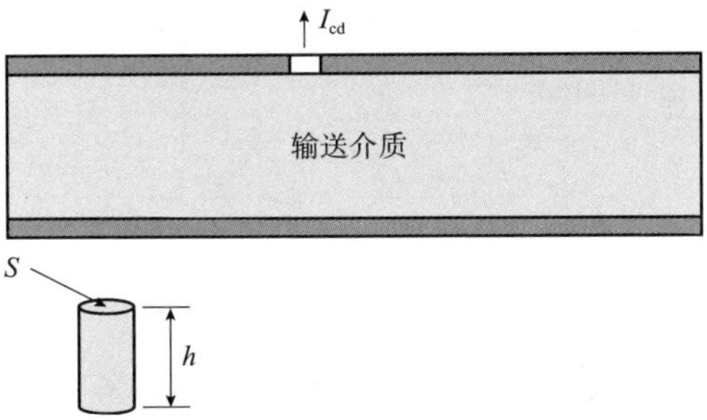

图 1－25　管壁穿孔

将质量单位统一成 kg，体积单位为 cm^3，高度单位为 cm，电流密度 I_{cd} 为 1.0μA/cm^2，则穿孔率为：

$$\frac{h}{t}=\frac{K\times I}{S\times d}=\frac{K}{d}\times I_{cd}=\frac{9.1\text{kg}}{\text{A}\cdot\text{a}}\times\frac{\text{cm}^3}{7.87\times10^{-3}\text{kg}}\times\frac{10^{-6}\text{A}}{\text{cm}^2}=1.15\times10^{-3}\text{cm/a}$$

即当电流密度为 1.0μA/cm^2 时，穿孔率为 11.5μm/a。

金属电流密度与穿孔率的关系如表 1－3 所示。

表 1－3　金属电流密度与穿孔率

金属	氧化物	密度/(g/cm^3)	克当量/g	电流密度为 1μA/cm^2 时的穿孔率/(μm/a)
铁	Fe^{2+}	7.87	27.93	11.5
镍	Ni^{2+}	8.90	29.36	10.8
铜	Cu^{2+}	8.96	31.77	11.6
铝	Al^{3+}	2.70	8.99	10.87
铅	Pb^{2+}	11.3	103.6	29.9
钛	Ti^{2+}	4.51	23.93	17.3

六、土壤电阻率与环境的关系

1. 土壤电阻率与含水量、温度的关系

当土壤中含水量大于16%时，继续增大含水量，土壤电阻率不再明显降低，如图 1－26 所示。当温度低于0℃后，土壤电阻率明显上升，0℃和－10℃的土壤电阻率相差10 倍，如图 1－27 所示。测量被保护结构的 pH 值时，试纸要紧贴金

属表面，与金属表面的间隔应小于 1.0mm。

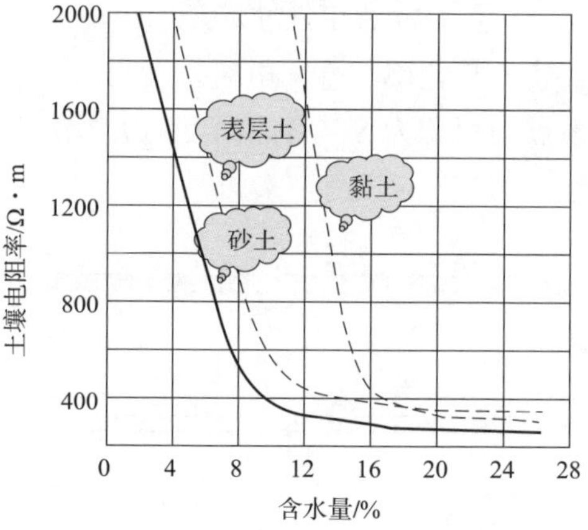

图 1-26　含水量与土壤电阻率的关系

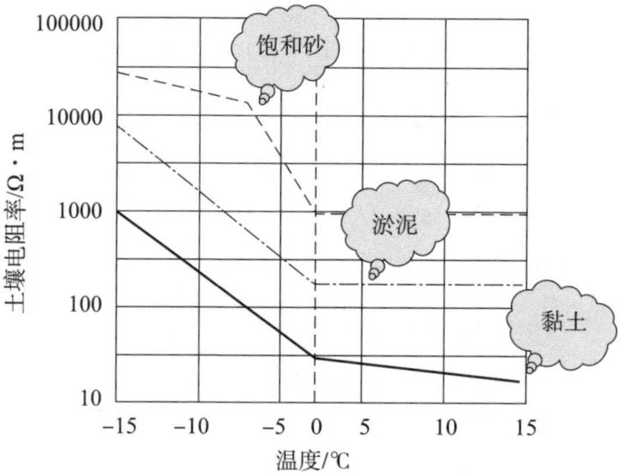

图 1-27　温度与土壤电阻率的关系

2. 微观电池/宏观电池

在防腐层破损点处，由于冶金成分存在差异，可能有很多阴极和阳极。单独一个破损点也会发生腐蚀，如图 1-28 所示。

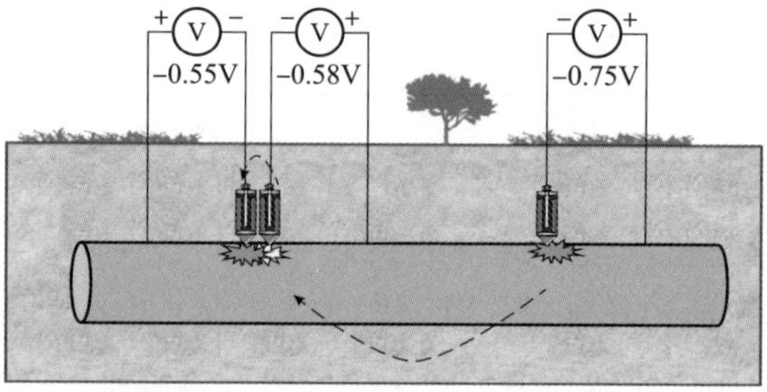

图 1-28　微观电池/宏观电池

如果金属氧化反应的同时伴有电解质(水)的电解，即 $2H_2O = O_2 + 4H^+ + 4e$，此时要考虑某些电荷是通过水的电解传输的，而不能完全按法拉第第一定律来计算金属损耗量。

第三节　金属腐蚀电池

一、腐蚀的定义与危害

物质与环境发生反应而劣化变质的过程称为腐蚀。金属的腐蚀俗称生锈。

腐蚀不仅会导致设备损坏而引发事故，如火灾、爆炸、有毒气体泄漏等，还会造成环境破坏，甚至伤及生命，因此，必须对腐蚀予以高度重视。例如，2013 年黄岛 11·22 爆炸事故，造成 62 人死亡，136 人受伤；2021 年 6 月湖北十堰管道腐蚀泄漏，造成 26 人死亡，138 人受伤，32 人被追责。

二、防腐的意义

管道埋地后，最终导致其报废的主要原因是腐蚀。而利用现有技术，可以减少 25% ~40% 的金属腐蚀损失，最大限度地减小腐蚀的危害，其经济意义、社会意义都非常大。

三、金属的电极(自然)电位

(1)位于金属表面的金属原子受到的约束力较小，某些金属原子受到电解质中阴离子的吸引，失去电子进入电解质，电子滞留在金属内，金属离子在金属与电解质的接触面上振荡，形成双电层，如图 1 – 29 所示。

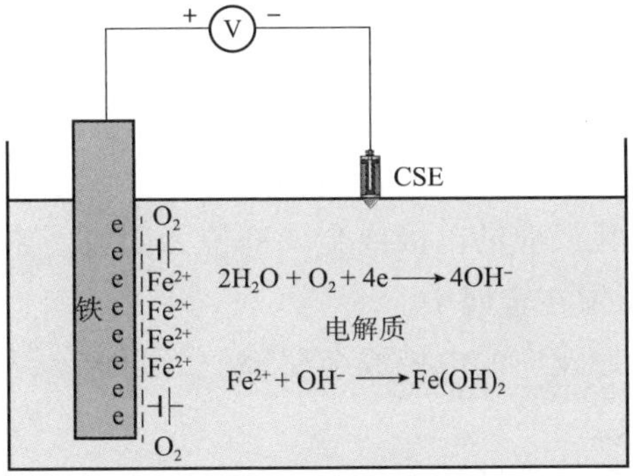

图 1 – 29　金属的电极电位

(2)金属越活泼，进入电解质的金属离子越多，滞留在金属内的电子越多，双电层电压越高，电极电位越负。不同的金属具有不同的双电层电压，同一金属所处的环境不同，电压也不一样。

(3)电子和离子形成双电层，可以看成电容或电池，正极在电解质一侧，如果以正极为零点，电位读数为负值。

四、金属电动序表(CSE)

在阴极保护行业中，是以金属的电极电位来表征金属所具有的能量的。金属的电极电位越负，说明金属具有的能量越高，金属越活泼，越容易发生腐蚀，如表1－4所示。

表1－4　金属电动序表

序号	金　属	电极电位/V
1	焦炭、石墨	0.30
2	铂	0～－0.1
3	金属杂屑	－0.20
4	高硅铸铁	－0.20
5	铜	－0.20
6	不锈钢	－0.10～－0.30
7	混凝土中低碳钢	－0.20～－0.6
8	铅	－0.50
9	铸铁	－0.50
10	低碳钢(生锈)	－0.20～－0.50
11	低碳钢(光亮)	－0.50～－0.80
12	纯铝	－0.80
13	铝合金(5%Zn)	－1.05
14	锌	－1.10
15	镁合金(6%Al，3%Zn，0.15%Mn)	－1.55
16	纯镁	－1.75

注：表中焦炭、石墨为非金属导体，为便于与其他金属比较而列于表中。

五、腐蚀电池的组成

(1)阳极：发生氧化反应的电极或金属部位为阳极。金属以离子的形式进入电解质，将等量的电子留在金属中。

(2)阴极：发生还原反应的电极或金属部位为阴极。从阳极迁移过来的电子被溶液中的离子所吸收。

(3)电解质：含有导电离子的液体。

(4)金属通路：连接两种金属的导线。

(5)腐蚀电池：由以上4部分组成，如图1－30所示，去掉任何一部分，腐蚀将停止。防腐蚀涂层通过隔离金属与电解质来抑制腐蚀；阴极保护则通过施加外部电流或牺牲阳极，使金属表面极化至阳极电位，从而减缓腐蚀。

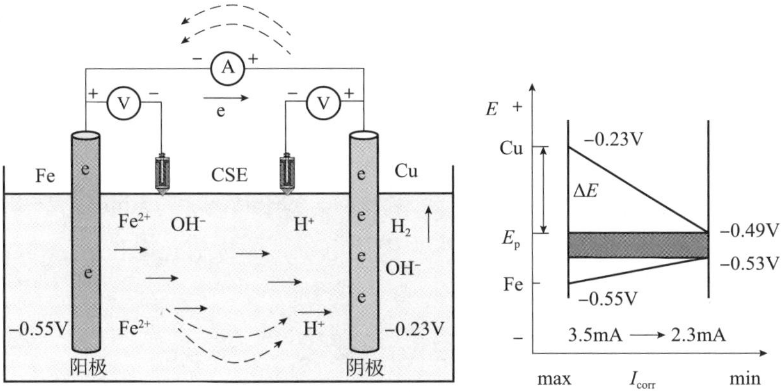

图 1 – 30　腐蚀电池构成

将碳钢和铜放入电解质，并用导线连接，由于碳钢的电位较负(电压更高)，电子通过导线向铜转移。该电子是铁原子发生氧化反应而失去的电子，所以碳钢为阳极。在铜金属附近，电解质中的氢离子向铜移动得到电子生成氢气，为还原反应，所以铜为阴极。在电解质中，由于正电荷由铁向铜移动，所以电流从阳极流向阴极；在金属连线中，电流从铜流向碳钢(从正极流向负极)，电流方向与电子移动方向相反，从阴极流向阳极。由于碳钢失去电子，电位正向偏移，铜得到电子，电位负向偏移。在日常工作中，多数情况下可通过测量埋地金属电位的偏移来判断埋地金属是阴极还是阳极。

六、腐蚀电池中电流的方向

(1)电荷传输：电解质中为离子导电，金属导体中为电子导电，金属与电解质接触面上通过氧化、还原反应导电。

(2)在电解质中，带正电荷的离子(阳离子)从阳极向阴极的方向游动，所以电流从阳极流向阴极，如图 1 – 31 所示。

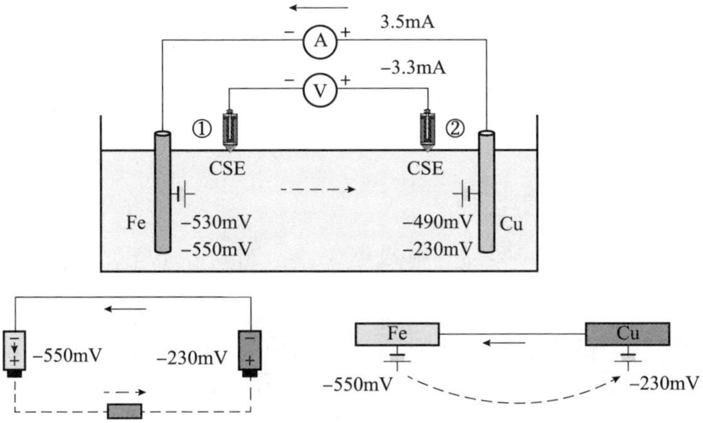

图 1 – 31　电流方向

(3)在金属导体中，电子(负电荷)向阴极游动，与电流方向相反，电流从阴极流向阳极。

①在电解质中，如果金属排放电流，该金属为阳极；

②在电解质中，如果金属吸收电流，该金属为阴极。

电位的偏移量称为极化，阴极极化 $\Delta E = 490mV_{CSE} - 230mV_{CSE} = 260mV_{CSE}$，阳极极化为 $20mV_{CSE}$。稳定后的电位称为极化电位，阴极极化电位 $E_p = -490mV_{CSE}$，阳极极化电位为 $530mV_{CSE}$。

七、腐蚀电池中阴、阳极电位的变化

(1)电解质中，正电荷离开阳极向阴极游动，游动速度慢，阳极上电子的流失导致阳极电位正向偏移。

(2)金属导体中，电子离开阳极向阴极游动，游动速度快，阴极上电子的盈余导致阴极电位负向偏移。

八、腐蚀电池中阴、阳极化学反应

(1)阳极化学反应：发生氧化反应的金属为阳极，阳极酸性增强。

$$Fe - 2e \longrightarrow Fe^{2+},\ 2Cl^- - 2e \longrightarrow Cl_2\uparrow,\ 2H_2O \longrightarrow O_2\uparrow + 4H^+ + 4e$$

(2)阴极化学反应：发生还原反应的金属为阴极，阴极碱性增强。

$$2H_2O + O_2 + 4e \longrightarrow 4OH^-,\ H^+ + e \longrightarrow H,\ 2H \longrightarrow H_2\uparrow$$

(3)阳极与阴极的关系：金属是阳极还是阴极取决于相对的电位，电位较负的金属为阳极，电位较正的金属为阴极。

九、阴、阳极特点总结

(1)阳极：电位较负、发生氧化反应、释放电流、电位正向偏移，具备上述特点之一的为阳极。

(2)阴极：电位较正、发生还原反应、吸收电流、电位负向偏移，具备上述特点之一的为阴极。

(3)在日常生活中，我们用到的干电池就是利用石墨和锌之间的电位差制成的。

十、管道表面腐蚀电池

(1)在金属表面不同的部位，电极电位不一样，电位较负的为阳极，电位较正的为阴极。

(2)电子离开阳极沿金属向阴极移动，而位于阳极区的金属原子由于失去电子而成为带正电的离子进入电解质，与电解质中的负离子发生反应而形成腐蚀产物，金属发生腐蚀，如图 1－32、图 1－33 所示。

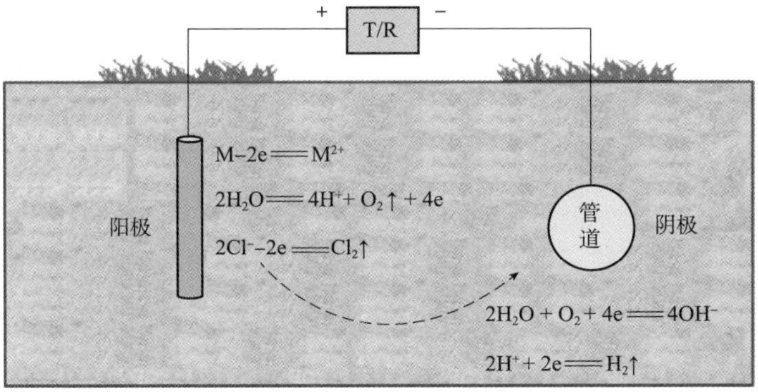

图 1－32 腐蚀电池中的化学反应

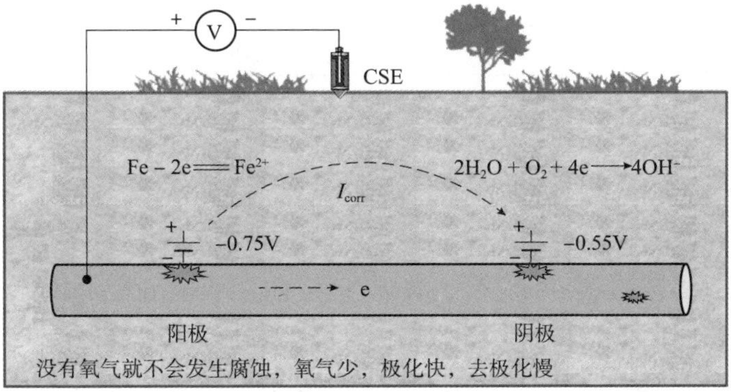

图 1－33 氧气含量与极化的关系

(3)在阴极区，由于存在多余的电子，金属腐蚀减缓，化学反应在电解质中发生。

(4)自然状态下的阴、阳极化学反应：阴极处水中氧气还原，阳极金属氧化。

(5)阴极保护状态下的阴、阳极化学反应：阴极氢离子还原，阳极增加了氯离子氧化或水的电解。

第四节 环境因素对金属极化的影响

一、氧气浓度提高

氧气浓度提高，阴极去极化。氧气是阴极去极化剂，只影响阴极，自然电位正向偏移，如图 1－34、图 1－35 所示。

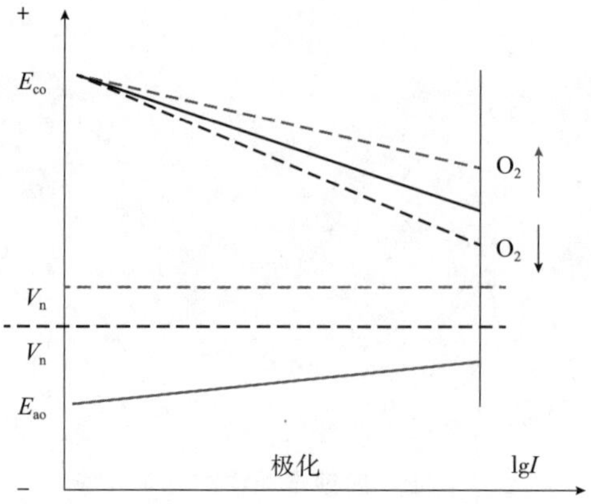

图 1－34　氧气含量与极化的关系

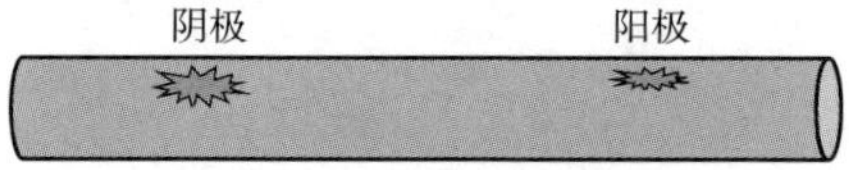

图 1－35　管道表面的阴极与阳极

二、pH 值增大

pH 值增大，阴极极化增强。pH 值只影响阴极，自然电位负向偏移，如图 1－36所示。pH 值每增大一个单位，自然电位负向偏移 60mV。例如 pH = 7 时，自然电位为 $-600mV_{CSE}$，pH = 8 时，自然电位为 $-660mV_{CSE}$。

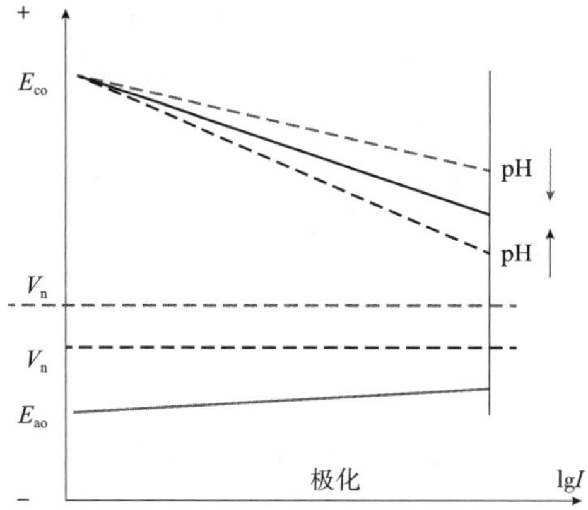

图 1－36　pH 值与极化的关系

三、温度升高

温度升高，阴、阳极去极化。温度每升高 10℃，化学反应速度提高 1 倍，自然电位负向偏移，如图 1－37 所示。

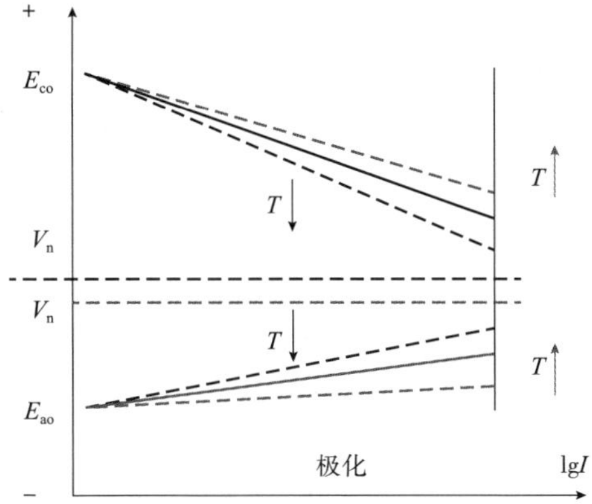

图 1－37　温度与极化的关系

四、相对运动增大

相对运动增大(移动速度增大)，阴、阳极去极化。速度快，腐蚀产物被移走，自然电位正向偏移，如图 1－38 所示。

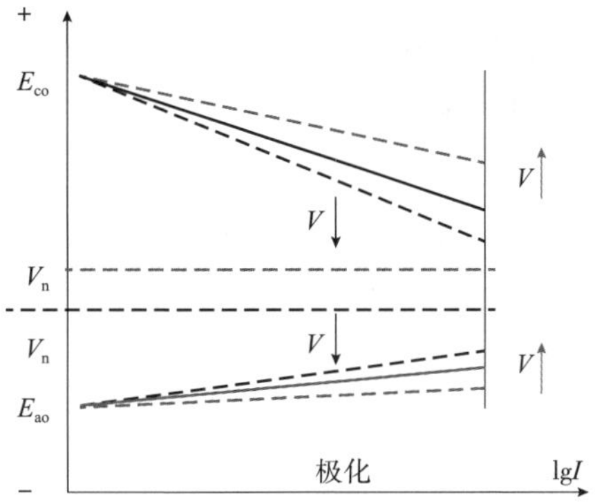

图 1－38　移动速度与极化的关系

五、金属自身离子浓度增大

金属自身阳离子浓度增大，阳极极化，阴极去极化，自然电位正向偏移，如图 1－39 所示。

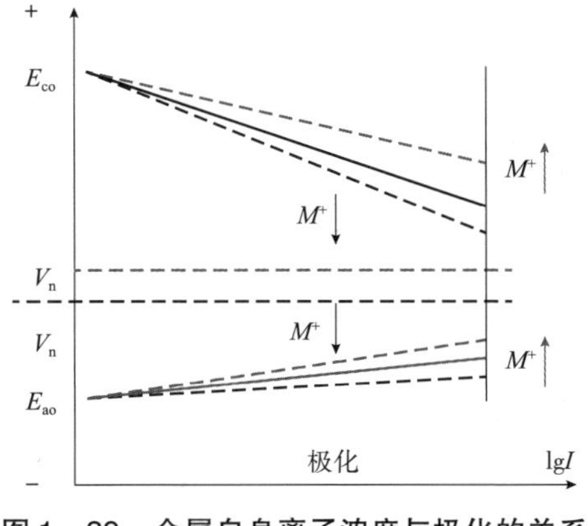

图 1－39　金属自身离子浓度与极化的关系

六、介质氯离子含量增大

氯离子是阴、阳极去极化剂，介质氯离子含量增大，自然电位负向偏移，如图 1－40 所示。

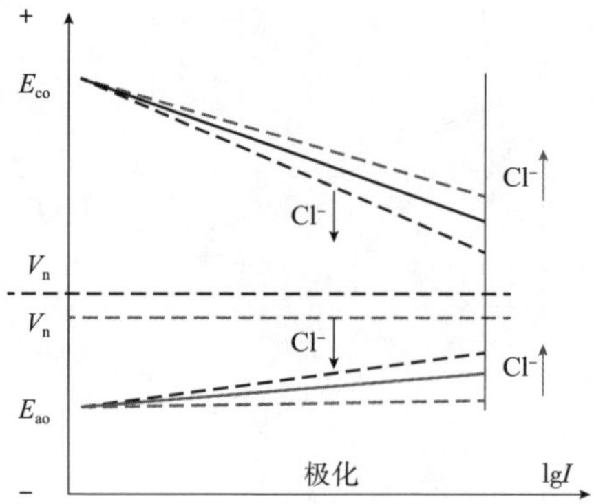

图 1－40　介质氯离子含量与极化的关系

七、土壤电阻率增大

土壤电阻率增大，腐蚀电流减小，阴、阳极去极化，自然电位正向偏移，如图 1－41 所示。

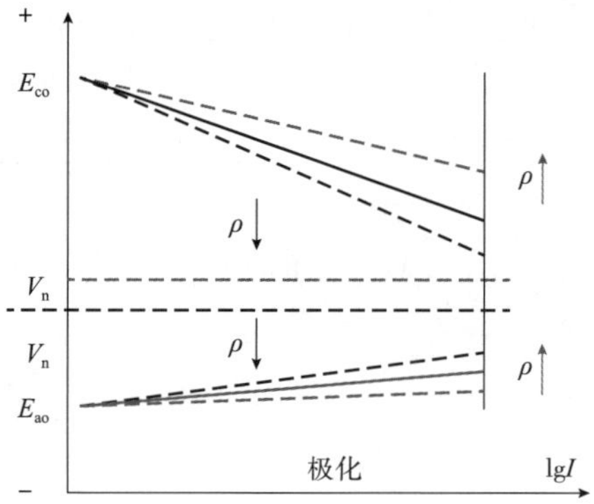

图 1－41　土壤电阻率与极化的关系

八、交流电密度增大

交流电密度增大，阴、阳极去极化，自然电位正向偏移，如图 1－42 所示。

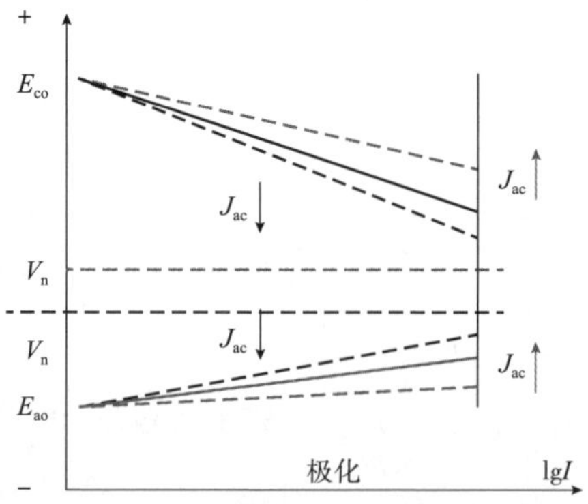

图 1－42　交流电密度与极化的关系

九、导致阴极去极化的因素

(1) pH 值降低；

(2) 电解质扰动增大；

(3) 温度升高；

(4) 阴极面积增大；

(5) 透气性增加；

(6) 交流电密度增加。

十、导致阳极极化的因素

(1) 电解质扰动减小；

(2) 温度降低；

(3) 阳极面积减小；

(4) 氯离子含量减少；

(5) 金属自身离子浓度增大；

(6) 阴、阳极之间电阻减小。

第五节　金属腐蚀的分类

一、电偶腐蚀(双金属腐蚀)

电偶腐蚀是当两种不同电位的金属在电解质中接触时，电位较负的金属作为阳极加速溶解的腐蚀现象，如水管道上的铜阀门，钢管被腐蚀而铜阀门得到保护，如图 1-43 所示。若金属内部因成分偏析、应力或微观组织差异导致局部电位不同，可能会引发微电偶腐蚀，如金属夹渣、双金属、新旧金属、金属刮伤部位与原金属电位差、应力不同导致的腐蚀等。

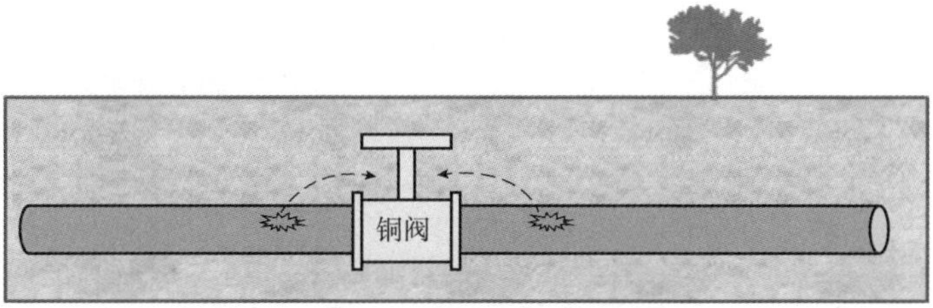

图 1-43　铜阀门得到保护

1. 金属夹渣腐蚀

如果钢铁表面存在夹渣(杂屑)，与周围的金属相比，夹渣电位较正，为阴极，周围的金属失去电子而发生腐蚀，通常会发生点蚀，如图 1-44 所示。

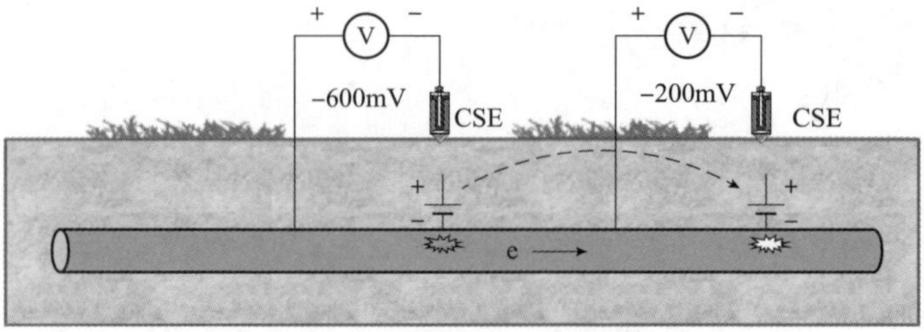

图 1-44　金属夹渣导致腐蚀

2. 双金属腐蚀

如果不同的金属处于同一电解质中并且电气连接，较活泼的金属将发生腐蚀。如在水封隧道内，不锈钢管箍受到保护，而低碳钢螺栓受到腐蚀。

(1)铜包钢接地极双金属腐蚀：储罐底板为碳钢，与铜包钢接地极相比为阳极，发生腐蚀，如图 1-45 所示。

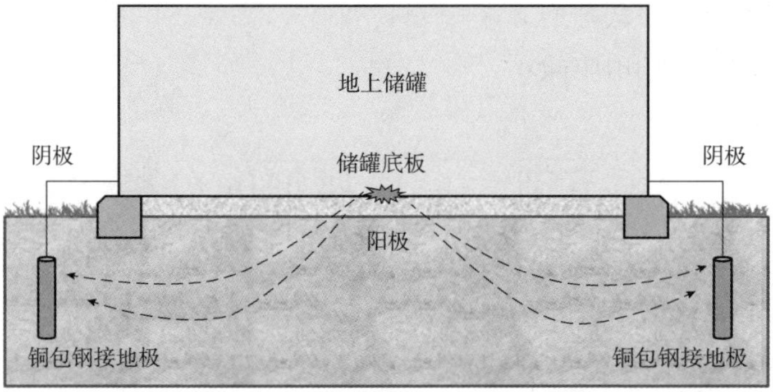

图 1-45　碳钢底板与铜包钢接地极形成电偶腐蚀

(2)石墨接地模块双金属腐蚀：石墨接地模块为阴极，导致接地扁铁或管道发生腐蚀。

(3)惰性接地极导致管道腐蚀：如图 1-46 所示。

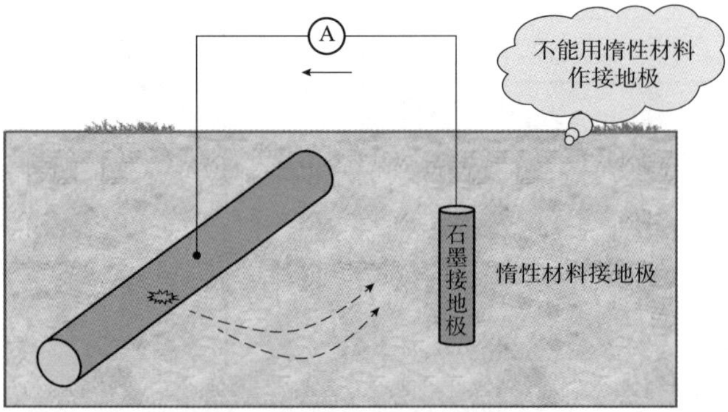

图 1-46　惰性接地极导致管道腐蚀

(4)电缆双金属腐蚀：铜芯电缆为阴极，当密封不好或电流受屏蔽时，导致管道腐蚀。

3. 新旧管道腐蚀

新管道表面光亮，电位更负为阳极，优先腐蚀，如图 1－47 所示。

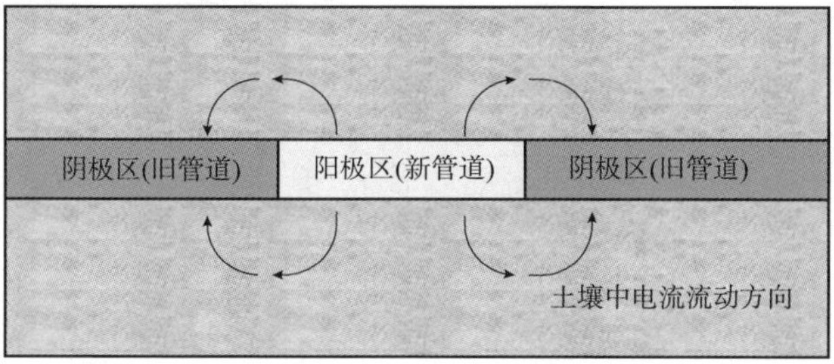

图 1－47　新旧管道腐蚀

4. 刮伤及应力腐蚀

刮伤或应力大的位置为阳极，发生腐蚀，如图 1－48 所示。

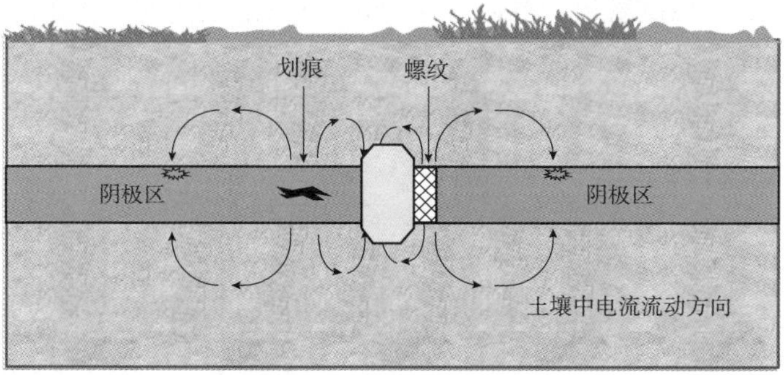

图 1－48　刮伤及应力腐蚀

二、浓差腐蚀

浓差腐蚀是指同一金属在电解质中因局部浓度差异形成电位差而导致的腐蚀现象，如因氧含量不同、盐含量不同、水分含量不同、土壤不同而导致的腐蚀，如图 1－49 所示。

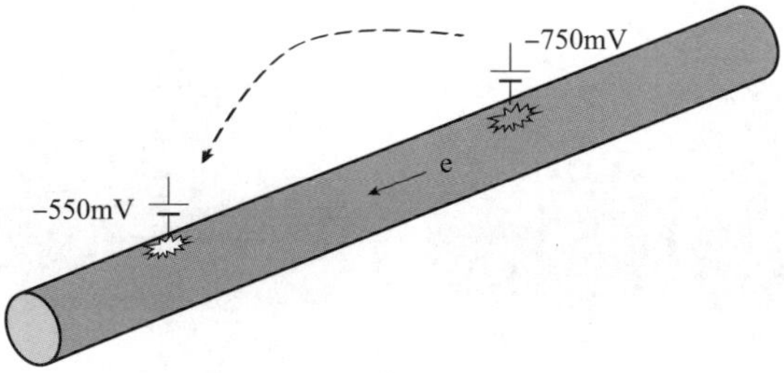

图 1－49　环境不同导致的腐蚀

1. 通气条件不同导致的腐蚀

在通气条件差(氧含量低)的环境下，钢结构对地电位较负为阳极，发生腐蚀，如图 1－50 所示。例如大口径管道底部缺氧为阳极，首先发生腐蚀。

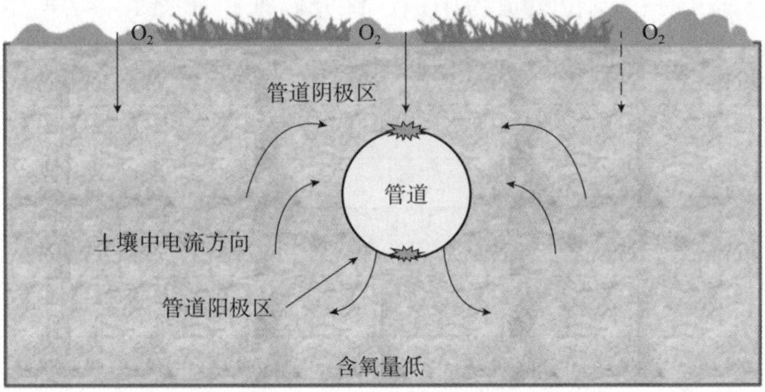

图 1－50　通气条件不同导致的腐蚀

2. 氧含量不同导致的腐蚀

埋设在道路下面的管道，对地电位较负为阳极，发生腐蚀，如图 1－51 所示。例如柏油路下面的管道缺氧为阳极，首先发生腐蚀。

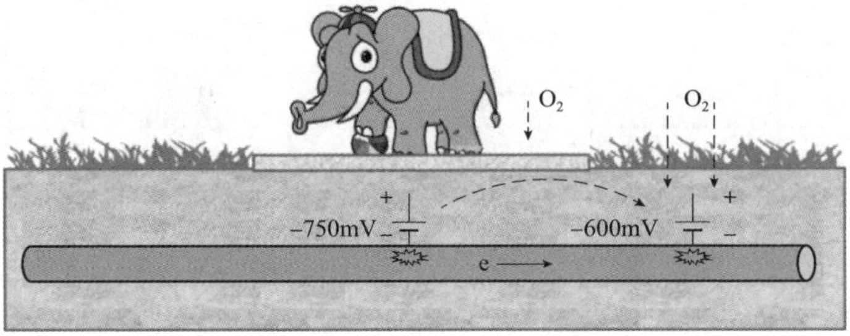

图 1－51　氧含量不同导致的腐蚀

3. 埋深不同导致的腐蚀

埋深大的位置，氧气含量低，管地电位较负为阳极，发生腐蚀，如图 1－52 所示。例如覆土深的管道为阳极，首先发生腐蚀。

（a）土层厚的位置氧浓度相对较低成为阳极区　（b）土层薄的位置氧浓度相对较高成为阴极区

图 1－52　埋深不同导致的腐蚀

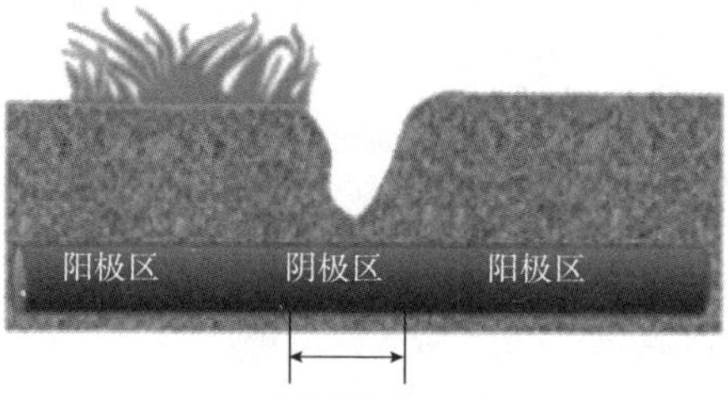

(c) 凹坑位置氧浓度相对较高成为阴极区

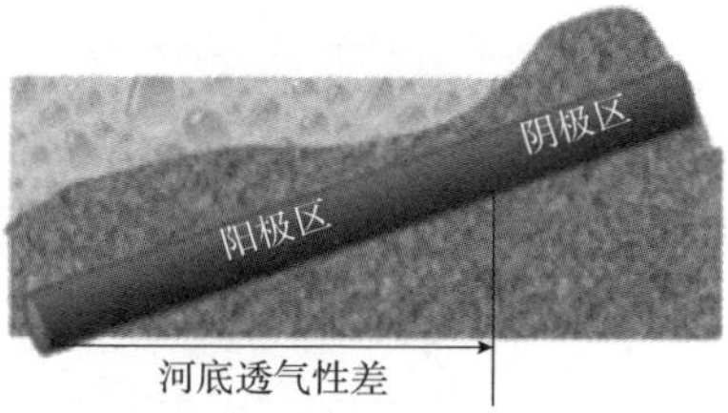

(d) 河底位置氧浓度相对较低成为阳极区

图1-52　埋深不同导致的腐蚀(续)

4. 土壤不均匀导致的腐蚀

当储罐或管道处于土壤不均匀的环境时，黏土下方氧气少为阳极，发生腐蚀，如图1-53所示。例如附着黏土的罐体为阳极，首先发生腐蚀。

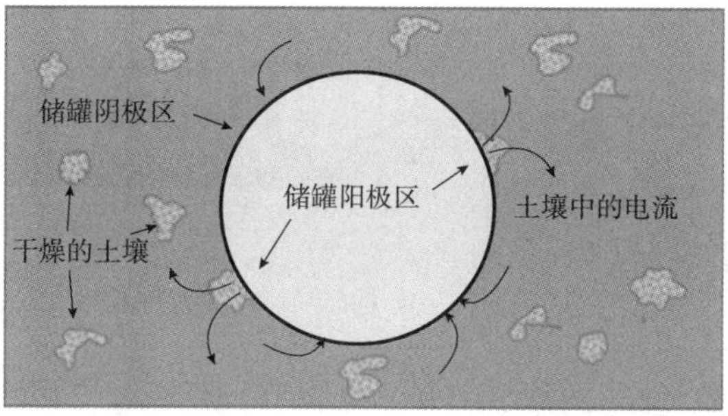

图1-53　土壤不均匀导致的腐蚀

5. 含水量不同导致的腐蚀。

含水量大的位置，金属为阳极，发生腐蚀，如图1-54所示。当管道经过沼泽进入沙漠地带时，该现象尤为突出。

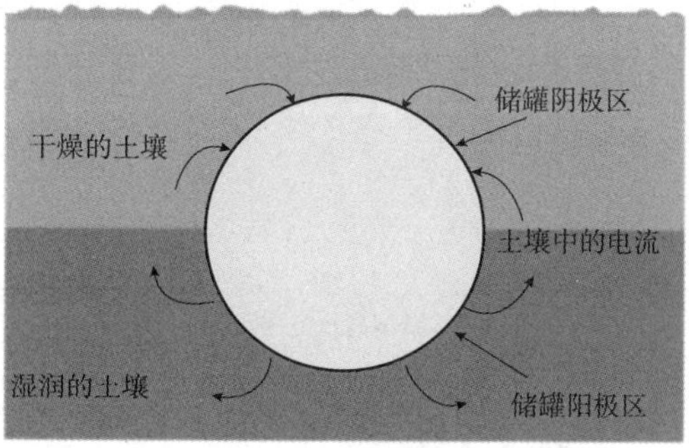

图1-54　含水量不同导致的腐蚀

6. pH值差异导致的腐蚀

混凝土的pH值可以达到13，使其内的金属钝化，电位偏正，导致混凝土外的金属腐蚀，如图1-55所示。因此应注意工艺管道与建筑钢筋连接引发的腐蚀。站内工艺管道、设备及接地网不能与建筑钢筋搭接。与构筑物共用接地网时，接地网之间要安装避雷装置，确保平时电气隔离。

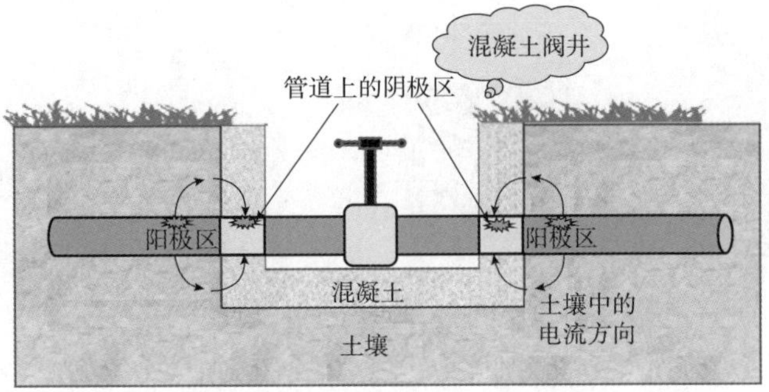

图 1－55　pH 值差异导致的腐蚀

7. 温度差导致的腐蚀

(1)压气站出口温度差导致的腐蚀：压缩机出口位置温度高，电位较负为阳极，发生腐蚀，如图 1－56 所示。处于混凝土中的碳钢电位较正，如地脚螺栓、钢筋等。

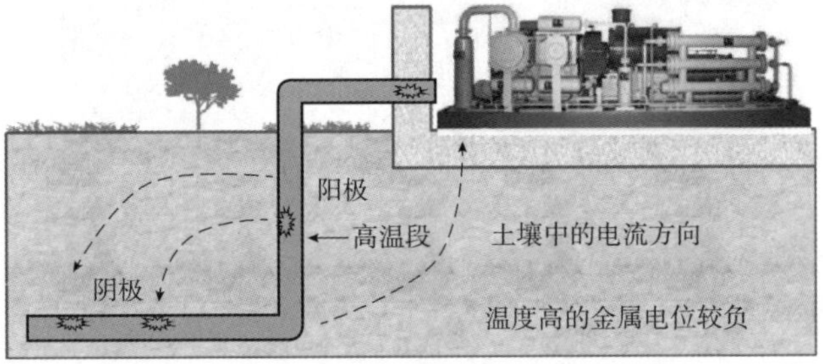

图 1－56　压气站出口温度差导致的腐蚀

(2)供暖给排水管道温度差导致的腐蚀：回水管道温度低，为阴极，而给水管道温度高，电位较负为阳极，发生腐蚀，如图 1－57 所示。

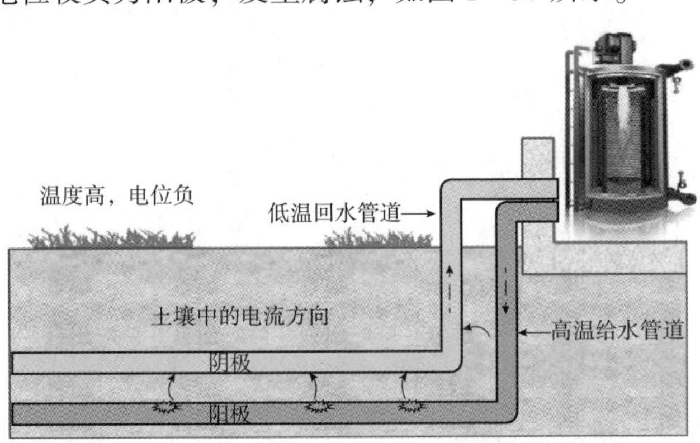

图 1－57　供暖给排水管道温度差导致的腐蚀

8. 含盐量不同导致的腐蚀

管道经过不同性质土壤时，将形成腐蚀电池，含盐量高的地方电位较负，为阳极，发生腐蚀，如图 1－58 所示。

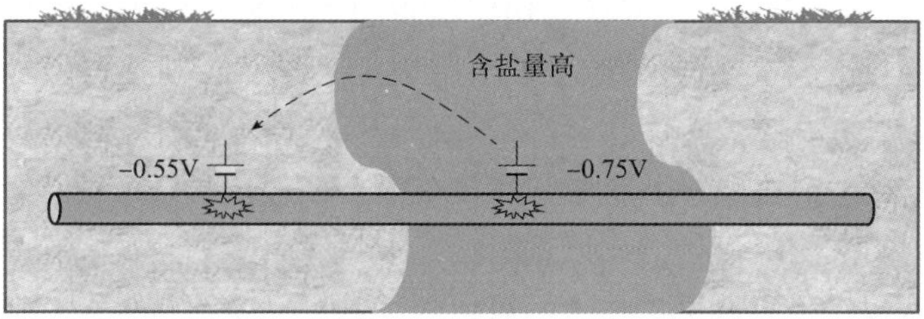

图 1－58　含盐量不同导致的腐蚀

三、杂散电流腐蚀

(1)杂散电流：是指沿规定路径之外的途径流动的电流，如图 1－59 所示。

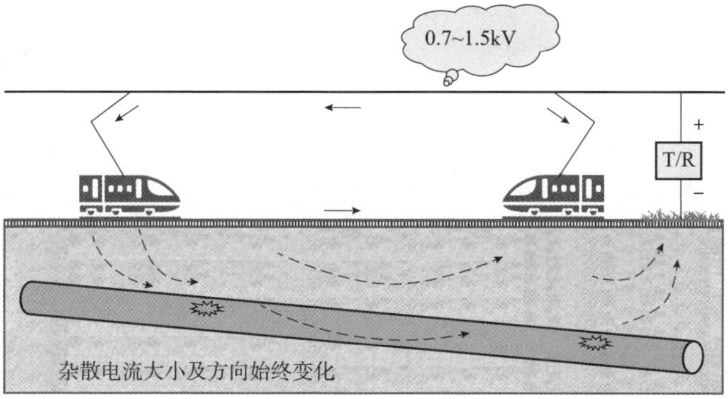

图 1－59　杂散电流

(2)杂散电流腐蚀：是指因外部系统(如直流轨道交通、阴极保护设施)泄漏的电流流经金属结构，在电流流出部位发生的加速溶解现象。

(3)当铁轨与土壤间绝缘不良时，部分牵引电流会泄漏至土壤中。若附近存在埋地金属管道(良导体)，杂散电流将优先通过管道流动，并在电流流入处(阴极区)和流出处(阳极区)分别引发腐蚀防护和加速腐蚀。

(4)在杂散电流进入管道的位置，管道为阴极，电位负向偏移，管道得到保护；在杂散电流离开管道的位置，管道为阳极，电位正向偏移，管道发生腐蚀。

第六节　阴极保护原理及应用

一、阴极保护技术的发展

阴极保护技术在 1824 年首先被用来保护英国海军的舰艇，为避免海生物附着，用铜板覆盖木船帮并用铁铆钉固定，并利用锌阳极保护船只的铆钉避免铜板坠落。20 世纪 20 年代，被用来保护美国新奥尔良州受电车干扰而腐蚀的油气管道。我国 1958 年建成克拉玛依至独山子输油管道，采用沥青防腐层。1962 年初在克 - 独输油管道及复线上安装了 7 座阴极保护站，目前该管道已改为输气管道，仍在运营。

随着人类社会的进步以及科学技术的发展，阴极保护技术的应用也越来越广泛。从最初的船舶阴极保护，发展到目前的储罐、管道、桥梁、码头、钻井平台的保护。正确地应用阴极保护技术，可以极大地延长金属设施使用寿命，最大限度地创造经济效益。

二、结构阴极保护原理

由于碳钢与铜之间存在电位差，所以碳钢为阳极发生腐蚀，铜为阴极得到保护。如果将铜与电位更负的金属连接，则活性更强、电位更负的金属是阳极，为铜提供电子或者说电流在电解液中流向铜，铜为阴极，电位负向偏移。当铜的电位和碳钢开路电位一致时，碳钢不再释放电流；当活性金属提供的电流更大时，碳钢由排放电流变成吸收电流，即从阳极变成阴极而得到保护。如果整个结构都变成阴极，则结构腐蚀被控制，即得到了阴极保护，如图 1 - 60 所示。

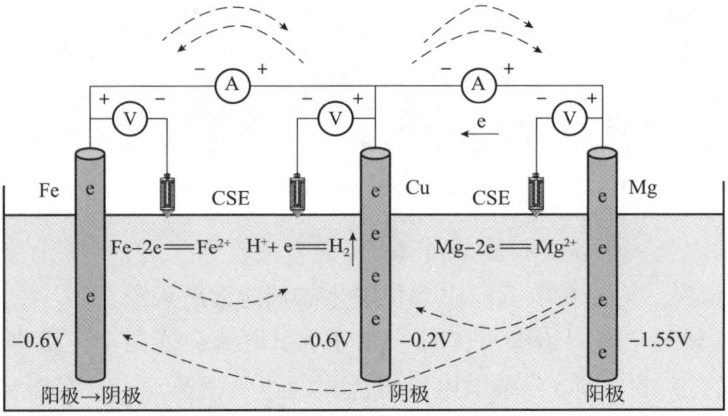

图 1 - 60　结构阴极保护原理

三、管道阴极保护原理

管道埋地后，在防腐层破损的位置，金属与电解质接触形成双电层。由于土壤环境的不同，双电层具有不同的电压。当电解质将防腐层破损点连通后，电流从电压高的防腐层破损点流向电压低的防腐层破损点。在未受保护时，电流流出金属表面的区域(阳极)发生腐蚀，流入的区域(阴极)不发生腐蚀。通过施加外部阴极保护电流(如强制电流系统)，金属结构整体被极化至更负电位，使原先电流流出的部位也转变为电流流入的阴极，从而抑制腐蚀，如图 1 - 61 所示。

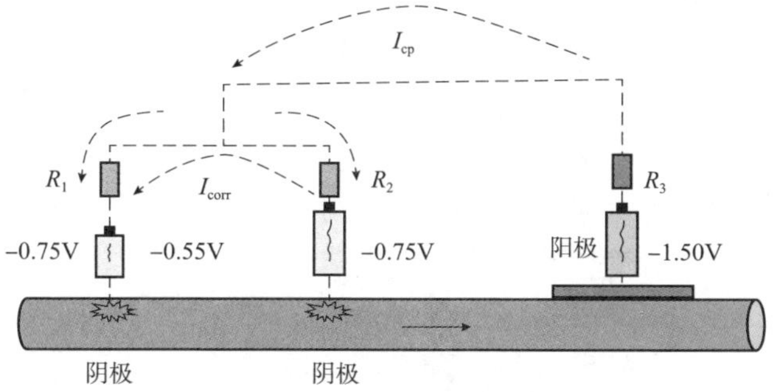

图 1-61　管道阴极保护原理

四、牺牲阳极阴极保护和外加电流阴极保护

根据提供阴极保护电流方式的不同，阴极保护可分为牺牲阳极阴极保护和外加电流阴极保护，如图 1-62 所示。

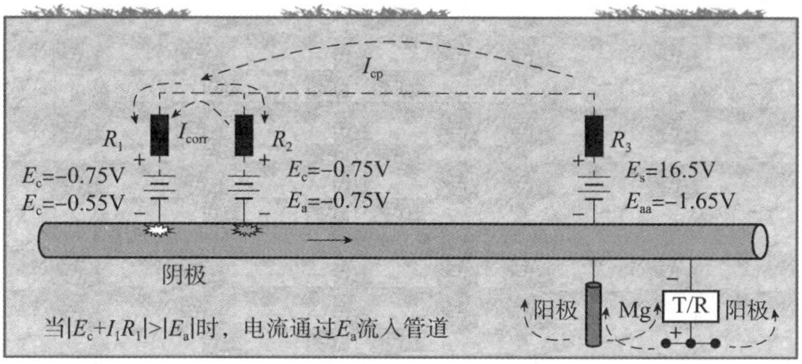

图 1-62　牺牲阳极阴极保护和外加电流阴极保护

(1)牺牲阳极阴极保护：依靠材料之间的电位差提供电流(电偶腐蚀)，如图 1-63 所示。

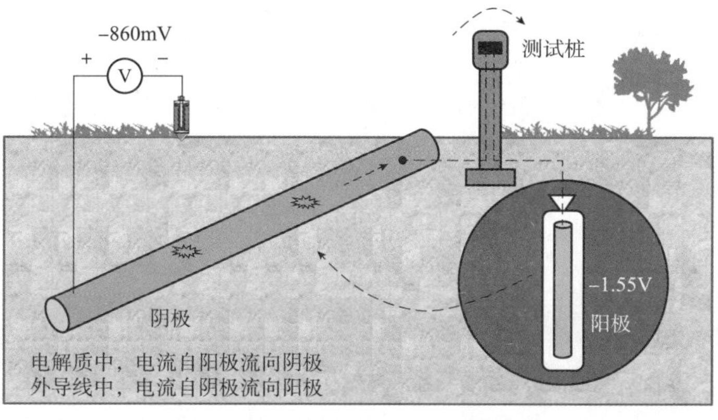

图 1-63　牺牲阳极阴极保护结构

(2)外加电流阴极保护：依靠外部电源，使电流从阳极床释放至土壤和电解质中，并流向金属结构，驱动其表面发生阴极极化，如图 1－64 所示。

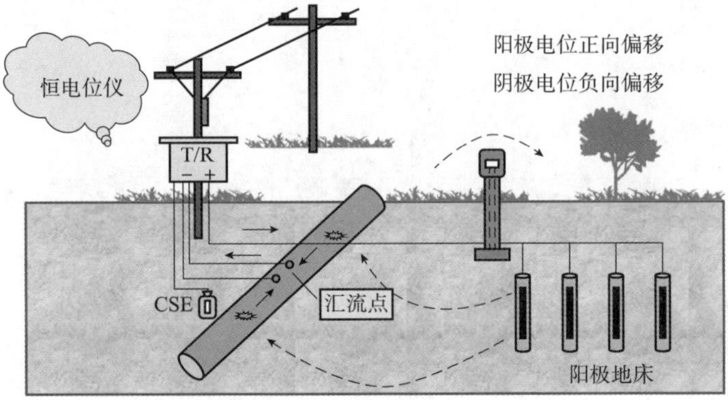

图 1－64　外加电流阴极保护结构

五、阴极保护技术应用

目前阴极保护技术已广泛应用于公路桥梁、跨海桥梁、原油储罐、埋地管道等的保护。例如港珠澳大桥、杭州湾大桥采用阴极保护技术，其设计寿命分别为 120 年和 100 年。

第二章　管道通用防腐层

第一节　管道防腐层介绍

一、防腐层的作用

通过涂在管道表面的绝缘材料，把存在着许多不同电位区域的管道与电解质隔开，消除腐蚀电池电流通路来防止腐蚀。

(1)在土壤或浸水环境中，防腐层是控制腐蚀的第一道防线，承担了99%的防腐任务。阴极保护对防腐层破损点进行保护，承担了1%的防腐任务。然而，哪怕是0.1%的穿孔也是100%的事故。

(2)防腐层为有机材料，有针孔，随着时间推移会发生老化，阳光照射会加速其老化，受到冲击后会出现漏点。有些防腐层具有吸水性，在土壤应力作用下会与管道剥离。

(3)防腐层与阴极保护结合是最经济有效的防腐措施。在大气中，防腐层是主要的防腐措施。

二、对防腐层的要求

(1)涂层应具有良好的绝缘性能和耐水性能。

(2)耐老化、耐土壤应力、耐冲击性能好。

(3)与管道表面黏结性好，耐阴极剥离性能好。

(4)绝缘性能稳定。

(5)涂敷方便、容易修复。

三、选择防腐层考虑的因素

(1)应用环境、管道运营温度。

(2)涂敷、存放、运输、安装时的环境温度。

(3)地理位置、管道表面处理以及费用。

四、国内外长输管道现状

“十三五”末期，我国长输管道总里程达到16万公里，美国天然气干线管道长度为 42 万公里，俄罗斯天然气干线管道长度为 19 万公里。国内 65% 的管道采用 3LPE 防腐层，北美地区为 15%。

第二节　管道表面预处理

一、管道表面预处理的意义

(1)管道防腐层的质量在很大程度上取决于防腐层与管道表面的黏附程度(黏附力)，黏附力又取决于管道表面的清洁度和粗糙度。

(2)在除锈质量、防腐层厚度、防腐层种类等诸因素中，除锈质量对管道使用寿命的影响最大。

(3)有资料认为，防腐层失效的原因中 75% 是由于预处理质量不好引起的。

(4)只有提高除锈质量，保证金属表面具有一定的粗糙度，才能增大防腐层黏结面积，保证防腐层质量，从而延长管道的使用寿命。

二、管道表面预处理方式

1. 工具除锈质量等级

(1)St2——彻底的手工和动力工具除锈：钢材表面应无可见的油脂和污垢，并且没有附着不牢的氧化皮、铁锈和油漆涂层等附着物。

(2)St3——非常彻底的手工和动力工具除锈：钢材表面应无可见的油脂和污垢，并且没有附着不牢的氧化皮、铁锈和油漆涂层等附着物。其除锈应比 St2 更彻底，底材显露部分的表面应具有金属光泽。

2. 喷砂除锈质量等级

(1)Sa1——轻度的喷射或抛射除锈(清扫级)：钢材表面应无可见的油脂和污垢，并且没有附着不牢的氧化皮、铁锈和油漆涂层等附着物(类似 St2)。

(2)Sa2——彻底的喷射或抛射除锈(工业级)：钢材表面应无可见的油脂和污垢，并且没有附着不牢的氧化皮、铁锈和油漆涂层等附着物，其残留物应牢固附着(类似 St3)。

(3)Sa2. 5——非常彻底的喷射或抛射除锈(近白级)：钢材表面应无可见的油脂、污垢、氧化皮、铁锈和油漆涂层等附着物，任何残留的痕迹应仅是点状或条纹的轻微色斑。

(4)Sa3——使钢材表观洁净的喷射或抛射除锈(白色级)：钢材表面应无可见的油脂、污垢、氧化皮、铁锈和油漆涂层等附着物，该表面应显示均匀的金属色泽。

3. 锚纹深度

(1)管道除锈要满足锚纹深度要求(锚纹深度为管道表面峰谷与峰顶间距)，一般为 50～90μm。

(2)磨料颗粒大、强度高、喷射压力大，产生的锚纹深度就大。

三、喷砂除锈用磨料

管道表面的除锈已经从过去的钢丝刷、电动砂轮除锈发展成喷砂除锈。但喷砂除锈作业现场污染大，应注意人员和设备的防护。常用的磨料有建筑用砂、铁矿渣、铜矿渣、石榴石(石英砂会引起工人的肺矽病，应尽量避免使用)、金刚砂。

四、工厂内抛(喷)丸机械除锈

工厂内大多采用抛(喷)丸除锈，其效率高、污染小，砂料可以重复利用。

第三节　管道防腐层的类型

一、石油沥青防腐层

(1)石油沥青涂层是一种传统的防腐层，由底漆、石油沥青层、加强玻璃布、聚氯乙烯外包膜组成。国内自 20 世纪 60 年代开始使用，现在已基本淘汰。

(2)其优点是具有优良的防水性能，价格便宜，耐候性好，对多种物体有较好的黏结性，对于管道表面处理要求不高，质量容易保证，施工简单，技术成熟，所以曾经大量用于金属管道防腐。

(3)其缺点是感温性极大，高温易软化、易熔融，低温下易变脆，冲击时易产生龟裂，埋在有岩石的土壤里时，管道要增加机械保护层或在沟内填充砂土，因而增加了费用，并且易受细菌侵蚀及植物根系影响，劳动条件差，损耗大。涂覆该防腐层的管道阴极保护电流密度为 30～100μA/m^2。

二、环氧煤沥青防腐层

环氧煤沥青是以环氧树脂和煤沥青为基料，加热混溶，添加适量溶剂、防锈颜料和填料，混合研磨制成。

(1)其优点是具有优良的耐水性、防腐性及良好的黏结力，机械强度和绝缘性好，可以冷涂，应用灵活。

(2)其缺点是涂敷后需要较长的固化时间才能达到可供运输的最低强度要

求，即使在夏季也要1～2天；在固化期间，风沙、雨水、霜雪等都会对防腐层表面有不良影响，在气温低时无法施工；由于树脂含量降低，再加上添加了溶剂和玻璃布，因而增加了针孔数量，增大了阴极保护电流需求。

(3)环氧煤沥青防腐层适用场合：管径较小、工程规模较小、运输条件较好的管道施工；管道防腐层大修，原油储罐防腐；用作保温管道的底层防腐层。涂覆该防腐层的输气管道阴极保护电流密度为300～600μA/m^2。

三、冷缠聚乙烯胶带防腐层

1. 冷缠聚乙烯胶带防腐层的优点

(1)具有超过30年的使用经验，漏点少，施工方便，价格低廉，耐水性及绝缘性能好，胶带防腐层使用起来简便易行，在防腐层大修中经常采用。

(2)与钢管黏结性较好，管道阴极保护电流密度为10～50μA/m^2。

2. 冷缠聚乙烯胶带防腐层的缺点

(1)耐冲击性差，搭接处黏结力差，耐土壤应力差，易产生褶皱，溶剂挥发易产生鼓包。

(2)胶带在搭接处以及管道焊缝附近有空鼓，破损后，水分会沿空鼓处或沿焊缝进入防腐层内部，使阴极保护电流无法到达，产生阴极屏蔽。

(3)冷缠带会产生阴极屏蔽(失效危险)。

例如，螺旋焊缝高于管道母材，焊缝两侧空鼓，水分沿焊缝窜入距离破损点很远处，阴极保护电流遇到底漆露铁处即刻返回，而水分继续进入，阴极保护电流不能跟进，再遇到底漆露铁点，金属就会发生腐蚀，如图2－1、图2－2所示。

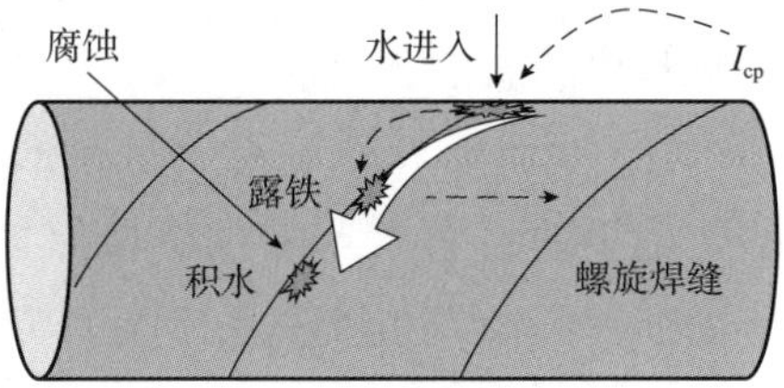

图2－1　水分沿空鼓进入管道

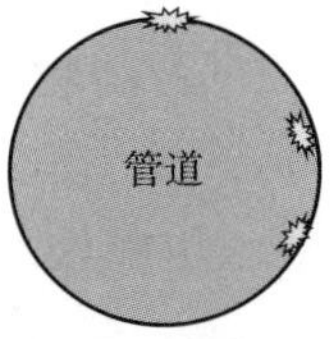

图2－2　电流无法到达露铁点

四、包覆聚乙烯防腐层

包覆聚乙烯防腐层是指挤塑机将热熔聚乙烯挤涂到钢管表面上，形成一个塑料外壳，以防止腐蚀，也称聚乙烯热塑涂层或夹克。这是国外 20 世纪 50 年代开发的产品，在各种防腐层使用中曾独占鳌头，其使用温度不超过 65℃。

1. 挤出包覆型聚乙烯防腐层生产过程

将熔融的底胶和聚乙烯外护层套在预处理的管道上，如图 2－3 所示。

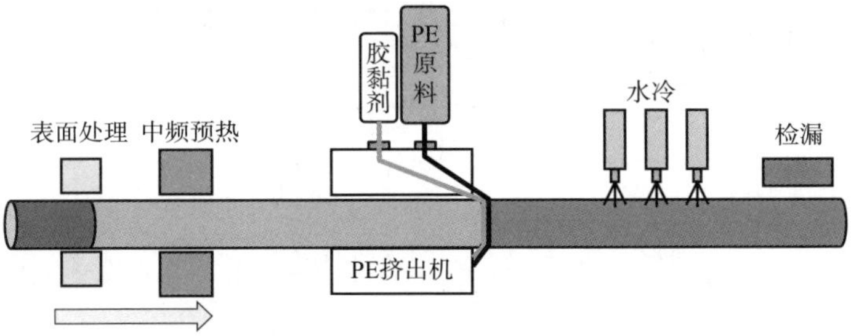

图 2－3　包覆型聚乙烯防腐层生产过程

2. 挤出缠绕型聚乙烯防腐层生产过程

将熔融的底胶和聚乙烯外护层缠绕在预处理的管道上，如图 2－4 所示。

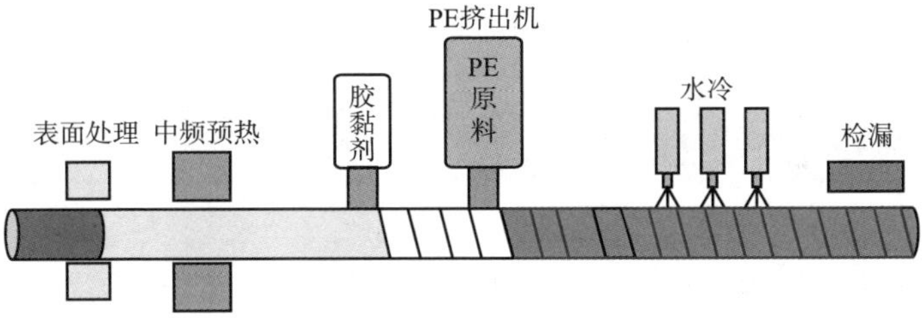

图 2－4　缠绕型聚乙烯防腐层生产过程

3. 包覆聚乙烯防腐层的缺点

(1)大口径管道夹克层易应力开裂，与管道黏结性能差，施工技术较复杂，成本较高。

(2)当夹克层进水后，由于阴极屏蔽，阴极保护电流难以到达，夹克层下易发生腐蚀，目前应用越来越少。

五、熔结环氧粉末防腐层

通过静电喷涂(50kV)的方法，将粉末喷涂到经预处理并已预热(220℃)的管体表面，在管体表面发生固化反应，形成一层致密的防腐层，其厚度为 350～600μm，管道阴极保护电流密度为 10～50μA/m^2。国内 1985 年首次将熔结环氧粉末防腐层用于河流定向钻穿越。

1. 熔结环氧粉末(FBE)防腐层生产过程

加热的管道经过流化床，喷枪和管道之间有高电压，带电的环氧粉末吸附到管道表面固化，如图 2-5 所示。

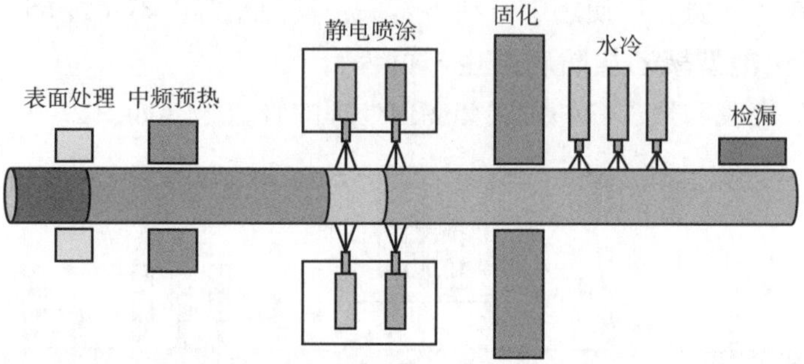

图 2-5　熔结环氧粉末防腐层生产过程

2. 熔结环氧粉末防腐层的优点

(1)具有极佳的附着力，耐温范围宽(-30～100℃)，耐化学性良好，尤其是耐碱性好，无阴极屏蔽现象。

(2)管体防腐层预留长度可减至 50mm，减小了现场补口工作量，如图 2-6 所示。

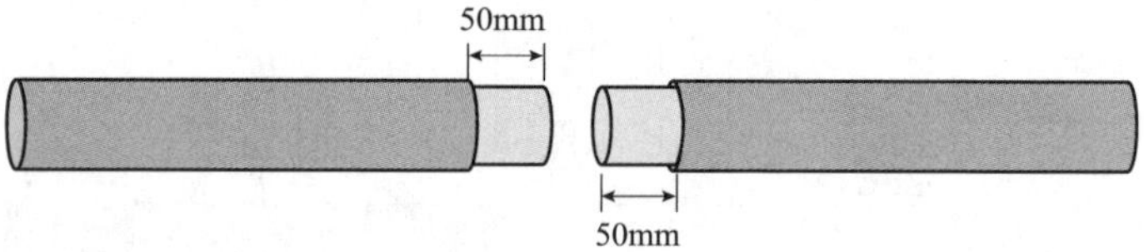

图 2-6　管道补口

3. 熔结环氧粉末防腐层的缺点

(1)耐水性差(与 3PE 防腐层相比较)，耐老化性差，尤其是抗紫外线照射差。

(2)涂层抗击尖锐硬物能力差，防腐层在转运、吊装施工中易损伤。

(3)涂敷过程中对设备、环境、工人技能要求高，涂层太薄时不能完全覆盖、填充锚纹，涂层太厚时容易开裂。

4. 熔结环氧粉末防腐层适用场合

(1)输送高温介质管线；寒冷地区冬季施工管线；非沼泽、水网地区管线。

(2)用作管道内涂层及三层结构防腐层的底层。

5. 熔结环氧粉末防腐层分级

熔结环氧粉末防腐层分级见表 2-1。

表 2-1 熔结环氧粉末防腐层分级

防腐层级别	厚度/μm	参考厚度/μm
普通	≥300	300~400
加强	≥400	400~500

六、3LPE 防腐层

1. 3LPE 防腐层结构(见图 2-7)

(1)第 1 层(底层 60~100μm，GB/T 23257—2017 规定为 120~150μm)为熔结环氧粉末(FBE)防腐层，起防腐作用。

(2)第 2 层(中间层 125~250μm)为共聚物胶黏剂层，黏结 FBE 防腐层和外护 PE 层。

(3)第 3 层(外层 1500~3000μm)为聚乙烯或聚丙烯防护层。

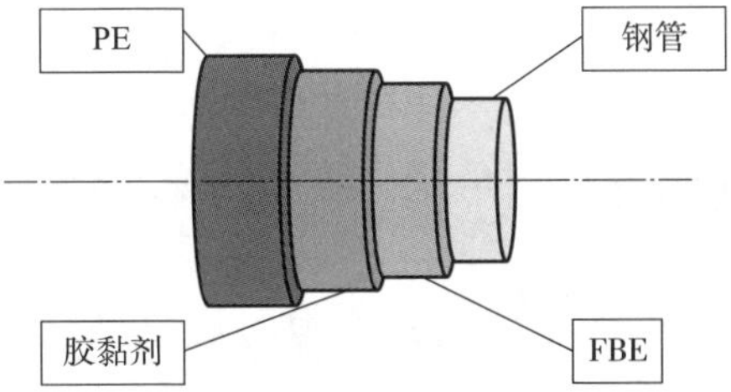

图 2-7 3LPE 防腐层结构

2. 3LPE 防腐层的优点

(1)具有极佳的机械强度，施工性好，防腐层耐土壤应力好，防腐层柔韧性好。

(2)所需管道阴极保护电流密度小($5\sim10\mu A/m^2$)，可减少阴极保护站数量。

(3)正常条件下，一支牺牲阳极可以保护 1~3km 管道，一座阴极保护站可以保护 200km 大口径管道。

3. 3LPE 防腐层的缺点

(1)三层结构防腐层质量控制难度大，所需涂敷设备较复杂，对工人技能要求较高。

(2)熔结环氧粉末底层太薄，而且难以控制和检验。

(3)现场补口时，异形管件防腐层难以与管体匹配。

(4)存在阴极保护电流屏蔽的弱点，一次投资较大，从外观难以判断防腐层质量，涂覆材料或工艺的不合格易导致 PE 层大面积剥离。

4. 3LPE 结构防腐层适用场合

(1)管线河流穿越段、石方段和回填条件较差管段。

(2)防腐预制厂离施工现场较远的管线、杂散电流干扰严重地域的管线。

5. 防腐层检漏

管道下沟前，防腐层要进行电火花检漏。检漏电压根据设计要求确定，3LPE防腐层一般为15～25kV。

七、双组分无溶剂涂层

其组分包括无溶剂环氧涂料和聚氨酯涂料。喷涂或刷涂前充分混合，靠涂料与固化剂之间的化学反应固化成膜。多用于地上结构，如工艺管道，底漆用无溶剂环氧涂料，面漆用无溶剂聚氨酯涂料。

1. 无溶剂环氧涂层的优、缺点

(1)与管材表面黏结力强，具有良好的耐水、耐化学剂浸蚀性能。

(2)耐紫外线性能差，固化慢，通常用于底漆或埋地结构防腐。

(3)对管材表面处理要求高，涂覆时易受昆虫破坏，可覆盖农膜进行防护。

2. 聚氨酯涂层的优、缺点

(1)固化快，耐紫外线性能强，具有良好的耐化学剂浸蚀性能。

(2)黏结力比无溶剂环氧涂层稍差，耐水性差，多用于地上设施面漆或干燥土壤中的结构防腐。

(3)对管材表面处理要求涂层高，涂覆时易受昆虫破坏，可覆盖农膜进行防护。

八、聚氨酯保温管道

聚氨酯保温管道由管道、防腐层、聚氨酯保温层、防水层、管道端部热缩防水帽构成(见图2－8)，广泛应用于原油加热输送以及城市供热管道。

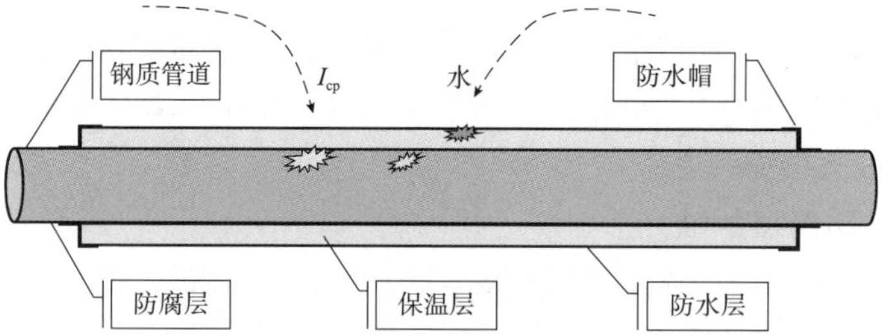

图2－8　聚氨酯保温管道结构

其端部采用防水帽，现场聚氨酯发泡，热缩带补口及防水。该管道存在阴极保护屏蔽问题，应研究相应的阴极保护方式，可以将金属丝网预埋在保温层下方并通过导线与土壤连接，将阴极保护电流引到保温层下方，一旦防水层破损水分进入，阴极保护电流可以沿铁丝网传导到防腐层破损点，为防腐层破损点提供保护电流。

第四节　管道补口和补伤

管道补口和补伤是管道防腐层维护的重要技术，现场对管道接头位置的环焊缝进行防腐，称为补口；对防腐层损伤部位进行修复，称为补伤。

一、热缩带补口和补伤

(1)采用热缩带补口和补伤，机械强度高，耐受土壤应力及机械损伤能力强，在国内得到广泛使用。

(2)质量控制难度大，从外观无法发现黏结不足等问题。

(3)管径大时，人工烤把加热难以均匀，管径大于900mm时，需要多人加热，不宜采用人工火把预热。存在阴极屏蔽(失效危险)问题，在干湿交替地区尤为严重，可采用中频加热以保证加热均匀。

二、阴极保护屏蔽问题

补口(或补伤)处阴极保护电流受到屏蔽，电流不能随水分跟进而发生腐蚀。

三、双组分无溶剂涂料补口和补伤

推荐采用双组分无溶剂涂料补口和补伤，其特点如下：

(1)具有良好的绝缘、耐水性能，具有良好的防腐性能，涂层质量可控。

(2)涂层缺陷可以由阴极保护提供保护，属于失效安全型补口方式。

(3)无溶剂环氧涂料固化时间较长，低温固化慢；聚氨酯涂料固化快，耐水能力较差。

四、热缩压敏带补口和补伤

(1)将热缩带基材下面的热熔胶改为压敏胶，直接用于管道补口和补伤，避免了热熔胶由于加热不均匀造成的黏结力差的问题，缠绕时要保证足够的张力，横向收缩10%。

(2)对管道预处理要求低，底胶处于半固化状态，防水性能好。

(3)适用于隧道穿越以及补口处修复。在土壤中使用时应注意土壤应力导致的补口(或补伤)带脱落。

第五节　管道防腐层修复及防护

一、管道防腐层修复及防护

(1)黏弹体加外护带防护：是在役埋地管道补口、防腐层修复的首选结构，对管道表面处理要求低，特别适用于强腐蚀、高水位地段。

(2)外加环氧玻璃钢复合结构防护：可用于山区、砾石戈壁段、海上钢桩水上部分防腐。

(3)管道异形件黏弹体防护。

二、定向钻管道防腐层防护

3LPE 防腐层容易被刮伤，刮伤后两侧的 PE 层容易起翘。FBE 涂层刮伤后，刮痕两侧涂层不会起翘，但会留下刮痕。在 3LPE 补口处，热缩带也容易脱落。目前多采用玻璃钢、光固化、环氧水泥防护层对防腐层进行防护。定向钻穿越管道防腐层的技术规范通常采用 Q/SY 1477—2012《定向钻穿越管道外涂层技术规范》，其评价参照 T/CSCP 0039—2021《管道定向钻穿越段防腐层评价标准》执行。

三、各类定向钻穿越防护层比较

(1)光固化防护层：适于低温光照好的环境，SY/T 6968—2021《油气输送管道工程水平定向钻穿越设计规范》没有推荐使用。

(2)玻璃钢防护层及环氧耐磨水泥类防护层：适用于正常的环境温度，不适用于低温环境，SY/T 6968—2021 推荐使用。

第三章　牺牲阳极阴极保护

第一节　牺牲阳极阴极保护概述

一、牺牲阳极阴极保护电流方向

电流自阳极经土壤流向管道，再从阳极和管道的连线流回到阳极，相当于给阴极通过导线输送电子，使铁原子不容易失去电子变成离子，电子只能到达电流能到达的地方，如图3－1所示。

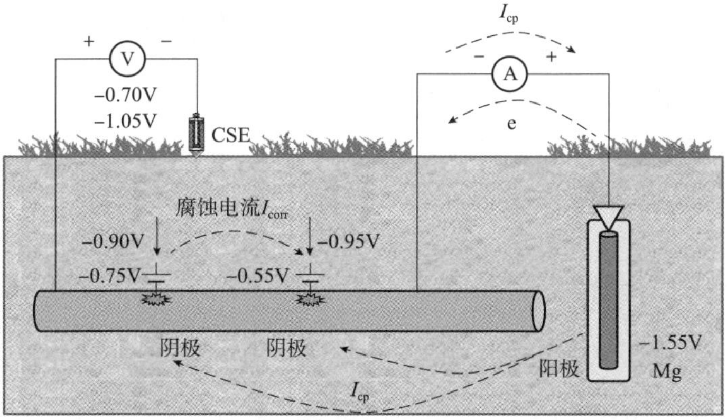

图3－1　牺牲阳极阴极保护电流路径

二、牺牲阳极材料要求

牺牲阳极的材料主要为镁、锌、铝。由于在提供保护的同时，阳极被消耗掉，所以这些阳极又被称为牺牲阳极。牺牲阳极材料要求为：

(1)电位足够负，电流输出要稳定，阳极材料的电容量要大。

(2)必须有高的电流效率，溶解均匀，腐蚀产物容易脱落。

(3)材料价格低廉，来源充分。

三、牺牲阳极阴极保护的优点

(1)应用灵活，易于安装，维护简单。

(2)不需要电源，不会对其他结构产生腐蚀干扰。

四、牺牲阳极阴极保护的缺点

(1)输出电流小，仅用于需求电流小的场合(一般小于1.0A)。

(2)驱动电压低，仅用于低土壤电阻率环境(小于50Ω·m，一般不超过100Ω·m)。

(3)阳极效率低，浪费大，性价比差。

五、牺牲阳极消耗量(用量)计算

牺牲阳极的理论电容量并非全部用于阴极保护，部分会由于自腐蚀而消耗掉。当85%的阳极被消耗后就认为阳极失去了效用，在设计中采用的阳极利用系数为85%。

牺牲阳极消耗量(用量)按以下公式计算：

$$W=\frac{I\times t\times 8766}{U\times Z\times Q}$$

式中 W——阳极质量，kg；

I——电流输出，A；

t——设计寿命，年；

U——利用系数，0.85；

Z——理论电容量，A·h/kg；

Q——理论阳极效率；

$Z\times Q$——实际电容量，A·h/kg。

六、牺牲阳极应用领域

(1)在低土壤电阻率环境中，需要阴极保护电流较小的场合；涂层差或裸露的阀门保护。

(2)杂散电流排放点保护；管网密集时提供保护；阴极保护电流受屏蔽区域的保护，如套管内部主管道的保护。

(3)储罐内壁以及海洋结构保护。

第二节　牺牲阳极及应用

一、镁牺牲阳极

1. 镁牺牲阳极的化学成分

镁牺牲阳极的化学成分见表3－1。

表 3－1　镁牺牲阳极的化学成分

序号	元素	标准型/%	镁锰型/%
1	Al	5.0～7.0	≤0.005
2	Zn	2.0～4.0	≤0.03
3	Mn	≥0.25	0.50～1.50
4	Fe	≤0.005	≤0.03
5	Ni	≤0.003	≤0.002
6	Cu	≤0.080	≤0.020
7	Si	≤0.30	≤0.05
8	其他杂质	≤0.30	≤0.30
9	Mg	余量	余量

2. 镁牺牲阳极的规格及尺寸

镁牺牲阳极的规格及尺寸见表 3－2，其形状见图 3－2。

表 3－2　镁牺牲阳极的规格及尺寸

质量/kg		*A*/mm		*B*/mm		*H*/mm		*L*/mm	
a	b	a	b	a	b	a	b	a	b
1.4	—	76.2	—	—	—	76.2	—	114.3	—
2.3	2	76.2	72	—	52	76.2	52	190.5	350
4.1	4	86.3	95	66	75	89	75	336	350
7.7	8	101.6	95	81.3	75	101.6	75	459	700
—	11	—	110	—	90	—	88	—	700
14.5	14	127	120	106.7	100	127	102	536	700
22.8	22	178	150	150	130	178	125	429	700
27.2	—	106	—	87	—	106	—	1524	—

注：a 表示铁芯为扁铁，b 表示铁芯为圆铁。

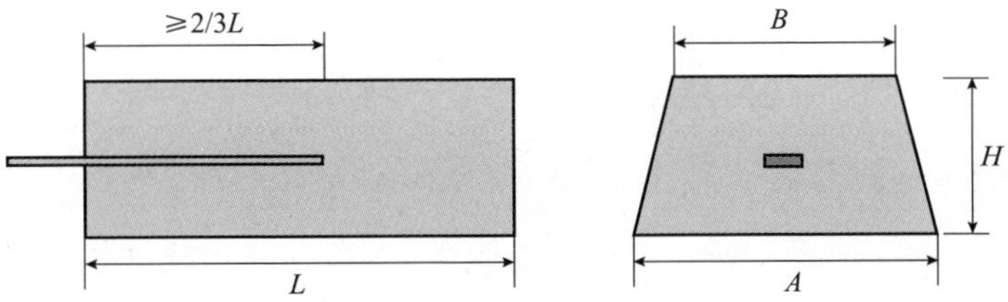

图 3－2　块状镁牺牲阳极形状

3. 带状镁牺牲阳极

带状镁牺牲阳极的规格及尺寸见表 3－3。

表 3－3　带状镁牺牲阳极的规格及尺寸

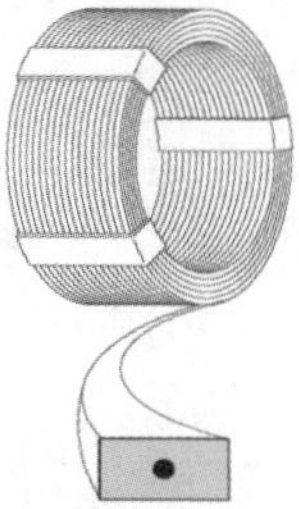	截面尺寸/(mm×mm)		9.5×19
	铁芯直径/mm		3.2
	阳极带线质量/(kg/m)		0.37
	输出电流线密度/(mA/m)	海水	2400
		土壤	10
		淡水	3

注：土壤条件下的电阻率为 50Ω·m，淡水条件下的电阻率为 150Ω·m。

4. 镁牺牲阳极的实际电容量

令 Q = 阳极理论效率(50%)，Z = 理论电容量(2200A·h/kg)，U = 利用系数(85%)，则

(1)理想状态下的实际电容量：$Z \times Q = 1100$A·h/kg。

(2)普通工况下的实际电容量：可根据阳极表面电流密度从关系曲线中查到。

开路电位(阳极与被保护结构断开后测量的阳极电位)：

(1)高电位镁牺牲阳极：$-1.77 \sim -1.82V_{CSE}$。

(2)镁合金牺牲阳极：$-1.57 \sim -1.60V_{CSE}$。

工作电位(阳极与被保护结构断开瞬时测量的阳极电位，即阳极极化电位)：

(1)高电位镁牺牲阳极：$-1.65 \sim -1.69V_{CSE}$。

(2)镁合金牺牲阳极：$-1.52 \sim -1.57V_{CSE}$。

5. 镁牺牲阳极寿命计算示例

22kg 的镁阳极，截面上边长为 130mm，下边长为 150mm，高度为 125mm，长度为 700mm，如图 3－3 所示。其表面积为：

$$S = (13\text{cm} + 15\text{cm} + 2 \times 12.5\text{cm}) \times 70\text{cm} = 3710\text{cm}^2$$

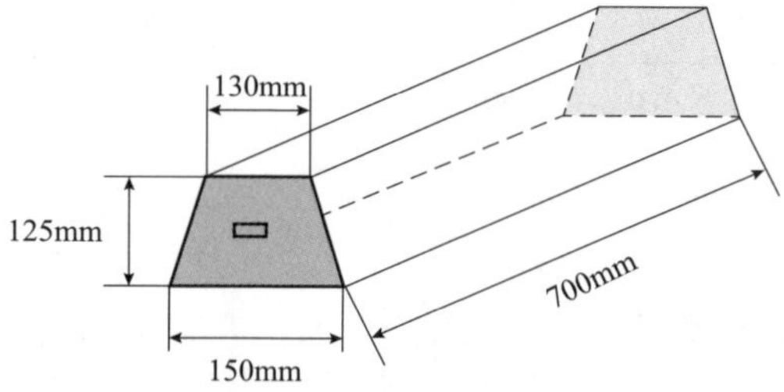

图 3－3　阳极尺寸

每支阳极输出电流为 26mA，则阳极表面电流密度为 26mA/3710cm^2 =

7.0μA/cm²，如图3-4所示。

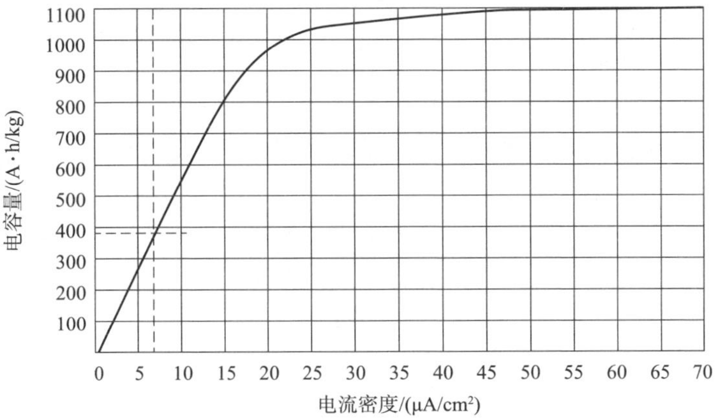

图3-4　阳极电流密度-电容量关系曲线

阳极实际的电容量($Z \times Q$)查图3-4中的关系曲线为390A·h/kg。

由公式$W=\dfrac{I \times t \times 8766}{U \times Z \times Q}$可得镁牺牲阳极的寿命为：

$$t=\frac{W \times U \times Z \times Q}{I \times 8766}=\frac{22\text{kg} \times 0.85 \times 390\text{A}\cdot\text{h/kg}}{0.026\text{A} \times 8766}=32\text{年}$$

即镁牺牲阳极的寿命为32年，如按理想电容量计算则其寿命为90年。

6. 镁牺牲阳极的应用场合

(1)适用于土壤电阻率为30～50Ω·m的环境，不宜在土壤电阻率大于100Ω·m的环境下应用。

(2)热点保护：镁阳极可以用来减小杂散电流的影响或对管道进行局部保护，如防腐层破损点、阀室或套管处的保护。

(3)地下管网密集，采用外加电流阴极保护会产生腐蚀干扰的区域。

因为镁阳极与钢铁碰撞会产生电火花，所以在防爆区域安装镁阳极时要特别注意。

7. 镁牺牲阳极应用注意事项

(1)当土壤电阻率高时，阳极表面容易发生钝化，进一步增大接地电阻，使阳极输出电流进一步减小，电位偏正。

(2)温度升高时，其自身腐蚀加剧，效率降低。最高使用温度可以达到100℃。

(3)在海水中，其寿命很短，可能导致涂漆鼓包，不宜采用。

二、锌牺牲阳极

1. 锌牺牲阳极的化学成分及电化学性能

锌牺牲阳极的化学成分见表3-4，其电化学性能见表3-5。

表 3－4　锌牺牲阳极的化学成分

元　素	锌合金/%	高纯锌/%
Al	0.1～0.5	≤0.005
Cd	0.025～0.07	≤0.003
Fe	≤0.005	≤0.0014
Pb	≤0.006	≤0.003
Cu	≤0.005	≤0.002
其他杂质	总含量≤0.1	—
Zn	余量	余量

表 3－5　土壤中块状锌牺牲阳极的电化学性能

型　号	开路电位（相对 SCE）/V	理论电容量/（A·h/kg）	实际电容量/（A·h/kg）	电流效率/%	消耗率/[kg/(A·a)]
			在土壤中，0.03mA/cm^2 条件下		
锌合金、高纯锌	≤－1.03	820	≥530	≥65	≤17.25

2. 锌牺牲阳极的规格及尺寸

锌牺牲阳极的规格及尺寸见表 3－6、表 3－7，其形状见图 3－5。

表 3－6　带状锌牺牲阳极的规格及尺寸

阳极型号	ZR－1	ZR－2	ZR－3	ZR－4	锌带形貌
截面尺寸/（mm×mm）	25.40×31.75	15.88×22.22	12.70×14.28	8.73×10.32	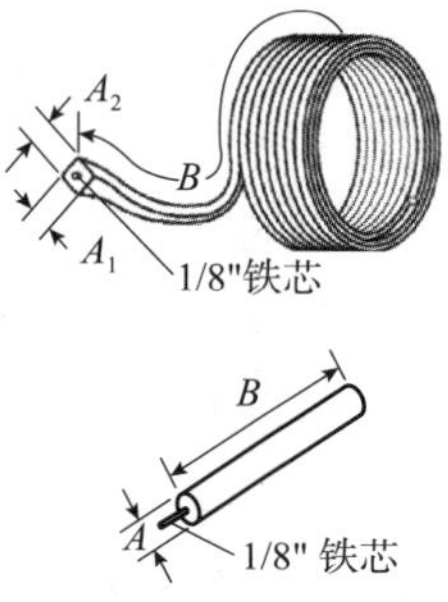
阳极带线质量/（kg/m）	3.57	1.785	0.893	0.372	
铁芯直径/mm	4.70	3.43	3.30	2.92	
标准卷长/m	30.5	61	152	305	
标准卷内径/mm	900	600	300	300	
铁芯的中心度偏差/mm	－2～2				

注：阳极型号中 Z 代表锌，R 代表带状，后面数字为系列号。

表 3－7　块状锌牺牲阳极的规格及尺寸

型　号	阳极规格/(mm×mm×mm)	铁芯尺寸/mm				参考净质量/kg
	$A\times(B_1+B_2)\times C$	D	E	F	G	
ZP－1	1000×(78＋88)×85	700	100	16	30	≥49
ZP－2	1000×(65＋75)×65	700	100	16	25	≥32
ZP－3	800×(60＋80)×65	600	100	12	25	>24.5
ZP－4	800×(55＋64)×60	500	100	12	20	>21.5
ZP－5	650×(58＋64)×60	400	100	12	20	≥17.6
ZP－6	550×(58＋64)×60	400	100	12	20	≥14.6
ZP－7	600×(52＋56)×54	460	100	12	15	≥12
ZP－8	600×(40＋48)×45	360	100	12	15	≥8.7

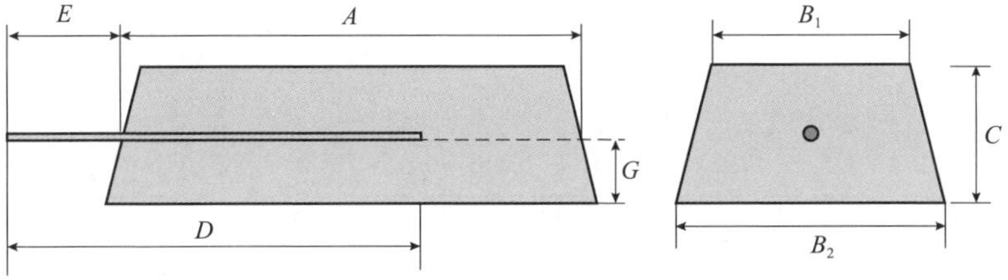

图 3－5　块状锌牺牲阳极

用于锌阳极的铁芯表面应镀锌，阳极体与铁芯之间的接触电阻应小于 0.01Ω。

3. 锌牺牲阳极的电化学性能

(1)电流效率 Q：95%；

(2)理论电容量 Z：827A·h/kg；

(3)利用系数 U：85%；

(4)开路电位：$-1.10V_{CSE}$；

(5)工作电位(阳极瞬时断电)：$-1.0 \sim -1.05V_{CSE}$；

(6)环境温度：<49℃。

4. 锌牺牲阳极应用注意事项

(1)当环境中存在大量氧气及碳酸盐(如某些山地、石灰岩地区)或在碱性环境(如定向钻泥浆)中时，锌阳极电位发生正向偏移甚至会比钢的电位更正。

(2)当环境温度超过 54℃时，会加速锌阳极电位正向偏移，导致其保护作用失效(有不同的观点)。

(3)环境中有大量氯离子或硫酸根离子时，即便温度升高，锌的电位也不会逆转。即便锌阳极发生钝化，加入填料后其性能也会恢复。

5. 锌牺牲阳极的应用场合

(1)锌阳极与钢铁之间的电位差约为0.25V，电位差相对较小，所以一般仅用于土壤电阻率小于15Ω·m的土壤或海水中，最大不宜超过50Ω·m。

(2)可以用作接地电池或接地极。不论是块状还是带状锌阳极，都要放入填料中。

(3)需要加热的原油储罐、定向钻泥浆环境不能用锌阳极，保温管道不能用富锌底漆。

三、铝牺牲阳极

1. 铝牺牲阳极的化学成分

铝牺牲阳极的化学成分见表3-8。

表3-8 铝牺牲阳极的化学成分

化学成分	Zn	In	Cd	杂质，不大于			Al
				Si	Fe	Cu	
含量/%	2.5~4.5	0.018~0.050	0.005~0.020	0.10	0.15	0.01	余量

2. 铝牺牲阳极的规格及尺寸

铝牺牲阳极的规格及尺寸见表3-9，其形状见图3-6。

表3-9 铝牺牲阳极的规格及尺寸

阳极型号	阳极规格/(mm×mm×mm)	扁钢铁脚尺寸及位置/mm				参考净质量/kg
	$A\times(B_1+B_2)\times C$	D	E	F	G	
AC-1	750×(115+135)×130	900	40	6	8~10	≥32
AC-2	500×(115+135)×130	650	40	4	8~10	≥22
AC-3	500×(105+135)×100	650	40	4	8~10	≥15
AC-4	300×(105+135)×100	400	30	4	8~10	≥9.7

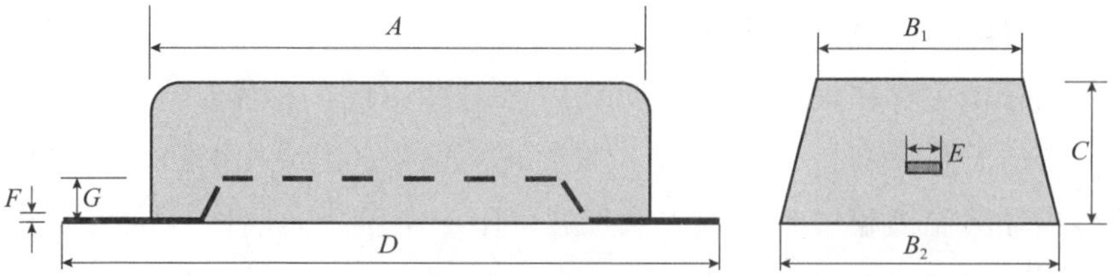

图3-6 铝牺牲阳极形状

3. 海洋结构铝牺牲阳极

海洋结构铝牺牲阳极的规格及尺寸见表3－10，其形状见图3－7。

表3－10 海洋结构铝阳极的规格及尺寸

阳极型号	阳极规格/(mm×mm×mm)	铁脚尺寸/mm				净质量/kg	毛质量/kg
	$A\times(B_1+B_2)\times C$	D	F	H	G		
AI－1	2300×(220＋240)×230	2.500	60	300	110	294.0	310.0
AI－2	1600×(200＋210)×220	1800	60	300	90	181.0	190.0
A1－3	1500×(170＋200)×180	1700	50	300	80	122.0	130.0
A1－4	900×(150＋170)×160	1100	40	300	70	55.0	58.0
AI－5	1500×(148＋178)×170	1800	25	65	65	114	120

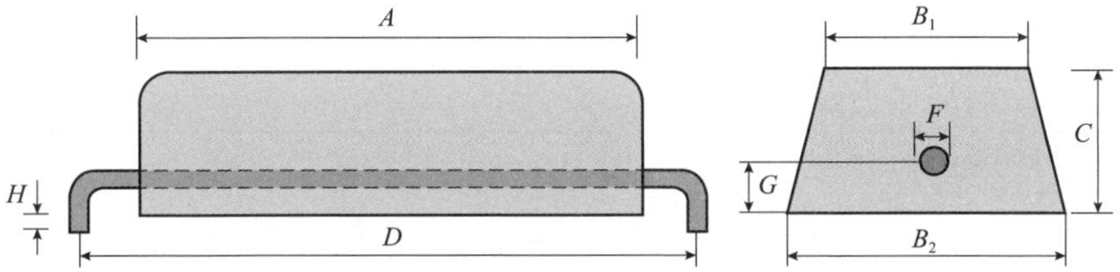

图3－7 海洋结构铝牺牲阳极形状

4. 铝牺牲阳极的电化学性能

(1)电流效率 Q：90%；

(2)理论电容量 Z：2500A·h/kg；

(3)利用系数 U：85%；

(4)开路电位：－1.05V_{CSE}。

5. 铝牺牲阳极应用注意事项

(1)阳极表面电流密度低时，实际电容量(电流效率)低。

(2)使用铝阳极的环境必须含有一定量的氯离子(氯离子含量大于11550mg/L)，基本用于海上结构以及原油储罐、油田污水罐内壁阴极保护，不能用于土壤及淡水环境中。

(3)淡水中氯离子含量小于200mg/L，海水中氯离子含量为19000～21000mg/L。

6. 铝牺牲阳极的应用场合

铝牺牲阳极可用于海上船舶、原油储罐内壁、海洋管道、跨海桥梁、钻井平台、海港码头。

铸造铝阳极(或镁阳极)时，铁芯要进行表面预处理或预热，铁芯冷却或镀锌过程中有可能导致铁芯附近出现空洞，水分进入后，阳极会从内部消耗。

四、牺牲阳极回填料

1. 牺牲阳极回填料的成分

牺牲阳极、双锌接地电池的回填料是由石膏粉、膨润土和工业硫酸钠组成的混合物，常规的牺牲阳极回填料的成分见表3－11。

表3－11　牺牲阳极回填料的成分

阳极类型	质量分数/%			适用土壤电阻率/Ω·m
	石膏粉	膨润土	工业硫酸钠	
镁合金牺牲阳极	50	50	—	≤20
	75	20	5	>20
锌合金牺牲阳极	50	45	5	≤20
	75	20	5	>20

注：所选用石膏粉的分子式为 $CaSO_4 \cdot 2H_2O$。

回填料可在室内预装，也可在现场包装。包装袋应采用棉布袋或麻袋，阳极棒应置于袋子的中央，填料均匀分布在袋子中，且密实均匀，四周填料至少应为50mm厚。填包料应拌匀，不得混入石块、泥土、杂草等。

2. 牺牲阳极回填料的作用

(1)如果直接将阳极埋设在土壤中，由于土壤成分的不同，会加剧阳极的自身腐蚀，并使阳极消耗不均匀。

(2)填料吸收、保持水分，降低阳极接地电阻，提高阳极效率，保证阳极表面均匀消耗。

(3)使腐蚀产物易于移开阳极表面。也有观点认为，填料的低电阻率会加大阳极自身的腐蚀。

(4)在水中应用时不用回填料。

五、牺牲阳极的漏电问题

参比电极位于阳极位置，当管地电位负于牺牲阳极开路电位(锌阳极为 $-1.10V_{CSE}$，镁阳极为 $-1.55V_{CSE}$ 或 $-1.75V_{CSE}$)时，阳极漏电(吸收阴极保护电流)，消耗阴极保护电流，如图3－8所示。惰性材料会一直消耗阴极保护电流，如图3－9所示。

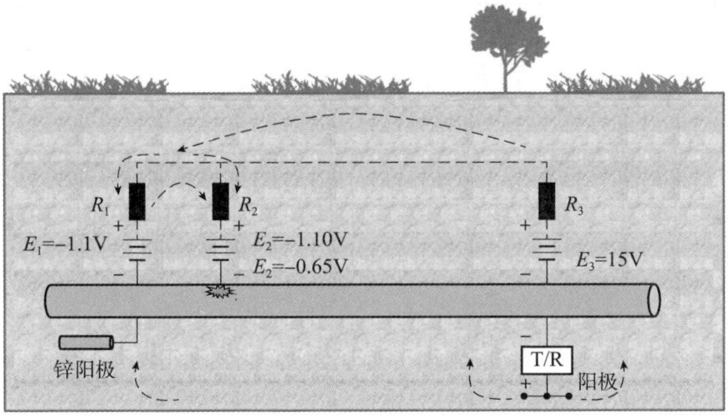

图3－8 活性材料消耗阴极保护电流

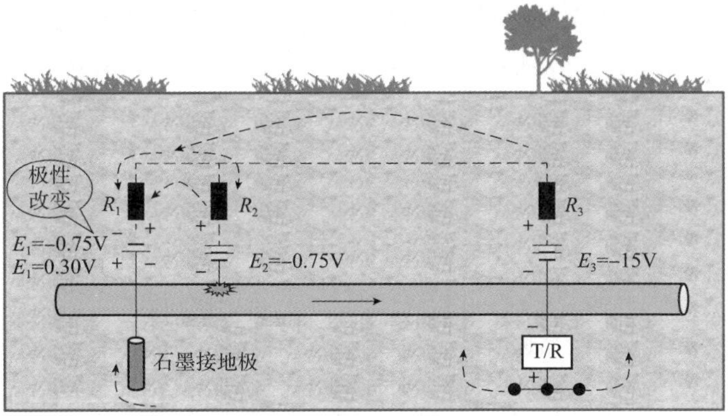

图3－9 惰性材料消耗阴极保护电流

第四章　外加电流阴极保护

第一节　外加电流阴极保护概述

一、外加电流阴极保护系统组成

外加电流阴极保护系统由整流电源 T/R、阳极地床、参比电极、连接电缆组成，利用外部电源给阴极保护系统供电，如图 4－1 所示。零位线是为避免阴极线 *IR* 降而设置的。参比管的用途为标记、注水、电极校对。

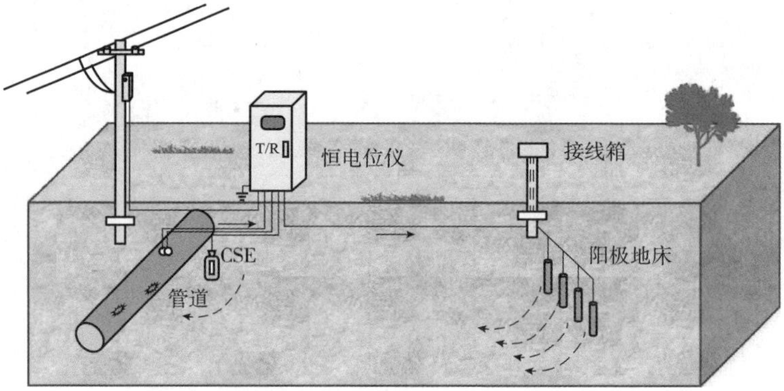

图 4－1　外加电流阴极保护系统

(1) 外加电流阴极保护是通过外部电源和辅助阳极施加电流，使电流从辅助阳极经周围介质(如土壤或水)流向被保护结构，从而抑制腐蚀，该技术称为强制电流阴极保护。

(2) 整流电源(恒电位仪)将交流电变成直流电，电流离开电源正极后，通过地床进入土壤，并通过土壤流向管道，在管道上的汇流点集中后，流向电源负极构成回路。

(3) 阳极地床是由多支阳极组成的接地极，将电流从电源输送到土壤(环境)中。

(4) 汇流点是电源负极电缆与被保护结构的连接点。

二、外加电流阴极保护的优点

(1)输出电压可以调节，可以用来保护大型甚至没有防腐层的埋地结构，其应用受土壤电阻率影响不大。

(2)对牺牲阳极已经失效的管道进行保护。

(3)可以用来排除杂散电流干扰。

(4)可用于大型热交换器、地上储罐底板、混凝土钢筋、钢桩、海洋岸边挡土板的保护。

(5)土方开挖量小，一座阴极保护站可以保护几十甚至上百公里管道。

三、外加电流阴极保护的缺点

(1)需要电源，日常维护费用高。距离管道一般大于50m，需要额外用地。

(2)需要检测邻近结构是否受到腐蚀干扰，并有破坏油漆、防腐层的危险。

(3)阳极电缆连接接头要严格密封，一旦与土壤接触，将很快腐蚀断开。

(4)需要谨慎连接电缆，若极性接错将加速腐蚀。

四、电缆绝缘层破损的影响

阳极电缆容易断缆，电源外电路断路85%以上是由阳极电缆故障造成的，因此阳极电缆密封应更为严格。牺牲阳极电缆绝缘层破损后，铜芯为阴极，受到保护不会被腐蚀，如图4－2所示。

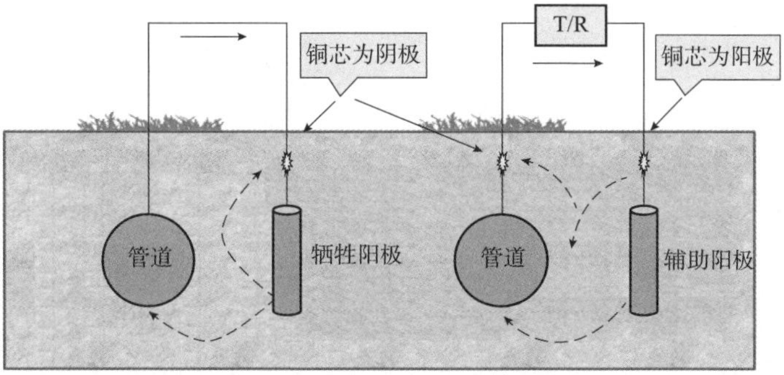

图4－2　电缆铜芯为阴极或阳极

第二节　阴极保护电源

一、变压整流电源(恒电位仪)

(1)根据变压整流方式的不同，可分为传统的变压整流器和开关电源变压整流器。

(2)要求可靠性高、寿命长、维修简单。

(3)输出电压、电流可调，具有抗过载、防干扰能力，输出端有防雷、防浪涌保护装置。

二、阴极保护电源工作模式

(1)恒电位输出工作模式：保持汇流点电位在设定值，适用于正常或电位波动缓慢的管道保护，如图 4－3 所示。

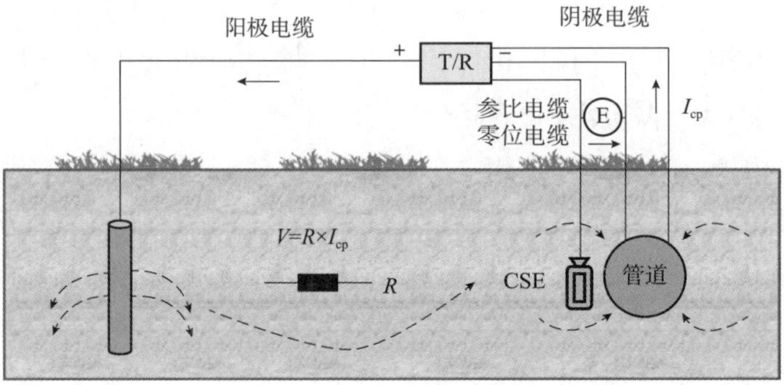

图 4－3　恒电位输出工作模式

(2)恒电流输出工作模式：输出电流恒定，适用于受动态直流杂散电流干扰的管道及区域保护，如图 4－4 所示。

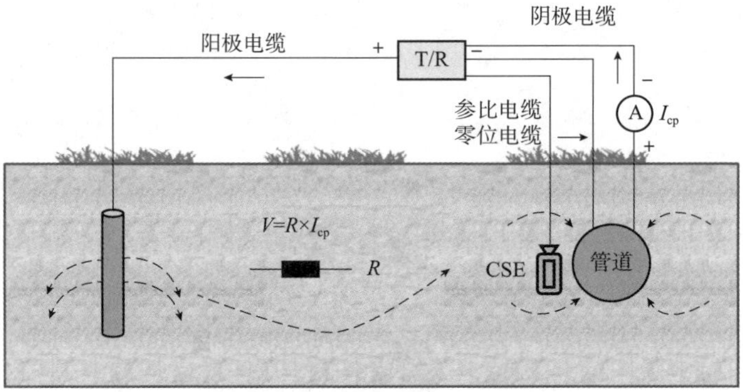

图 4－4　恒电流输出工作模式

(3)恒电压输出工作模式：输出电压恒定，适用于受动态直流杂散电流干扰较严重的管道保护，如图 4－5 所示。

(4)恒断电电位工作模式：监控检查片断电电位，保持检查片断电电位在设定值，适用于受动态直流杂散电流干扰非常严重的管道保护，如图 4－6 所示。

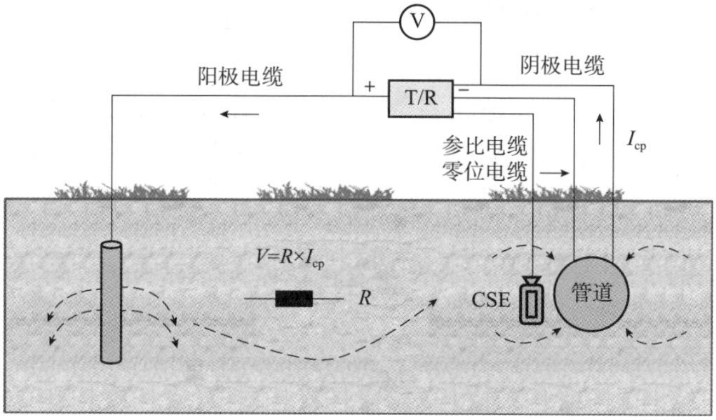

图4－5　恒电压输出工作模式

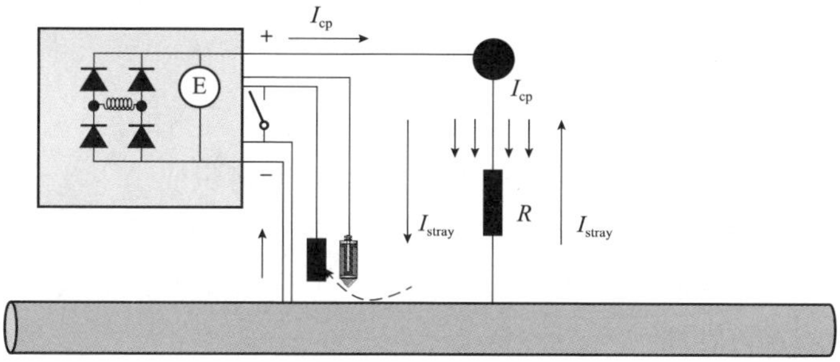

图4－6　恒断电电位工作模式

三、其他阴极保护电源

太阳能电源、风电电源，需要蓄电池。热电发生器，需要燃气。任何变压整流装置，增加防雷以及电位显示仪表后，都可以作为阴极保护电源使用。

第三节　外加电流阴极保护阳极

一、对阳极的要求

(1)任何导电材料都可以用作阴极保护阳极。出于经济方面的考虑，一般选用经济耐用的导电材料。

(2)以下材料由于消耗率很低，常用作阳极材料：①高硅铸铁阳极；②混合金属氧化物阳极；③镀铂钛阳极；④铝阳极(用于淡水罐内壁保护，避免水受污染)。

二、阳极的化学反应

(1)当阳极材料为非耐腐蚀材料时，阳极反应为金属材料的氧化：

$$M = M^{2+} + 2e,\ M^{2+} + 2H_2O = M(OH)_2 + 2H^+$$

(2)当阳极材料为惰性材料时，阳极反应为氯离子氧化或水的电解：

$$2Cl^- = Cl_2\uparrow + 2e,\ 2H_2O = O_2\uparrow + 4H^+ + 4e$$

(3)当阳极材料被碳粉回填时，也会发生焦炭的氧化：

$$C + H_2O = CO\uparrow + 2H^+ + 2e,\ C + 2H_2O = CO_2\uparrow + 4H^+ + 4e$$

三、高硅铸铁阳极

1. 硅铁阳极的化学成分

硅铁阳极的化学成分见表4－1。

表4－1　硅铁阳极的化学成分

元素	Si	Mn	C	Cr	P	S
含量/%	14.25～15.25	0.5～1.5	0.80～1.05	4～5	≤0.25	≤0.10

2. 硅铁阳极的电化学性能

(1)阳极消耗率：0.45～0.5kg/(A·a)；工作电流密度：5～80A/m^2。

(2)引线长度为1.5m，引线与阳极之间的接触电阻应小于0.01Ω；接头密封可靠，表面无明显缺陷。

(3)单支阳极(50mm×1500mm)的输出电流一般不超过3.0A。

3. 硅铁阳极的应用

(1)硅铁阳极价格便宜，已经使用了几十年，可应用于各种环境，具有良好的使用记录。

(2)在氯离子较多的环境(如海水)中使用时，阳极中添加4%～5%的铬。

(3)电缆与阳极在阳极内中心部位连接，减小端部效应。

4. 硅铁阳极端部效应

硅铁阳极端部效应是指电缆与硅铁阳极连接处优先腐蚀的现象，如图4－7所示。

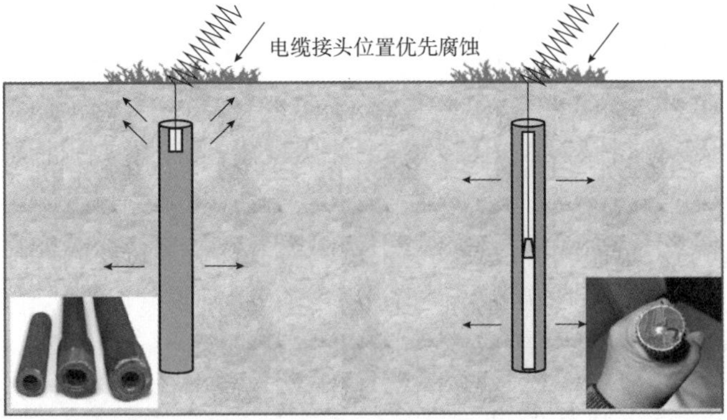

图4－7　阳极端部效应

将与电缆连接的金属块固定在阳极孔内，用密封胶密封，使阳极均匀消耗，可避免端部效应。

5. 预包装阳极

将阳极预装在铁皮筒内，以方便现场安装。在沼泽地带或水网地带应用时，可以不用填料。

四、混合金属氧化物(MMO)阳极

1. 混合金属氧化物阳极简介

(1)该阳极是将混合金属氧化膜(铱、钽、钌金属氧化膜)烧制在预处理过的钛金属表面。氧化膜具有极强的耐氧化性和较好的导电性。

(2)20 世纪 60 年代初开始应用于氯碱行业，1971 年首次在意大利用于栈桥的阴极保护。

(3)海水中氧化膜为钌铱，淡水中氧化膜以铱钽为主，钌、铱价格相差较大。

2. 混合金属氧化物阳极的特点

(1)该阳极具有体积小、重量轻、安装方便等优点，可以制成筒状、棒状、网状。

(2)其自腐蚀电位为 $-0.066 \sim 0.1V_{CSE}$，工作一段时间后可以达到 $0.9V_{CSE}$。

(3)工作电流密度：土壤及淡水为 $100A/m^2$，海水为 $500A/m^2$；贵金属氧化膜消耗率：$<1.0mg/(A \cdot a)$。

3. 混合金属氧化物阳极的应用

(1)混合金属氧化物阳极已成为目前最为理想和最有前途的辅助阳极。

(2)阳极直径为 25mm、长度为 1000mm 的 MMO 阳极，当设计寿命为 20 年时，其输出电流为 8A。

(3)水分随电流离开阳极，导致阳极附近水分缺失，阳极接地电阻增大。考虑到水的电渗透问题，一般单支阳极设计电流输出不会大于 3A，如图 4－8 所示。

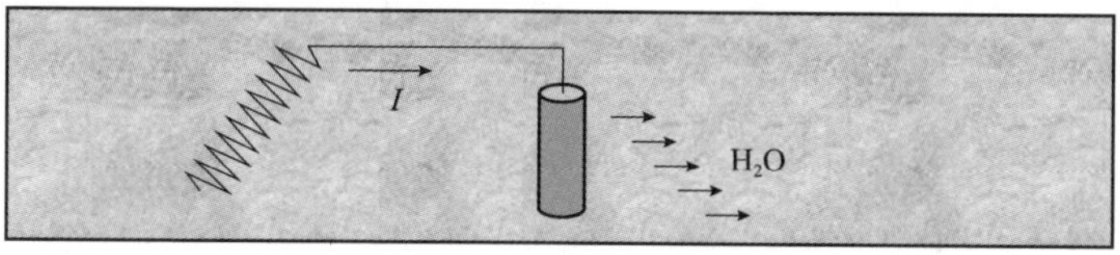

图 4－8　水的电渗透

(4)阳极寿命取决于贵金属氧化膜的厚度，但因为贵金属氧化膜的厚度很薄，难以测得，所以其质量取决于厂家的质量控制和信誉。近些年以来，贵金属价格攀升，铱钽(表面炭黑色)价格比钌铱(浅灰色)价格高出数倍，因此更要注重厂家信誉。

4. 混合金属氧化物阳极的击穿电压

(1)一般认为，在海水中，MMO 阳极的最高工作电压为 8～12V，在淡水及土壤中为 60V。

(2)研究发现，贵金属氧化膜破损后，钛金属表面形成导电性很差的二氧化钛氧化膜，由于贵金属氧化膜的分流作用，施加在二氧化钛氧化膜上的电压一般不会超过 2.0V，不需要考虑其击穿电压问题，如图 4－9 所示。

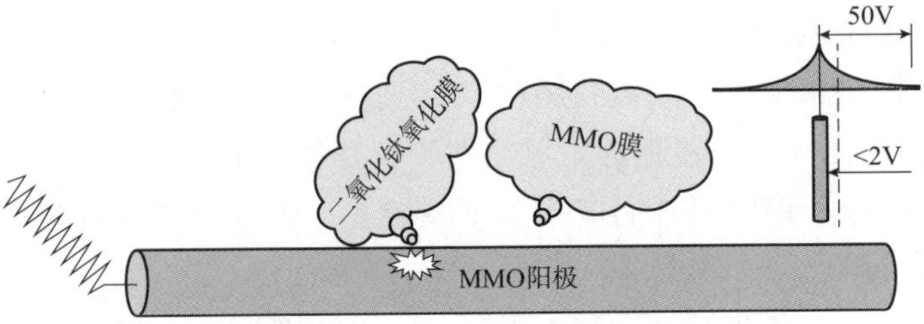

图 4－9　二氧化钛氧化膜被击穿

五、镀铂钛、镀铂铌阳极

这两种阳极是在钛基材或铌基材上烧结金属铂制成的，其体积小、重量轻、输出电流大、损耗低，通常用于容器内壁的阴极保护。但其耐酸性较差，对电源电压的稳定性要求高，正逐步被 MMO 阳极替代。

六、聚合物柔性(线性)阳极

1. 聚合物柔性阳极的结构

用导电聚合物代替电缆绝缘层，使得电流沿铜芯电缆流动时，有些电流经导电聚合物进入周围土壤，为附近的管道提供阴极保护电流。

2. 聚合物柔性阳极的工作原理

(1)聚合物柔性阳极是在铜芯上包覆导电聚合物而构成的连续性阳极，也称线性阳极。铜芯起电流传输的作用，而导电聚合物(聚合物中添加碳粉)则参与电化学反应。

(2)聚合物柔性阳极在土壤中使用时，需在其周围填充焦炭粉末而构成阳极地床，其在地床中的最大允许工作电流为 82mA/m。

3. 聚合物柔性阳极的应用

(1)由于可靠近被保护结构物铺设连续地床，因此可对埋地结构提供均匀、有效的保护。

(2)聚合物柔性阳极安装简便，特别适用于裸管或涂层严重破坏的管道、受屏蔽的复杂管网区的保护以及高电阻率的土壤中。

(3)聚合物柔性阳极应注意不能过度弯曲，因为如果过度弯曲，个别部位的大电流输出会导致阳极老化、断裂，当电流输出大时(比如靠近接地极)会使聚合物变脆、粉化。电缆接头位置应严格密封。

(4)安装时避免与接地网搭接，由于接地网与管道连通，管道连接电源负极，会导致短路。

七、MMO 柔性(线性)阳极

1. MMO 柔性阳极简介

(1)混合金属氧化物柔性阳极用钛丝阳极替代了导电聚合物。将钛丝阳极每隔 3 ~ 5m 与电缆连接一次，并放置在填料袋中，电流在电缆中流动时，经 MMO 阳极丝进入附近土壤。

(2)MMO 柔性阳极具有更好的机械强度，局部大电流输出也不会造成阳极的损坏，克服了聚合物柔性阳极的缺点。

(3)其缺点是 MMO 丝状阳极与电缆的连接点要严格密封。

2. MMO 柔性阳极的性能指标

(1)阳极体外径：40mm；

(2)阳极芯直径：1.0 ~ 2.0mm(单丝或多丝)；

(3)输出电流(最大)：300 ~ 1500A；

(4)设计寿命：≥30 年；

(5)碳粉电阻率：0.05 ~ 15Ω · cm；

(6)阳极质量：1.2kg/m；

(7)专用连接套件防水绝缘密封不少于 5 层。

八、阳极地床碳粉填料

1. 阳极地床碳粉填料的作用

(1)增大阳极与土壤的接触面积，从而降低地床接地电阻。

(2)将阳极电极反应转移到填料与土壤之间进行，部分碳粉参与氧化反应，延长了阳极的使用寿命，如图 4 - 10 所示。

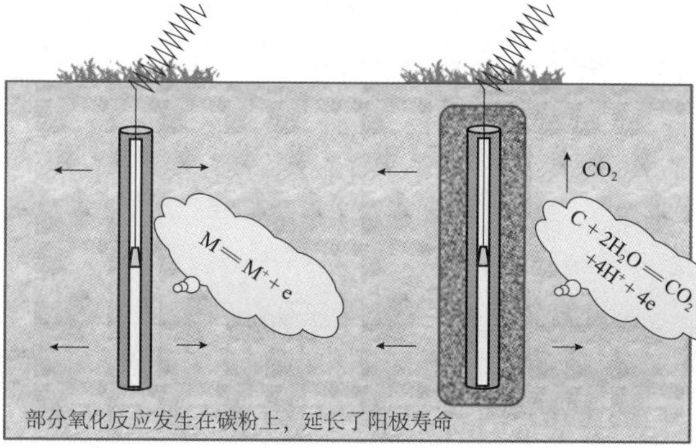

图 4 - 10　碳粉氧化反应

(3)填料可以消除气体堵塞(气阻)。

2. 阳极地床碳粉填料的种类

(1)煅烧石油焦炭：炼油副产品，其电阻小、密度大(约为冶金焦炭的2倍)、颗粒较均匀，质量容易保证，适合作深井阳极填料。

(2)冶金焦炭：炼钢厂副产品，由煤在无空气的环境下烧制而成，质量差异较大，其电阻率低于25Ω·cm。

3. 对填料的要求

(1)填料应成本低、来源广，常用焦炭作回填料。

(2)填料含碳量应大于95%，最大粒径应小于5mm，灰含量小于5%。

(3)填料厚度一般为10~15cm。

第四节　远阳极和近阳极

一、阴、阳极电压场

如图4-11所示，远方大地为零势面，当电流自阳极流向周围的零势面时，阳极上方地表将出现一个锥形的电压场，称为阳极电压场(电压升)；当电流自远方零势面流入阴极时，阴极上方将出现一个漏斗形电压场，为阴极电压场。

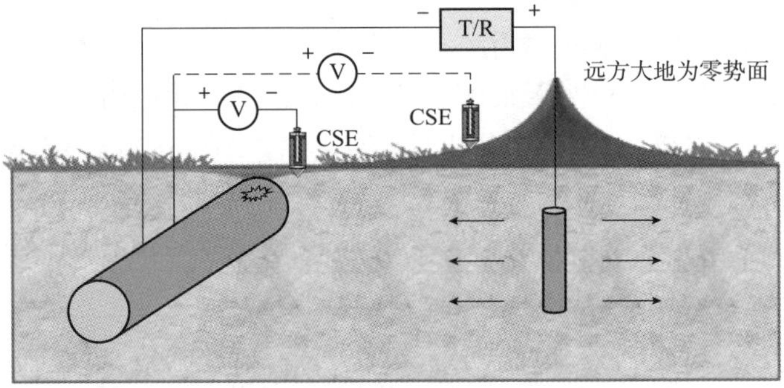

图4-11　阳极电压场

二、远阳极

阴、阳极电压场不重叠，管道在阳极电压场范围之外，为远阳极，如图4-12所示。管道相对于周围土壤电位偏负，保护范围大；电流扩散类似手电筒光照墙，远大近小。远阳极保护范围大。

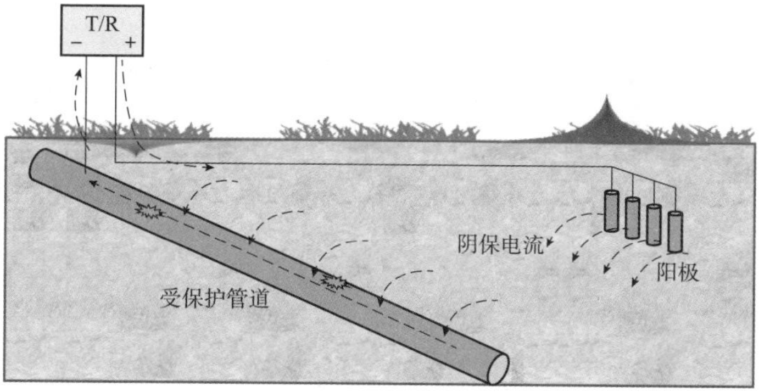

图 4－12　远阳极

三、近阳极

管道处于阳极电压场范围之内，阴、阳极电压场重叠，管道周围土壤出现电压升，为近阳极，如图 4－13 所示。近阳极保护范围小。

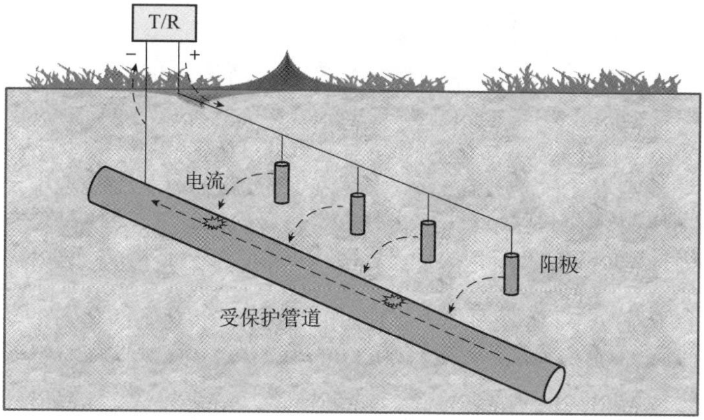

图 4－13　近阳极

第五章　阴极保护设施安装及验收

第一节　阴极保护设施安装要求

一、施工技术人员资质要求

根据规范要求，阴极保护技术人员要通过专业技术培训，并获得相应资质认证。

二、阴极保护设施安装方案

阴极保护设施安装前，要编写施工方案，明确每个项目的安装程序。主要项目包括：

(1)牺牲阳极的安装；

(2)阴极保护电源的安装；

(3)辅助阳极的安装；

(4)测试桩的安装；

(5)绝缘接头保护装置以及参比电极的安装。

第二节　牺牲阳极的安装

一、牺牲阳极的验收

(1)安装前的检查：应检查阳极合格证与产品化验文件，每支阳极的成分、质量要符合设计要求；阳极表面严禁油污或其他污染，否则应彻底清除干净。

(2)检查阳极电缆及接头有无破损，否则应重做绝缘密封和热缩。

(3)填包料进场前应检查是否有产品合格证，不允许减料和错装，拆除塑料包装袋及玻璃纤维编织袋，填料袋应用棉布袋。

二、块状牺牲阳极的安装

(1)阳极沿被保护结构分布，一般卧式或立式安装，埋设在冻土层以下。对于管道的阴极保护，阳极一般与管道底部平齐，距离管道一般不小于0.5m。管道防腐层良好时，卧式安装、立式安装以及是否靠近管道安装区别不大。几支阳极可以成组安装，通过测试桩与管道连接。安装前需拆除玻璃纤维袋及塑料包装袋。

（2）保护埋地管道时，根据保护电流的需求量，阳极的间隔可为几百米到几公里。

（3）在水环境下安装阳极时，其分布要尽量均匀，将其焊接或铆接在被保护结构上。

（4）在牺牲阳极与填包料组装时，应使阳极基本上处于填包料的中央位置，注意运输造成的错位（运输预包装阳极时应该竖直放置）。牺牲阳极与填包料组装后，入坑后应浸水50min以上，保证浸透。

三、牺牲阳极的典型安装

（1）牺牲阳极成组垂直于管道卧式安装，如图5－1所示。

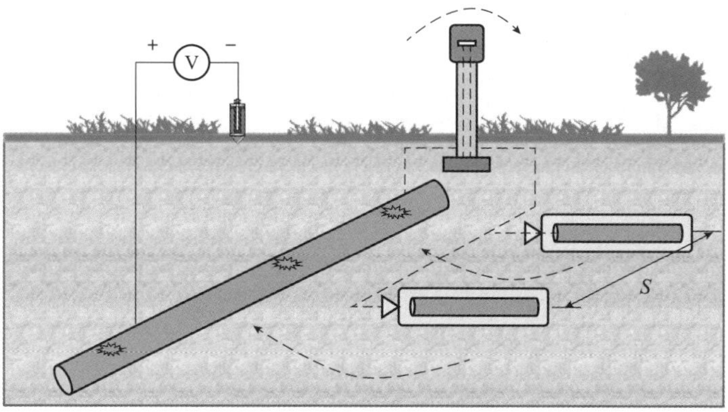

图5－1　阳极与管道垂直

（2）牺牲阳极成组平行于管道卧式安装，如图5－2所示。

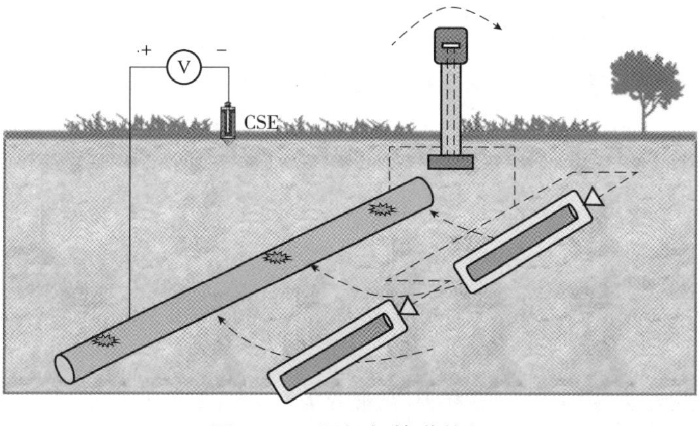

图5－2　阳极与管道并行

(3)牺牲阳极现场回填：牺牲阳极可以在工厂内预填包，也可以现场回填。现场回填时，要做到回填密实，没有空隙及杂物，如图5－3所示。

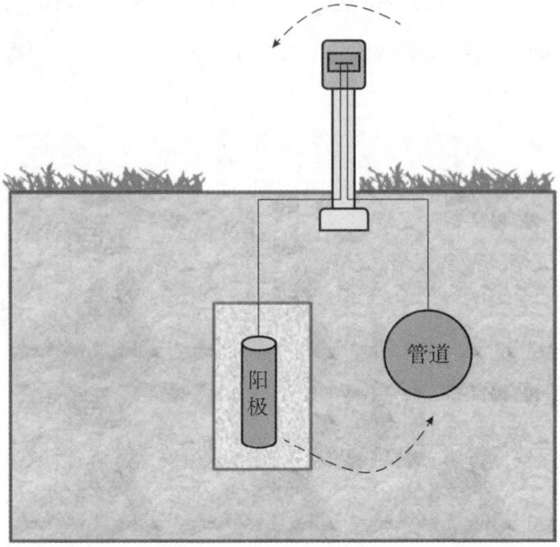

图5－3　现场回填

(4)避免牺牲阳极成堆安装，否则会增大阳极接地电阻。牺牲阳极不能用碳粉回填。

四、带状牺牲阳极的安装

1. 带状牺牲阳极的验收

(1)根据设计要求核对阳极带。

(2)首先将阳极带散卷，将阳极带在地面捋直，散卷时如果环境温度太低，应避免突然弯曲和过度弯曲，要慢慢散卷，以免阳极带折断(或加热)。根据设计要求截成规定长度。

(3)检查阳极带表面是否有油污，用抹布或砂纸清除杂物。

2. 带状牺牲阳极的安装

(1)根据设计要求，将带状阳极铺设在管道旁边，或缠绕在管道上，按要求连接电缆。

(2)镁带的施工方式与锌带相同，当使用镁带保护罐底板时，可以用镀锌扁铁从储罐中心延伸到储罐底板外侧，将每圈镁带的铁芯与扁铁焊接在一起。

(3)将电缆铜芯剥出20mm，用ϕ5mm×40mm的铜管套住铁芯以及电缆铜芯，并用液压钳压实。用万用表检查连接处的导通性，其接触电阻应不大于0.01Ω。

(4)用胶带密封接头处，并用热缩管收紧。

五、牺牲阳极安装验收

(1)阳极规格、安装位置、布线符合设计要求。

(2)镁阳极开路电位负于 $-1.55V_{CSE}$ 或 $-1.75V_{CSE}$。

(3)锌阳极开路电位负于 $-1.10V_{CSE}$。

(4)牺牲阳极的输出电流会根据土壤电阻率、被保护结构防腐层状况以及阳极用量有所差异，不能仅以阳极输出电流大小来判断牺牲阳极的性能。当阳极输出电流不足 1mA 时，应检查阳极电缆是否断缆或阳极塑料包装是否拆除。

第三节 阴极保护电源的安装

一、恒电位仪的安装

(1)恒电位仪附近应无妨碍通风、影响散热的设备。

(2)在危险区域，如罐区，应采用防爆型整流电源，否则应将整流电源安装在仪表间。

二、恒电位仪的验收

(1)目视检查恒电位仪机壳有无损伤，接线端子是否牢固，设备内部是否有松动或脱落的螺栓及器件。

(2)检查恒电位仪输入电压、输出电压及电流是否符合设计要求。

(3)检查设备配件、说明书、专用工具是否齐全，配电盘功率是否满足恒电位仪功率要求。

(4)根据接线图接线，输出电源极性应正确，在接线端子上注明“+”“-”等标识，并经万用表检查，确认接线正确。

(5)设备安装就位后，设备的机壳要有良好的接地。

三、电缆性质的判断

(1)电压为零的两根导线是零位接阴线和阴极电缆(管道线)，剩下的两根电缆是参比电极电缆和阳极电缆。

(2)红表笔连接管道线，测量与另外两根电缆之间的电流，如果电流为零或很小，则黑表笔连接的是参比电极电缆，如果有电流读数(一般小于 1A)，则黑表笔连接的是阳极电缆。

(3)测量导线之间的电阻，当电阻读数正反表笔都是零时，说明这两根电缆是管道线。

四、电缆的连接(见图 5-4)

(1)恒电位仪输出正极接阳极地床；

(2)恒电位仪输出负极接被保护结构；

(3)恒电位仪参比接长效参比电极；

(4)恒电位仪输出零位接被保护结构；

(5)恒电位仪机壳接地。

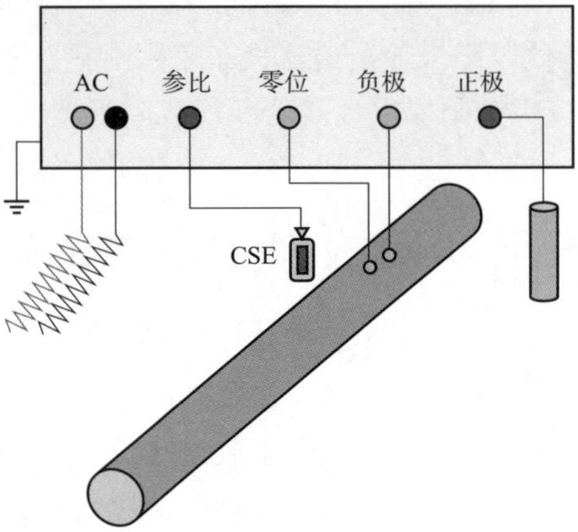

图5－4　电缆连接

五、恒电位仪安装验收

(1)电缆连接牢固，没有虚接或错接；调节选择开关及旋钮，应灵活有效。

(2)通电后，管地电位负向偏移。

(3)恒电位仪输出电压小于设备额定电压的70%。

第四节　辅助阳极的安装

一、辅助阳极的验收

(1)确认阳极类型、尺寸规格是否符合设计要求；检查阳极表面是否有制造缺陷，如裂纹、凹坑等；检查阳极电缆表面是否有破损，连接处密封是否完好。

(2)对于预填包阳极，要进行抽查，打开包装，检查阳极、填料及导线密封情况。

二、浅埋水平阳极地床的安装

(1)辅助阳极地床应尽量选择在土壤电阻率低的环境安装，以利于电流的输出，降低功率损耗。

(2)因高硅铸铁性脆、易断，在搬运、安装时应特别小心，以免摔碰而断裂，阳极应轻拿轻放。

(3)不能把阳极导线作为起吊工具，严禁用阳极引出线拉运阳极。

三、阳极地床回填料

(1)阳极四周填充焦炭填料，其粒度小于 ϕ5mm，含碳量大于95%，阳极上下部的焦炭厚度均为150mm，四周的焦炭厚度不小于150mm。

(2)焦炭中不得混入泥土等杂物，必须夯实后才能回填上面。高硅铸铁阳极电缆与阳极汇流电缆最好在接线箱内进行连接，以保证阳极电缆严格密封。

四、阳极电缆与主电缆连接及密封

阳极电缆接头部位密封非常关键，一般通过接线盒连接，并用热熔胶或环氧胶灌封。主电缆要上下铺砂盖砖进行防护，避免日后开挖受到损伤。

五、柔性阳极的安装

柔性阳极要沿被保护结构安装，距离管道应大于0.3m。避免触碰接地网，电缆接头应严格密封。阳极与接地网搭接将导致恒电位仪输出正、负极短路。

六、深井阳极地床的安装

1. 现场直接打井安装深井阳极

(1)打井完成后，为避免井壁坍塌以及阴极保护电流自地表扩散，在接近地面处放入约6m PVC套管。

(2)采用钢套管时，上部钢套管用胶带外缠绕或采用3LPE防腐层钢管。

(3)用清水置换井中的泥浆。将阳极以及定位架按设计间距捆绑在排气管上，将整串阳极放入井中，随后回填填料。

(4)地下水位较高时，用泥浆泵将稀释的填料用注料管从井下部打入井中，将水置换出来。用粗砂或砾石回填阳极井上部，以便气体排放。

2. 预包装深井阳极地床的安装

(1)为了便于施工，也可以将阳极预包装。排气管接通后，将阳极段吊起焊接组装。

(2)每支阳极的电缆($10mm^2$)都要引到地面。

(3)在铁皮筒表面打孔，以利于水分进入(尤其是对浅埋阳极)。

(4)成井后要及时下阳极，避免井壁坍塌。

3. 开孔深井阳极及闭孔深井阳极(见图5-5)

(1)开孔深井阳极：地下水位高时，阳极周围只有水介质，阳极悬挂在阳极井中。

(2)闭孔深井阳极：阳极周围用填料填充，阳极无法提出。

(3)采用开孔深井阳极时，电缆要具有耐氯气、氧气老化特性。

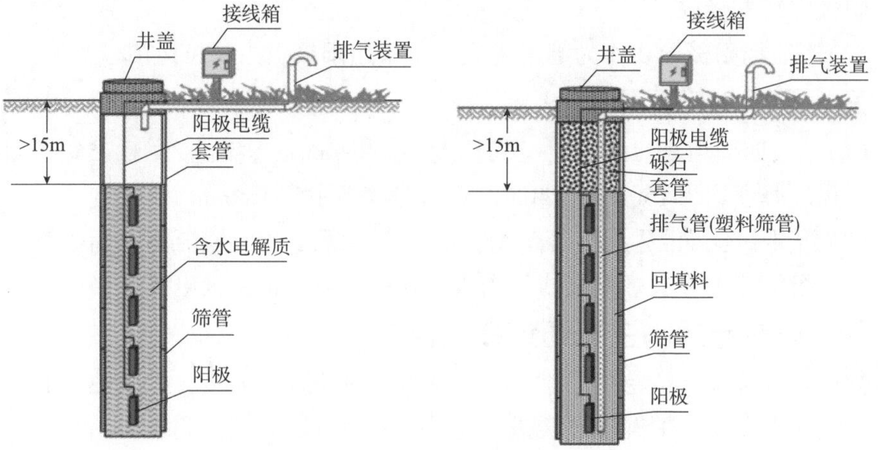

(a)开孔深井阳极地床(有套管)　　(b)闭孔深井阳极地床(有套管)

图5-5　开孔深井阳极及闭孔深井阳极

4. 深井阳极地床的地表装置

在阳极井顶部安装防护装置以及接线箱，可以用混凝土短管或箱涵替代国内常用的下水井盖式装置。阳极电缆接线箱位于井口处，将每支阳极电缆在接线箱内汇总，并连接来自恒电位仪的阳极电缆。

5. 深井阳极安装验收

(1)辅助阳极材料、安装位置符合设计要求。运行时，以恒电位仪输出电压不超过设备额定电压的70%为验收指标。

(2)通过恒电位仪输出参数计算阳极接地电阻，$R=\frac{V_{on}^{a}-V_{off}^{a}}{I}$，一般小于2.0Ω。

第五节　储罐底板阴极保护

一、防渗膜与阴极保护

(1)需要指出的是，在对储罐底板进行阴极保护时，应当尽量将阳极放置在储罐基础中，并且用防渗膜将阳极与储罐接地系统及工艺管道接地隔离，如图5-6所示。

(2)阳极位于罐周边时，其阴极保护效果有待验证，需要进行相应的检测，以确定其效果。

(3)当旧储罐基础中有防渗膜时，除非将阳极安装在防渗膜以内，否则无法追加阴极保护。

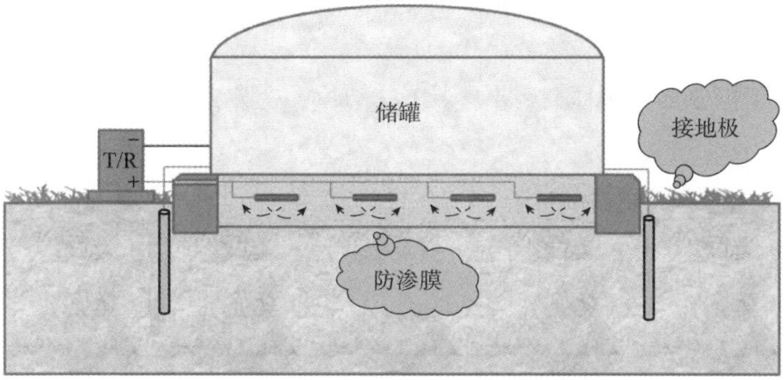

图 5－6　用防渗膜隔离阳极和接地极

(4)储罐底板与站内接地网及工艺管道隔离非常困难，应尽量利用防渗膜将储罐底板与站内系统隔离。对于新建储罐，该方法简便易行，效果明显。

(5)防渗膜由厚度约为 1.0mm 的地膜构成，搭边处用热熔焊黏结，以保证防渗膜的完整性。必要时，可上下铺设土工布，以避免防渗膜被碎石或尖锐物质扎破。

二、牺牲阳极阴极保护及防渗膜

新建储罐应将牺牲阳极放置在防渗膜内侧，接地极放置在防渗膜外侧，以避免阴极保护电流经接地极流回电源负极，保证阴极保护效果，如图 5－7 所示。

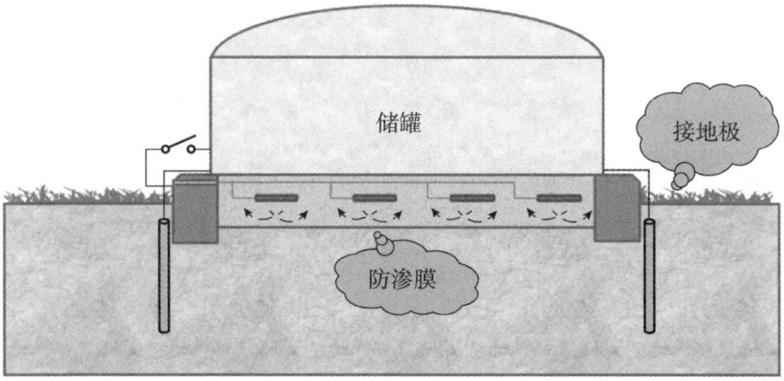

图 5－7　用防渗膜隔离牺牲阳极和接地极

三、网状阳极阴极保护

将阳极放置在储罐基础内，使阴极保护电流分布更加均匀，也避免了阴极保护电流的流失。可以将长效参比电极(饱和硫酸铜和纯锌)埋设在储罐底板中心位置，这样对储罐中心位置的电位测量更准确。安装土壤管，将参比电极延伸至储罐底板中心部位。

1. 储罐底板网状阳极组成

(1)网状阳极：由贵金属氧化物阳极带与钛导电连接片交叉焊接而构成的

外加电流阴极保护辅助阳极，埋设在储罐基础内，为储罐底板提供阴极保护电流。

(2)网状阳极系统：由阳极带、钛连接片、电缆接头、电缆、参比电极以及电源组成。

2. 储罐底板网状阳极结构

储罐底板网状阳极的结构如图 5-8 所示，其参比电极的布置如图 5-9 所示。

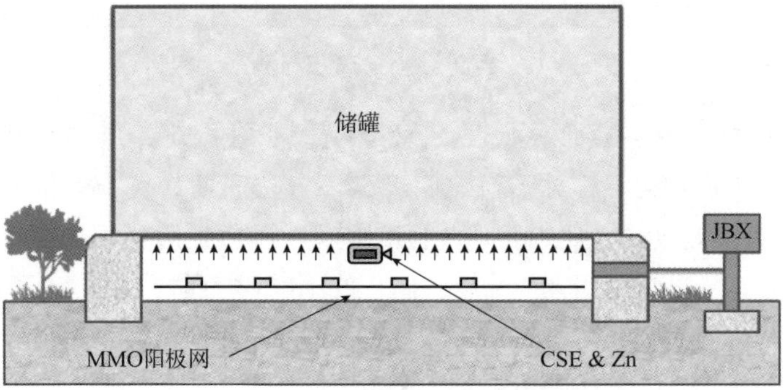

图 5-8 储罐底板网状阳极的结构

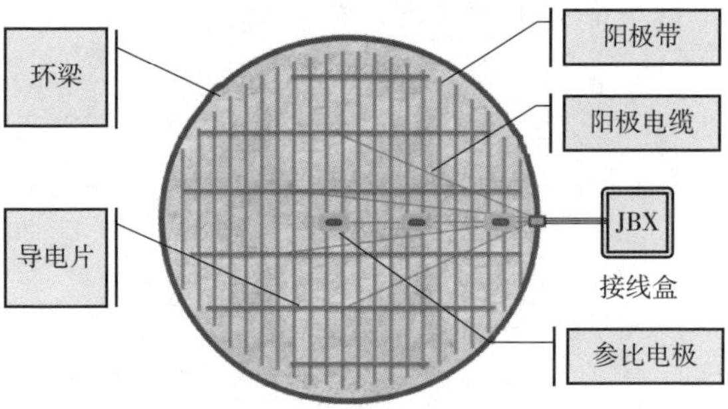

图 5-9 参比电极的布置

3. 储罐底板网状阳极的优点

(1)电流分布非常均匀，输出可调，保证储罐被充分保护。

(2)产生的杂散电流很小，不会对其他结构造成腐蚀干扰。

(3)安装简单，由于大量工作已经在工厂内完成，质量容易保证。

(4)不易受以后工程施工的损坏，使用寿命长。

4. 储罐底板网状阳极的缺点

(1)阳极反应产生氧气，氧气渗透到储罐底板导致去极化。为了避免阳极反应产生氧气，国内经常在阳极带上铺碳粉，是否有效还有待研究，国外铺设阳极网时不用碳粉覆盖。

(2)施工不规范时，参比电极靠近阳极网，所测量的储罐底板对地电位中含有大部分 *IR* 降，储罐底板电位甚至接近电源输出电压。因此安装时一定要让参比电极靠近罐底板，远离阳极网。

(3)用断电电位或100mV 阴极极化指标(参比电极失效后)控制恒电位仪的输出电流。

5. 网状阳极安装验收

阳极带表面颜色均匀，密实，没有花斑及刮伤；按设计铺设焊接后，用沙袋压制，用碳粉覆盖；焊点牢固，保证阳极电缆连通，阳极电缆之间的电阻一般小于1.0Ω。具体验收要求如下：

(1)阳极带与导电片的焊接点牢固。

(2)参比电极填包料安装前已浸泡。

(3)参比电极位于阳极带中间，与两边阳极带距离相等。参比电极靠近阳极带或参比电极与阳极带间隔有差异，将导致参比电极电位读数差异巨大，而且通电电位接近恒电位仪输出电压；恒电位仪基本上不能恒电位输出，要采用恒电流输出模式，并以断电电位评价保护效果。

(4)阳极电缆应严格防护，通过镀锌钢管延伸至圈梁以外，钢管内衬塑料或橡胶垫层。焊机把钳最好上下均为针状，由于国内没有专用焊机，常用铜板代替针状焊钳，易导致热量分散、焊接不牢固，焊机电缆过长时也会影响焊接质量。

(5)阳极网安装检查重点：填砂高度、划线、开沟检查，钛连接片、阳极带、阳极电缆铺设、焊接检查，参比电极位置及阳极带间隔检查，焊接牢固性、导通性检测。

四、柔性阳极储罐底板阴极保护

将柔性阳极(线性阳极)铺设在储罐基础中，由于柔性阳极间隔较大，因此需注意阴极保护电流的均匀分布问题。无论是网状阳极还是柔性阳极，由于参比电极距离阳极很近，通电电位容易负向偏移，甚至接近恒电位仪输出电压，因此验收及运行时，应使用断电电位控制电流输出。

五、带状牺牲阳极储罐底板阴极保护

将镁带铺设在储罐基础中，将铁芯连通后引至储罐外侧，待储罐建成后与储罐连接，再用牺牲阳极填料回填镁带。

六、罐底板中心部位电位测量

预埋带有端部渗透膜的塑料管(测试管)，注满水后，在储罐外面测量储罐中心保护电位，如图5-10所示。

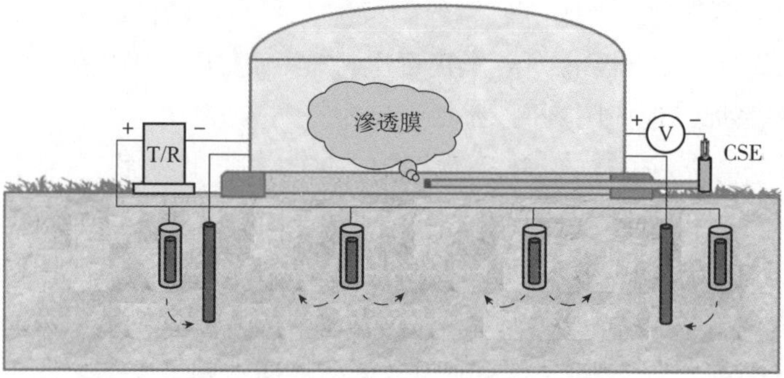

图 5－10　安装测试管

七、已建储罐底板阴极保护

（1）将阳极沿储罐周边安装，大部分阴极保护电流进入储罐底板边缘及站内接地网，如图 5－11 所示。储罐具有防渗膜时，不能为储罐底板提供保护。

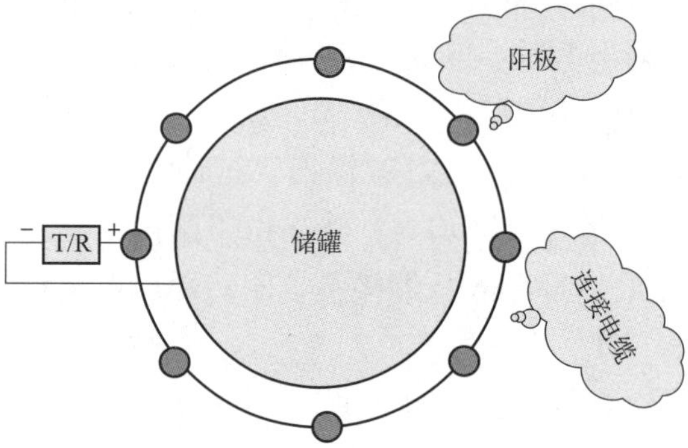

图 5－11　储罐周边阳极布置

（2）安装储罐底板阴极保护斜井阳极，采用打斜井的方式，尽量使阳极靠近储罐底板中心，为储罐底板中心部位提供更多的阴极保护电流，如图 5－12 所示。

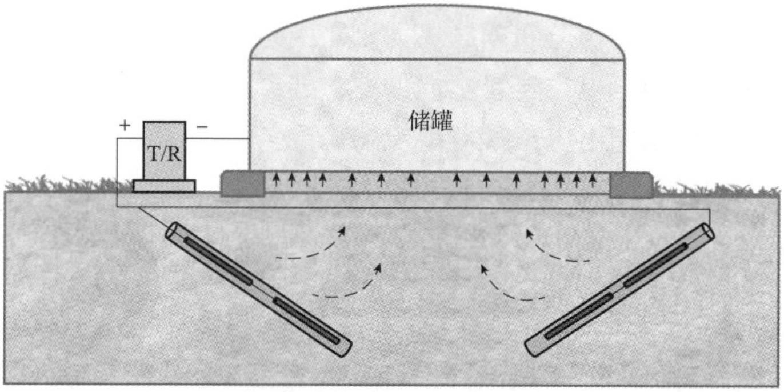

图 5－12　斜井阳极

（3）安装深井阳极，如图 5－13 所示。

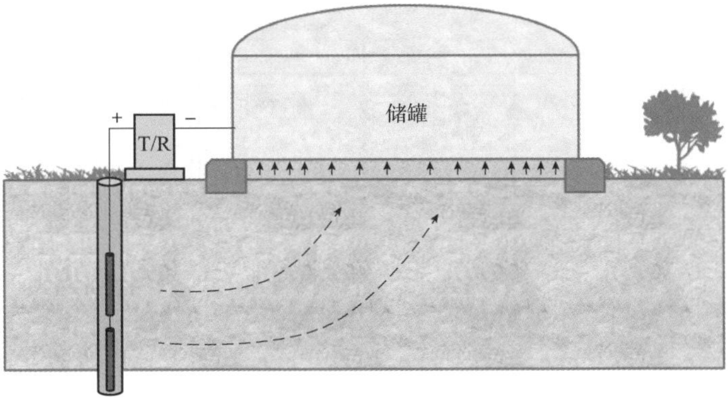

图 5－13　深井阳极

八、储罐与站内设施的隔离

储罐上接地众多，难以隔离，最好建罐时在储罐基础内安装防渗膜，将阳极与接地极隔离，减小阴极保护电流的损失。当站内只有少量埋地管道阴极保护时，可以用防渗膜隔离阳极与站场接地极。

九、储罐内壁阴极保护

1. 原油储罐内壁阴极保护

(1) 由于原油中含有水，在储罐中水会沉积在储罐底部，引起腐蚀。所以，储罐除了在底板及部分壁板上涂刷涂料外，还要采取阴极保护。

(2) 由于原油中的水分含盐量大，腐蚀性强，所以阴极保护多采用铝阳极或锌阳极。

2. 垃圾渗滤液硝化罐内壁阴极保护

垃圾渗滤液硝化罐壁板采用搪瓷防腐层，拼板用螺栓连接，内壁可以采用牺牲阳极阴极保护或外加电流阴极保护，如图 5－14、图 5－15 所示。由于垃圾渗滤液电阻率较低，也可以考虑用锌阳极做保护。

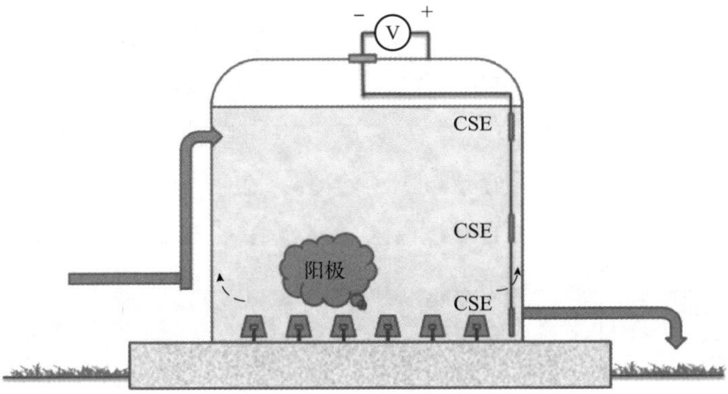

图 5－14　牺牲阳极阴极保护

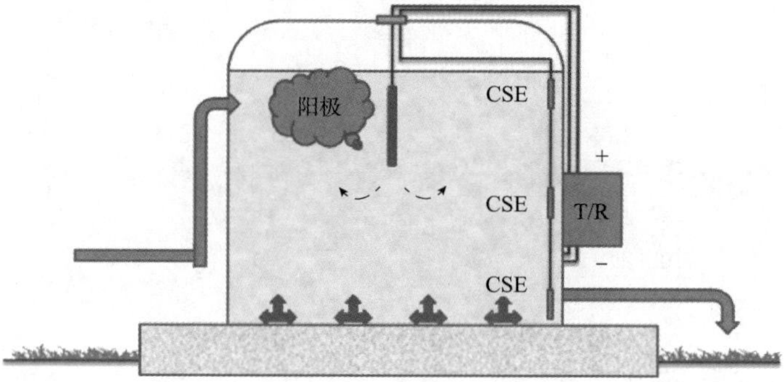

图 5-15　外加电流阴极保护

(1)硝化罐通常由搪瓷钢板以及不锈钢处理设备组装而成。

(2)垃圾渗滤液电阻率低(一般小于 100Ω · cm)，腐蚀性强，对于有涂层的储罐内壁，保护电流密度可以按 $8mA/m^2$ 考虑(储罐内有不锈钢曝气设备)。

(3)阴极保护可以极大地延长储罐寿命。阳极安装在储罐底部，也能为储罐壁板提供均匀的保护。新建罐可以将牺牲阳极安装在混凝土基础中，已建罐可以通过人孔安装外加电流阴极保护。外加电流阳极最好处于储罐中心部位，绑扎在尼龙绳或安装在多孔塑料管内，尼龙绳下部安装重物或固定在储罐底部。

第六节　阴极保护绝缘及保护装置

一、电气绝缘装置

绝缘装置的作用是限制阴极保护电流在指定的范围内，与其他金属结构或环境进行电气绝缘，防止阴极保护电流的散失，使阴极保护系统有效。为了实现以上目标，经常使用的装置是绝缘法兰和绝缘接头。

(1)绝缘法兰与普通法兰的结构相似，不同的是绝缘法兰中间采用绝缘垫片，每个螺栓都加绝缘垫圈和绝缘套管，使两片法兰完全绝缘(绝缘套管及绝缘垫片要具有一定的耐电冲击能力)。安装后，表面用密封胶严格密封，防止灰尘落入法兰盘缝隙。绝缘法兰最好在工厂内组装，在现场直接与管道焊接。

(2)绝缘接头在工厂内预组装，可避免现场组装时因潮湿、风沙等对绝缘性能的影响。火花间隙安装在绝缘接头与隔离的管节之间，应尽量缩短火花间隙两侧的电缆长度。整体性绝缘接头指标如下：

①强度试验压力为设计压力的 1.5 倍，时间不少于 30min。

②用 1000V 兆欧表测量的绝缘电阻大于 20MΩ。

③施加工频电压3000V，60s内无绝缘损坏和表面电弧，1.5kV涂层检漏无漏点。

二、绝缘接头安装位置

(1)管道与站、库的连接处；管道所有权改变的分界处；干线管道与支线管道的连接处；杂散电流干扰区；异种金属、新旧管道连接处；裸管和涂敷管道的连接处；采用电气接地的位置；大型跨越管段的两端。

(2)当站内有区域阴极保护时，绝缘接头的安装位置要远离站场(最好大于60m)；当站内没有区域阴极保护时，绝缘接头最好安装在管道出地面的位置。

(3)在大型跨越处，为了避免钢桁架接地影响阴极保护，在跨越段两端要安装绝缘接头，为了保证上下游阴极保护的连续性，需同时安装跨接线，如图5-16所示。

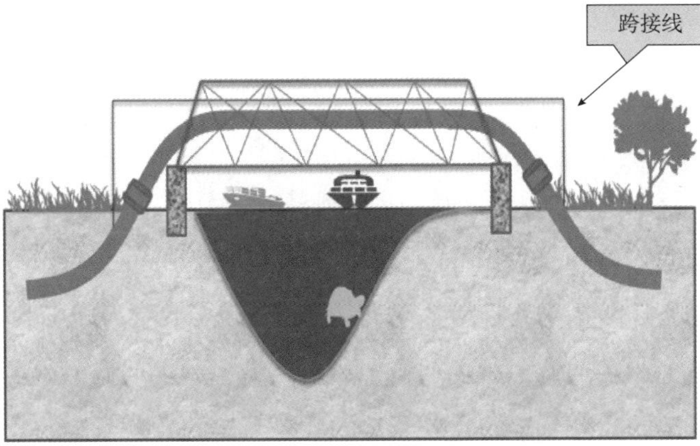

图5-16　跨越管段两侧绝缘接头安装

(4)尽量在地上安装绝缘接头(见图5-17)，与埋地安装(见图5-18)相比，便于绝缘接头检查，但要进行防护，防止打火。

图5-17　绝缘接头地上安装

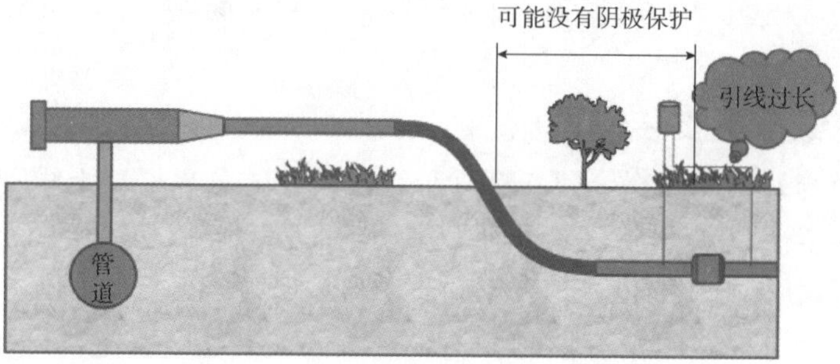

图5－18　绝缘接头埋地安装

(5)绝缘接头与管件的间隔应大于6倍管道公称直径但不小于3m，且12m范围内没有待焊的碰死口。

(6)绝缘接头的错误安装位置：

①绝缘接头不应安装在碰死口(最后一道焊缝)、弯管位置，应安装在直管段；

②绝缘接头不能安装在锚固墩站场外侧，应安装在锚固墩站场内侧；

③绝缘接头不能安装在穿墙套管内；

④绝缘接头不能安装在弯头处，绝缘接头不能用钢筋跨接。

三、绝缘接头安装注意事项

(1)对于输送可燃介质的管道，除非采取措施，绝缘接头不能安装在有可燃气体积聚的密闭空间内。

(2)绝缘接头不能安装在可燃气体积聚的部位和密闭空间内。

(3)绝缘接头应该安装在防爆区以外，做不到时，要采取措施避免打火，尽量远离站内接地极或阳极地床。

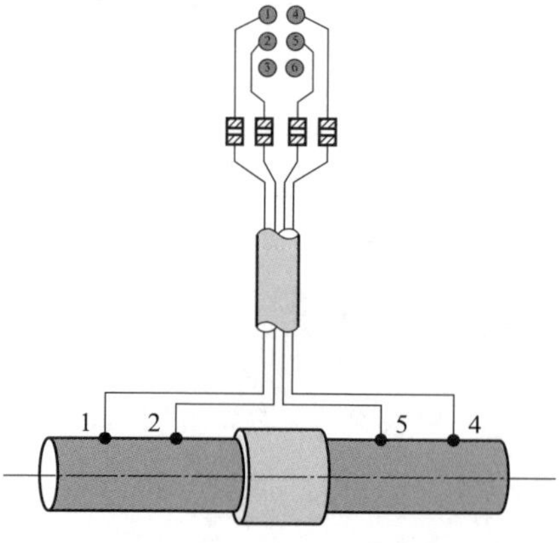

图5－19　绝缘接头测量线

(4)阀室内的仪表最好与阀体短路，阀体通过直流去耦合器接地(尽量减少绝缘组件，防止打火或击穿)。

(5)当管道中有导电介质时，绝缘接头应竖直或倾斜安装。

(6)绝缘接头每侧应引出至少2根测量线，有时还有锌接地电池引线、参比电极引线、跨接线等，如图5－19所示。

四、绝缘接头安装验收

(1)绝缘接头安装后，一侧通电，接头两侧电位有明显差异；或一侧有交流电压，另一侧没有。

(2)绝缘接头防腐层完好，无破损。

(3)按要求安装了防雷击设备；两侧电缆不能过长。

(4)接头两侧分别引出至少2根测试线到测试桩。

(5)绝缘接头本身失效并不多见，但腐蚀产物经常会导致绝缘接头短路，应增加清管频率。

五、绝缘接头保护装置

为了防止绝缘装置被雷击或故障电流损坏，要安装保护装置，主要分为以下几种类型。

1. 氧化锌避雷器

当电压高于限定电压时导通，并维持一个导通电压，如氧化锌避雷器，称为限压型保护装置。氧化锌避雷器由氧化锌压敏电阻及弹簧压片组成，装入玻璃纤维管，用硫化橡胶整体封装。当电压低于导通电压时，呈绝缘状态；当电压高于导通电压时(一般大于500V)，呈导通状态。受雷击时，氧化锌压敏电阻导通，释放雷击电流，当电压低于压敏电压时，氧化锌压敏电阻恢复到绝缘状态。一般用于地上安装，安装前用专业的仪表进行检测。

安装后，接头两侧具有不同的交流电压和直流电位。拆下一端，用兆欧表(1500V直流)施加电压，用万用表测量氧化锌避雷器两端的电压降为导通电压。

2. 等电位连接器

等电位连接器由低压压敏电阻、放电管、TVS二极管组成，TVS导通电压为6～7V时反应最快。有故障电流时，由于电阻上的压降导致电压升高，压敏电阻、放电管依次导通。放电管导通电压为75V，反应较慢；压敏电阻导通电压约为200V，反应较快。

3. 火花间隙

当电压高于限定电压后，导通放电，残压很低，如火花间隙，称为开关型保护装置。火花间隙由锅底或平板状电极构成，充满氩气和氖气(惰性气体防止电极被氧化)，装入玻璃纤维管，用硫化橡胶整体封装。遭受雷击时，火花间隙内惰性气体击穿放电，将电流释放，保护绝缘接头的绝缘材料不被击穿。高压消失后，惰性气体恢复绝缘状态。火花间隙动作电压为300～600V，瞬时电流排放(中等强度雷击)为100kA，一般用于地上安装。安装前用专用设备测量导通电压，用万用表测量电阻为开路。

安装后，接头两侧具有不同的交流电压和直流电位。拆下一端，用兆欧表

(1500V 直流)施加电压，用万用表测量火花隙两端的电压降为导通电压。

4. 锌接地电池

锌接地电池由双锌棒组成，如图 5－20 所示。当绝缘接头一侧遭到雷击或出现电气故障时，跨过绝缘接头会产生高电压，为了防止绝缘接头被击穿，要安装接地电池。接地电池同时具有交流排流功能。当管道受到直流杂散电流干扰时，也会引入杂散电流，高时达到几安培。接地电池中所用的锌棒，其成分与锌阳极一样。根据所用填料的不同，阳极棒之间的电阻在几欧姆到十几欧姆之间，泄漏电流一般低于 100mA。

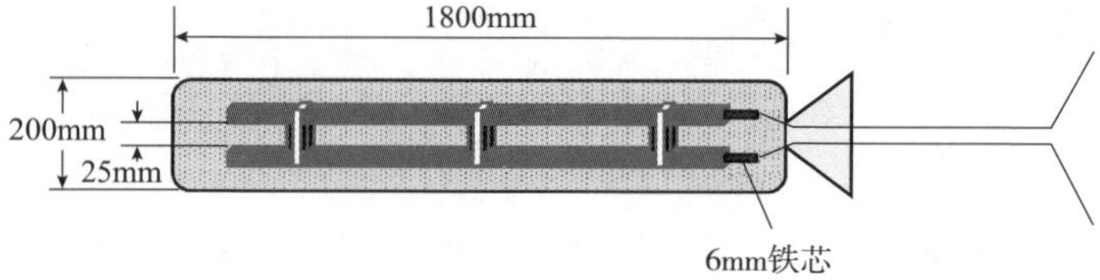

图 5－20　锌接地电池

5. 极化电池

极化电池是将两组不锈钢板浸入氢氧化钾溶液中(浓度为 5%)而成，类似蓄电池结构。极化电池具有通交隔直特性，除了具有保护绝缘接头的功能外，还具有利用站内接地系统排除交流电流的功能。极化电池结构的安装位置应符合设计要求，在防爆区安装时，要安装在防爆箱内。

极化电池安装后，测量极化电池两侧的直流电位和交流电压，两侧的交流电压应基本相等，直流电位有明显差异。

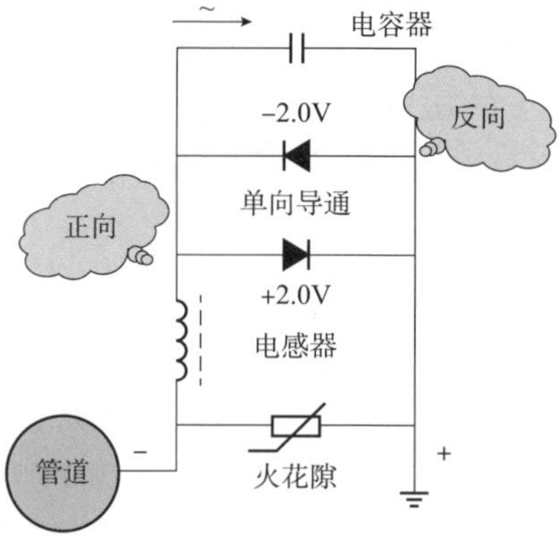

图 5－21　直流去耦合器

6. 直流去耦合器

直流去耦合器由电容、单向导通及保护装置组成，称为复合型，如图 5－21 所示。由于用电子元器件替代了极化电池中的氢氧化钾溶液，因此也称为固态去耦合器，具有通交隔直的特性。一般安装在接地极和管道之间，除了具有保护绝缘接头的功能外，还可利用站内接地系统排除交流电流。直流去耦合器正极连接接地网，负极连接管道或根据厂家建议安装。

直流去耦合器的安装位置应符合设计要求，在防爆区安装时，要安装在防爆箱内。安装前，用交流摇表测量电阻为零，用万用表测量电阻逐渐增大。安装直流去耦合器的接线箱要有足够空间，以便于日后检测。安装在绝缘接头(卡套)两侧时，导线应足够短。直流去耦合器安装后，测量去耦合器两侧的直流电位和交流电压，两侧的交流电压应基本相等，直流电位有明显差异，记录通过直流去耦合器的交、直流电流。所有防雷设备都耐受瞬时高电压，如雷电压周期在微秒级。直流去耦合器应尽量避开管地电位波动的管段安装。

对于氧化锌避雷器、等电位连接器以及直流去耦合器，长时间的高压直流将导致压敏电阻损坏。直流去耦合器中的二极管排放电流时也会因发热导致直流去耦合器损坏。

7. 避雷器引下线上的电压降

(1)导线面积对电压降影响不是很大，但要尽量避免导线打弯，导线应短而直，以减小电缆上的电压降。

(2)当绝缘接头地上安装时，避雷器的主要作用是防止打火、排流以及防止管道上的设备被击毁。绝缘接头埋地安装时，避雷器的主要作用是排流。

(3)导线长度对高频雷击电流影响很大，假如导线面积为 16mm^2，则每米电压降为：

①雷击电流为 5.0kA 时：600V；

②雷击电流为 10kA 时：1000V；

③雷击电流为 30kA 时：1800V。

六、管道套管绝缘支架

如果采用金属套管，那么套管与主管之间要采取绝缘措施，以防止主、套管短路。通常采用的方式是在主、套管之间安装绝缘支架，如图 5－22 所示。绝缘支架由橡胶或塑料制成，具有相应的尺寸、强度，均匀安装在主管道上。

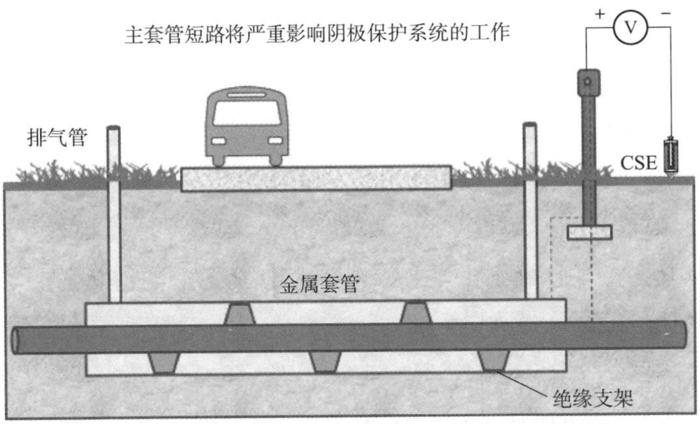

图 5－22　管道套管绝缘支架

主管道安装后，连头前如果主管道两侧悬空，测量主套管之间的绝缘电阻为无穷大；主管道连头后，当主管道有阴极保护电流时，套管电位和主管道电位有明显差别；主管道和套管均由测量导线引入测试桩；不论是钢套管还是混凝土套管(尤其是在干湿交替位置)，套管内都需要充满导电介质(泥土)或非导电介质(防水胶)，以避免大气腐蚀及可燃气体积聚。

七、固定(锚固)墩

固定(锚固)墩安装在管道进出站位置，防止管道位移损坏站内设施。锚固法兰涂覆困难，PCM 检漏时显示为漏点，而混凝土结构呈碱性，腐蚀性弱，一般不会腐蚀。

八、阀室引压管与钢筋的短路

应采取措施防止管道上的引压管以及电缆套管与地网、钢筋短路。

第七节　阴极保护电缆及参比电极

一、阴极保护电缆

(1)阴极保护系统的阳极电缆、阴极电缆均采用 PVC 绝缘、PVC 护套电缆，直接埋地时，要采用铠装电缆。

(2)所有连接电缆两端必须带电缆标识牌，电缆标识牌应至少包括电缆类型(阳极电缆、阴极电缆、零位接阴电缆、参比电缆、测试电缆、跨接电缆)及规格。

(3)恒电位仪厂家应提供电缆标牌。

二、阴极保护电缆的规格

(1)跨接电缆：$VV-0.6kV/1\times16mm^2$；

(2)阳极电缆：$VV_{22}-0.6kV/1\times25mm^2$；

(3)阴极电缆：$VV_{22}-0.6kV/1\times25mm^2$；

(4)测试桩电缆：$VV-0.6kV/1\times4\sim6mm^2$；

(5)零位接阴电缆：$VV-0.6kV/1\times10mm^2$；

(6)参比电极电缆：$VV-0.6kV/1\times6mm^2$；

(7)牺牲阳极电缆：$VV-0.6kV/1\times10mm^2$；

(8)防浪涌装置电缆截面积：$\geqslant16mm^2$。

三、阴极保护电缆的埋设

(1)直埋电缆距地面的距离不小于 0.8m。当无法深埋时，应采取镀锌钢套管保护措施，防止电缆受到损坏。直埋电缆的四周垫铺不小于 100mm 厚的软土、细砂，并盖红砖。

(2)直埋电缆应留有一定裕量并做波浪形敷设，以适应回填土的下沉。

四、阴极保护电缆的连接

阳极电缆的连接非常关键，很多故障都是因为连接处密封不当而引起的。电缆之间多采用铜管液压钳压紧连接，用绝缘胶带缠绕，用带内胶的热缩管密封。电缆与管道的连接多采用铝热焊。为了保证连接牢固，连接前要将结构表面严格清理，连接后要重新做防腐。

1. 铝热焊焊接过程

(1)将管道表面焊接处打磨干净，将电缆缆芯压在模具下。

(2)在模具中填满焊药(氧化铜及铝粉混合物)，用点火装置引燃。

(3)化学反应热将使熔化的铜覆盖在铜电缆芯上，将电缆焊接在管道上。

(4)最后将焊接处用热熔胶灌封，将补伤点用冷缠胶带沿管道周向缠绕。

2. 铝热焊注意事项

(1)焊接点要离开管道环焊缝150mm。不要在三通、弯管、管件上焊接。管道承压时，管壁厚要大于3.18mm(GB/T 36701—2018中A5.1规定输气管道壁厚应大于4.8mm)。管壁厚大于3.18mm但小于4.78mm时，输送的介质要流动。必要时，用超声波测厚仪确认管壁厚度。

(2)每次焊接用药量不超过15g，当电缆截面积≥16mm^{2}时，可以分成多股，单独焊接。

(3)输送介质的允许压力要经过计算，保持管道的介质压力在允许的压力值之下。

3. 铜焊连接

铜焊用于管道连接线、阴极保护测量线、牺牲阳极电缆的连接。铜焊连接快速高效，焊接时间为1～1.5s，适用于各种气候条件。其焊接温度低于650℃，可以在高强钢管上直接焊接；焊接强度高，抗拉强度为50kgf/mm^2，接触电阻低；设备笨重，造价昂贵，需要额外破坏防腐层进行电气连接。

五、阴极保护测试桩

为了日常检测阴极保护有效性，沿管道每隔1～2km要安装一个测试桩，在市区则要加密安装测试桩。

1. 测试桩的安装位置

(1)绝缘接头位置、套管穿越位置。

(2)牺牲阳极位置。

(3)与其他管道交叉处，管道定向钻穿越出土点和入土点。

2. 测试桩的类型

测试桩可分为水泥测试桩、钢管测试桩等，考虑环境美观因素时，应采用聚碳酸酯测试桩。测试桩使用前应进行以下检查：

(1)测试桩规格型号符合设计要求，表面涂漆均匀牢固，无裂纹，无翘起；

(2)测试桩编号清楚，颜色符合要求，接线柱数量符合要求。

3. 阴极保护智能测试桩

智能测试桩应尽量远离接地极或牺牲阳极安装，应尽量减小参比电极与电位检查片间隔，参比电极与交流检查片的间隔应大于15cm，如图5－23所示。

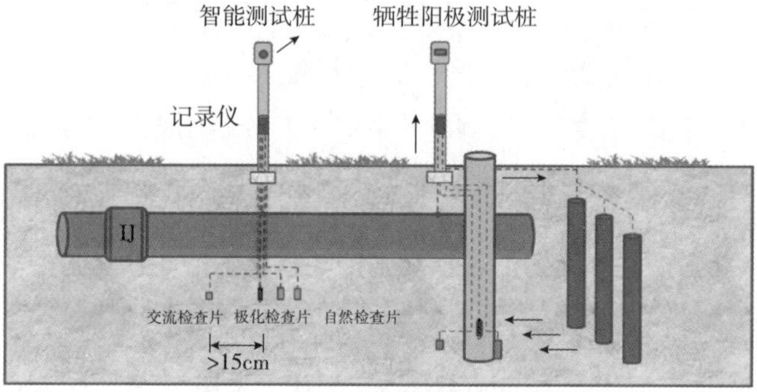

图5－23　智能测试桩安装

检查片安装后，测量检查片的自然电位，如果检查片的自然电位波动，或通断牺牲阳极时检查片自然电位有变化，应安装参比管或减小参比电极与检查片的间隔，或改变检查片的安装位置。

六、长效参比电极的安装

安装前，把填料包用清水浸泡透，将参比电极靠近被保护结构安装，用细土回填，在参比电极上方安装PVC管，为日后注水、参比电极校对提供方便，并起到标识作用。电位读数代表的是参比电极位置结构对地电位。参比电极的安装原则是尽量靠近被测量结构，电位读数是参比电极附近埋地结构保护电位。

(1)地上储罐长效参比电极：最好预埋在储罐基础内，尽量靠近罐底板。

(2)埋地储罐参比电极：埋设在保护可能最差的位置，如图5－24所示。

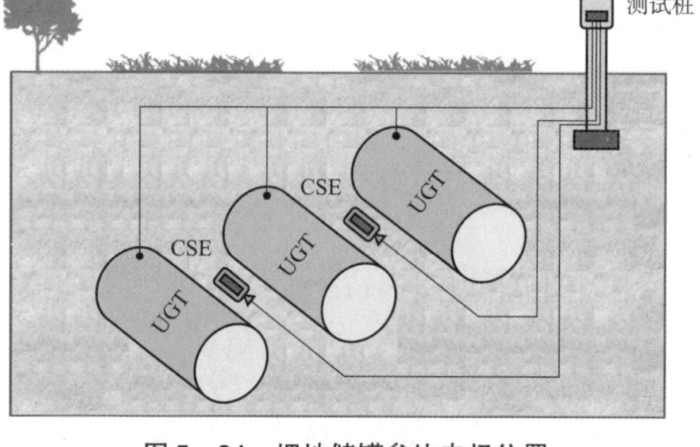

图5－24　埋地储罐参比电极位置

(3)管道交叉位置参比电极：埋设在管道交叉位置，如图5－25所示。

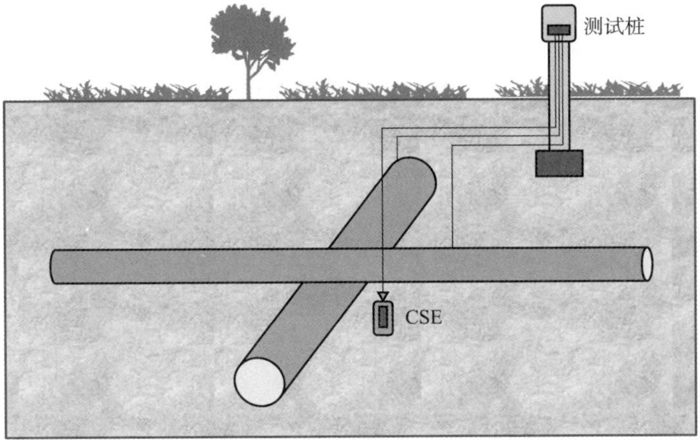

图5－25　管道交叉参比电极位置

(4)参比电极验收：

①阴极保护系统运行时，便携的参比电极读数与恒电位仪显示电位差值可达100～200mV，多数是因为恒电位仪内部测量电位的电压表输入阻抗过低所致。

②校对埋地参比电极时，应关闭所有阴极保护电源，用两支参比电极测量到的管地电位差值应小于50mV。

③对于运行期间的埋地参比电极，尽量不通过测量参比电极之间的电位差来校对埋地参比电极，而是通过比较各自测量到的结构电位来评估，因为埋地参比电极损坏后，测量便携参比电极与埋地参比电极之间的电位差可能性不大。

第六章　阴极保护日常测量技术

第一节　饱和硫酸铜参比电极

一、参比电极相对于标准氢电极的电位

在阴极保护领域，经常将标准氢电极作为基准，其他参比电极相对于标准氢电极有不同的电位，如图6－1所示。

(1)标准氢电极(SHE)：0.000V；

(2)饱和硫酸铜电极(CSE)：0.316V；

(3)饱和甘汞电极(SCE)：0.241V；

(4)饱和氯化银电极(SSC)：0.250V；

(5)锌电极(ZRE)：－0.800V。

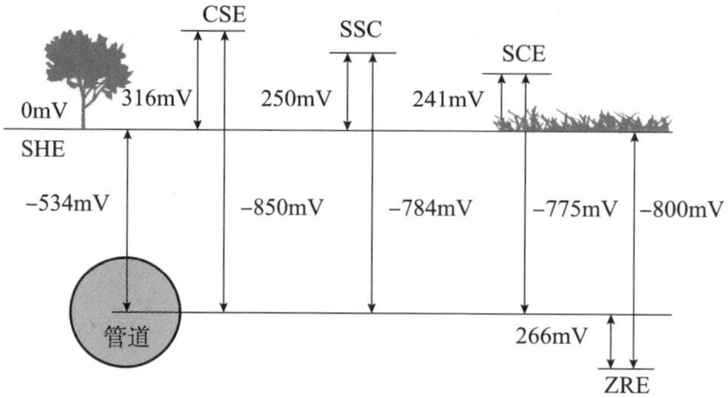

图6－1　各参比电极电位

二、各参比电极应用场合

(1)标准氢电极(SHE)：实验室；

(2)饱和硫酸铜电极(CSE)：土壤和淡水；

(3)饱和甘汞电极(SCE)：实验室；

(4)饱和氯化银电极(SSC)：海水；

(5)锌电极(ZRE)：海水，使用时要用石膏粉填料包裹。

三、各参比电极相对于 CSE 电位

以饱和硫酸铜参比电极为基准，各参比电极电位如图 6－2 所示。

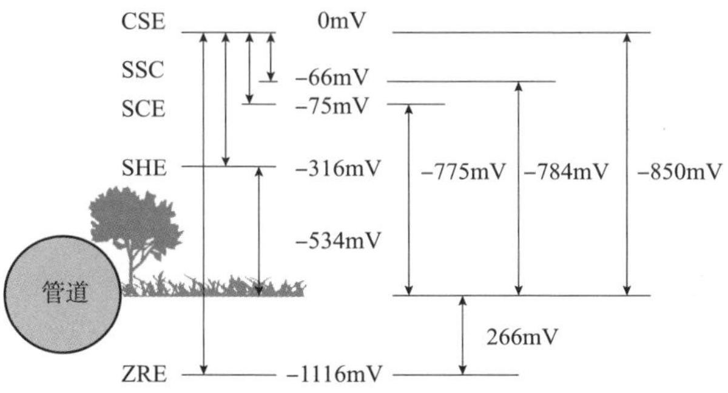

图 6－2　相对于饱和硫酸铜参比电极电位

四、参比电极之间电位转换

不同参比电极之间电位转换见表 6－1。

表 6－1　不同参比电极电位转换

测量数值			IR 降	阴极极化	满足指标	
自然电位 V_n	通电电位 V_{on}	断电电位 V_{off}	$V_{on}-V_{off}$	$V_{off}-V_n$	100mV	−850mV
$-550mV_{SSC}$	$-1200mV_{SCE}$	$210mV_{ZRE}$				
$-616mV_{CSE}$	$-1275mV_{CSE}$	$-906mV_{CSE}$	369mV	290mV	√	√

五、影响饱和硫酸铜参比电极电位的因素

以下因素将导致饱和硫酸铜参比电极相对于标准氢电极负向偏移，管地电位读数偏正。

1. 阳光照射对饱和硫酸铜参比电极电位的影响

（1）测量过程中遮蔽参比电极，避免阳光直接照射。与放置在黑暗处的参比电极相比，在光线照射下的参比电极，管地电位读数正向偏移 10～50mV，如图 6－3 所示。

（2）参比电极要用胶带或粘贴纸包裹。

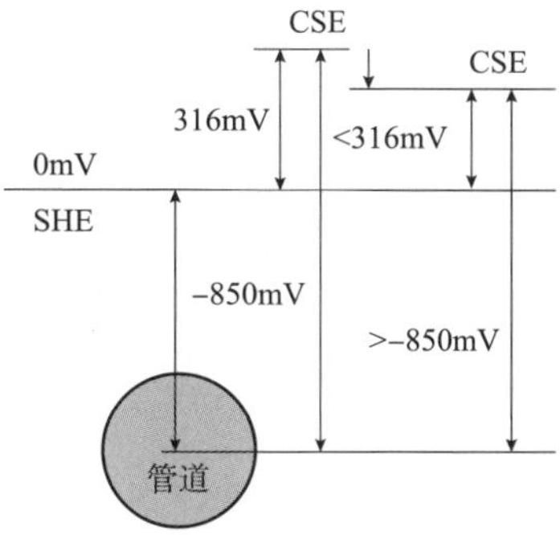

图 6－3　饱和硫酸铜参比电极电位负偏

2. 温度对各参比电极电位的影响

温度对各参比电极电位均有影响，如表 6－2 所示。

表 6-2 温度对各参比电极电位的影响

参比电极	Me/Me^{n+}	25℃电位/mV_{SHE}	温度系数/(mV/℃)
饱和甘汞电极(SCE)	$Hg/Hg_2Cl_2/KCl$	+241	-0.76
饱和氯化银电极(SSC)	Ag/AgCl/KCl	+250(SJ) +222(LJ)	-1.10
饱和硫酸铜电极(CSE)	$Cu/CuSO_4$	+316	0.90
锌电极(ZRE)	Zn/土壤(填料)	-800	—

温度对饱和硫酸铜参比电极的影响：0℃测量到的电位为 $-830mV_{CSE}$，转化成标准温度(25℃)下的电位为 $-852.5mV_{CSE}$，如图 6-4 所示。

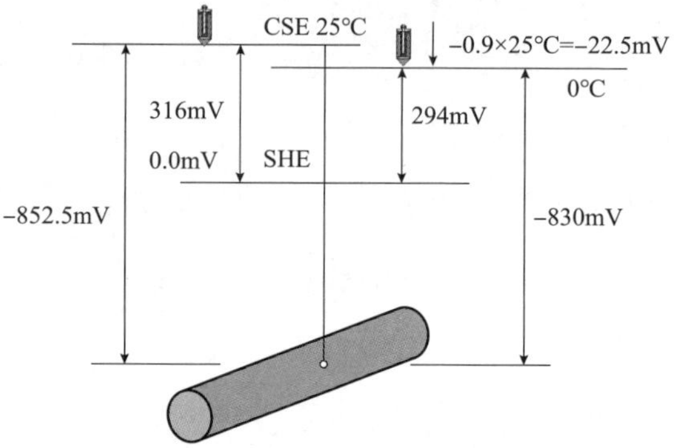

图 6-4 温度对饱和硫酸铜参比电极电位的影响

温度对饱和氯化银参比电极电位的影响：45℃测量到的电位为 $-830mV_{SSC}$，转化成标准温度(25℃)下的电位为 $-852mV_{SSC}$，相对于饱和硫酸铜参比电极为 $-918mV_{CSE}$，如图 6-5 所示。

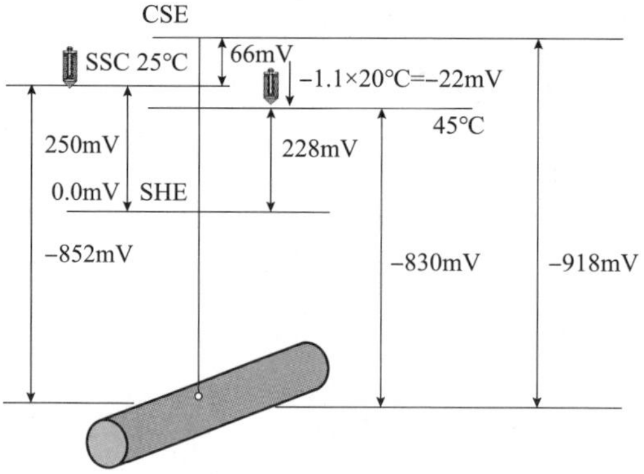

图 6-5 温度对饱和氯化银参比电极电位的影响

3. 硫酸铜溶液饱和度对参比电极电位的影响

如果硫酸铜溶液不饱和，参比电极相对于标准氢电极电位负向偏移。硫酸铜

含量从 100×10^{-3} 开始，每降低 1 个数量级，电位负向偏移 20mV，如图 6－6 所示。测量时要检查参比电极底部是否有结晶。

4. 氯化物对饱和硫酸铜参比电极电位的影响

氯化物浓度为 5×10^{-3} 时，参比电极电位负向偏移 20mV，氯离子浓度为 10×10^{-3} 时，电位负向偏移达到 95mV，此时测量到的管地电位比实际电位偏正，如图 6－7 所示。在含氯化物环境中，使用饱和硫酸铜参比电极要考虑氯化物的影响，如海水中一般不使用饱和硫酸铜参比电极。

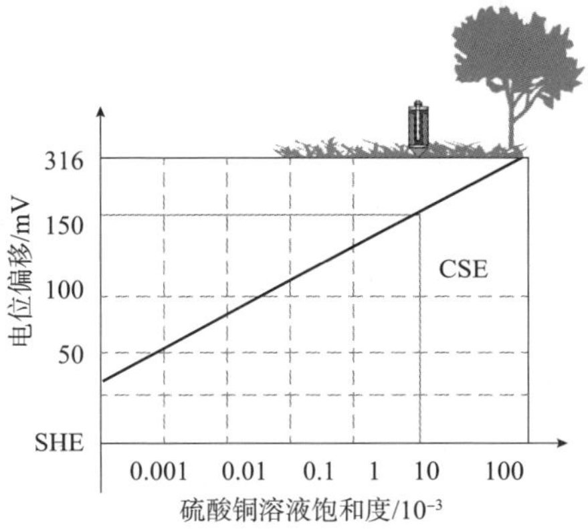

图 6－6　硫酸铜溶液饱和度与电位偏移的关系

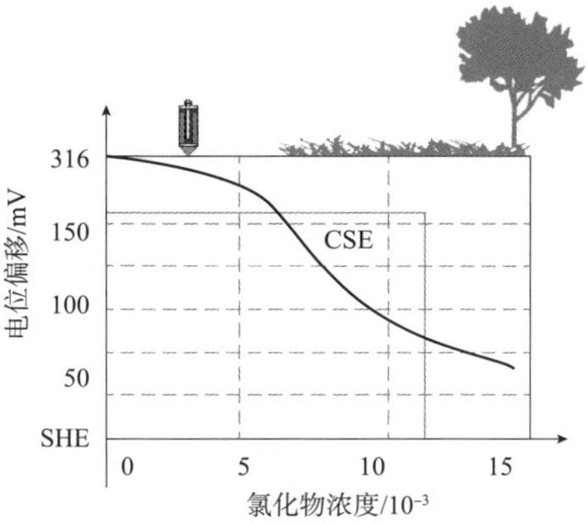

图 6－7　氯化物浓度与电位偏移的关系

综上所述，以上各因素均导致饱和硫酸铜参比电极电位负偏（相对于标准氢电极），管地电位读数偏正，如图 6－8 所示。

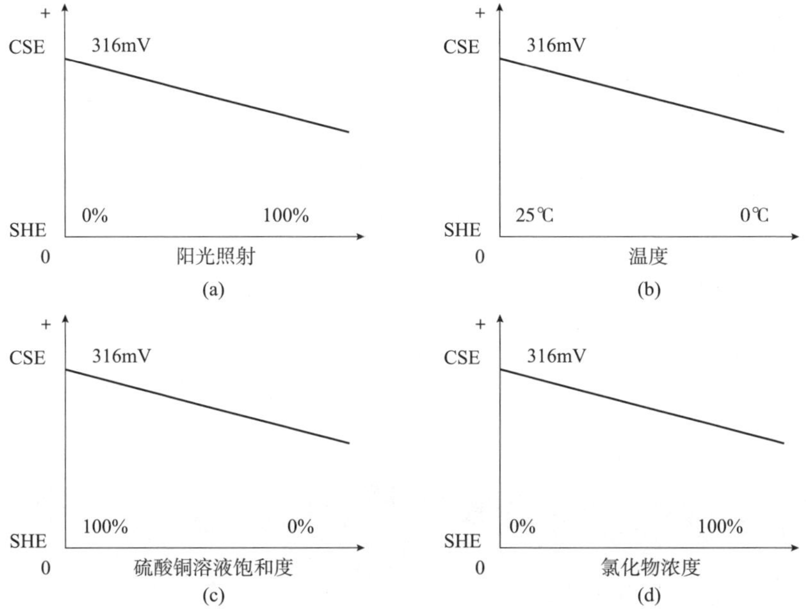

图 6－8　饱和硫酸铜参比电极电位负偏

六、饱和硫酸铜参比电极的校正

准备一个新的电极，用来校准现场使用的电极。现场比对参比电极时，将两支参比电极靠在一起，测量两者之间的电位差。当校准电极与使用的电极之间的差值大于 10mV（AS 2832.1—2015）或 5mV（NACE TM0497—2012）时，需要清洗现场所使用的参比电极。

第二节 管地电位测量仪表

一、电压表输入阻抗对电位测量值的影响

数字万用表应坚固耐用，输入阻抗应大于 10MΩ。电位测量回路为串联电路，电流相同。电源电压除以总电阻和电压表读数除以表内阻均为回路电流，数值上相等，如图 6－9、图 6－10 所示。

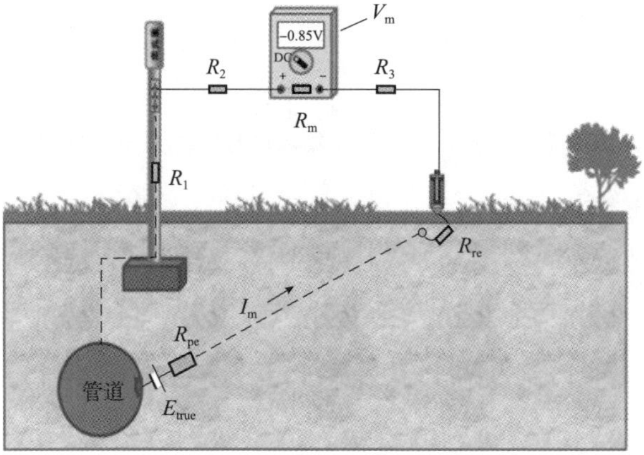

图 6－9 测量回路（串联电路）

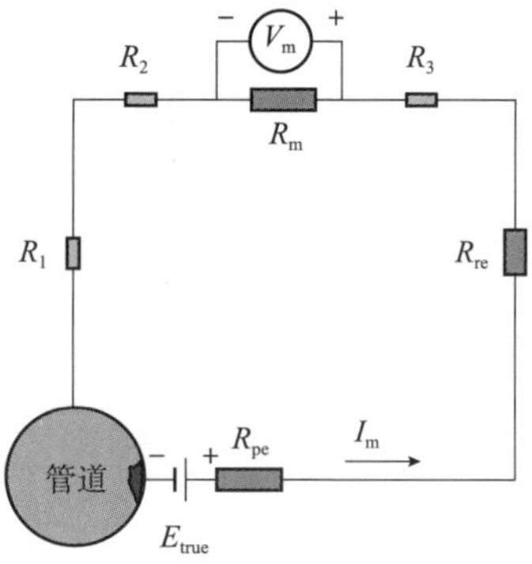

图 6－10 等效电路

图 6－9、图 6－10 中，R_m 为电压表输入电阻，R_1、R_2、R_3 为测试导线电阻，R_{pe} 为管对地电阻，R_{re} 为参比电极对地电阻，E_{true} 为结构对电解质真实电位，V_m 为电压表读数，则 $I_m = \frac{E_{true}}{R_t} = \frac{V_m}{R_m}$，$V_m = \frac{R_m}{R_t} \times E_{true}$，其中 R_t 为总电阻。

（1）假设电压表的输入阻抗为 10MΩ，参比电极对地电阻为 100kΩ，管道对地电阻为 10Ω，测量线电阻为 1.0Ω。如果管道的极化电位为 $-1.0V_{CSE}$，电压表读数 V_m 为多少？

$$V_m = \frac{R_m}{R_t} \times E_{true} = \frac{10\text{M}\Omega}{10.1\text{M}\Omega} \times 1.0\text{V} = 0.99\text{V}，误差率 = \frac{E_{true} - V_m}{E_{true}} \times 100\% = 1\%。$$

若万用表内阻为 1MΩ，$V_m = \frac{1.0M\Omega}{1.1M\Omega} \times 1.0V = 0.909V$，误差率 $= \frac{E_{true} - V_m}{E_{true}} \times 100\% = 9\%$。

(2)通电电位测量中的误差率：

①上述公式仅适用于对自然电位以及断电电位的修正。

②由于测量回路中有 IR 降，实际的电压表读数为 $V_m = \frac{R_m}{R_t} \times (E_{true} + IR)$。

③参比电极对地电阻 $R_{re} = \rho/(2 \times d)$，其中 ρ 为土壤电阻率，d 为陶瓷塞直径。

(3)万用表的输入阻抗、电流挡内阻可以用另一个万用表测得。

二、管地电位测量注意事项

为了减小测量回路中参比电极接地电阻对电压读数的影响，应注意以下事项：

(1)干燥地面应浇水，混凝土地面、沥青路面或结冻地面应浇水或钻孔浇水；

(2)参比电极应用之前，提前用清水泡透。

第三节　管地电位的测量方法

一、通电电位测量

(1)开启阴极保护电源，并极化 24h 后，沿线测量管地电位，该电位为管道的通电电位(正常情况下，比自然电位更负)。

(2)土壤中 IR 降对通电电位的影响：使通电电位更负，如图 6－11 所示。

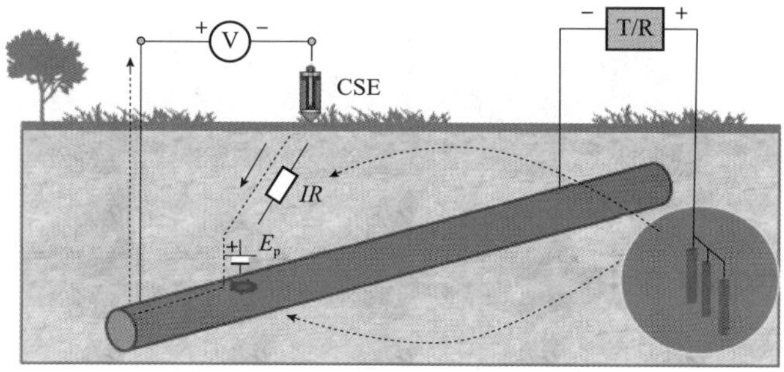

图 6－11　IR 降对通电电位的影响

(3)参比电极位置对通电电位的影响：

参比电极距离管道越远，土壤电阻率越高，IR 降越大，戈壁地区的 IR 降可以达到 1～2V。IR 降使通电电位读数更负，反之，说明管道为阳极，如图 6－12 所示。

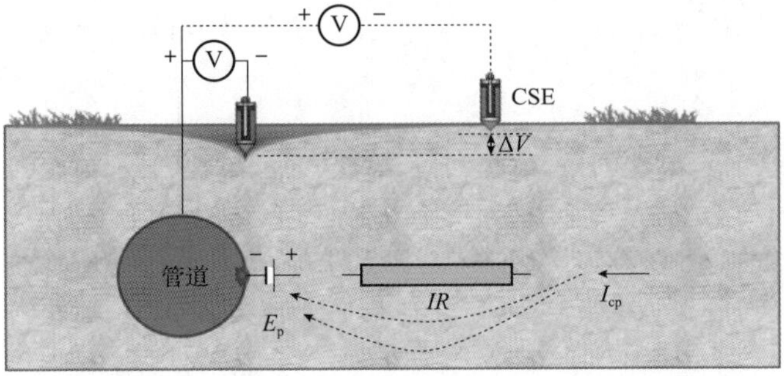

图 6－12　参比电极位置对通电电位的影响

(4)阴、阳极电压场对通电电位的影响：

地面原来是等势面，各点电位一样，阴极保护系统工作后，地表出现阴、阳极电压场，分别为漏斗形和锥形，参比电极处于阴极电压场，测量的管地电位读数偏正，参比电极处于阳极电压场，测量的管地电位读数偏负。测量管地电位时，管地电位读数受阴、阳极电压场影响，如图 6－13 所示。站场内测量通电电位经常会受阴、阳极电压场干扰，相差很大，应以断电电位为准。

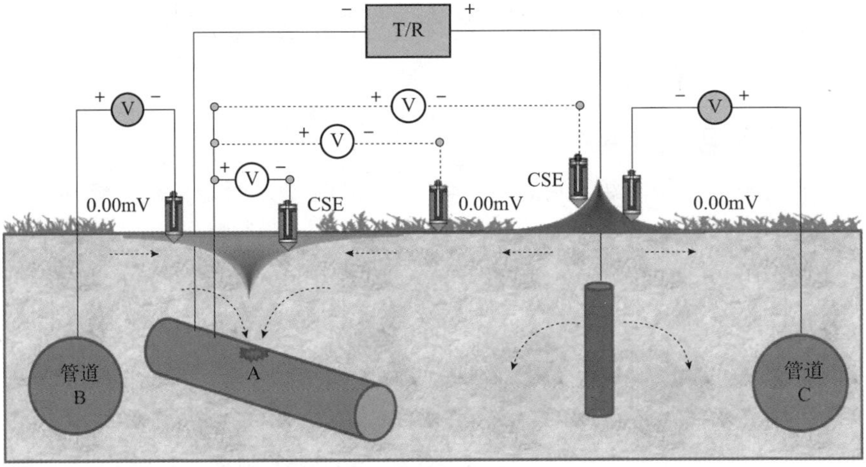

图 6－13　阴、阳极电压场对通电电位的影响

二、管道电源同步通断电位测量

1. 阴极保护电源同步通断测量

将阴极保护电源断电瞬时读取的管地电位称为瞬时断电电位。瞬时断电电位测量消除了测量回路中的 *IR* 降，如图 6－14 所示。当管道受多个电源同时保护时，所有电源要同步通断，如图 6－15 所示。应注意与管道相连的牺牲阳极、交流干扰以及排流设施造成的误差。管道受直流干扰时，不能直接测量管道的断电电位。

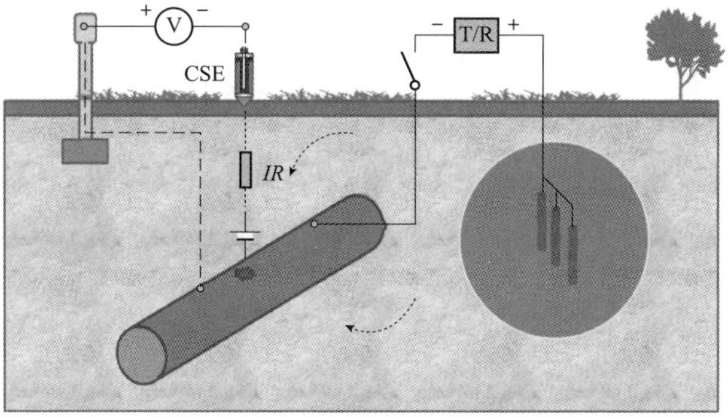

图6－14 管道断电电位测量

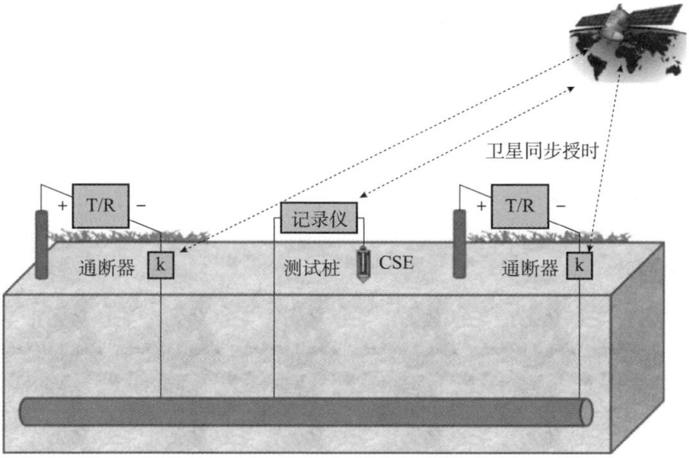

图6－15 恒电位仪同步通断

2. 管道断电瞬间电位正向脉冲

靠近阴极保护站的管道位置管道极化强于远离阴极保护站的管道位置，断电瞬间，电流从高电位(极化强的位置)流出，从低电位(极化弱的位置)流入，导致断电电位测量读数中含有正向 *IR* 降，如图6－16所示。所以，在靠近阴极保护站的管道位置，断电瞬间电位可能出现正向脉冲。

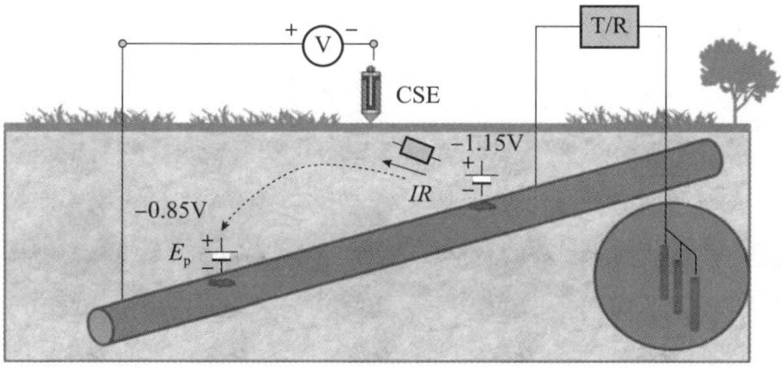

图6－16 断电电位正向脉冲

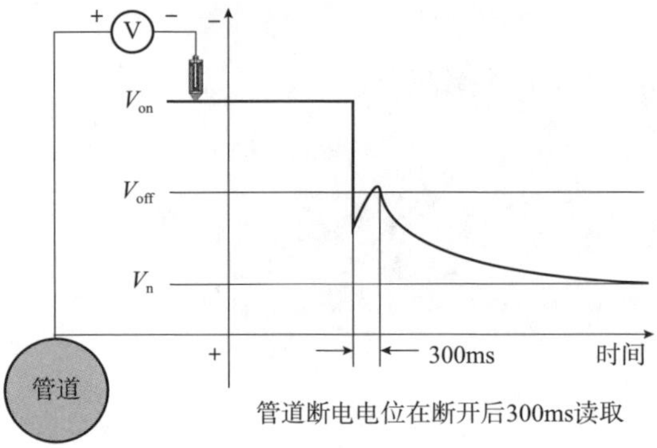

图 6－17　延迟读取断电电位

断电电位读数要在管道断电后延迟一段时间，如 100 ~ 300ms，错开阳极峰和阴极峰，如图 6－17 所示。假如管道电源通 4s 断 1s，设备厂家建议通电电位在通电 3.7s 时读取，断电电位在断电 0.38s 时读取。用万用表读取断电电位时，取断电后第二个或第三个数。

3. 管道断电瞬间电位负向脉冲

在远离阴极保护站位置，断电瞬间有负向脉冲，该脉冲一般不明显，如图 6－18所示。缺陷点之间的电流称为平衡电流，联保管道之间也会有这种电流。

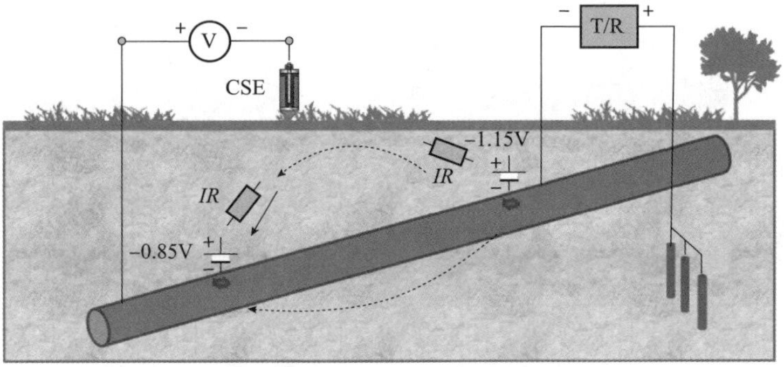

图 6－18　断电电位负向脉冲

三、检查片断电电位测量

管道受杂散电流干扰或无法同步通断电源时，无法测量管道的断电电位，需要使用极化探头或检查片及土壤管测量。在检查片与管道断开的瞬间测量检查片断电电位，如图 6－19 所示。

1. 阴极保护检查片的用途

阴极保护检查片可以用来确定埋地结构的阴极保护水平，检查片靠近结构埋设并通过导线与结构连接，保证检查片也得到同样的阴极保护电流。将检查片与管道断开连接，测量检查片的极化电位和去极化电位。在管道电源不能同步或管道上有牺牲阳极、管道并行以及管道受到交、直流杂散电流干扰时，检查片断电电位测量是目前普遍采用的测量手段，如图 6－20 所示。

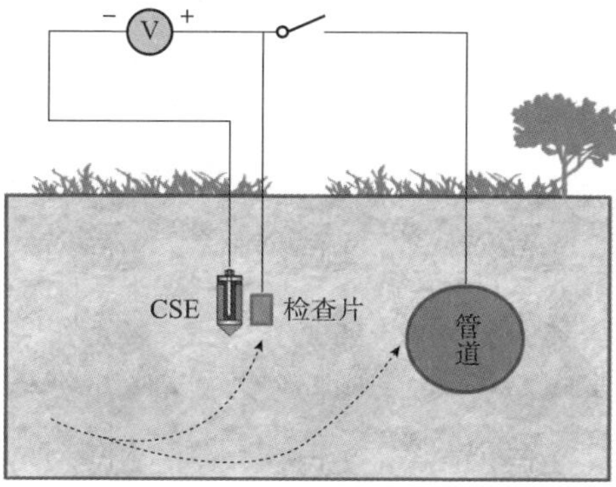

图 6－19　检查片断电电位测量

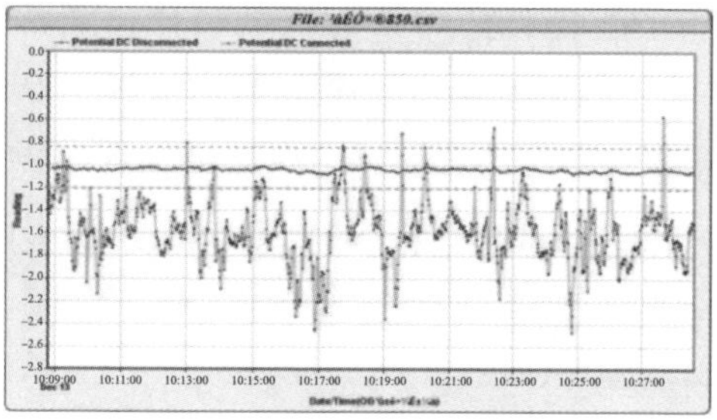

图 6－20　检查片断电电位测量记录

2. 检查片极化、去极化时间

(1)检查片的极化时间主要取决于土壤透气性。

(2)检查片与土壤接触越密实、氧气越少，极化越快，去极化越慢。土壤松散、透气性好、氧含量高，检查片极化慢，去极化快，如图 6－21 所示。

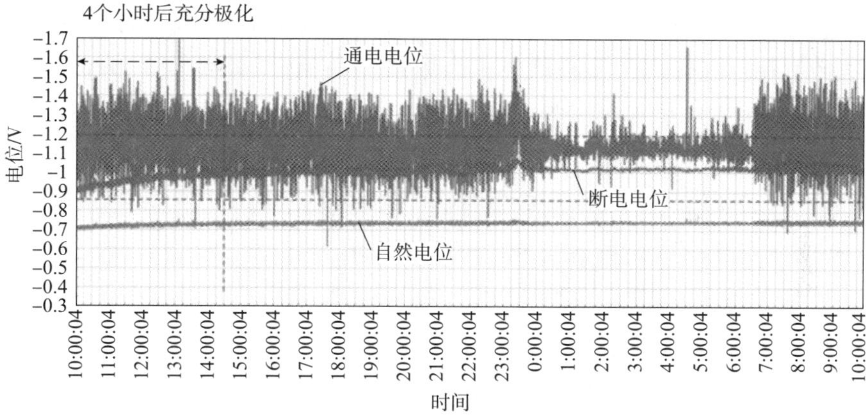

图 6－21　检查片极化需要时间

(3)检查片周围水含量高时(氧气少，离子游动快)，检查片极化快，去极化慢。

(4)检查片的通电电位受管道通电电位影响，不能以检查片通电电位的稳定判断检查片已经充分极化。

(5)安装检查片时是否浇水需要进一步研究。一般认为，如果潮湿的位置检查片保护达标，则土壤干燥时腐蚀性会更弱，更不会腐蚀，目前的做法是浇水。有案例发现，浇水的检查片和长期埋设的检查片断电电位相近(需进一步研究)。

(6)临时埋设检查片时，应用本地细土加水包裹检查片。否则，检查片的断电电位离散性大，结果不确定，土壤电阻率高时，如在戈壁地区，该问题更加突出。因此，检查片最好长期埋设，埋设检查片时，用本地细土加水包裹检查片，四周压实。有些地区，由于土壤透气性及含水量变化剧烈，导致相邻测试桩都会出现过保护和欠保护并存的现象。

3. 检查片断电电位测量注意事项

(1)检查片面积应尽量接近管道防腐层最大缺陷点面积，材质与管材类似，形貌与漏点相近，表面粗糙度和光亮程度与管道表面相近。

(2)3PE 防腐层的破损面积多为 4.0 ~ 6.0cm^2，检查片面积多为 6.5 ~ 10cm^2。FBE 防腐层的检查片面积为 10 ~ 20cm^2。当管道受到交、直流干扰时，检查片面积宜为 1.0cm^2。

(3)检查片的断电电位代表管道表面面积与之相同、环境与之一致的防腐层破损点的电位。

(4)检查片断电电位达标，说明防腐层破损面积与之相等或小于检查片面积的防腐层破损点保护达标。但防腐层破损点面积比检查片大的地方，保护不一定达标。

(5)检查片的导线要与检查片连接牢固，密封严格，并带有复位开关。

(6)土壤管有足够的孔径，便于放置参比电极和降低回路电阻。当土壤电阻率较高时(100Ω · m 以上)，土壤管内电阻增大，导致测量误差(电位偏正)，土壤管内可以浇水或用黏土等电阻小的介质填充，但不能污染检查片环境。将参比电极放到参比管内部及外面分别测量检查片自然电位(或通电电位)，如果参比电极放到参比管内部测到的电位明显偏正，说明参比管内部土壤电阻太大，应使用直径更大的参比管或在参比管内填充低电阻率土壤。

4. 检查片沿管道布置原则

(1)当阴极保护电流分布均匀时，如土壤均匀地区的外加电流阴极保护管道，检查片布置在阴极保护站以及阴极保护站保护末端，或按一定间隔均匀布置[如 1 个/(5 ~ 10km)]。

(2)当阴极保护电流分布不均匀时，将检查片分别安装在土壤电阻率高和低的位置，如图 6 - 22 所示；阴极保护的薄弱环节(阴极保护站、牺牲阳极中间)位置，如图 6 - 23 所示；压缩机出口等环境条件变化的位置。

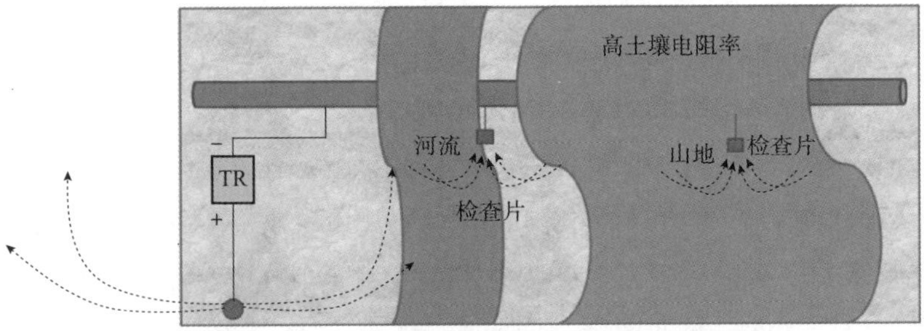

图 6 - 22　高电阻率土壤检查片极化弱

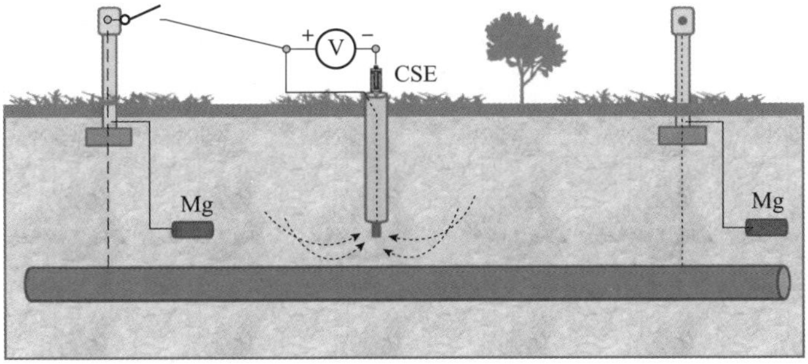

图 6－23　检查片离开阳极 3～10m 安装

(3)当干扰严重时，每个测试桩都应埋设检查片。单个检查片的漏电量一般不超 1mA，不必担心其对阴极保护的影响。实践中也发现个别检查片漏电量大(50mA)，其原因需要研究。

5. 检查片的安装位置及安装注意事项

(1)检查片要埋设在便于与管道连接的位置，一般靠近测试桩。当测试桩同时安装了牺牲阳极时，检查片最好安装在管道对面或与牺牲阳极间隔大于 3m。

(2)对于分布式阳极，检查片应该放置在阳极的对面，模拟阴极保护电流受屏蔽的不利情况。

(3)检查片与周围土壤应接触紧密，不能有空隙并采取措施避免由于土壤下沉导致检查片与土壤之间出现缝隙，因此，检查片应尽量立式或朝上安装。

(4)检查片非涂覆侧应背离管道，短管检查片应与管道平行，全裸检查片应与管道垂直。

(5)智能桩使用的电位检查片与交流电压检查片要有一定间隔(大于 50cm)，参比电极与交流电压检查片的间隔应大于 15cm($>10d$，d 为检查片直径)。读取交流电压(电流)时最好断开阴极保护电位检查片。

(6)检查片埋设后，首先测量检查片的自然电位，如果发现自然电位不稳定，说明参比电极和检查片之间有电位梯度。应使用参比管或将参比电极靠近阴极保护检查片埋设。如果参比电极靠近检查片埋设后，自然电位仍然不稳定，说明附近有较大的电压场(如靠近防腐层破损点或接地极)，应改变检查片埋设位置。检查片与管道的间隔宜大于 0.3m，以避免防腐层破损点电压场梯度对断电电位的影响。

6. 管道断电电位与检查片断电电位

管道的断电电位是几个防腐层破损点极化电位的综合值，而检查片的断电电位仅代表一个与之类似的防腐层破损点电位。管道断电电位和检查片断电电位的差值在几十毫伏之间，如图 6－24 所示。

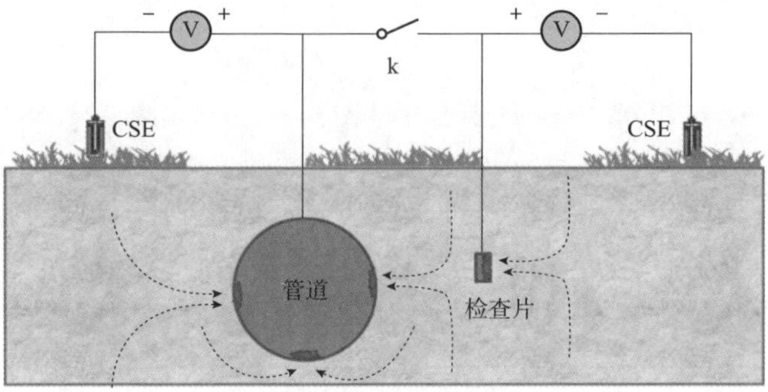

图 6－24　管道断电电位与检查片断电电位

管道防腐层破损点可能远离检查片安装位置，土壤环境及极化程度都不一样，如图 6－25 所示。

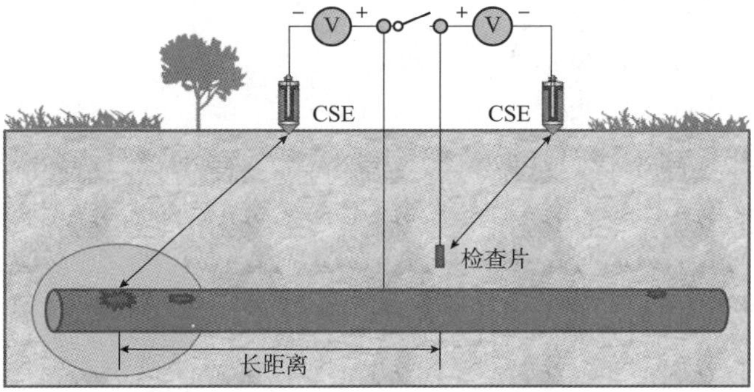

图 6－25　检查片与防腐层破损点位置

7. 检查片断电电位取值位置

检查片去极化曲线的直线段与弧线段相切处为断电电位，如图 6－26 所示。

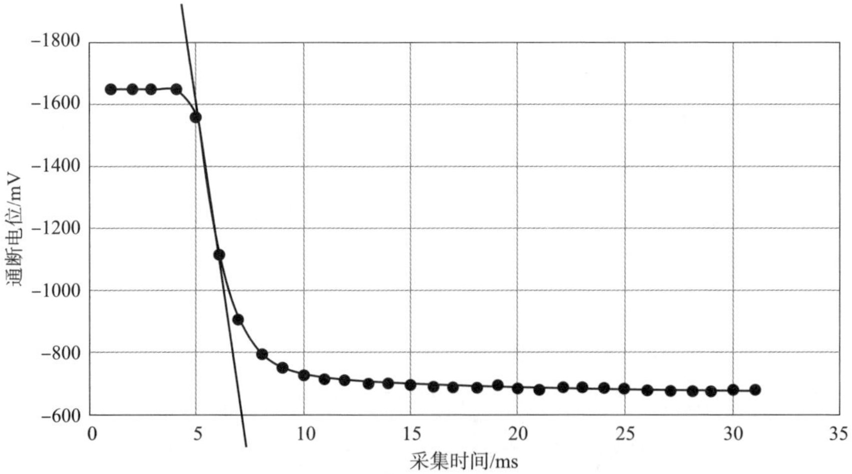

图 6－26　检查片去极化曲线的直线段与弧线段相切处

8. 防腐层破损点电压场对检查片断电电位的影响

检查片靠近防腐层破损点时，处于阴极电压场，检查片断电电位偏负可达上百毫伏，如图 6－27 所示。

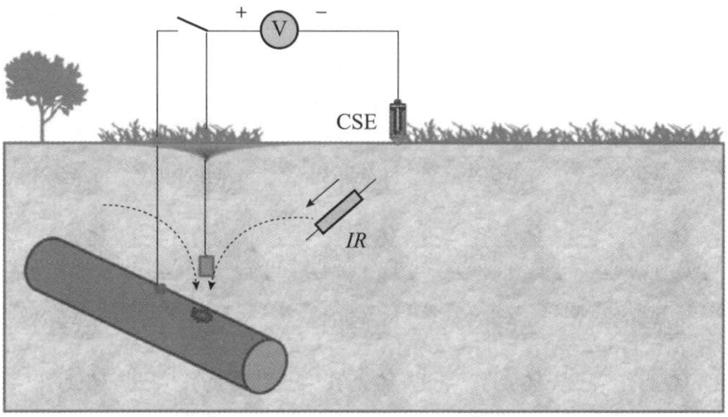

图 6－27　防腐层破损点电压场对检查片断电电位的影响

9. 阳极电压场对检查片断电电位的影响

参比电极位于阳极电压场内，检查片断电电位读数偏负；检查片位于阳极电压场内，检查片断电电位读数偏正，如图 6－28 所示。

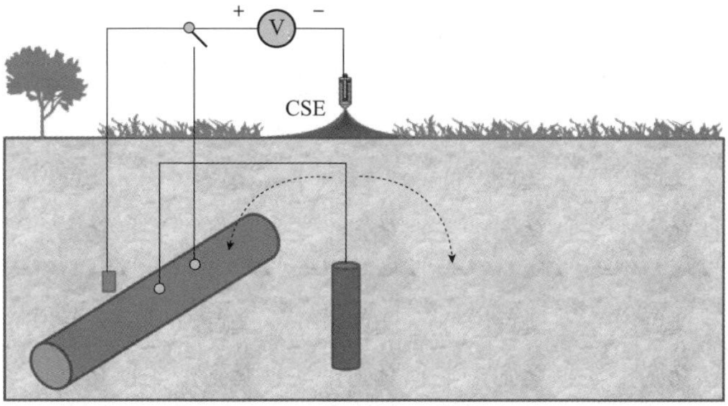

图 6－28　阳极电压场对检查片断电电位的影响

10. 检查片断电瞬间电位正向脉冲

测量直流电位时，为了消除管道上交流电压的干扰，测量回路中一般会安装滤波电容，在断电瞬间，电容电压由通电电位降低到断电电位，电容放电，该电流经检查片排放，产生正 *IR* 降，导致断电瞬间的电位正向脉冲(需验证)，如图 6－29、图 6－30 所示。

应在检查片断开 60～100ms 之间，或受交流干扰 100～150ms 之间读取断电电位，最好实际测量去极化曲线确定读数延迟时间。

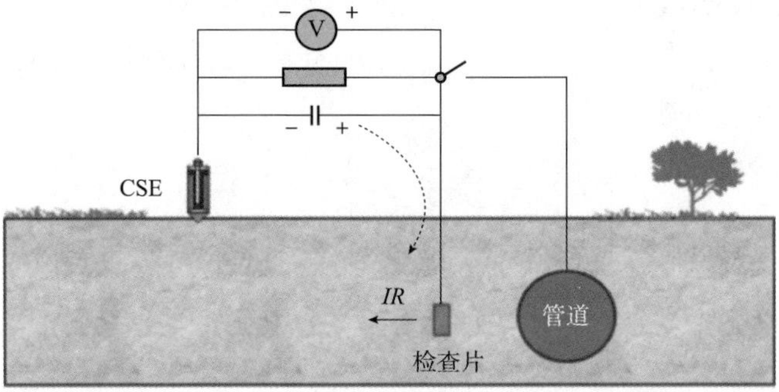

图 6-29 电容放电对检查片断电电位的影响

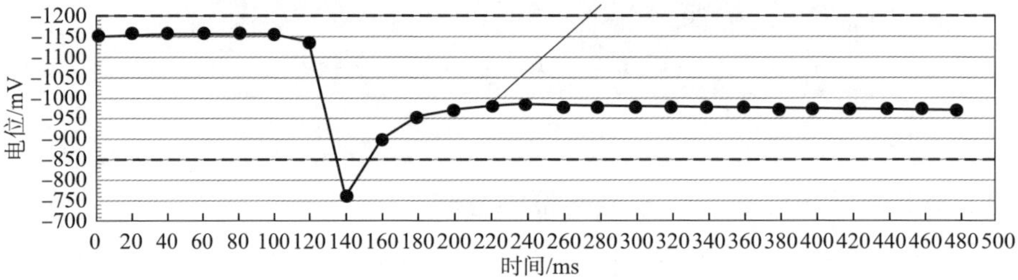

图 6-30 检查片断电瞬间电位正向脉冲

11. 检查片及土壤管断电电位测量

土壤管屏蔽了电流，消除了土壤中的大部分电位梯度，如图 6-31 所示。管道防腐层没有漏点或干扰不是特别剧烈时，阴极保护电流在管道附近产生的电位梯度为 10mV/m 左右，一般情况下可以不使用土壤管。

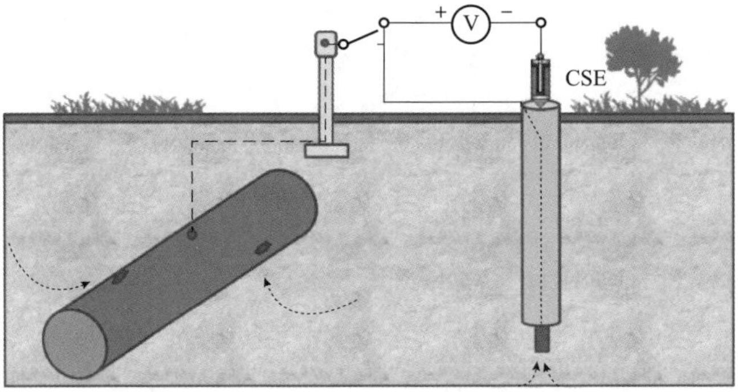

图 6-31 土壤管屏蔽地电位梯度

四、极化探头

将参比电极和检查片组装在一起称为极化探头，用于检查片断电电位的测量。

(1)其优点是安装容易；缺点是参比电极容易流空，造价高，硫酸铜溶液易污染检查片。

(2)用带填料的锌参比电极替代饱和硫酸铜参比电极可避免漏液问题，由于参比孔小，不适用于高土壤电阻率环境。

(3)由于参比电极靠近交流检查片，加上电位检查片的影响，交流电压读数偏小。

五、胶木板对检查片电位测量的影响

检查片电缆与胶木铜螺栓连接时，测量自然电位为 -1.78V，去掉胶木后直接测量检查片电位为 -0.30V。

检查片与胶木连接时，检查片的通电电位为 $-1.376V_{CSE}$，断电电位为 $-1.173V_{CSE}$，去极化异常慢。将检查片电缆从胶木上拆下来，测量检查片的通电电位为 $-1.42V_{CSE}$，断电电位为 $-0.78V_{CSE}$，去极化很快。

六、管道并行时电位的测量

(1)当两条管道或多条管道并行时，防腐层较差的管道对防腐层好的管道电位测量影响更大，如图 6-32 所示。

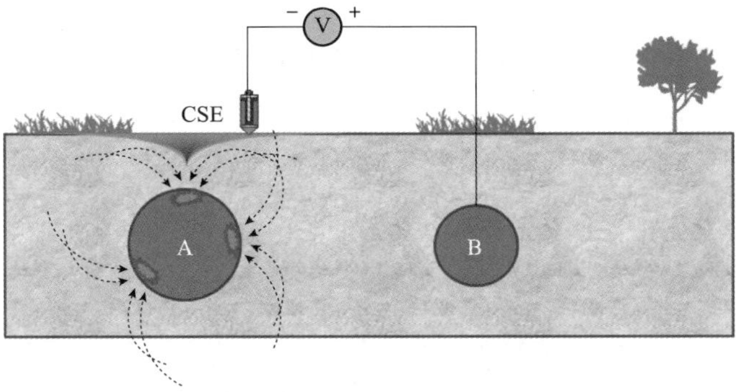

图 6-32 不同防腐层管道并行时对电位读数的影响

(2)测量时，参比电极一定要靠近被测量的管道，尤其是管道之间跨接或搭接时，参比电极位置尤为重要。最好安装检查片，测量各管道检查片的电位。检查片要靠近其所代表的管道埋设，避免电位数据受到相邻管道的干扰。

(3)不能用跨接线作测量线，尤其当跨接线中存在较大电流时，造成的误差更大。导线中的电压降会导致测量通电电位的误差，如图 6-33 所示。

(4)当管径不同的管道并行铺设且相距较近时，小管径管道阴极保护电流受屏蔽影响更大，如图 6-34 所示。

(5)管道联合保护断电电位相互影响，防腐层破损点之间电流排放或吸收影响断电电位测量，如图 6-35 所示。管道相互靠近时，一条管道防腐层破损点可能位于另一条管道防腐层破损点的阴极电压场，漏点得到的电流小，极化弱。

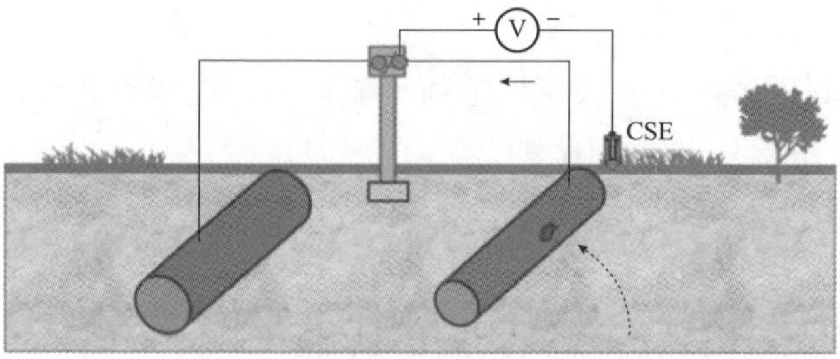

图 6－33　跨接线电压降对电位读数的影响

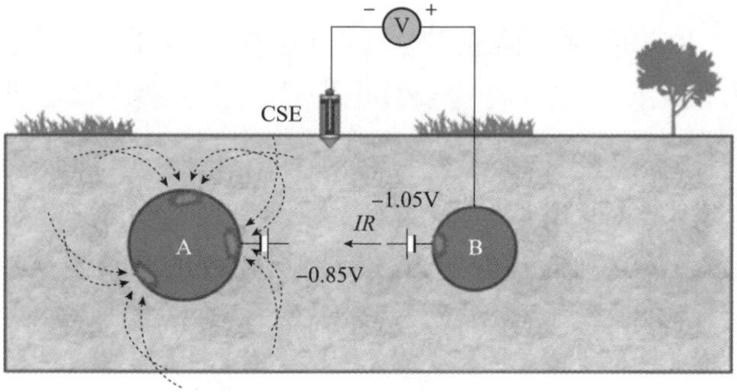

图 6－34　小管径管道受屏蔽

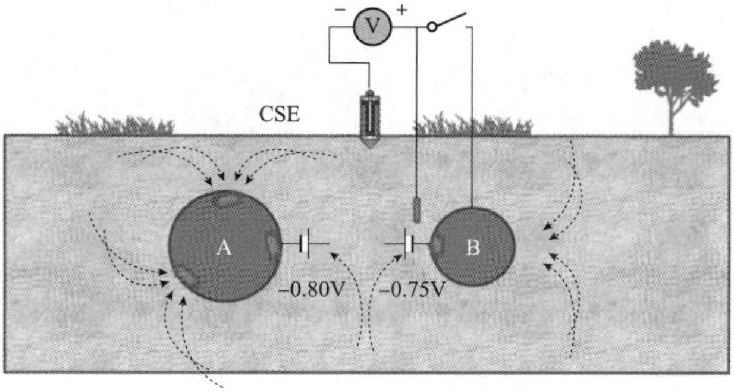

图 6－35　管道联合保护断电电位相互影响

七、储罐底板外侧电位测量

(1)在储罐周边布置阳极，储罐周边测量的电位不代表罐中心保护状态，见表 6－3。在罐基础中埋设多孔土壤管，充水后，沿土壤管插入参比电极测量电位分布，如图 6－36 所示。

表 6－3　储罐底板电位分布　　V

V_{on}	－1.35	－1.25	－1.06	－1.03	－1.25	－1.33
V_{off}	－1.15	－1.05	－0.83	－0.82	－1.05	－1.12

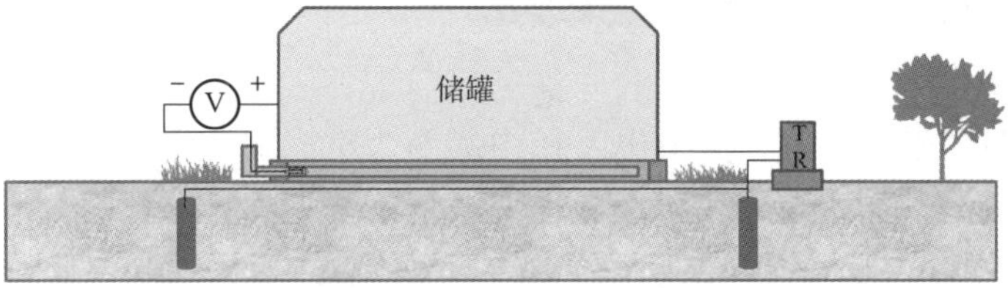

图6－36　预埋多孔土壤管

(2)储罐底板外侧采用网状阳极保护时，如果参比电极靠近阳极，则参比电极电位读数受阳极电压场干扰，电位读数可能与恒电位仪输出电压接近，如图6－37所示。为了避免电位读数受阳极电压场影响，可采取以下措施：

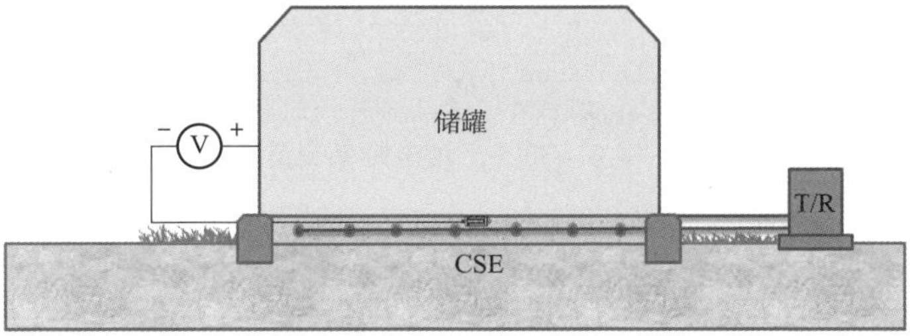

图6－37　电位读数受阳极电压场影响

①预埋土壤管测量罐中心电位，管端部有多孔塞，管内用导电介质充满。

②预埋饱和硫酸铜和锌双参比电极，当硫酸铜参比电极失效时锌参比电极可作为备用。使用100mV阴极极化指标，锌参比电极电位漂移时不影响测量精度。

八、站场内水泥路面或储罐防渗膜对电位测量的影响

(1)不要将参比电极放在混凝土路面上，这样测得的电位值不准确，误差有上百毫伏。

(2)当储罐基础内有防渗膜时，参比电极处于储罐外侧无法测量罐底板电位，测量到的电位是站内埋地结构的电位。

九、沥青路面下管道电位测量

沥青路面下检查片得到的电流取决于检查片与地床之间的电阻，与检查片是否靠近管道关系不大。通常将检查片埋设在路的一侧进行电位测量。

第四节　土壤电阻率及接地电阻测量

在阴极保护设计中，一个重要的参数是土壤电阻率。随着对交流排流的重视，土壤电阻率的测量越来越频繁。土壤电阻率的测量通常采用文纳四极法。

一、文纳四极法土壤电阻率测量

1. 测量原理

在外侧两个电极上输入交流电，在内侧两个电极上测量电压降，测量仪上显示土壤的电阻值，如图6－38所示。土壤电阻率按下式计算：

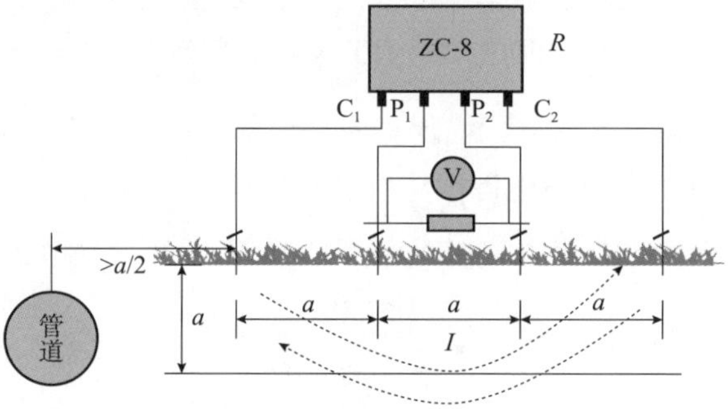

图6－38　土壤电阻率测量

$$\rho = 2\pi \times a \times R$$

式中　ρ——从地表到 a 深度的土壤电阻率，$\Omega \cdot m$；

a——土壤深度，m；

R——接地电阻测量仪电阻读数，Ω。

2. 文纳四极法土壤电阻率测量要求

(1) 在管道附近测量土壤电阻率时，四极的连线要与管道垂直，第一个接地极与管道间距大于 $a/2$。

(2) 在站场内部测量土壤电阻率或阳极接地电阻时，要充分考虑埋地金属设施以及接地网对测量值的影响。

(3) 当管道埋深为 h 时，接地极间隔为 $h/0.7$。

(4) 接地极的深度对电阻测量有一定影响，应尽量保证入土深度小于 $a/20$。

(5) 测量开始前，对指针进行调零。

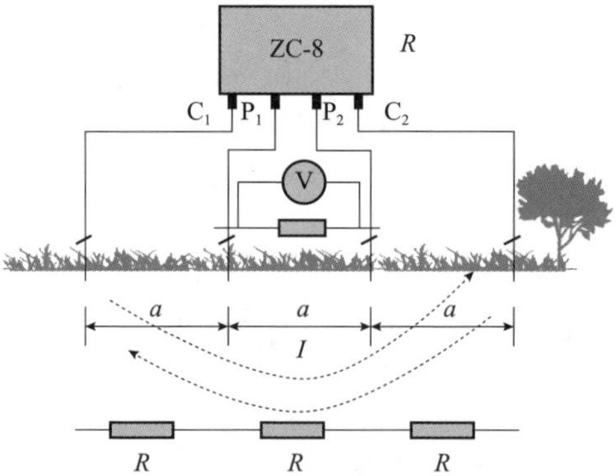

图6－39　电阻读数校对

3. 测量仪表的校对

(1) 可以串联三个相等的电阻，对仪器精度进行校对，仪表读数应与电阻值相等，如图6－39所示。

(2) 测量开始前，对指针进行调零。当接地极接地不好时，手柄很轻且指针不灵敏。

4. 土壤电阻率计算示例

土壤电阻率计算示例如表 6 – 4 所示。

表 6 – 4　土壤电阻率计算示例

土层深度/m	土壤电阻值/Ω	综合土壤电阻率/Ω · m
0 ~ 1	10	62. 8
0 ~ 2	7	88
0 ~ 3	2	38
0 ~ 4	0. 5	12. 6
0 ~ 5	0. 3	9. 4

二、土壤分层电阻计算

(1) 假设土壤有很多层，每层都有电阻，地表测量时，获得的是总电阻，如果获得了第一层土壤的电阻以及第一层和第二层土壤的总电阻，则第二层土壤的电阻可以用并联电路计算总电阻的公式 $\left(\frac{1}{R_{2a}}=\frac{1}{R_{1a}}+\frac{1}{R_{L2}}\right)$ 计算出来。第二层土壤的电阻为两个总电阻的积除以两个总电阻的差，即 $R_{L2}=\frac{R_{1a}\times R_{2a}}{R_{1a}-R_{2a}}$，如图 6 – 40 所示。

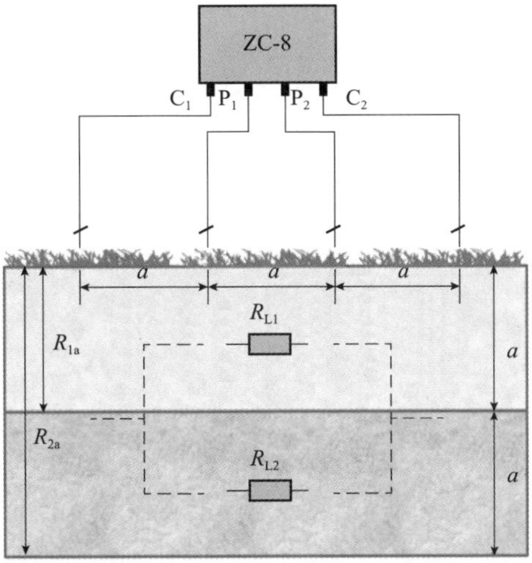

图 6 – 40　层电阻——并联电阻

(2) 土壤电阻率分层计算示例：见表 6 – 5。

表 6 – 5　土壤层电阻率计算示例

探针间隔/m	土壤电阻值/Ω	土壤分层电阻值/Ω	土壤层电阻率/Ω · m
1	10	10	62. 8
2	7	23	144
3	2	2. 8	17. 6
4	0. 5	0. 67	4. 2
5	0. 3	0. 75	4. 7

三、不等距法土壤电阻率计算

1. 土壤电阻率计算

土壤电阻率按下式计算(见图 6 – 41)：

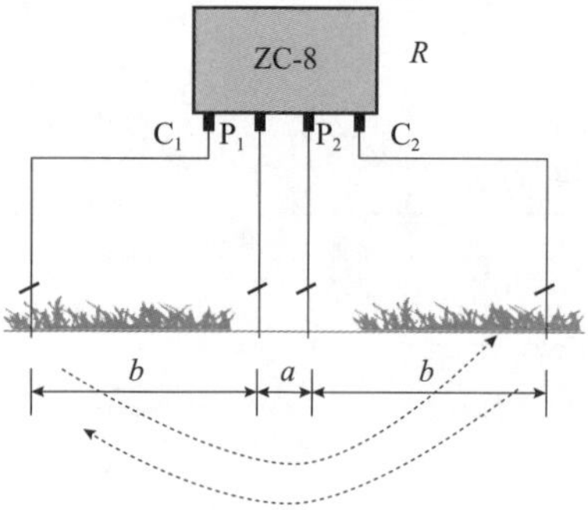

图 6－41　不等距法

$$\rho=\pi\times\left(b+\frac{b^2}{a}\right)\times R,\ b=h-\frac{a}{2}$$

式中　ρ——从地表到 h 深度的土壤电阻率，Ω · m；

R——接地电阻测量仪电阻读数(如果 R 为负数，则增大 a)，Ω；

a——取 5～10m。

2. 不等距层电阻率计算

根据欧姆定律计算层电阻：$R_{L2}=\frac{R_{1a}\times R_{2a}}{R_{1a}-R_{2a}}$。

计算层电阻率时：

(1)地表到 h 深度的土壤电阻率：$\rho=\pi\times\left(b+\frac{b^2}{a}\right)\times R_{1a}$。

(2)L 层电阻率：$\rho=2\times\pi\times L\times R_{L2}$，如图 6－42 所示。

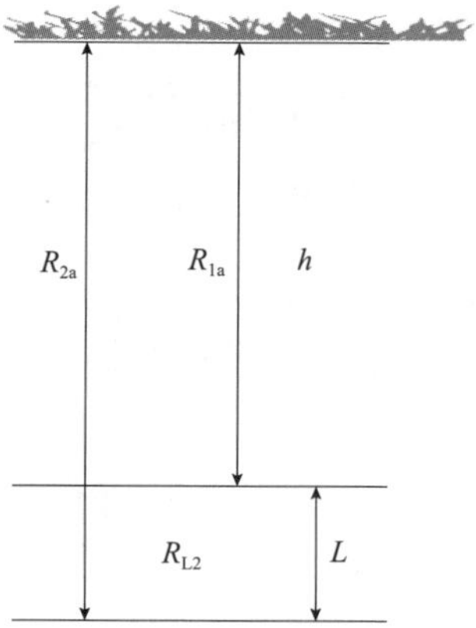

图 6－42　土壤电阻率计算

(3)不等距法土壤层电阻率计算示例：见表 6－6。

表 6－6　土壤电阻率计算示例

测量深度/m	土壤电阻值/Ω	土壤分层电阻值/Ω	土壤层电阻率/Ω · m
0～20	1.5	1.5	177
0～25	0.5	0.75	23.6

第一层：$h=20$m，$a=10$m，$b=15$m；第二层：$h=25$m，$a=10$m，$b=20$m；层高：$L=5$m。土壤电阻率计算如下：

①第一层土壤电阻率：$\rho=\pi\times\left(b+\frac{b^2}{a}\right)\times R_{20}=3.14\times\left(15+\frac{15^2}{10}\right)\times 1.5=177\Omega\cdot m$。

②第二层土壤电阻：$R_{20\sim25}=\frac{R_{20}\times R_{25}}{R_{20}-R_{25}}=\frac{1.5\times0.5}{1.5-0.5}=0.75\Omega$。

③第二层土壤电阻率：$\rho=2\times\pi\times L\times R_{20\sim25}=2\times3.14\times5\times0.75=23.6\Omega\cdot m$。

四、阳极接地电阻计算

阴极保护电源开启之前，阴、阳极之间有电位差，开启阴极保护电源后，阳极电位正向极化，阴极电位负向极化，阴、阳极极化电位之间的差值为反电动势。阴、阳极通电电位的差值为恒电位仪输出电压，由反电动势以及阴、阳极 *IR* 降构成。回路电阻(R_c)等于阳极接地电阻(R_a)加上阴极接地电阻(R_p)，如图 6－43 所示。

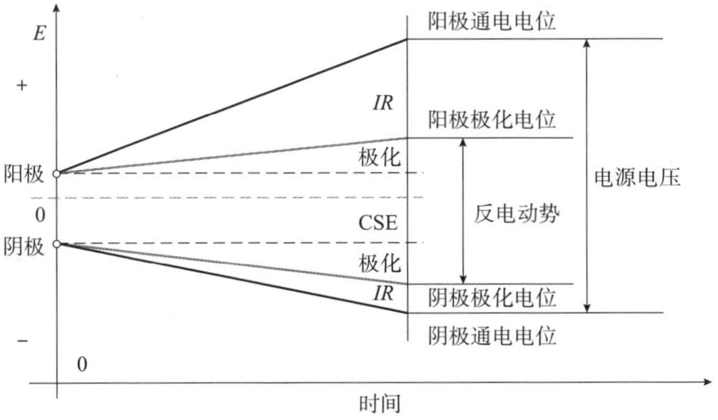

图 6－43　阴/阳极电位关系

(1)通断电法计算阳极接地电阻：如图 6－44 所示。

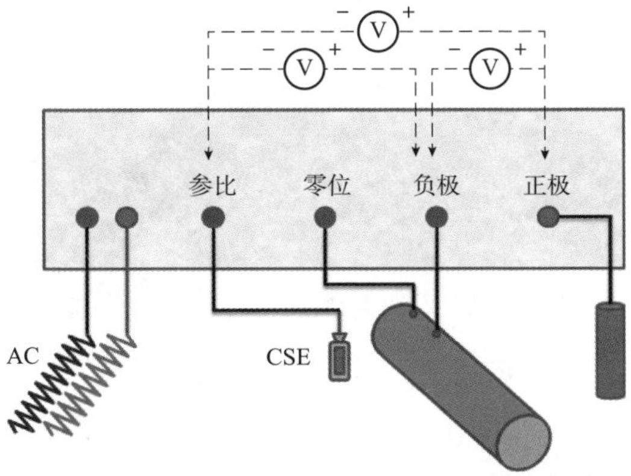

图 6－44　通断电法计算阳极接地电阻

$$R_a=\frac{V_{on}^{a}-V_{off}^{a}}{I},\ R_p=\frac{V_{on}^{p}-V_{off}^{p}}{I},\ R_c=\frac{V_{on}-V_{off}}{I}=R_a+R_p$$

(2)通断电法计算阳极接地电阻示例：见表 6－7。

表 6-7 通断电法计算阳极接地电阻示例

输出电流	输出电压	阳极电位	阴极电位
5.2A	3.0V	$1.85V_{on}$	$-1.35V_{on}$
0A	0.845V	$0.25V_{off}$	$-0.82V_{off}$

$$R_a=\frac{V_{on}^a-V_{off}^a}{I}=\frac{1.85V-0.25V}{5.2A}=0.31\Omega$$

$$R_p=\frac{V_{on}^p-V_{off}^p}{I}\frac{1.35V-0.82V}{5.2A}=0.10\Omega(\text{含阴极电缆电阻})$$

$$R_c=\frac{V_{on}-V_{off}}{I}=\frac{3.0V-0.845V}{5.2A}=0.41\Omega$$

$$R_a+R_p=0.31\Omega+0.1\Omega=0.41\Omega$$

(3)电流递增法计算阳极接地电阻：调节恒电位仪输出电流将伴随着不同的阳极通电电位；阳极两次通电电位之差除以两次电流之差为阳极接地电阻；阴极两次通电电位之差除以两次电流之差为阴极接地电阻；恒电位仪正负极之间两次输出电压之差除以两次电流之差为回路电阻；回路电阻等于阳极接地电阻加上阴极接地电阻，如图 6-45 所示。

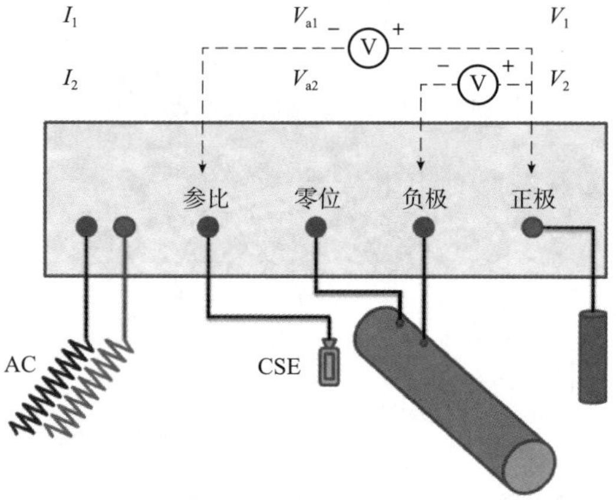

图 6-45 电流递增法计算阳极接地电阻

(4)电流递增法计算阳极接地电阻示例：见表 6-8。

表 6-8 电流递增法计算阳极接地电阻示例

设定电位/V	输出电压/V	输出电流/A	阳极电位/V
-1.25	8.83	3.13	5.68
-1.50	17.6	6.27	12.25

$$R_a=\frac{V_{a2}-V_{a1}}{I_2-I_1}=\frac{12.25V-5.68V}{6.27A-3.13A}=2.09\Omega$$

$$R_c=\frac{V_2-V_1}{I_2-I_1}=\frac{17.6V-8.83V}{6.27A-3.13A}=2.79\Omega$$

$$R_p=R_c-R_a=0.7\Omega(\text{含阴极电缆电阻})$$

恒电位仪输出参数波动时，拍照两次面板数据，计算回路电阻。阳极接地电阻取回路电阻的85%，得到阳极接地电阻近似值(波动剧烈时不适用)。利用改变恒电位仪输出电流计算阳极接地电阻，忽略了阳极极化，计算出来的阳极电阻比通断电法稍大一点。

(5)恒电位仪断缆故障排查：

①如果恒电位仪有输出电压(持续升高)，没有输出电流，可以判定为外电缆断缆。

②将恒电位仪设定到恒电压输出模式，并保持一定的输出电压。将万用表黑表笔连接长效参比电极，红表笔连接恒电位仪输出正极和负极接线柱，分别测量电压。哪个接线柱电压值接近恒电位仪输出电压(绝对值)，则哪根电缆断路，如图6－46所示。假设阴极线断缆，恒电位仪输出电压为10V，则测量负极的电位接近－10V，测量正极的电位接近阳极自然电位。

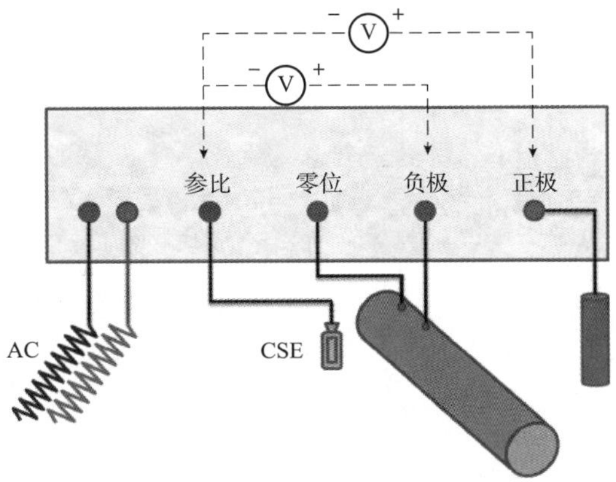

图6－46　判断断路电缆

③测量阴极线和零位线之间的电阻(正反表笔)，如果电阻不大，说明阳极线断缆。

④用PCM及A型架查找电缆断点。

五、交流排流接地极电阻计算

(1)交流排流经常采用锌带或镀锌扁铁作为接地极。由于接地极长度大，规范中规定的测量方法难以实施。

(2)根据交流排流等效电路，当参比电极远离管道时，可以涵盖所有地电场梯度，可以通过欧姆定律计算接地极电阻 R，如图 6－47、图 6－48 所示。

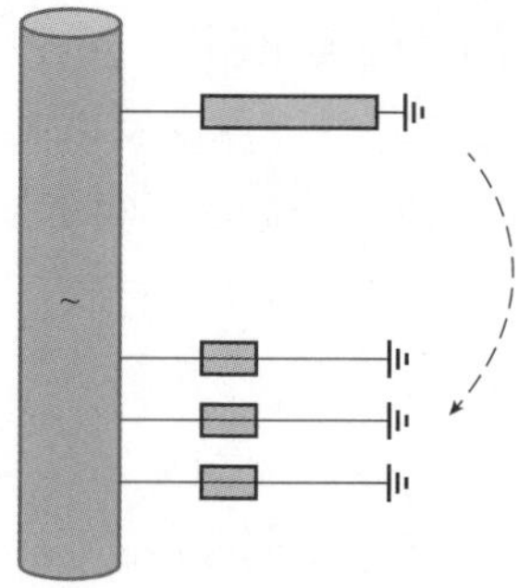

图 6－47　交流排流电流方向

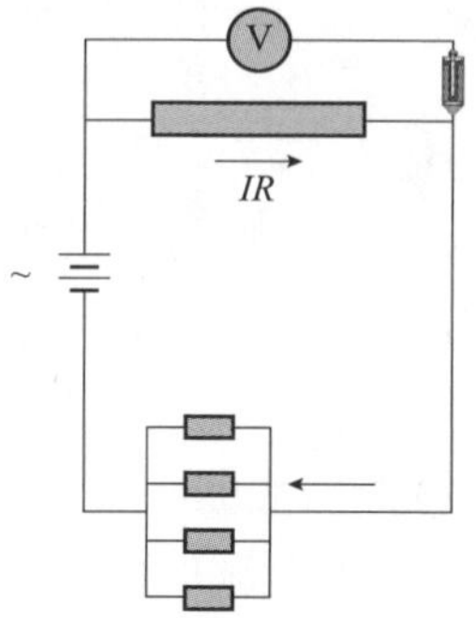

图 6－48　等效电路

$$R = V_{ac}/I_{ac}$$

式中　V_{ac}——管道远地电压，参比电极处于电压场外面(或排流前电压)，V；

I_{ac}——排放交流电流(注意万用表内阻对电流值的影响)，A。

六、牺牲阳极接地电阻计算

(1)理论上，阳极极化电位减去阳极闭路电位，再除以阳极输出电流为阳极接地电阻。

(2)实际工作中，用阳极开路电位(考虑 50～100mV 阳极极化)减去阳极闭路电位，再除以阳极输出电流为阳极接地电阻。如图 6－49 所示，阳极极化电位为 －1700mV＋50mV＝－1.65V_{CSE}，则

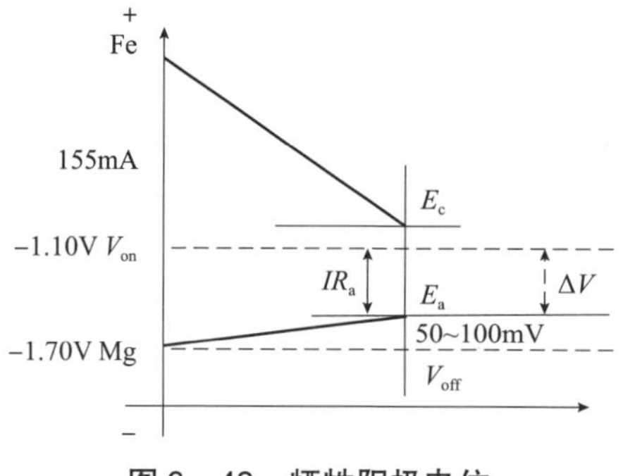

图 6－49　牺牲阳极电位

$$R = \Delta V/I = [-1.1V - (-1.65V)]/0.155A = 3.55\Omega$$

(3)测量阳极闭路电位时，参比电极应远离阳极(大于 10m)。如果测量电流的同时测量闭路电位，则电压表红表笔连接阳极一侧。

(4)如果阳极与管道直连时测量闭路电位，若输出电流是通过万用表测量的，则接地电阻应该减去万用表内阻。

(5)可以设想，牺牲阳极的闭路电位较开路电位偏正，这是因为闭路电位读数时受到了阳极排放电流产生的 IR 降的影响，同时阳极也发生了阳极极化。如果忽略阳极自身的极化，则阳极开路电位与闭路电位的差值为 IR 降。实际上一般会考虑 50～100mV 的阳极极化。

七、检查片对地电阻(扩散电阻)计算

如图 6－50 所示，检查片对地电阻 R 为：

$$R=(V_{on}-V_{off})/I_{dc}=V_{ac}/I_{ac}$$

式中 V_{on}——检查片通电电位，V；

V_{off}——检查片断电电位，V；

I_{dc}——检查片直流电流，A；

V_{ac}——检查片交流电压，V；

I_{ac}——检查片交流电流，A。

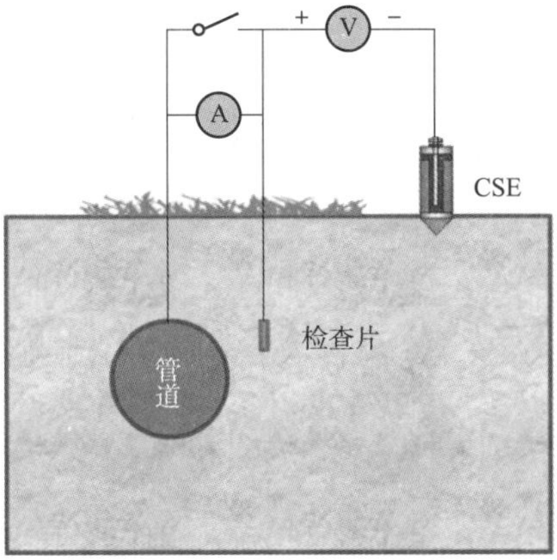

图 6－50 检查片对地电阻

八、阴极保护智能测试桩

智能测试桩内部的导线性质，可以通过测量电位及检查片与管道之间的电流来确认，检查片和管道连线中最好安装闸刀开关，便于现场检查片电流和断电电位校对。

第五节 直流去耦合器检测

一、直流去耦合器结构

(1) 直流去耦合器安装在管道与接地极之间，起到通交隔直的作用。

(2) 直流去耦合器由电容、单向导通装置以及浪涌防护装置构成。日常排流由电容完成，雷击时，故障电流通过火花隙等防护装置入地。

(3) 单向导通装置基本不工作，只有当管地电位异常正或异常负时才导通并排放直流电流。

二、直流去耦合器两侧电位及交流电压测量

(1) 将参比电极置于直流去耦合器附近，分别测量管道和接地极的直流电位，如果之间有较大的差距(300～500mV)，表明直流去耦合器的直流截止功能是好的。注意采用锌接地极时，电位差别可能不大。

(2) 分别测量管道和接地极的交流电压，两侧交流电压应该相近，说明直流去耦合器具有交流排放功能(见表 6－9)，拆下直流去耦合器的一端，交流电压为零或很低的一侧是接地极，如图 6－51 所示。如果直流去耦合器两端交流电压相差大，说明电容容抗大，通交性能差。

表 6-9 直流去耦合器检测示例

状态	管道侧电压/V		接地侧电压/V		排放电流/A	
	直流	交流	直流	交流	直流	交流
排流后	-1.32	2.59	-1.18	2.55	0	1.74
排流前	-1.30	5.88	-1.17	0.10		

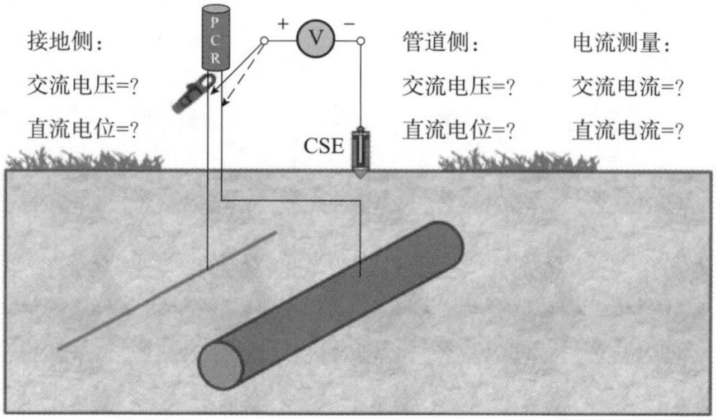

图 6-51 管地电位与接地极对地电位测量

(3)当管地直流电位和交流电压都波动时，测量直流去耦合器两侧的交流电压差和直流电位差，交流电压差很小、直流电位差有一定差别，说明直流去耦合器良好，若电压差为零，说明短路。

(4)确定直流去耦合器正反向导通电压时，原则上正向二极管导通电压应尽量小，以便于直流杂散电流排放，反向二极管导通电压应大于管地最负的电位(绝对值)。

三、直流去耦合器排放电流测量

用钳形电流表测量通过直流去耦合器的交流电流和直流电流，交流电流远大于直流电流。管地电位波动时，会有直流电流通过直流去耦合器，但平均值一般为零。也可以拆下直流去耦合器的一端，串入万用表直接测量交、直流电流。

四、直流去耦合器二极管检测

(1)将直流去耦合器的一端拆下，给直流去耦合器放电。

(2)在直流去耦合器两端施加 9V 电池，充电 5s 后断开电池连线。

(3)观察电压表的电压值应接近标定的直流导通电压，如图 6-52 所示。

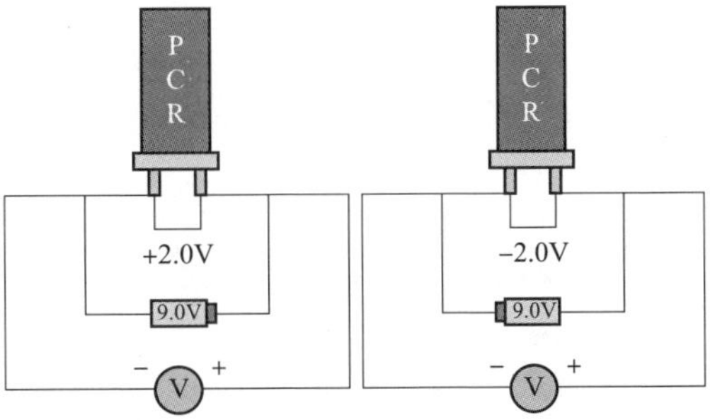

图 6－52　直流去耦合器二极管检测

(4)再次放电，反向连接 9V 电池，电压表显示电压也反向，电压读数为反向导通电压值。

五、直流去耦合器电容检测

(1)断开管道连线时，要注意管道侧可能存在高电压，因此应给电容放电。

(2)用万用表最小电阻挡测量直流去耦合器电阻，电阻值逐渐增大，如图 6－53 所示。

(3)如果电阻测量值很小且不变化，说明电容短路。

(4)如果电阻值很大且不变化，说明电容开路。

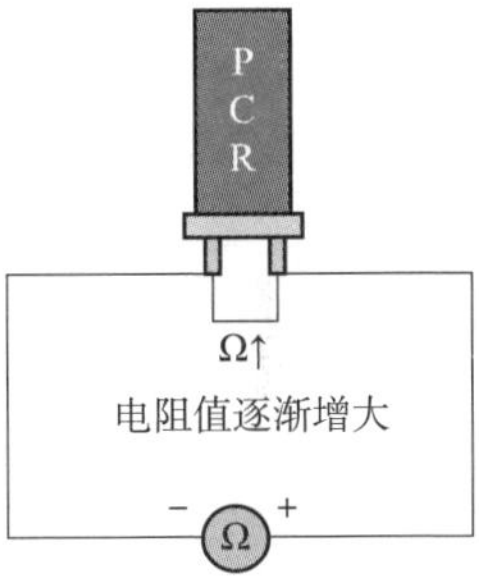

图 6－53　直流去耦合器电容检测

第六节　绝缘性能检测

一、绝缘接头性能检测

(1)利用电位法，可以对绝缘接头、地网隔离、主套管的绝缘性能进行检测。绝缘接头两侧之间有一定的电位差，如果一侧有阴极保护，一侧没有或关停，则两侧的电位差一般会在 200～500mV 之间。当站内外经过导线(如引下线)导通时，导线中的电流会产生电压降，该电压降可能会达到 100mV 以上，此时根据电位差判断绝缘接头性能可能会出现误判，如图 6－54 所示。

(2)也可以通过测量一侧有交流电压或电位波动，而另一侧没有来判断绝缘接头的绝缘性能。绝缘接头性能下降，明显的特征是恒电位仪输出电流增大，或离开绝缘接头后，电位更负。

(3)当电位差小于 100mV，采用电位法不能确定被测结构的绝缘性能时，要采取其他方法来检测结构之间的绝缘性能，如 PCM 法或电压降法，测量绝缘接头侧的电流要明显低于外管道侧的电流。在绝缘良好的情况下，绝缘接头非通电侧的电流占总电流的 10%～15%，可以理解为由信号电流通过绝缘接头所致(绝缘接头类似电容，有一定的通交性能)。

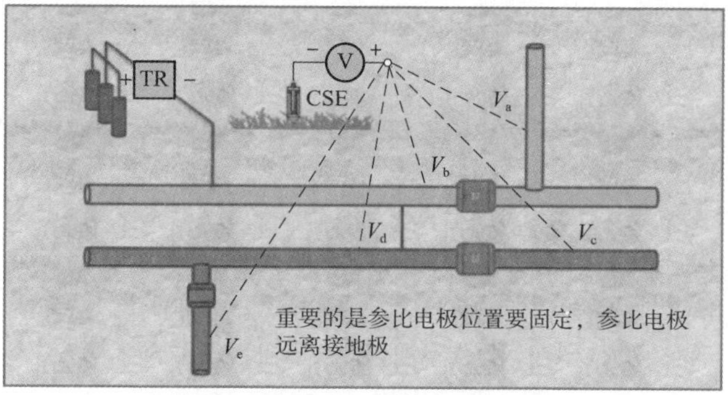

图 6－54　电位差绝缘性能检测

①没有越站跨接线时绝缘性能检测：站场内管中电流测量困难，没有跨接线时，可以测量信号电流通电点两侧的电流进行比较。线路一侧管中电流应远大于站场一侧管中电流，否则可能是站场内外搭接所致，如图 6－55 所示。

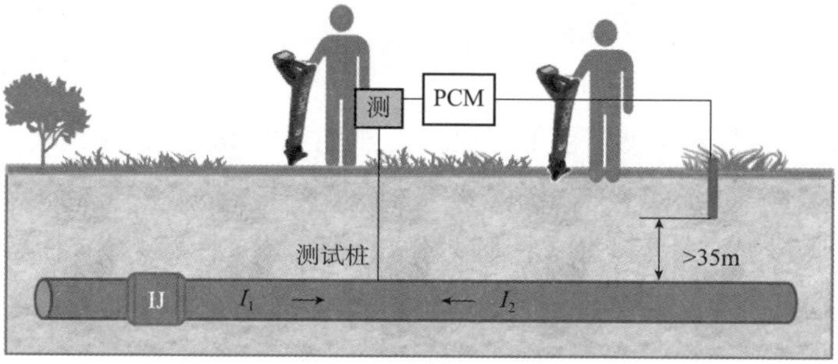

图 6－55　PCM 绝缘性能测量

②有越站跨接线时绝缘性能检测：站场有跨接线时，可以测量站场上下游的管中电流，比较电流大小计算漏电量（两个绝缘接头的漏电量，漏电量大时，还要确认漏电的绝缘接头），如图 6－56 所示。

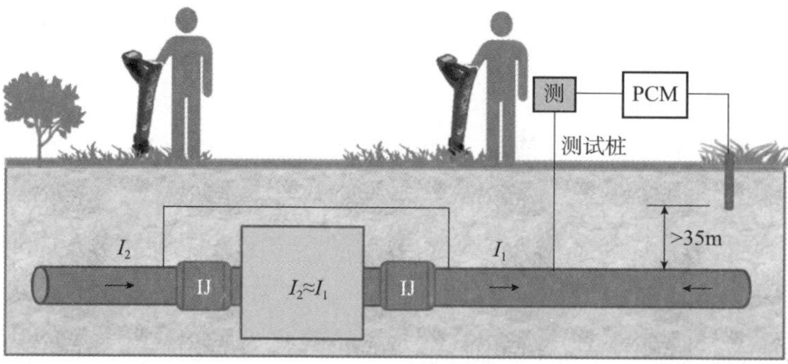

图 6－56　有跨接线时测量电流衰减量（漏电量）

③PCM 法绝缘接头检测误判：当利用阴极保护地床输入检测信号时，如果阴极线和管道平行，测量到的可能是阴极线中的电流，会给测量带来误判，如图 6－57 所示。

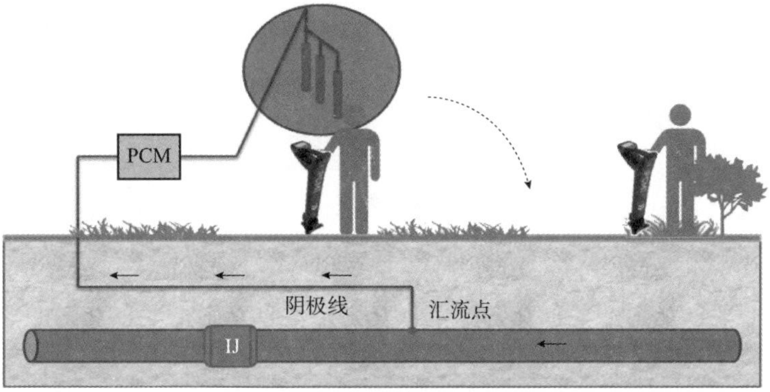

图 6－57　测量到阴极线电流

④阴极保护站及交流排流点对管中电流的影响：恒电位仪内部正负极之间是电容，交流排流使用的直流去耦合器的主要部件也是电容，由于电容的通交隔直特性，对于 PCM 信号是导通的，即 PCM 信号可以通过阳极地床或排流接地极进入管道，回到通电点。防腐层检漏时，应注意这些接地装置对检漏的影响，一般为信号衰减快，附近找不到防腐层破损点，如图 6－58 所示。

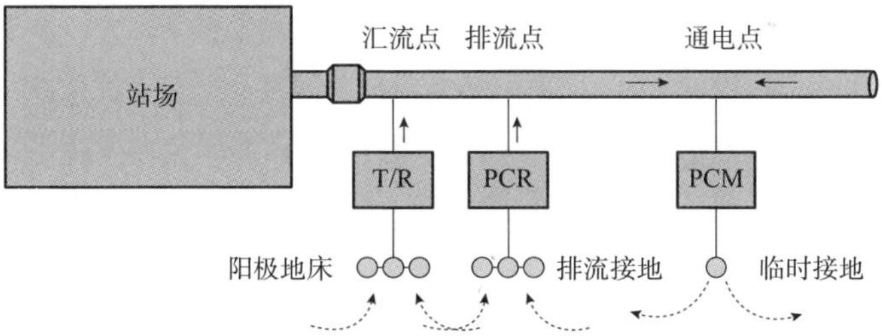

图 6－58　阳极地床对防腐层破损点检测的影响

(4) 电流指向法：提高外线路阴极保护电流(2A 以上)，根据电压的极性判断电流是否流向绝缘接头。绝缘接头两侧的电压降有可能大于 100mV，如图 6－59 所示。管中存在导电介质时，也可能导致误判。

(5) 电压差法：

①如果没有随身携带便携式参比电极，可以通过测量绝缘接头两侧的电压差来判断接头性能，如图 6－60 所示。测量时，如果绝缘接头两侧都有阴极保护，需关掉站内侧的阴极保护。

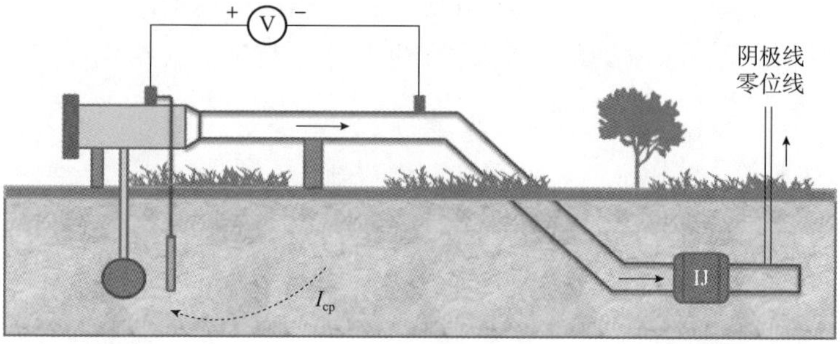

图 6－59　电流指向法

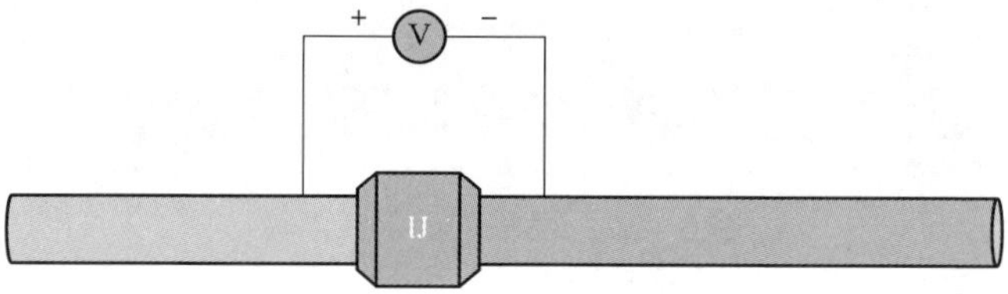

图 6－60　电压差法

②当管道绝缘接头两侧电位都波动时，直接测量交流电压差或直流电位差来判断绝缘接头性能。

(6)电流环法：

①用电流环测量经过绝缘接头的电流，如果接头良好，电流应显示为零或很小的值。

②该方法有一定误差，需要将电流增大到 1A 以上才比较准确，多用于杂散电流测量及绝缘接头的检测。

(7)绝缘接头非保护侧电位偏移及原因：见表 6－10。

表 6－10　绝缘接头非保护侧电位偏移及原因

非保护侧电位正向偏移	非保护侧电位负向偏移
绝缘接头性能良好	绝缘接头性能下降
参比电极位于阴极电压场	参比电极位于阳极电压场
外管道阴极保护站地床位于站内	管道内有导电介质

外管道阴极保护站阳极地床位于站内，容易导致绝缘接头站内侧腐蚀，如图 6－61所示。

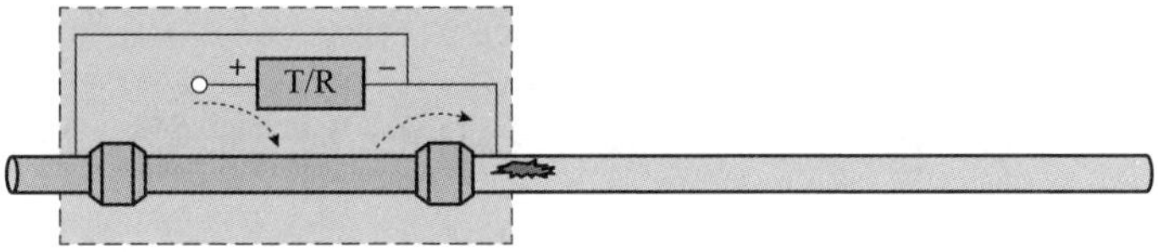

图6－61 绝缘接头站内侧腐蚀

二、阀室地网连通性检测(主阀)

分别测量主阀的电位和接地网的电位，二者差值应在300mV以上。如果电位值接近，小于100mV，可能存在短路或绝缘不好。注意锌接地极具有较负的电位。没有直流去耦合器时，测量交流电压差，漏电量为200～300mA，阀室地网短路的影响范围小于100m，如图6－62所示。可以用精度高的钳形电流表(精确到mA)查找短路的引下线。

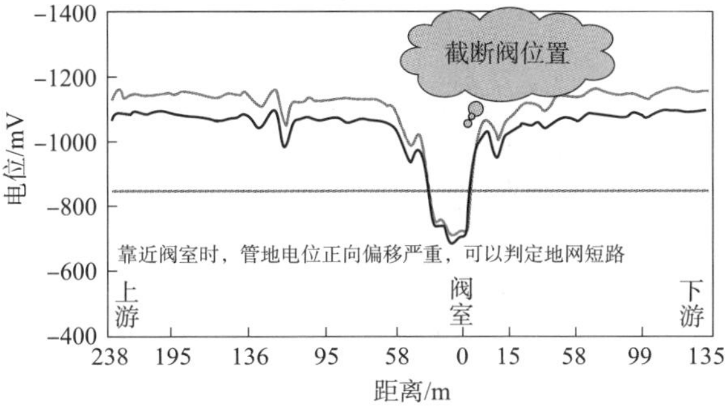

图6－62 阀室地网短路

三、钢套管绝缘性能检测

钢套管电位与主管道电位(交流电压)有一定差别。在靠近套管穿越的位置，管地电位如果正向偏移，可以判定套管短路。此时可安装临时电源，加强阴极保护，观察和测量电位变化，接地极与参比电极间距应大于16m，如图6－63所示。

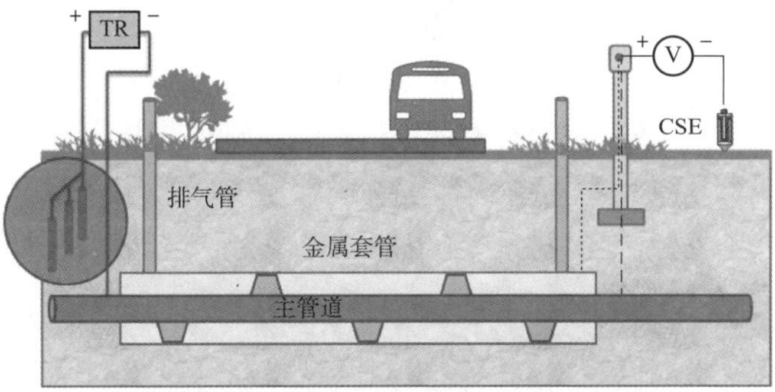

图6－63 测量钢套管与主管道电位差

第七节　牺牲阳极性能测量

一、牺牲阳极开路、闭路电位测量

阳极与管道连通时测得的阳极电位为闭路电位(有极性排流器时，测量管道侧电位)，断开时测得的阳极电位为开路电位，如图6－64所示。

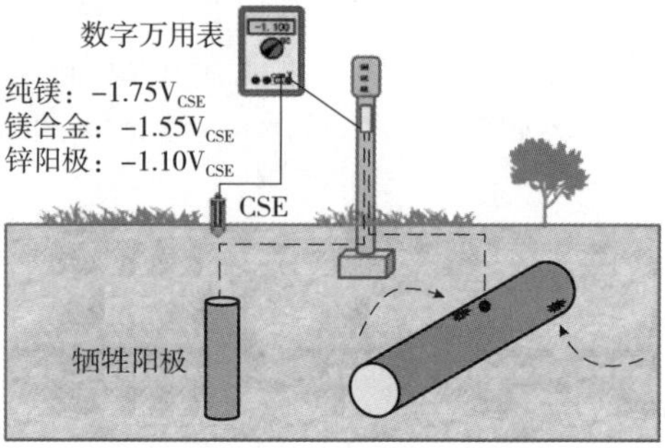

图6－64　牺牲阳极电位测量

二、牺牲阳极输出电流测量

(1)采用钳形电流表，直接测量阳极输出电流。精度高的钳形表价格一般较高，为了提高测量精度，可以将导线在测量钳上多绕几圈，电流为测量值除以绕圈数。

(2)将阻值为0.1Ω(或1.0Ω)的标准电阻串联在回路中，测量电压降，计算电流。

(3)直接将电流表串联在电路中测量电流，如图6－65所示。

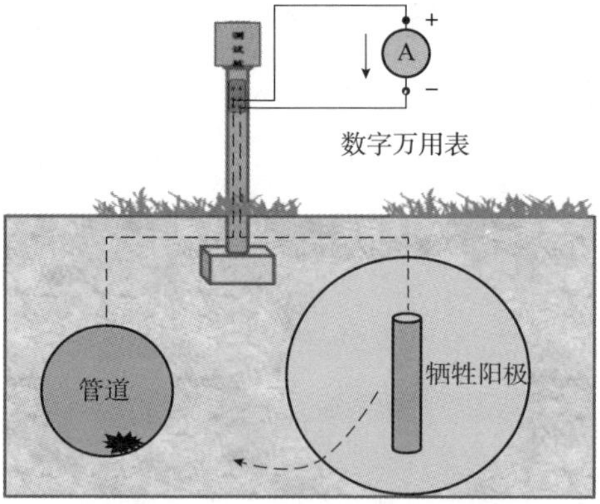

图6－65　牺牲阳极电流测量

①由于电流表有内阻，从几欧姆到上百欧姆，以这种方式测量的电流小于实际电流。

②单支牺牲阳极输出电流受管地电位以及土壤电阻率影响，从几毫安到几十毫安。

③尽量用万用表“A”挡测量。

④用万用表测量电流时，通常安培挡内阻为0.1Ω，毫安挡内阻为2～3Ω，微安挡内阻为100Ω。

第七章　阴极保护专业测量技术

第一节　防腐层面电阻率测量

一、管道水平定向钻穿越 HDD 技术

(1)由于征地越来越困难，定向钻穿越技术的应用越来越普遍。

(2)定向钻穿越时，首先打导向孔，再经过一系列扩孔、洗孔、固孔等工序，形成一个比管道直径大 1.2 倍的管孔。

(3)将对岸预制好的管道一次拖过被穿越水体或建筑。在管道拖拉过程中，孔中的岩石碎屑等会划伤防腐层。

二、防腐层面电阻率现场测量步骤

(1)参照 T/CSCP 0039—2021，测量管道的自然电位。在离开管道较远的位置安装临时接地极，给管道送电，记录设备输出电流，测量管道两端通、断电电位，如图 7－1、图 7－2 所示。

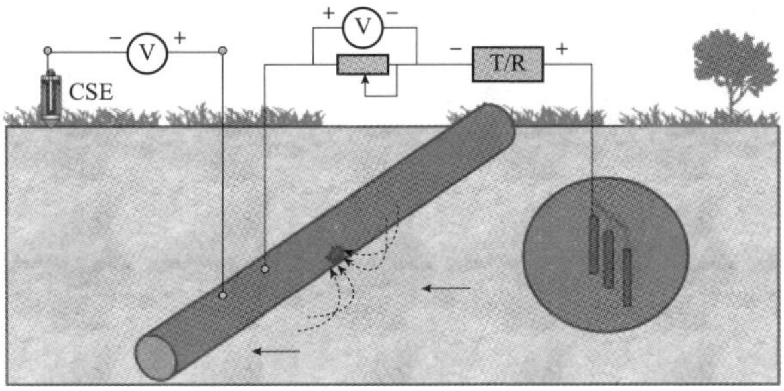

图 7－1　管地电位测量

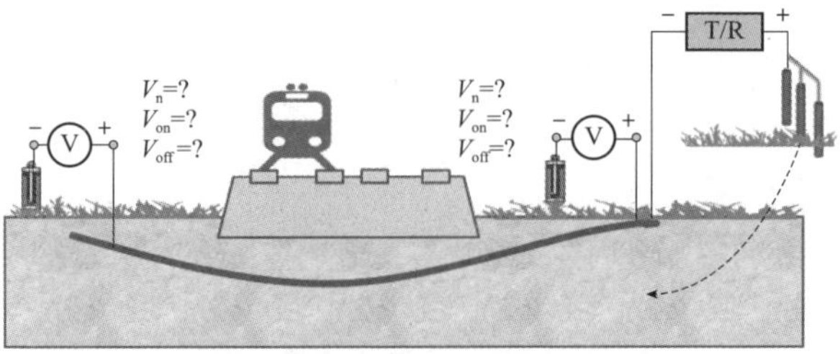

图 7－2　馈电电流测量

(2)测量泥浆池中泥浆的电阻率，接地极间隔宜为50cm；测量附近土壤的电阻率(接地极间隔尽量接近管道最大埋深)。

三、测量过程中的注意事项

(1)管道极化电位应尽量接近 $-0.85V_{CSE}$。

(2)接地极应远离管道，避免电压场对管地电位测量带来的影响。参比电极应远离管道，二者间距大于2倍的管道直径。

(3)管段两端不能与土壤接触。

(4)管段受动态直流杂散电流干扰时，管段两端应同步测量通断电电位和馈电电流。

四、穿越段防腐层面电阻率的计算

(1)计算平均电位偏移，计算管段表面积，计算防腐层面电阻及面电阻率。

(2)根据钻孔处的土壤电阻率(泥浆约20Ω·m)，换算成1000Ω·cm标准条件下的防腐层面电阻率或面电导率，对防腐层质量进行分级。

(3)计算极化电位达到 $-850mV_{CSE}$ 时的电流密度。

(4)防腐层面电阻率宜满足“优”级或电流密度满足要求，否则应附加阴极保护。

五、定向钻穿越防腐层检测示例

定向钻穿越防腐层检测示例见表7-1。

表7-1　定向钻穿越防腐层检测示例

电流/mA	管道自然电位：$-760mV_{CSE}$（管段长1372m，直径为355mm，3LPE+玻璃钢防护，泥浆电阻率为25Ω·m）							
	入土端电位/mV_{CSE}				出土端电位/mV_{CSE}			
	ON	OFF	偏移	平均	ON	OFF	偏移	平均
5	-1370	-1142	228	228	-1371	-1212	159	164
	-1365	-1140	225		-1369	-1203	166	
	-1375	-1143	232		-1373	-1207	166	

(1)管道平均电位偏移：

$$\Delta V=\frac{\Delta V_1+\Delta V_2}{2}=\frac{0.228\mathrm{V}+0.164\mathrm{V}}{2}=0.196\mathrm{V}$$

(2)管地电阻：

$$R=\frac{\Delta V}{I}=\frac{0.196\mathrm{V}}{5\mathrm{mA}}=39.2\Omega$$

(3)管道防腐层实际面电阻率：

$$r' = \pi \times D \times L \times R = 3.14 \times 0.355\text{m} \times 1372\text{m} \times 39.2\Omega = 59951\Omega \cdot \text{m}^2$$

(4)修正到1000Ω·cm标准环境管道面电阻率：

$$r' = 59951\Omega \cdot \text{m}^2 \times \frac{1000\Omega \cdot \text{cm}}{2500\Omega \cdot \text{cm}} = 23980\Omega \cdot \text{m}^2$$

(5)防腐层面电导率：

$$g' = \frac{1}{r'} = \frac{1}{23980\Omega \cdot \text{m}^2} = 4.17 \times 10^{-5}\text{S/m}^2 = 42\mu\text{S/m}^2$$

(6)管道电流密度：

$$J = \frac{I}{\pi \times D \times L} = \frac{5 \times 10^3\mu\text{A}}{3.14 \times 0.355\text{m} \times 1372\text{m}} = 3.26\mu\text{A/m}^2$$

六、定向钻穿越段防腐层评价标准

参照T/CSCP 0039—2021，定向钻穿越段防腐层评价标准见表7－2和表7－3。

表7－2 防腐层面电导率与面电阻率

防腐层质量等级	防腐层面电导率 g'/(μS/m²)	防腐层面电阻率 r'/Ω·m²
优	$g' \leqslant 100$	$r' \geqslant 1 \times 10^4$
良	$100 < g' \leqslant 500$	$2 \times 10^3 \leqslant r' < 10^4$
可	$500 < g' \leqslant 1000$	$1 \times 10^3 \leqslant r' < 2 \times 10^3$
差	$g' > 1000$	$r' < 1 \times 10^3$

表7－3 防腐层类型与电流密度

防腐层类型	保护电流密度/(μA/m²)
3LPE	1～20
FBE	20～200
沥青或煤焦油瓷漆	200～300

以上示例中的管道电流密度3.26μA/m²满足阴极保护指标(－850mV$_{CSE}$极化电位或100mV极化电位)所需要的电流密度(1～20μA/m²)要求。

第二节 近间距管地电位测量

一、参比电极电位读数覆盖的范围

(1)参比电极测量到的电位是管道上各点电位的混合值。

(2)参比电极电位测量值的覆盖范围取决于防腐层质量。对于裸管道，将参比电极放置在地表，电位读数为120°夹角所覆盖的管段上各电位的混合值，如图7-3所示。

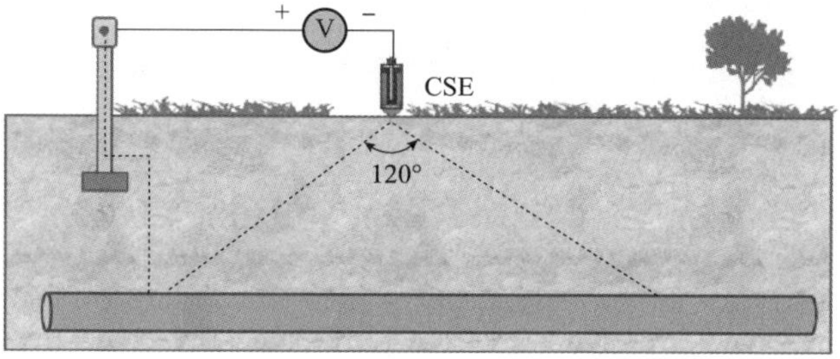

图7-3　参比电极电位代表范围

(3)对于防腐层质量好的管道，将参比电极放置在地表，电位读数为防腐层破损点位置的电位，如图7-4所示。

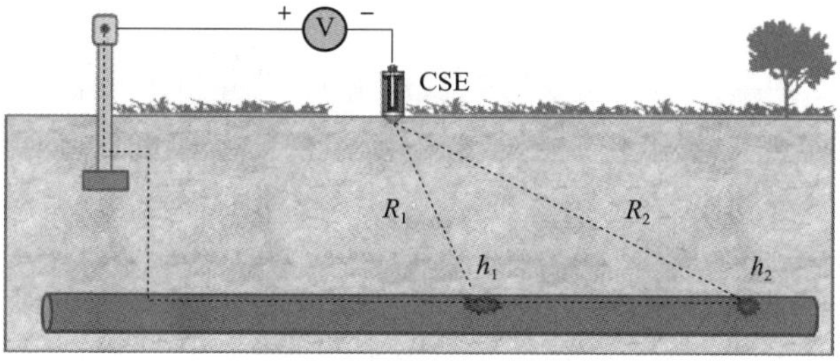

图7-4　防腐层质量好时参比电极电位代表范围

(4)电位读数主要受与参比电极之间电阻小、电位负的防腐层破损点影响。

(5)断电电位是防腐层破损点位置的极化电位：

①读取管道断电电位时，无论参比电极放到什么位置，所读取的都是防腐层破损点位置的极化电位。

②由于参比电极和各个破损点距离不同，断电电位读数仍为混合电位。

③应尽量将参比电极靠近防腐层破损点，以确认破损点位置的管道保护电位，如图7-5所示。

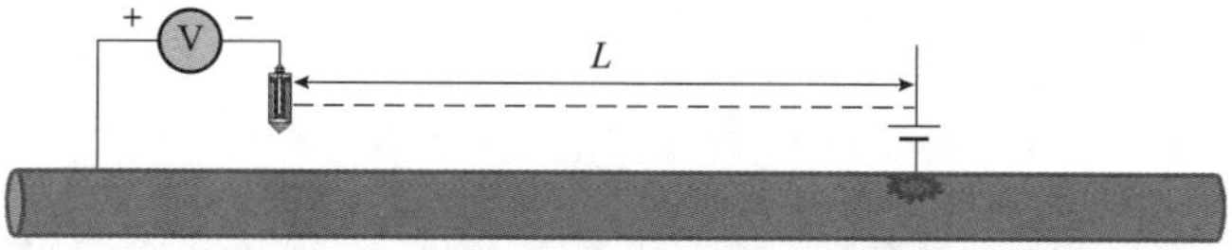

图7-5　参比电极电位读数为附近防腐层破损点电位

(6)移动参比电极时，应尽量缩短万用表与参比电极之间的连线，如图7-6所示。

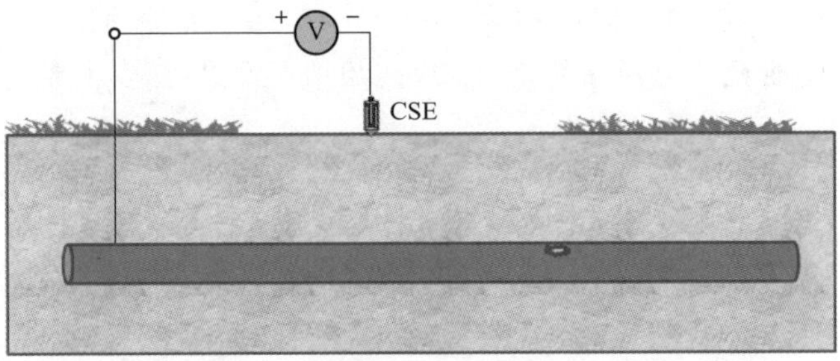

图 7-6　测量仪表尽量靠近参比电极

二、近间距电位测量(CIPS)的目的

(1)测试桩上测量到的电位不代表测试桩之间的管道保护状况，尤其当两个测试桩之间存在比较大的防腐层破损点时，应将参比电极靠近防腐层破损点。

(2)CIPS 测量的目的是确认两个测试桩之间，防腐层破损处阴极保护是否达标。

(3)当管道受到杂散电流干扰时，使用 CIPS 测量断电电位没有意义，可以通过 CIPS 通电电位(或自然电位)测量寻找静态直流杂散电流的流入、流出点。

(4)对于高质量防腐层，CIPS 难以发现防腐层破损点处的电位变化。

三、近间距电位测量(CIPS)方法

沿管道每隔 1～3m 测量一次管地电位，如图 7-7 所示。当参比电极靠近下一个测试桩时，用电压表测量该测试桩与上游测试桩连线的电压即为管道上的电压降，如果恒电位仪断电期间该电压仍然存在，则是由杂散电流引起的。

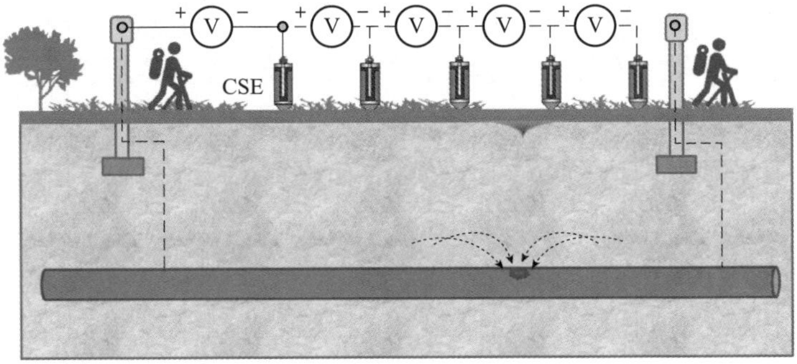

图 7-7　近间距电位测量

(1)3PE 防腐层绝缘强度高，破损点少，CIPS 检测的意义需要探讨，应重点关注防腐层破损点位置的管地电位及土壤特性。

(2)断电电位是金属与土壤接触面双电层电压的混合值，如图 7-8 所示。

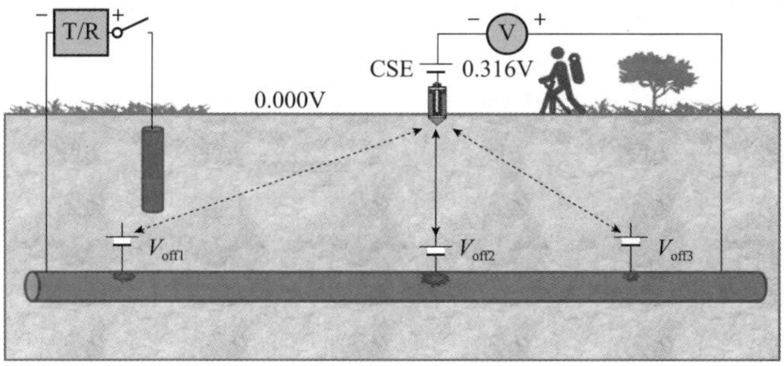

图7－8 断电电位为金属与土壤接触面双电层电压的混合值

(3)CIPS 测量电位曲线：

①在管道搭接处，管地电位正向偏移，如图7－9所示。

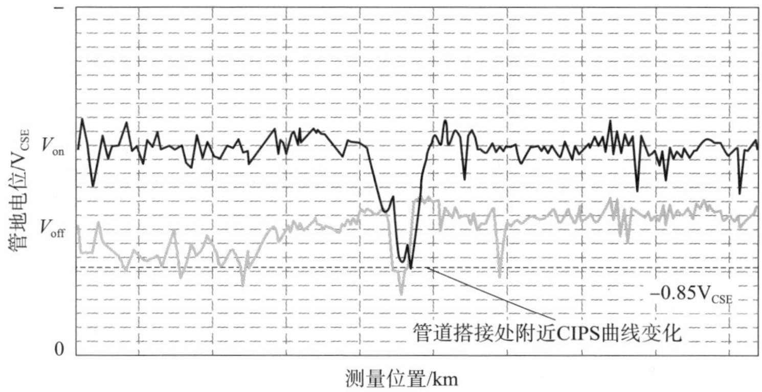

图7－9 管道搭接处电位正向偏移

②在管道阀井处，管地电位正向偏移，如图7－10所示。

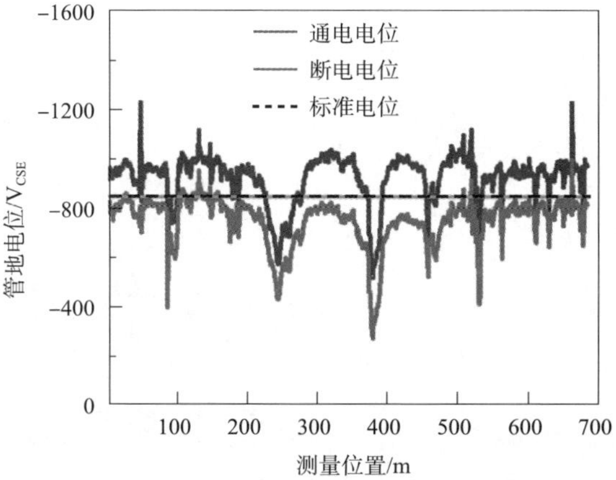

图7－10 阀井处电位正向偏移

③在管道牺牲阳极处，管地电位负向偏移，如图 7－11 所示。

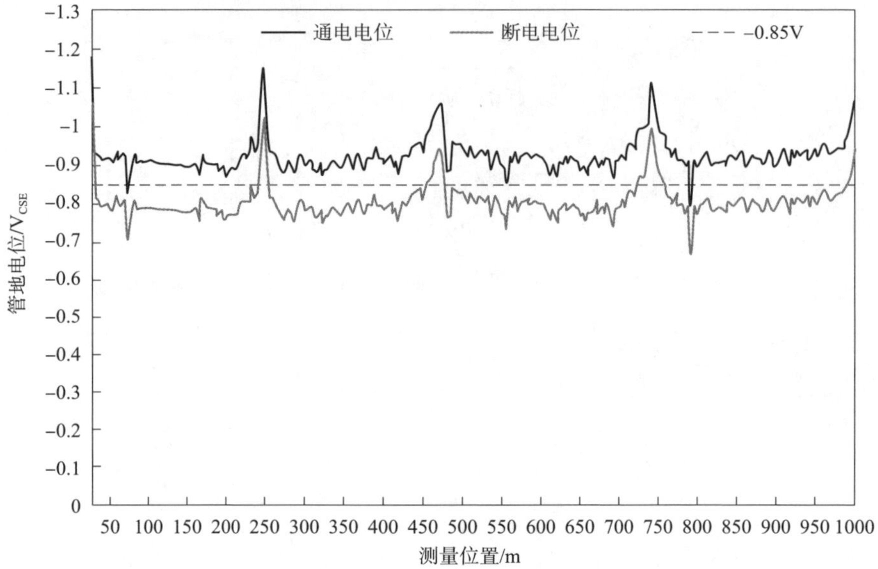

图 7－11　牺牲阳极处电位负向偏移

（4）CIPS 测量只能发现大的漏点（如阀室地网搭接），难以发现较小漏点。例如测量 2 个 75cm^2 检查片位置，通电电位变化 30mV 左右，断电电位变化 10mV 左右，变化不大，很难发现。

四、CIPS 测量注意事项

（1）确认管道不受直流杂散电流或交流排流设施干扰。管道沿线影响管地电位的恒电位仪要用 GPS/北斗同步通断（包括站内区域保护恒电位仪），如图 7－12 所示。

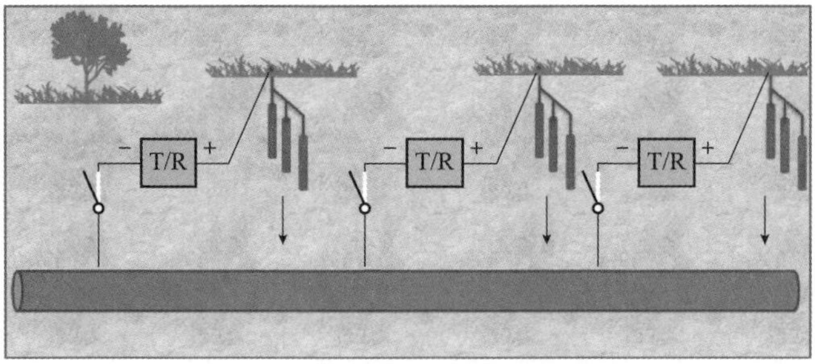

图 7－12　所有电源同步通断

（2）某些恒电位仪通断时会造成设备输出电压升高，可以将恒电位仪设置成恒电压输出模式或安装假负载。

(3)某些恒电位仪断电后不能及时恢复供电，时间上有延迟，需要现场验证。

(4)需验证第三个阴极保护站是否对测量有影响。测量两个测试桩之间管道上的电压降，如果恒电位仪断电期间仍有电压降，说明受杂散电流或第三个阴极保护站影响，如图 7－13 所示。假设 1#和 2#测试桩之间间隔 1000m，如果断电期间仍有电位差，应评估断电数据的可用性。管道的纵向电阻很小，如 ϕ508mm 管道电阻大概为 9mΩ/km。

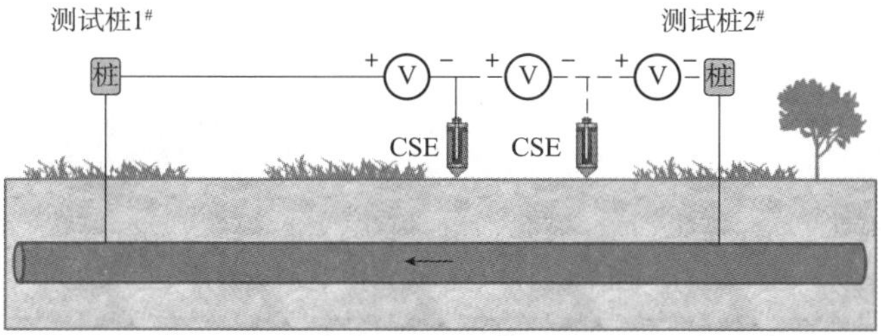

图 7－13　测量管道电压降

(5)管地电位的瞬时负向脉冲及消除：

进行 CIPS 测量时，如果恒电位仪恒位运行，在通断器断开的瞬间，恒电位仪输出电压迅速增大，在通断器恢复导通的瞬间，该高电压使输出电流增强，管地电位出现负向脉冲，如图 7－14 所示。可以采取恒电压工作模式或安装假负载方式解决该问题：在恒电位仪输出正负极之间并联一个滑动变阻器(电炉丝)，拆掉参比电极和零位接阴线，将零位接线柱连接恒电位仪输出负极，参比电极接线柱连接变阻器，移动参比电极导线与变阻器的接触点，直到恒电位输出电压与原来的电压一致，如图 7－15 所示。

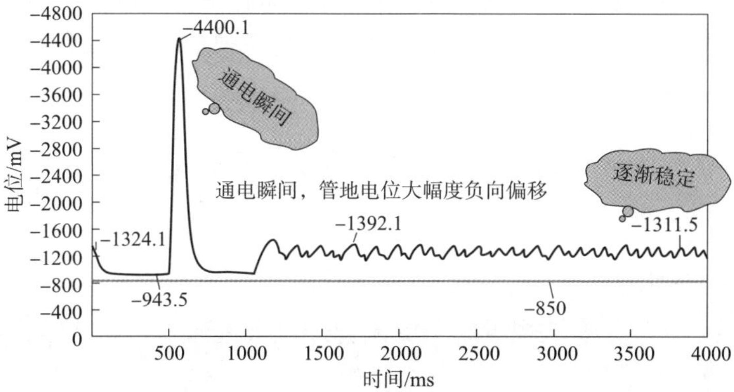

图 7－14　通电瞬间电位负向脉冲

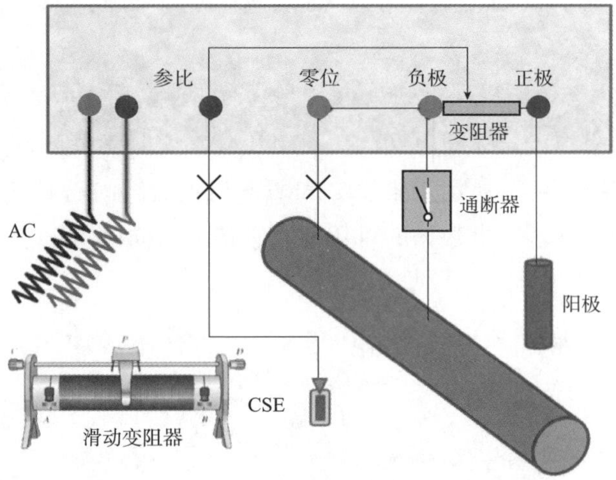

图 7－15　安装假负载保持恒电位仪输出稳定

五、通、断电周期及读数时间的确定

通、断电周期一般是通 4s 断 1s，断电时间应尽量短，通电电位在通电 3.7s 时读取，断电电位在断电 0.38s 时读取，保证读取断电电位时错过电位脉冲。现场一般在断电后 0.3s 左右读取断电电位。为保证测量的准确性，应现场测量去极化曲线，以确定断电电位的读取延迟时间。

六、近间距(密间隔)电位测量的意义

(1)经验表明，即便是受强干扰的管道，只要保证测试桩位置的管地断电电位达标，管体也不会发生腐蚀(这些管段无法进行 CIPS 测量，测试桩间隔为 500～1000m)。

(2)CIPS 测量耗时费力，对于提高管道管理到底有多大作用需要进一步研究。

(3)可加强管道防腐层检漏，保证测试桩之间没有太大的防腐层破损点。检查片面积应尽量大一些，同时加强内检测，是可以保证管道阴极保护有效性的。

第三节　直流电位梯度法

一、直流电位梯度法(DCVG)原理

(1)当管道防腐层有破损点时，电流将经过土壤流入防腐层破损点，在地表面形成电压场。

(2)直流电位梯度法是利用两支参比电极，寻找地面的电压场，当参比电极接近防腐层破损点时，电位梯度(两个参比电极之间的电位差)加大，如图 7－16 所示。

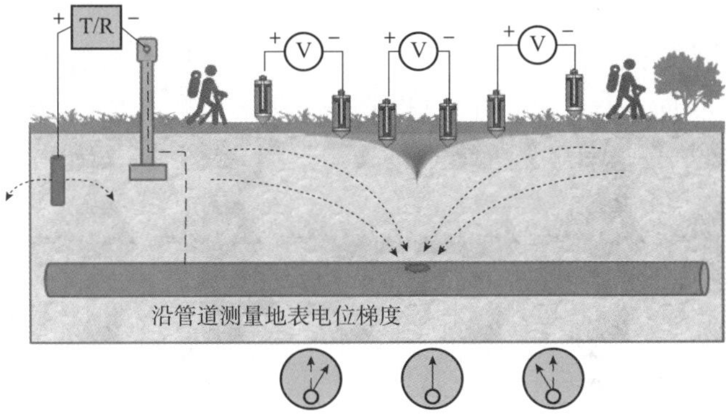

图 7－16 查找电压场

(3)通过寻找电位梯度的最大点和最小点，可以确定防腐层破损点，如图 7－17所示。

图 7－17 防腐层检漏

二、DCVG 的功能

DCVG 可以用来对防腐层破损情况进行详细检测和解释。其主要用途和功能为：

(1)对外防腐层破损点进行精确定位，评估防腐层破损面积大小，判断破损点腐蚀活性。

(2)估计防护层破损的形状。

三、DCVG 的应用注意事项

(1)将阴极保护电源作为信号源时，应增大电源输出电流，一般需要增大 2～3 倍(测试桩电位偏移量大于 150mV)，以提高检测的精度。

(2)与 CIPS 同步测量时，由于输出电流不能调节，信号弱，可能会导致面积较小的防腐层破损点难以检测到。

(3)对电源进行通、断时，断电周期短，通电周期长，一般通2s断1s。在指示仪表上显示的是信号通时的电位梯度，指针指向防腐层破损点方向。

(4)当管道受动态直流杂散电流干扰时，如果杂散电流强度高、变化快，或接近直流去耦合器时，直流去耦合器充放电，则DCVG操作困难。

四、管道防腐层破损点处腐蚀活性判断

管道防腐层破损点处腐蚀活性判断如图7－18所示。

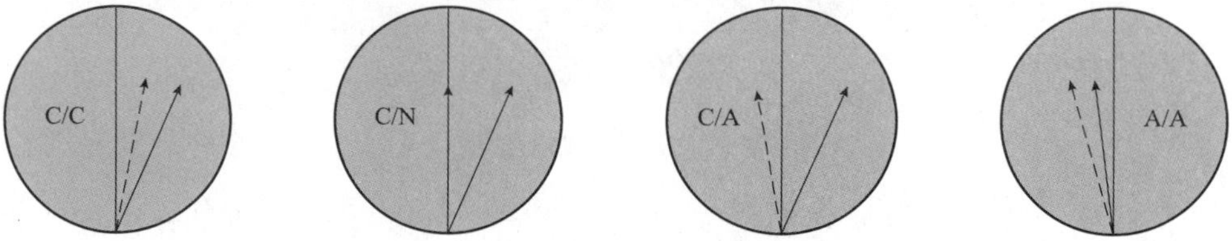

图7－18 防腐层破损点处腐蚀活性判断

(1)注意管道平衡电流对判断防腐层破损点阴阳性的影响。管道极化好，断电时电流可能流出，认为是阳性。

(2)C/C(阴极/阴极)：阴极保护系统开通时呈阴性(受到保护)，阴极保护系统中断或停止运行时仍然呈阴性(受到保护)，说明受到阳极干扰。

(3)C/N(阴极/中性)：阴极保护系统开通时受到保护，阴极保护系统中断时恢复自然状态，说明不受干扰。但破损点消耗阴极保护电流，阴极保护系统长期停用时可能会发生腐蚀。

(4)C/A(阴极/阳极)：阴极保护系统开通时受到保护，中断时呈现阳极状态，说明受到阴极干扰。在阴极保护系统正常运行时不会腐蚀。

(5)A/A(阳极/阳极)：破损点无论阴极保护系统开通或是中断，均未受到保护，说明受到阴极干扰。

五、防腐层破损程度计算

检出防腐层破损点后，在破损点两侧测试桩位置，测量信号通管地电位 V_{on} 和信号断管地电位 V_{off}(DCVG指针偏移量)，如图7－19所示。

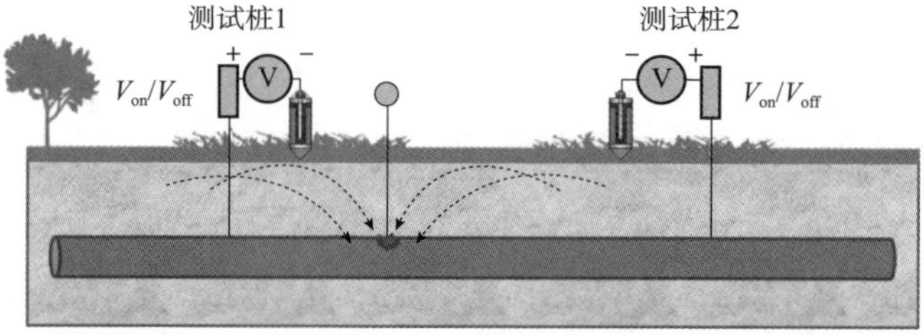

图7－19 破损点位置 *IR* 降

1. 破损点位置 *IR* 降计算

按相似三角形比例原则推算破损点位置 *IR* 降，如图 7－20 所示。

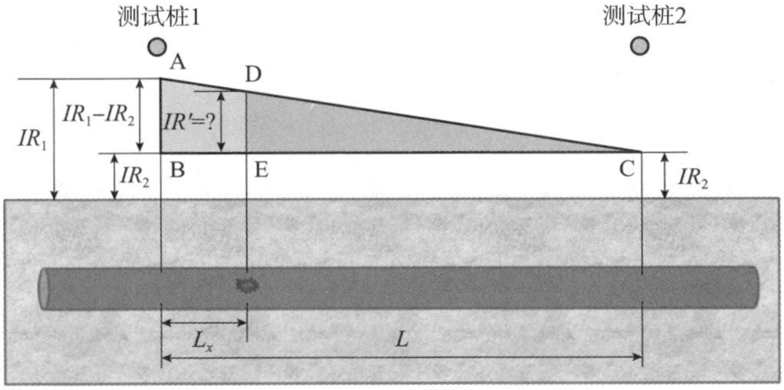

图 7－20　破损点位置 *IR* 降计算

假设 $IR_1=500\text{mV}$，$IR_2=300\text{mV}$，$L=1000\text{m}$，$L_x=300\text{m}$，则

$$
\begin{aligned}
IR &= IR_2+IR'=IR_2+\frac{IR_1-IR_2}{L}\times(L-L_x)\\
&=300\text{mV}+\frac{500\text{mV}-300\text{mV}}{1000\text{m}}\times(1000\text{m}-300\text{m})\\
&=440\text{mV}
\end{aligned}
$$

2. 地表电位梯度 Δ*V* 测量

将一支参比电极固定，移动另外一支参比电极，直到达到最大电压差值(信号通断电位差达到最大，差值不再变化)，如图 7－21 所示。

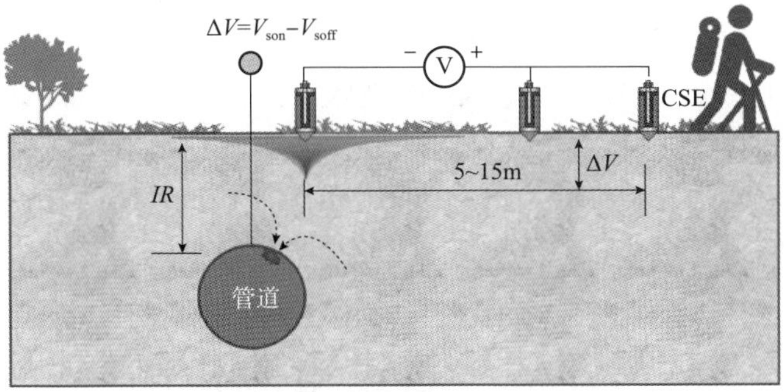

图 7－21　破损点电位梯度测量

或者平移两支参比电极，将每次的电位差求和，直到电位差接近零，如图 7－22所示。

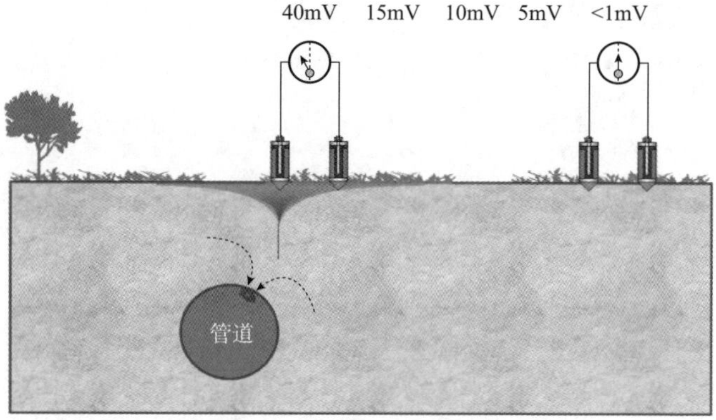

图 7-22 电位梯度算数和

3. 防腐层破损评价

防腐层破损评价参照以下公式进行：

$$IR\% = \frac{\Delta V}{IR} \times 100\%$$

(1) $IR\%$ 为 1% ~15%：破损点的严重程度较低，不需要进行维修。维护良好的阴极保护(CP)系统，可为管道金属表面提供有效的、长时间的阴极保护。

(2) $IR\%$ 为 16% ~35%：破损点若接近地床或其他结构，建议进行维修。并非严重的威胁，通过有效的 CP 系统可提供充分保护。应加强监管，当防腐层进一步老化或阴极状况波动时，可能归入更严重类别。

(3) $IR\%$ 为 36% ~60%：应该维修。钢体的暴露面积较大，说明它是 CP 电流的主要消耗者，此处可能有较严重的防腐层损坏。根据接近阳极地床或其他结构的远近程度列入维修计划，认为是对管道完整性的威胁，要加强监管，当防腐层进一步老化或保护状况波动时，可以归入其他类别中。

(4) $IR\%$ 为 61% ~100%：推荐立即维修。钢体的暴露面积更大，表明它是 CP 电流的主要消耗者，有大块的防腐层破损。通常预示着防腐层存在很严重的问题，认为是对管道完整性的严重威胁，不过对于 3LPE 防腐层，很难出现这样的问题，即便管道没有补口，$IR\%$ 也不会这么大。

第四节 管道电流检测

一、管中电流检测(PCM)的目的

(1) 直接应用：测量管线的位置和埋深；检测防腐层破损点。

(2) 扩展应用：评价防腐层的电气性能；查找牺牲阳极埋设位置；阴极保护系统搭接故障检测。

二、检测仪组成

(1)发射机：多频率叠加输出信号。

(2)手持接收机：沿管道行走，接收信号。

(3)A 型架：查找漏点。

三、管中电流检测原理

(1)给管道输入一个混合频率(3Hz、6Hz、128Hz)的电流信号，在管道周围产生动态电磁场，如图 7－23 所示。接收机沿管道检测磁场强度并计算电流信号的衰减程度。高频率用于管道定位，低频率用于管道电流测量以及防腐层破损点查找。

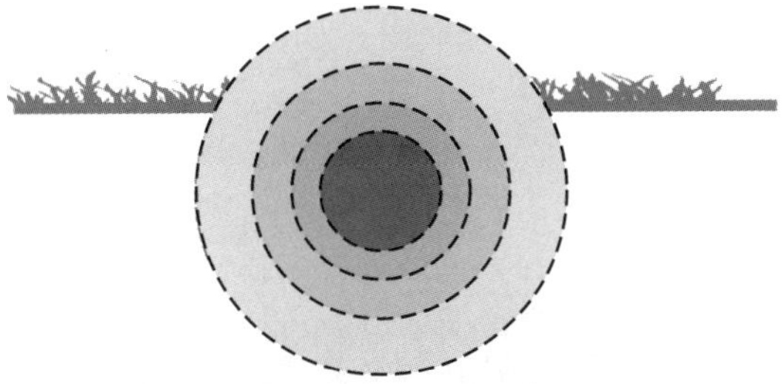

交变的电流产生变化的磁场

图 7－23　管道附近电磁场

(2)电磁法可以反映防腐层的总体状况、管道埋深以及防腐层破损点位置。

(3)安装信号发生器时，其接地极应尽量远离管道，一般间隔大于 35m，如图 7－24 所示。

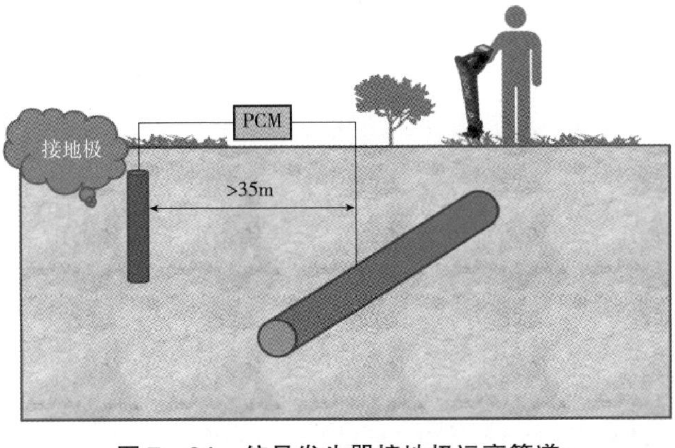

图 7－24　信号发生器接地极远离管道

(4)接收机工作原理：利用接收机内的垂直及水平线圈，感应磁场信号；寻找信号峰值与峰谷的位置，重叠处为管道位置；根据信号衰减规律，确定管道埋深，如图 7－25 所示。

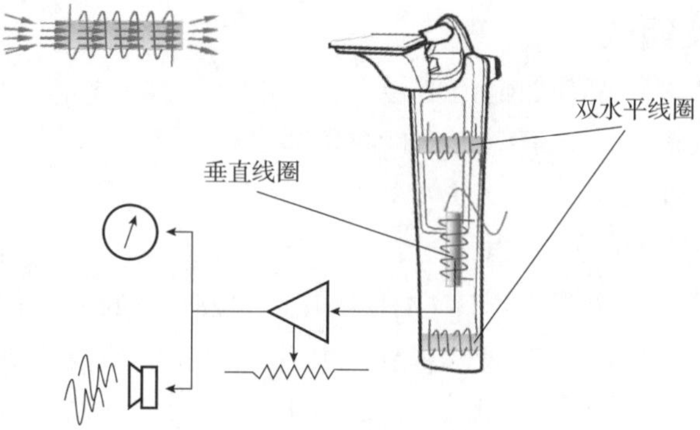

图 7－25　接收机工作原理图

①在管道正上方，垂直线圈信号最弱，如图 7－26 所示。

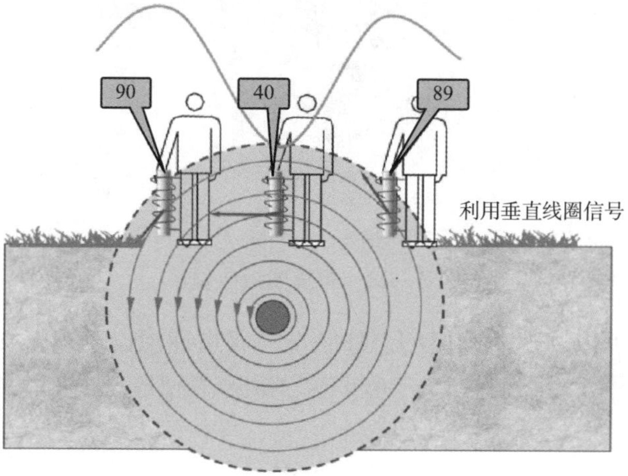

图 7－26　峰谷法

②在管道正上方，水平线圈信号最强，如图 7－27 所示。

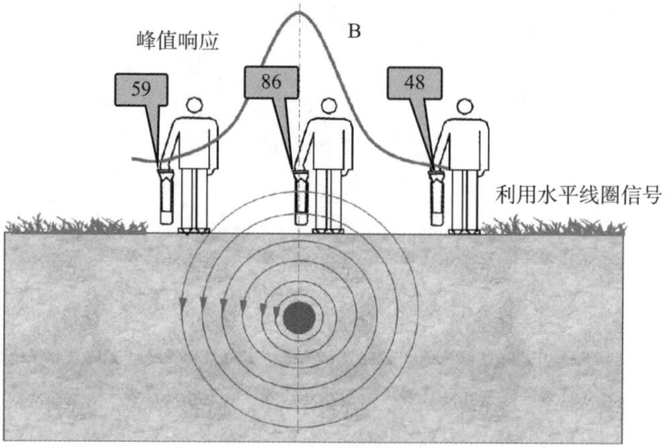

图 7－27　峰值法

③利用磁场的衰减规律(垂直梯度)测量管道埋深，如图7－28所示。

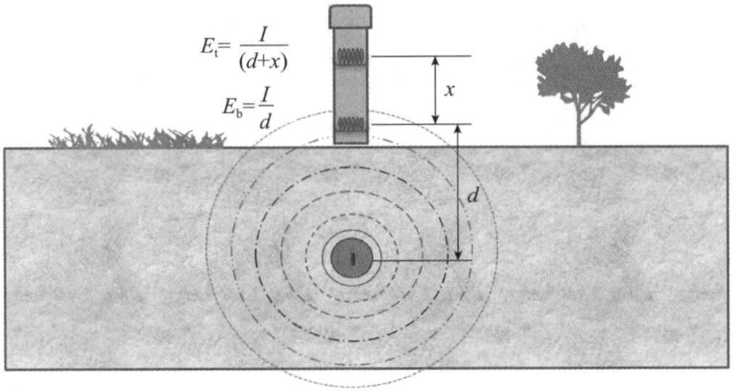

图7－28　根据磁场衰减规律测量埋深

四、防腐层破损点检测

(1)在防腐层均匀的情况下，电流信号的衰减呈平滑的曲线状，当电流信号有突然的衰减时，说明该段管道上有防腐层破损点，如图7－29所示。

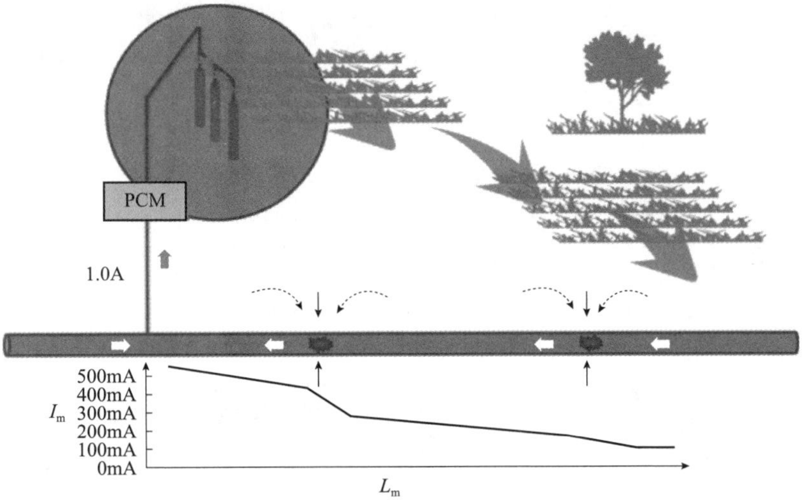

图7－29　信号电流衰减

(2)用PCM确定出防腐层较差的范围后，再用其他方式(如A型架)确定防腐层破损点位置。目前在日常管道外检测时，一般是管中电流、埋深和防腐层检漏同步进行。

五、防腐层破损点检测(ACVG)

(1)当信号电流流入管道防腐层破损点时，在地表会存在一个交流电压场。

(2)用A型架配合接收机，可以找到该电压场进而确定防腐层破损点位置。接收机中箭头始终指向防腐层破损点位置，如图7－30所示。

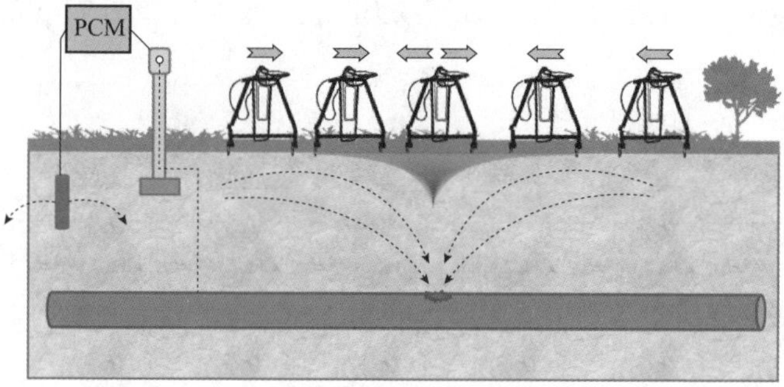

图 7－30　查找交流电压场

六、PCM 检测注意事项

(1)PCM 测量信号将引起管地直流电位的波动，管地电位测量与 PCM 测量应错时进行。

(2)注意大漏点屏蔽小漏点问题。如果管道安装了直流去耦合器或接近阴极保护站，对于信号电流而言，交流排流接地极和阴极保护站阳极地床均为漏点，信号电流会严重衰减，影响信号的传输距离，影响防腐层检漏。当管道一端安装有直流去耦合器时，信号电流沿管道衰减很小，不能以此判断防腐层质量好，无漏点，如图 7－31 所示。大漏点屏蔽小漏点示例如下：

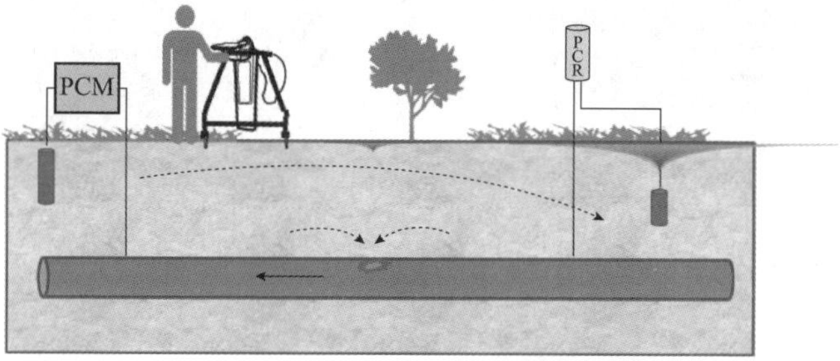

图 7－31　大漏点屏蔽小漏点

①某管道检测时，发射机下游的直流去耦合器(PCR)拆除前，整条管道的信号电流几乎无衰减，管道定位没问题，但无法检测防腐层破损点。

②拆除 PCR 之后，检漏没问题，但信号电流很小，高压线下无法定位管道。经过一个 $10cm^2$ 的检查片，导致管中信号电流变化 30mA，经过一支牺牲阳极，使管中信号电流变化 90mA，如图 7－32 所示。

(3)管道定位、埋深测试时，管道内需要有一定的信号电流(大于 100mA)。例如在高压线下方测量时，管道内有足够电流尤为重要，可以通过人为接地(如跨接绝缘接头)来增强管道电流信号，甚至将发射机正负极都接到管道两端(如穿越段检测)。

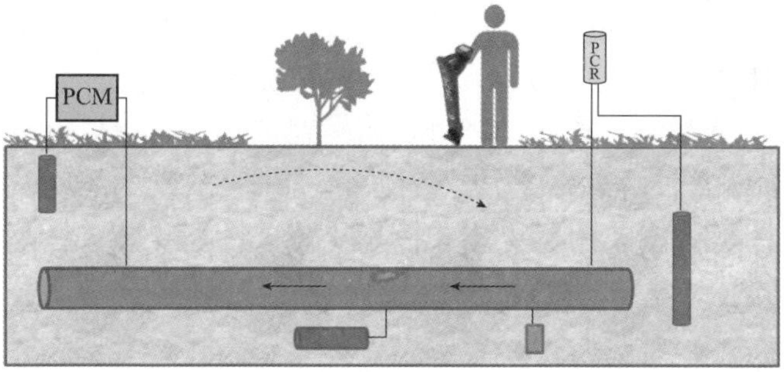

图7-32　管中电流变化

(4)临时接地极应远离管道：

①管中电流检测时，接地极最好距离管道35m以外，如果距离管道太近，将导致管中电流测量错误。例如离开信号源越远，管中电流测量值反而更大。

②实际检测中，有时需要将信号源位置管段留下不检测，移走信号源之后再回来检测。

③发射机开启后，首先检测接地线的电流，用A型架检测接地极附近的电场方向，如果箭头指向接地极，说明发射机管道与接地极接线反向。

④在管道附近的埋地金属或管道三通、弯头位置，电流测量及检漏经常会出现误判。

(5)延长发射机工作时间：

①PCM或DM发射机的输出功率取决于输出电压和电流，$P=V\times I=I^2\times R$。

②为了获得更长的检测距离和更高的检测精度，发射极输出电流应尽量大。为了减小发射机的输出功率，需降低发射机输出回路电阻R。

③发射机输出回路中主要包含管道和接地极的电阻，管道接地电阻一般较小，可以通过降低发射机接地极电阻的方式达到降低功耗、延长电源使用时间的目的。

(6)埋地金属对管中电流及管道定位的影响：

①与管道并行的电缆或锌带，会切割管道磁场的磁力线并感应出电流，电缆或锌带上的电流将影响管中电流的测量和管道定位(距离锌带一端大于200m)。

②阴极保护站恒电位仪阴阳极电缆之间有滤波电容，PCM信号电流可以通过，因此阳极地床是大漏点，当阳极电缆或阴极电缆与管道并行时，会影响管道定位以及防腐层检漏。防腐层检漏时，应保持管中电流大于100mA。

③PCM管道定位或防腐层检漏时，必要时要拆掉直流去耦合器和恒电位仪阴极电缆。

七、PCM dB值与缺陷点面积的相关性

(1)ACVG检漏原理是测量地表电位梯度，信号电流大、电位梯度dB值也

大；电位梯度同时受到管道埋深、土壤电阻率、信号源距离的影响。

(2)暴露面积越大，电压场越大。但当缺陷面积过大时，电压场增大，电位梯度 dB 值未必随之增大。例如，可以找到与管道连接的锌带的两端，但中间段往往难以发现；钢套管内主管道防腐层有破损时，套管两端的 dB 值更大。

(3)dB 值与缺陷点的相关性可以达到 60% ~70%。例如在土壤电阻率为 100Ω · cm 的地区，管道没有补口，dB 值为 10 左右。

八、检测方法的选择

几乎所有防腐层检漏技术都是基于寻找地表电压场。如果防腐层破损点处电流受到屏蔽，则无法查找破损点。不同环境下的防腐层破损点检测，可采用不同的检测方法，例如在破旧的沥青路面、潮湿的混凝土路面下可以采用 ACVG 检漏。防腐层破损点检测方法见表 7 -4。

表 7 -4　防腐层破损点检测方法

环　境	CIPS	ACVG	DCVG	Pearson
正常管段	√	√	√	√
套管穿越段	×	×	×	×
沥青路面下	×	√	×	√
混凝土路面下	×	×	×	×
动态直流干扰	×	√	×	√
高压输电线路下	√	√	√	√

九、防腐层破损点风险评价

防腐层破损点风险评价见表 7 -5。

表 7 -5　防腐层破损点风险评价

ACVG/dB	阴极保护	交流电密度/(A/m^2)	腐蚀程度	土壤电阻率/Ω · m	危险系数
>70	欠保护	>100	严重腐蚀	<20	3
50 ~70	过保护	30 ~100	中度腐蚀	20 ~50	2
<50	正常保护	<30	轻微腐蚀	>50	1

(1)将防腐层破损点根据危险系数进行排列，并进行开挖验证腐蚀程度。

(2)立即加强阴极保护或排流措施，使阴极保护达标，交流干扰降低到低风险。

(3)根据防腐层破损处危险程度制订维修计划。

(4)阴极保护评价标准：24h 监测，断电电位正于 -0.85V_{CSE}的时间小于测量时间的 5%。

(5)交流干扰评价标准：交流电密度 $<30A/m^2$，交流电密度为 $30\sim100A/m^2$ 时，断电电位保持在 $-0.9\sim-1.15V_{CSE}$。

(6)土壤电阻率低时(尤其是怀疑土壤中含有 Na^+、K^+ 时)，交流电密度要通过 $1.0cm^2$ 检查片(检查片埋设并与管道连接时间大于15天)实际测量。

第五节 管道腐蚀内检测

一、管道清管及变形检测

(1)管道清管作业是为了清除遗留在管道内的污物、杂质等，达到清洗管道、减少管道压降、提高管道输送效率的目的。管道清管是利用管道输送介质推动清管器沿管道移动来完成的。

(2)管道通径检测：为了检查管道变形是否超出允许范围，常进行管道通径检测，通径检测仪上装有直径略小于管道内径的铝板(90%)，当通径仪沿管道运动时，如果管道变形过大，将使铝板变形或刮伤，依此判断管道变形是否在允许范围内。

(3)管道变形检测：检测器上装有探头，当检测器经过管道变形点时，记录仪记录下变形数据及里程，取出检测器后，通过分析，判断出变形位置及严重程度。

二、管道腐蚀漏磁内检测

(1)检测器(见图7-33)在管中移动，利用漏磁法检测管壁缺陷点，利用霍尔探头区分内外腐蚀。

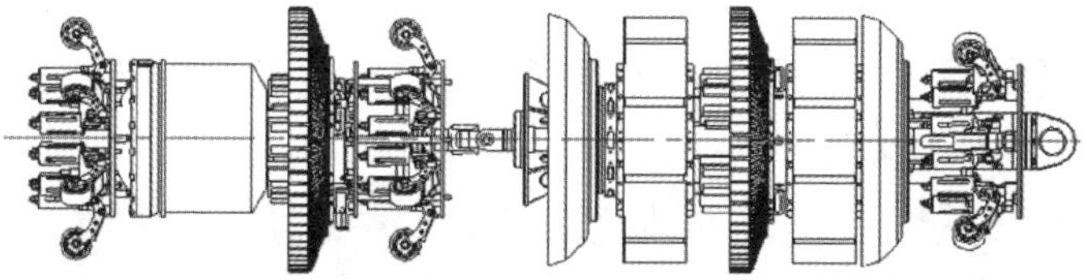

图7-33 漏磁内检测器

(2)腐蚀内检测是对管道本体的检测，也是对防腐措施有效性的评价。

(3)漏磁检测通过检测缺陷点漏出来的磁力线，确定缺陷位置，对于裂纹以及腐蚀深度小于壁厚5%的缺陷点不敏感。

①管道漏磁腐蚀检测设备的工作原理是用自身携带的磁铁在管壁全圆周上产生一个纵向磁回路场，如果管壁没有缺陷，则磁力线囿于管壁之内，如果管内壁或外壁有缺陷，则磁力线将穿出管壁之外而产生所谓漏磁(MFL)。

②漏磁场被位于两磁极之间、紧贴管壁的探头(线圈)检测到，并产生相应的感应电流，这些信号经滤波、放大处理后被记录到检测器上的海量存储器中，

再经检测后的数据回放处理，对其进行判断识别。

③可进行管道在线检测，不影响正常生产，安全可靠，检测数据分析简洁、快速，缺陷及管道设施定位准确。检测范围为 ϕ89mm ~ ϕ1219mm。

三、管道腐蚀超声波内检测

(1)超声波检测技术利用的是超声波原理，可以精确测量金属损耗(管壁减薄)。由于其工作时需要耦合剂，目前基本上仅限于液体管道的应用，如图 7 - 34 所示。当管道内有结蜡时，超声波检测难以实施。采用新型的脉冲式超声波检测技术的检测器，其探头可以离开管壁一定间隔，也被用于管道内检测。目前市场上应用的管道内检测技术包括漏磁、超声、涡流等检测技术，新型检测技术层出不穷。

图 7 - 34　超声波内检测器

(2)对于新建管道，由于施工时已经对焊缝进行了探伤，管段经受住了压力试验，即便有腐蚀发生，在短时间内，其腐蚀量也是目前的检测技术无法发现的。因此，对腐蚀的检测应当在管道投运 3 ~5 年后进行(受干扰除外)。

(3)建立管道健康档案，了解管道所有特征。

四、管道腐蚀外检测和内检测的比较

1. 管道腐蚀外检测(防患于未然)

(1)检测目的：查找管道可能发生腐蚀的位置，评价管道防腐系统是否满足规范要求，判断管道发生腐蚀的可能性。

(2)检测内容：查找防腐层破损点，测量破损点位置的极化电位，测量交流电密度，判断是否满足规范要求。

(3)检测方法：PCM ACVG，CIPS，检查片断电电位检测，检查片交流电密度检测。

2. 管道腐蚀内检测(亡羊补牢)

(1)检测目的：查找管道已经发生腐蚀的位置或缺陷，判断管道腐蚀或金属损失程度、评估管道剩余强度，评价外防腐措施有效性。

(2)检测内容：管道壁厚、缺陷点检测。

(3)检测方法：漏磁检测法，超声波检测法，涡流检测法。

3. 管道腐蚀内检测与外检测的关系

(1)管道腐蚀外检测是通过某些电气指标的检测，发现防腐系统存在的问题，评价管道发生腐蚀的可能性，是主动的腐蚀控制方式，可以防患于未然。

(2)管道腐蚀内检测是对已经发生的腐蚀进行检测，评估腐蚀程度及管道剩余寿命，发现防腐系统存在的问题，属于亡羊补牢。

(3)管道完整性管理应当注重日常管理，及时发现问题，预防腐蚀。应定期开展管道内检测，对防腐效果进行评价，对管道缺陷进行确认，保证管道安全运行。

五、储罐底板外腐蚀检测

储罐底板外腐蚀可以采用漏磁法进行检测，在清理后的储罐底板上移动检测器，利用腐蚀点处的漏磁发现储罐底板外侧腐蚀。

六、管道带压开孔封堵技术

(1)管道带压开孔是指在密闭状态下，以机械切削方式在运行管道上加工出圆形孔的一种作业技术。当在役管线需要改造时，可采用管道带压开孔技术完成，既不影响管线的正常输送，又能保证安全、高效、环保地完成新旧管线的连接工作。

(2)管道带压开孔特点：工艺先进、可带压作业、无火焰密闭机械切割、安全可靠、无污染。

(3)带压开孔封堵步骤：

①确定并开挖需要改造的管段，焊接对开三通、安装均压管件，安装夹板阀和球阀。

②安装开孔机并开孔，安装封堵机。

③安装旁通管，隔离段放空，管道冷切割。

④管道换管或安装阀门、三通。

第八章　直流杂散电流干扰与防护

第一节　杂散电流定义及分类

一、杂散电流的定义

(1)杂散电流为沿规定路径之外的途径流动的电流。

(2)由于杂散电流的流动而引起的结构表面电流密度的变化称为杂散电流干扰，表现为电位的扰动。

(3)杂散电流与阴极保护电流的区别：

①阴极保护电流从管道破损点流入管道，在汇流点沿阴极电缆回到电源，为电流流入部位提供保护，没有氧化反应，不会产生腐蚀。

②杂散电流也是从防腐层破损点流入管道，为流入管段提供保护，但杂散电流要从其他管段通过土壤流出，回到自己的电源，电流流出部位发生氧化反应，发生腐蚀。

二、杂散电流的分类

杂散电流可分为直流杂散电流、交流杂散电流和地磁杂散电流。

(1)直流杂散电流：包括静态直流杂散电流、动态直流杂散电流、高压直流输电线路杂散电流。

(2)交流杂散电流：包括传导型交流杂散电流、电容型交流杂散电流、感应型交流杂散电流。

(3)地磁杂散电流：由地球磁场变化(如地磁扰动)直接感应产生的电流。

第二节　静态直流杂散电流干扰与防护

一、静态直流杂散电流的定义

电流大小及方向基本稳定的杂散电流称为静态直流杂散电流，如图 8－1 所示。

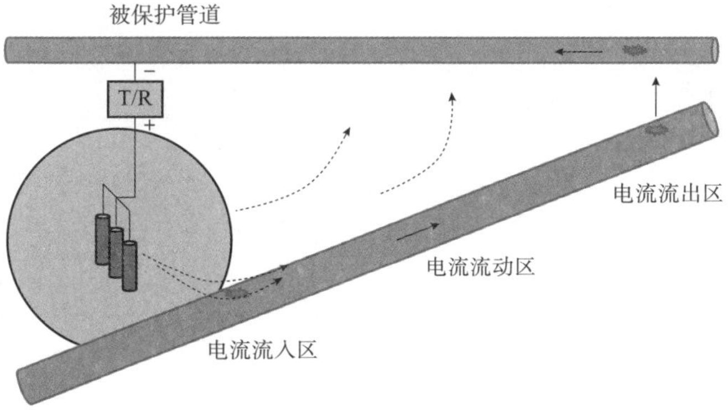

图8－1　静态直流杂散电流

二、静态直流杂散电流干扰的特点

(1)杂散电流大小、方向不变。

(2)在电流收集区，管地电位负向变化。

①受阳极干扰，管地电位异常负，尤其是附近存在阴极保护系统时。

②如果是两性金属，如铝、锌等，会因高pH值而引起腐蚀；如果是高应力或高硬度钢，会导致氢致开裂、防腐层阴极剥离。

③成为免费的阴极保护。

(3)在电流排放区，管地电位正向变化。

①受阴极干扰，金属发生氧化反应而腐蚀，电位正向偏移，不能满足规范要求。

②由于电流的排放，牺牲阳极过快消耗；由于金属的腐蚀，造成防腐层剥离。

(4)在电流收集区和排放区之间，管内电流变化，电位不变化。

①管地电位没有变化，在管道不连续点，如绝缘接头位置，产生局部的电流收集、排放点，排放点发生腐蚀。

②尽管管地电位没受影响，但由于电流流动引起管道内电压降，造成近间距电位测量的误差及断电电位不可信。

(5)干扰源主要是阴极保护系统。

三、静态直流杂散电流干扰腐蚀

1. 绝缘接头非保护侧外腐蚀

如果线路阴极保护站的阳极地床靠近站内设施，阴极保护电流自阳极地床出来后，部分电流进入站内，并沿主管道流向汇流点，遇到绝缘接头后，会从管道防腐层破损点流入土壤，再回到保护侧管道，电流流出部位发生腐蚀，管地电位会发生正向偏移，但因为站内设施众多，电位偏移不明显，如图8－2所示。

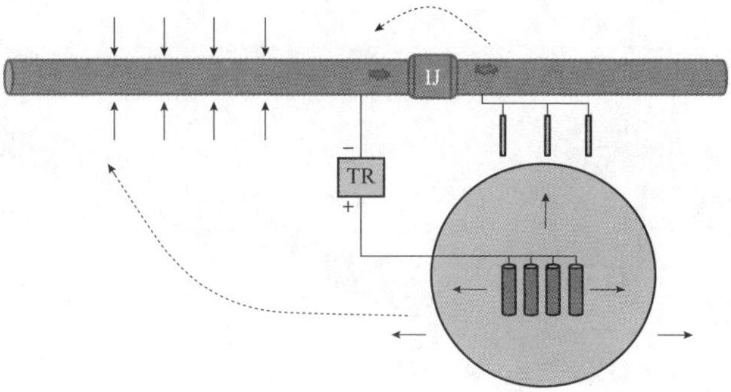

图 8－2　绝缘接头站内侧外腐蚀

2. 绝缘接头非保护侧内腐蚀

如果管道内部有积液，电流会通过积液从绝缘接头非保护侧流到保护侧，造成非保护侧内腐蚀，并导致非保护侧管地电位负向偏移，但因为站内设施众多，电位偏移不明显，如图 8－3 所示。

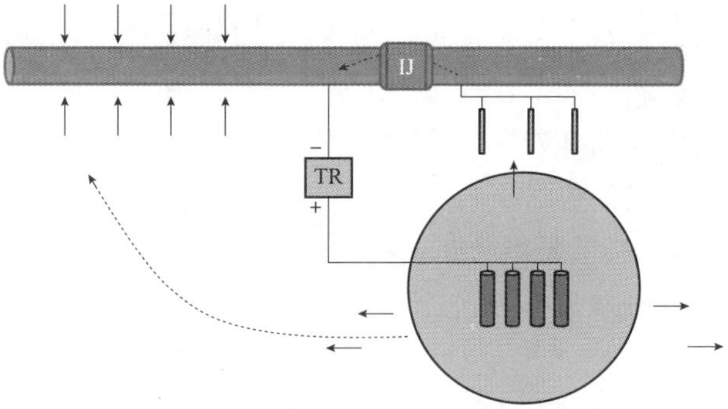

图 8－3　绝缘接头站内侧内腐蚀

四、静态直流杂散电流干扰检测

测量管地电位时，如果发现管地电位异常，可以测量地表电位梯度，在干扰源方向电位梯度最大。发现疑似干扰源后，对疑似干扰源进行通断，检测受干扰管道电位是否随之变化。如果随之变化，则确认为是干扰源，如图 8－4 所示。

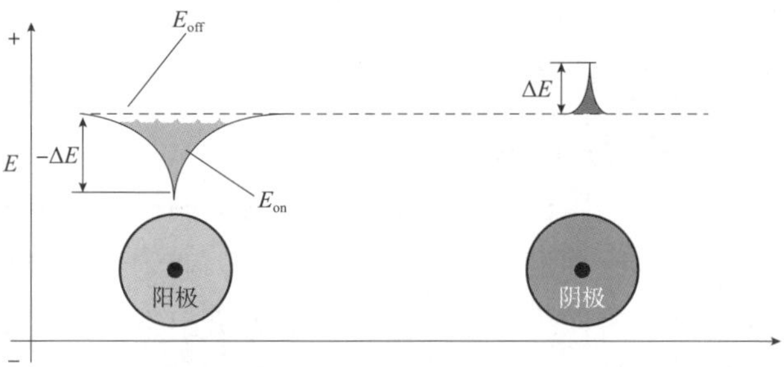

图 8－4　杂散电流干扰检测

(1)可以用 CIPS 测量管道自然电位或通电电位，查找杂散电流流入、流出点。

(2)如果管道受到其他阳极地床的干扰，阳极场范围一般小于 500m；受阴极干扰时，阴极场范围在几十米范围内。如果远离阴极电压场，管地电位仍然负向偏移，说明阴极场内的受干扰管道防腐层有破损点。

(3)如果管道沿线整体负向偏移，找不到电位正向偏移的管段，则要考虑其他干扰源，如管道上有牺牲阳极、极性排流对交流干扰电流的整流、恒电位仪对交流干扰电流的整流等。

五、静态直流杂散电流干扰判断

(1)如果管道自然电位不在 -500 ~ -800mV 之间，认为受到杂散电流干扰。

(2)当管道任意点上的管地电位较自然电位正向偏移≥100mV 时(无法获知自然电位时，用光亮检查片的自然电位)，认为受到杂散电流干扰。

(3)当管道附近土壤表面电位梯度 >2.5mV/m 时，认为存在直流杂散电流干扰。

(4)通过测量地表电位梯度确认干扰源方位。

六、静态直流杂散电流干扰程度划分

(1)静态直流杂散电流干扰的严重程度按相对于自然电位偏移量或地表电位梯度划分，见表 8-1。

表 8-1　静态直流杂散电流干扰程度划分

杂散电流干扰腐蚀危害程度	弱	中	强
管地电位正向偏移/mV	<20	20~200	>200
土壤表面电位梯度/(mV/m)	<0.5	0.5~5.0	>5.0

(2)若防腐层没有缺陷，尽管电位负，也不会有杂散电流流入。受阴极干扰时，没有电流流出，尽管电位变化，也不构成干扰，如图 8-5 所示。

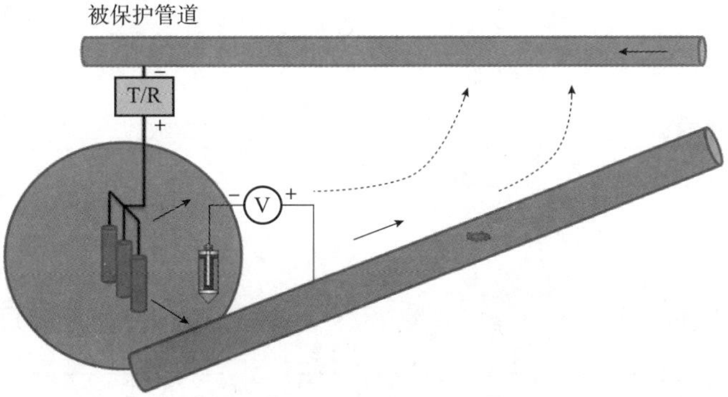

图 8-5　杂散电流未进入管道

(3)参比电极位置与电位读数：

①对于同一个漏点电位，参比电极位置不一样，读数也不一样。

②评估干扰程度时，最好用检查片极化电位或电流，否则结论具有不确定性。如图8-6所示，测量的是防腐层破损点位置的电位，当参比电极靠近阴极场或远离阴极场时，电位是不一样的。

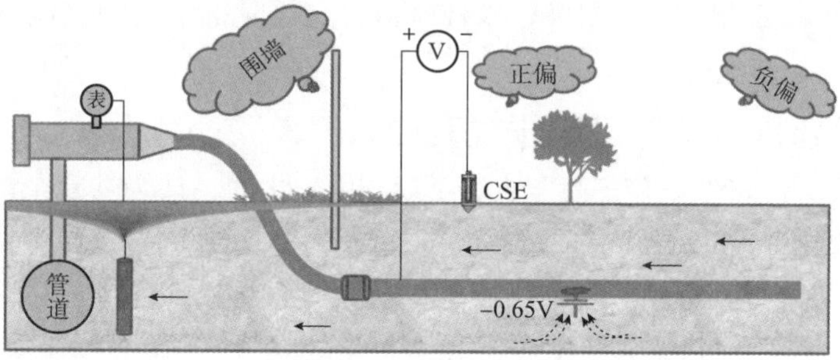

图8-6 移动参比电极会得到不同的电位读数

七、静态直流杂散电流的排除

(1)安装绝缘接头增大回路电阻，可以减小杂散电流，但会增加干扰点的数量。例如在杂散电流跨过绝缘接头的位置，电流流出侧腐蚀，如图8-7所示。

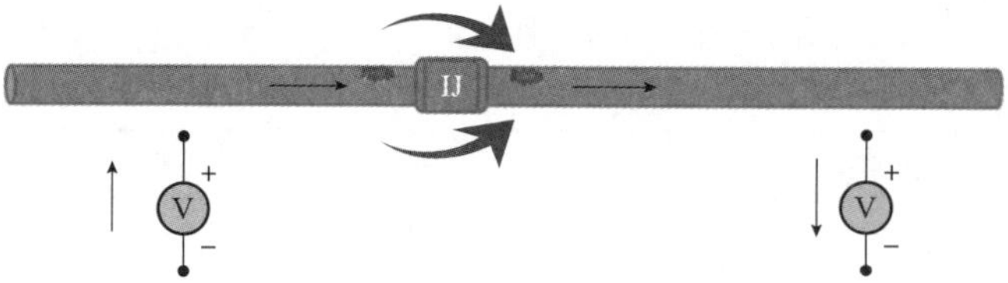

图8-7 杂散电流离开管道位置发生腐蚀

(2)削弱阳极电压场：

①安装屏蔽带：将阴极保护电流引到电源负极，但这样会削弱受保护管道的保护程度。可以在远离阳极场位置安装接地极，将阴极保护电流引到其他位置，削弱阳极电压场，如图8-8所示。

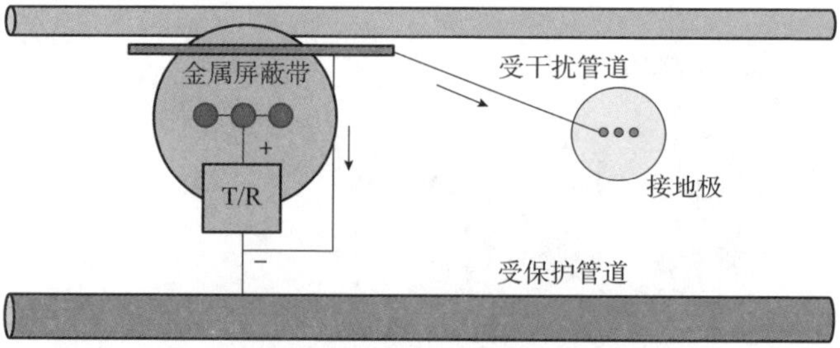

图8-8 安装屏蔽带截断阴极保护电流

②用阴极场平衡阳极场：站内阴极保护系统运行后，站外管地电位负向偏移，必要时可将站内的接地极移到绝缘接头位置或移走阳极，用阴极场平衡阳极场，如图 8 -9 所示。

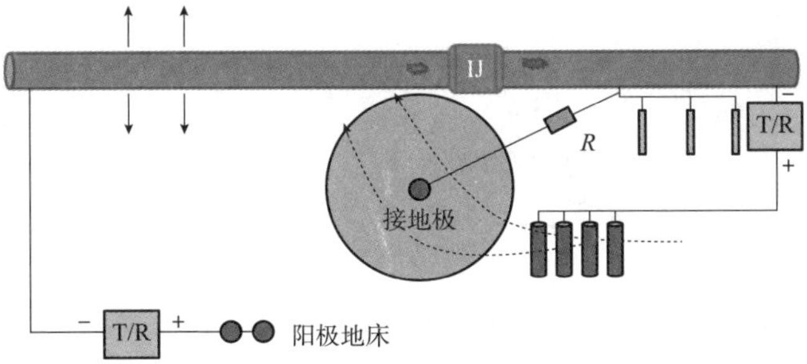

图 8 -9　用阴极场平衡阳极场

③用阳极场平衡阴极场：站外管地电位主要受阴极场干扰，电位正向偏移，区域保护采用深井阳极，该现象尤为突出，可将阳极移过来或将阴极（接地极）移走，用阳极场平衡阴极场，如图 8 -10 所示。

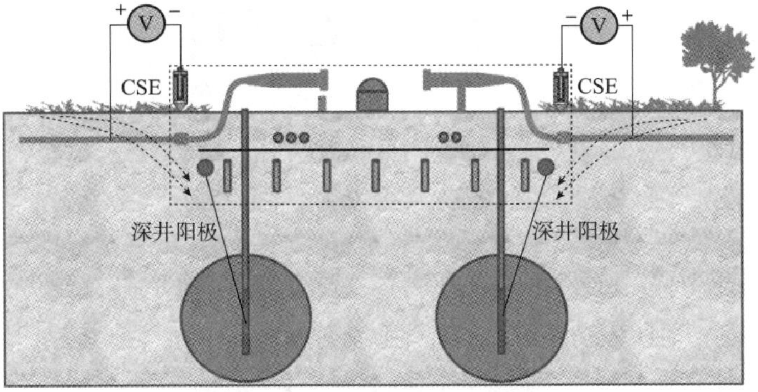

图 8 -10　用阳极场平衡阴极场

（3）在电流排放区安装牺牲阳极（图 8 -11）：

①牺牲阳极靠近产生干扰的管道时，也可能对产生干扰的管道造成过保护问题。所以，牺牲阳极一般靠近被干扰的管道埋设。

②通过锌接地电池排流，让杂散电流通过锌接地电池流过绝缘接头，如图 8 -12所示。

③安装牺牲阳极的优、缺点：

优点：保持阴极保护系统的独立性，增强电流排放区的保护，维护费用低。

缺点：投资费用较高，排流有限，阳极寿命缩短，阳极数量需研究确定。

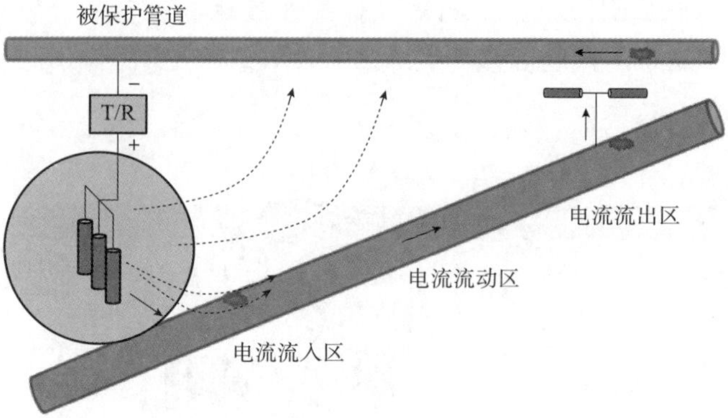

图 8－11　在电流排放区安装牺牲阳极

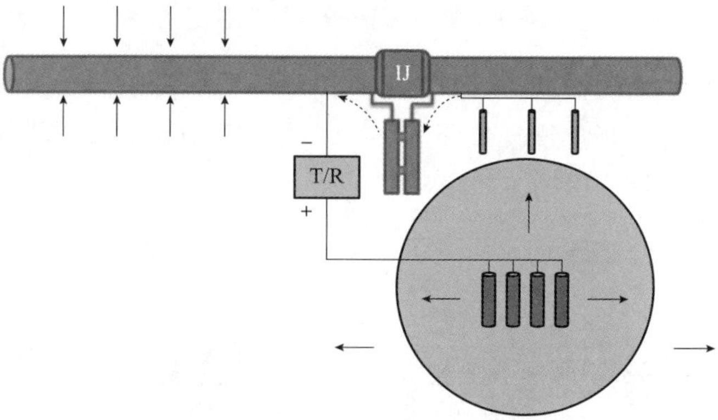

图 8－12　用锌接地电池排流

④排流牺牲阳极的安装数量及参数：在管地电位正向偏移的位置安装牺牲阳极排流，对于牺牲阳极的安装数量没有规范或文献给出指导；建议接地极电阻尽量小且不超过 5.0Ω，或者按漏点对地电阻的千分之一确定，即 $R=\rho/(2\times d\times 1000)$，漏点直径 d 取 3cm，ρ 的单位为 Ω · cm。最终的评价排流效果的指标是管地电位(检查片断电电位)满足规范规定的指标要求。

(4)电流跨接：

①在电位偏正的位置与产生干扰的结构跨接，使杂散电流通过跨接线回到被保护管道，如图 8－13 所示。

②电流跨接的优、缺点：

优点：安装费用低，调节容易，电流排放量大，可以通过现场试验确定跨接电阻大小，将受干扰的管道电位恢复到干扰前状态。

缺点：除非加以保护，不然易受交流故障电流的损坏，烧损可调电阻；由于跨接，任何一个系统的阴极保护变化都要影响另一个系统；跨接后管中电流可能会增大，加重绝缘接头非保护侧腐蚀。

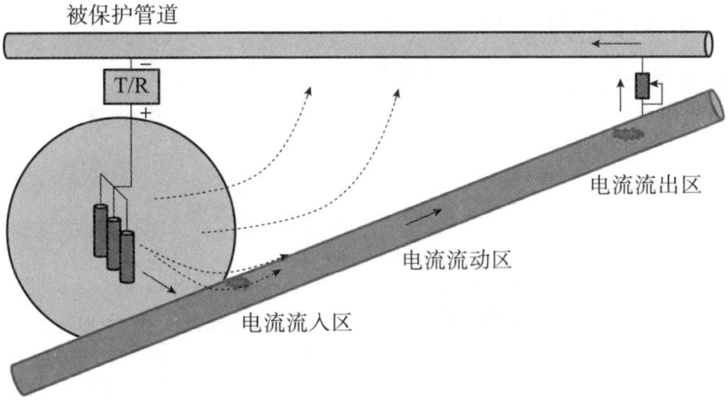

图 8－13　跨接排流

（5）在电流收集区涂覆防腐层：修复电流流入管段的防腐层，修复电流排放区管道防腐层虽然减少了防腐层破损点数量，但增加了破损点排放的电流密度，将加快穿孔，因此要修复杂散电流流入管段的防腐层，如图 8－14 所示。

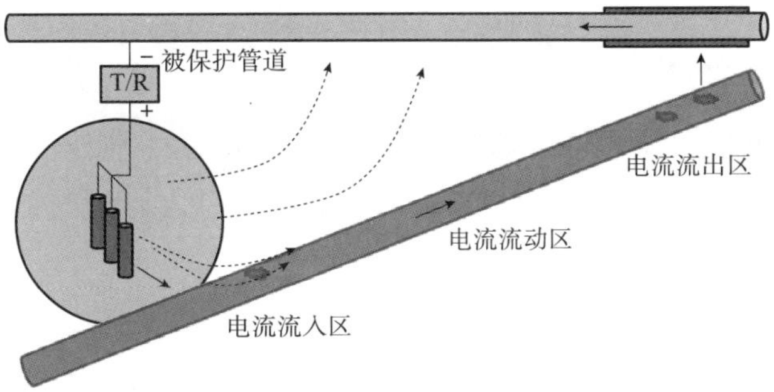

图 8－14　修复电流流入管段防腐层

（6）安装阴极保护站：

①提高现有恒电位仪的输出电流，使电流排放处保护电位达标。

②在电位不达标位置安装阴极保护站，加强阴极保护，使流入管道的电流大于流出管道的电流，如图 8－15 所示。

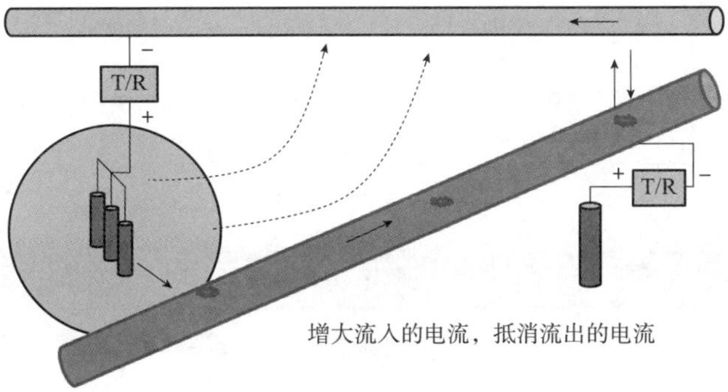

图 8－15　阴极保护站排流

八、阴极保护有效性判断

(1)利用阴极保护检查片测量断电电位，判断排流效果，如图 8－16 所示。

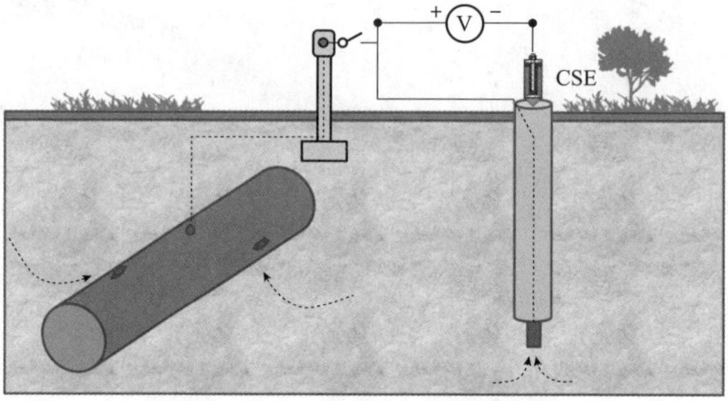

图 8－16 检查片法测量断电电位

(2)采用检查片法测量管道极化电位，极化电位满足 $-850mV_{CSE}$ 要求或规范规定的其他指标要求。在戈壁地区，由于土壤性质变化剧烈，可以同时采用 100mV 极化指标。

(3)检查片断电电位读取延迟时间宜为 60～100ms，管道受交流干扰时，断电电位读数延迟时间宜为 100～200ms，最好通过实际绘制去极化曲线来确认断电电位采样时间。

九、太阳能发电场杂散电流干扰

光伏板正极线或负极线与支架搭接或电缆绝缘层破损，电流经接地极构成回路，如果附近有管道可能会造成腐蚀干扰，如图 8－17 所示。监测管地电位变化，如果晚上仍然存在干扰，或管地电位持续波动，则干扰源不是太阳能发电系统。

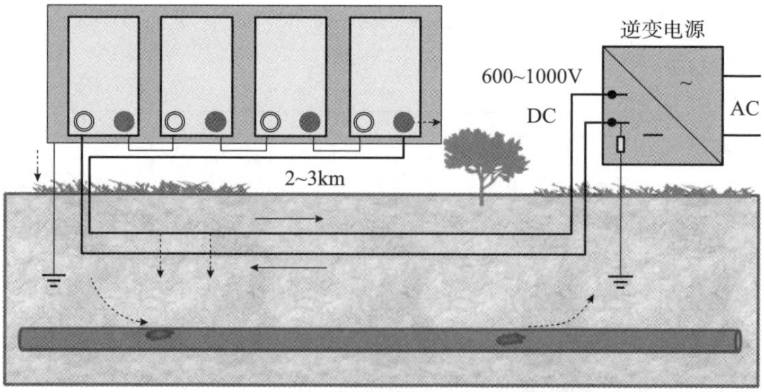

图 8－17 太阳能发电场故障干扰

十、站场直流仪表漏电导致的腐蚀

有些站场、阀室仪表采用 24V 或 12V 直流供电，当负极有故障并与机壳短路时，电流会沿仪表壳经接地极漏入大地。如果该电流通过管道进入大地，将导致管道腐蚀，同时在漏点位置产生阳极电压场，如图 8－18 所示。

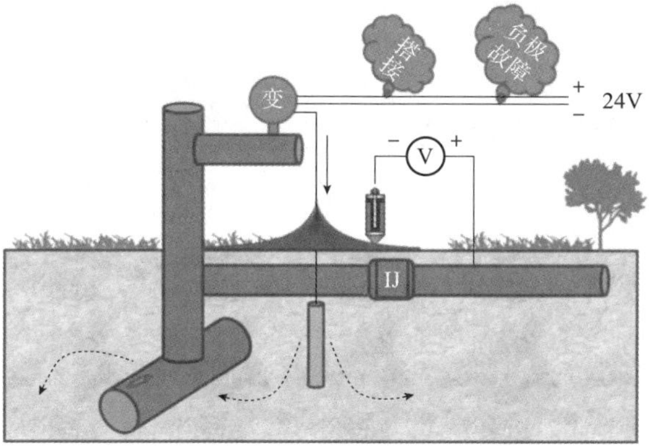

图 8－18　仪表漏电产生干扰

第三节　动态直流杂散电流干扰与防护

一、动态直流杂散电流干扰

动态直流杂散电流的特点是电流大小及方向始终变化。干扰源主要是直流电车系统、高压直流输电线路、直流开矿设施等。

1. 动态直流杂散电流干扰的产生

驱动电流自牵引站正极经接触网到达机车做功并经铁轨返回，电流从铁轨漏出来，沿土壤流动，附近有管道时，进入管道，并在靠近牵引站接地极附近流出管道导致管道腐蚀，如图 8－19 所示。

2. 地铁供电系统参数介绍

(1)牵引变电站间隔为 2.5～3km，供电电压为 1.5kV。机车启动以及制动时，电流能够达到 1000A。

(2)轨地电阻大于 15Ω/km(初期)，运营期间大于 3Ω/km，铁轨纵向电阻为 40mΩ/km。

(3)综合接地网由道基钢筋、隧洞钢筋构成，收集铁轨漏电，当钢筋对地电位正向偏移，30min 内平均值达到 0.5V 时，排流柜工作(参比电极距离钢筋小于 1.0m)，将杂散电流释放到铁轨。

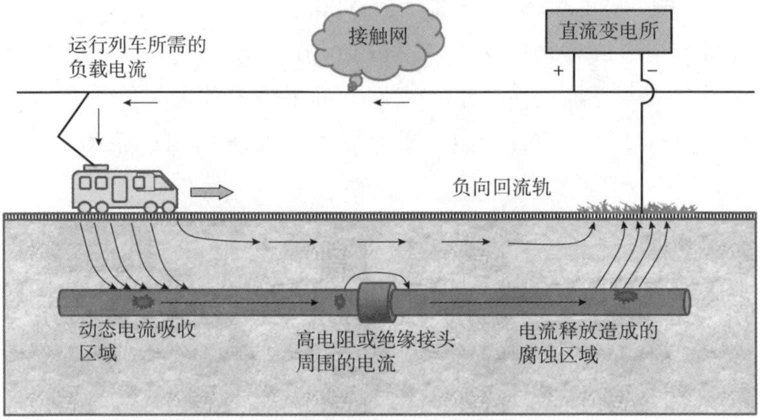

图 8－19　动态直流杂散电流干扰腐蚀

(4)轨地电压超过 120V 安全电压时(车辆段为 60V)，限压柜接通地网，排放电流，保证安全电压不超过 120V(60V)。各站场独立地网接地电阻小于 1.0Ω。

3. 地铁供电系统构成

地铁供电系统如图 8－20 所示。由于限压柜吸放电，在地铁站附近对管道的干扰很严重。由于机务段正轨上的单向导通装置，机务段多数情况下只吸收电流，为阴极，对附近管道多为阴极干扰。地铁铁轨上同时安装限压柜和排流柜，如图 8－21 所示。

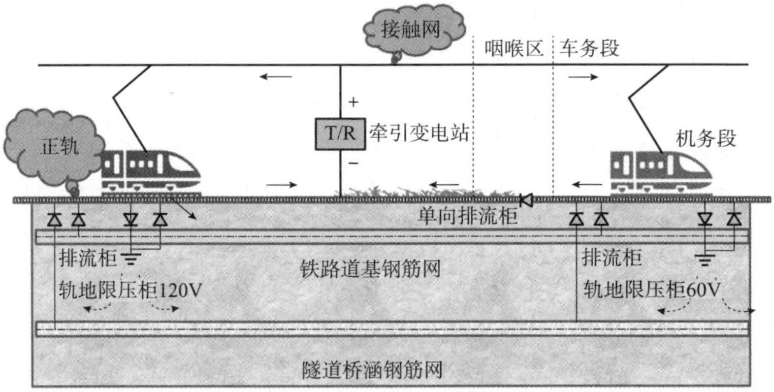

图 8－20　地铁供电系统

4. 储能式单轨列车干扰

利用超级电容，在乘客上下车的十几秒内完成充电(一次充电可以行进 2km)，此时在车站附近会发现管地电位有波动。

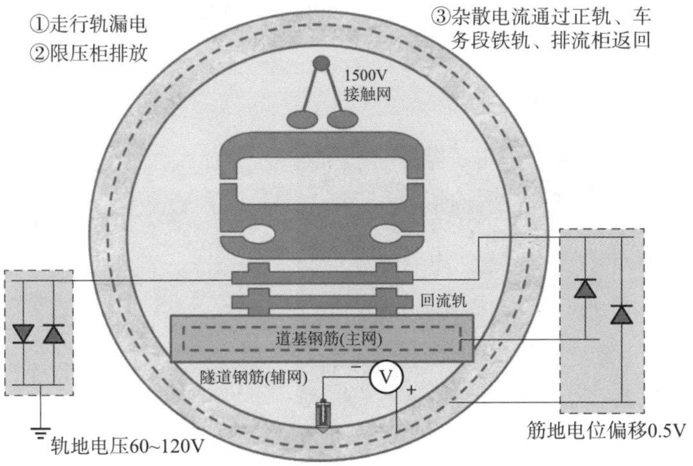

图 8－21　地铁限压柜与排流柜

5. 跨座式单轨列车干扰

承受机车负荷的是橡胶轮胎，通过轨道两侧的铁轨完成送电回路，需要通过调查来评估是否排放杂散电流。

二、动态直流杂散电流干扰检测

在测试桩处测量管地电位时，如果发现管地电位波动，要记录电位最大值、最小值、平均值，如图 8－22 所示。

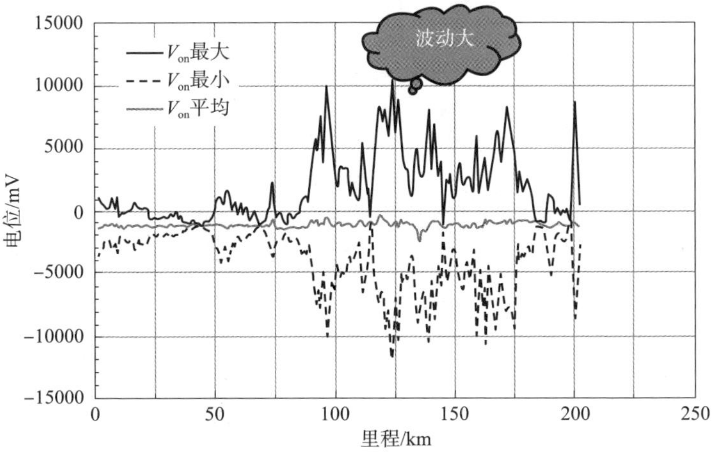

图 8－22　管道沿线电位变化

1. 动态直流杂散电流干扰范围

干扰源附近的铁轨、高压输电线路屏蔽线会把杂散电流引到很远处。例如青岛 13 号轻轨，由于轻轨站与高铁站及高压输电线路交叉，杂散电流被引到 100km 之外的高密，极大地扩大了干扰范围，如图 8－23(a)所示。如果干扰源附近被干扰管段防腐层有破损点，破损点吸放电流也会导致很长距离内管地电位波动，如图 8－23(b)所示。

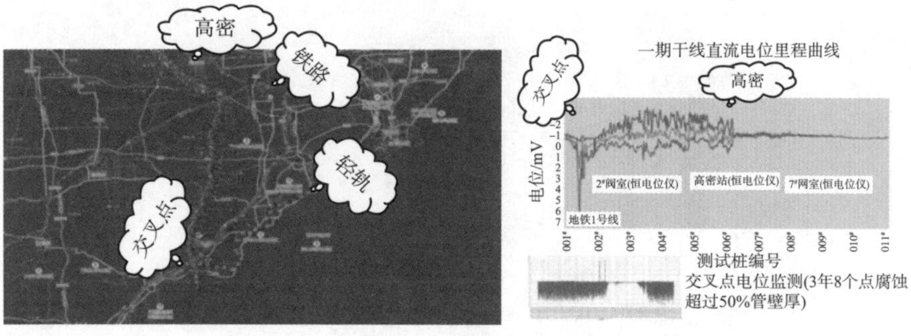

(a)　　(b)

图 8－23　铁轨及输电线路扩大了干扰范围

2. 动态直流杂散电流干扰的监测

(1)对测试桩电位进行连续监测(见图 8－24)，如果电位波动有明显的安静期，则为人工设施所致；如夜间电位平稳，则一般为地铁干扰所致。

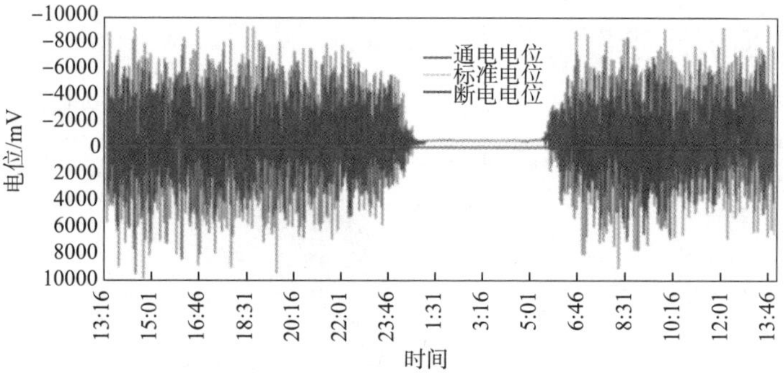

图 8－24　管地电位监测

(2)地磁电流干扰对电位的影响：在测试桩位置连续监测管地电位，如果电位变化无规律，则为地磁电流干扰，如图 8－25 所示。

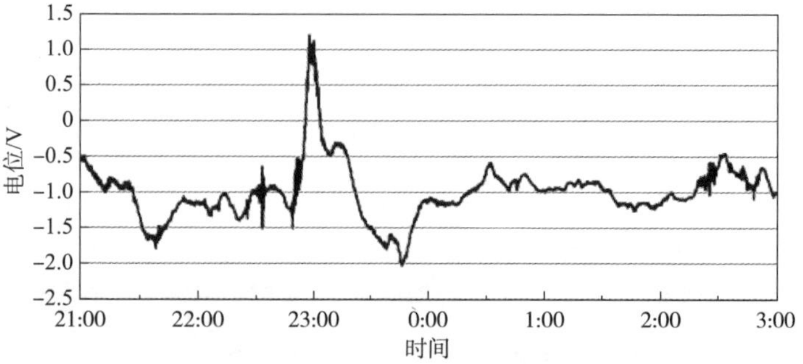

图 8－25　电位变化无规律

(3)测量点靠近牵引站或机务段：靠近车辆段，管道受车辆段干扰，管地电位多数是正向偏移。

三、动态直流杂散电流干扰程度的评价

(1)根据 GB/T 19285—2014 规定，动态直流杂散电流干扰程度划分见表 8－2。

表 8－2　动态直流杂散电流干扰程度划分

杂散电流干扰腐蚀危害程度	弱	中	强
管地电位波动值/mV	<50	$50\sim350$	>350

管地电位波动值为管地电位与没有干扰时的电位差值，由于电位读数经常会受到地电位梯度的影响，当管地电位波动值大于 200mV 时，应测量检查片断电电位，确认采取杂散电流排流保护或其他防护措施的必要性。

(2)根据 SY/T 0087.4 规定，极化电位允许的偏移量及时长见表 8－3。根据环境不同，最小阴极保护指标分别为 $-650mV_{CSE}$、$-750mV_{CSE}$、$-850mV_{CSE}$ 或 $-950mV_{CSE}$。

表 8－3　电位允许的偏移量及时长

腐蚀风险等级	低	中	高
管道极化电位正于最小保护电位准则的时间比例	①电位正于最小保护电位准则的时间比例不超过测试时间的 10%	既高于低腐蚀风险，又低于高腐蚀风险，即为中腐蚀风险等级	①电位正于最小保护电位准则的时间比例超过测试时间的 20%
	②且电位正于最小保护电位准则 50mV 的时间比例不超过测量时间的 5%		②或电位正于最小保护电位准则 50mV 的时间比例超过测量时间的 15%
	③且电位正于最小保护电位准则 100mV 的时间比例不应超过测量时间的 1%		③或电位正于最小保护电位准则 100mV 的时间比例超过测量时间的 10%

四、动态直流杂散电流的排除

1. 加强轨地、管道的绝缘

加强铁轨与道基的绝缘，经常清扫灰尘及铁粉，及时排水。加强管道绝缘，尤其注意阀室接地网、交流排流接地极、站场绝缘接头锌接地电池处的隔离。加强防腐层检漏，修复裸露面积较大、管地电位波动较大处的防腐层破损点。对车辆段与正线的单向导通进行改造，仅在机车经过时才导通。

(1)交流排流直流去耦合器漏电：当管地电位负向偏移，导致反向二极管打开时，会引入杂散电流，如图8－26所示。另外，电容反复充放电，也会引入杂散电流。排除杂散电流的方法是去掉反向二极管或提高反向导通电压。

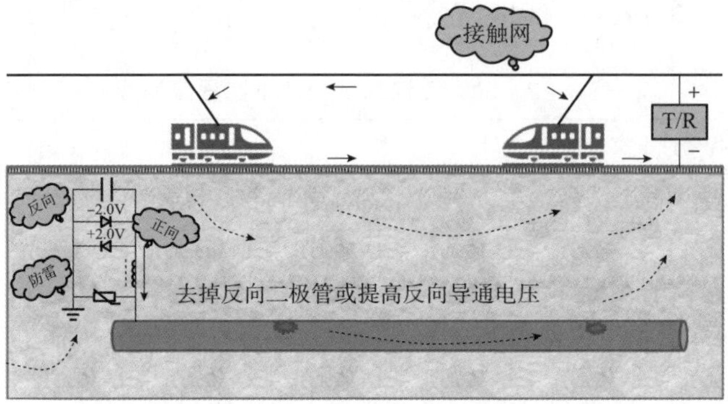

图8－26　杂散电流径直流去耦合器流入管道

(2)锌接地电池漏电：杂散电流经站场通过锌接地电池进入管道，如图8－27所示。排除杂散电流的方法是用火花隙替代锌接地电池。

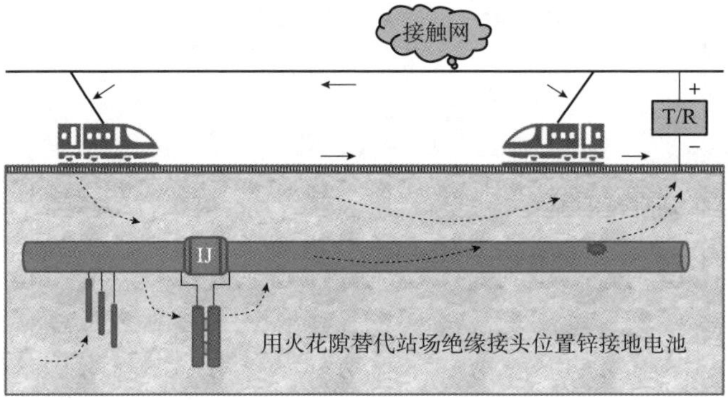

图8－27　杂散电流经锌接地电池流入管道

2. 安装跨接线及单向导通

(1)地铁干扰一般没有明显的杂散电流流入和流出区，在牵引站位置干扰更为严重。可以直接将管道与铁轨在靠近牵引站处跨接，中间安装单向导通装置，如图8－28所示。

(2)与铁轨跨接后，减小了杂散电流通路上的电阻，将导致更多的杂散电流流入管道，因此需注意杂散电流流入部位的过保护以及管道不连续处的腐蚀问题。

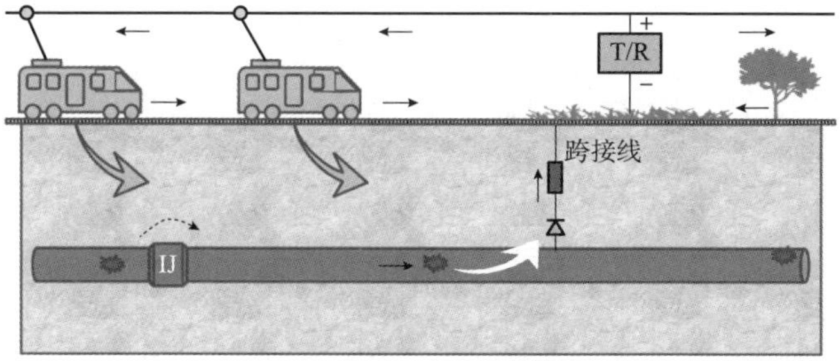

图 8－28　跨接排流

(3)跨接线中还应安装可调电阻，控制电流排放量，避免远处管道过保护及绝缘接头杂散电流流出侧的腐蚀。

3. 安装牺牲阳极排流

牺牲阳极排流如图 8－29 所示。

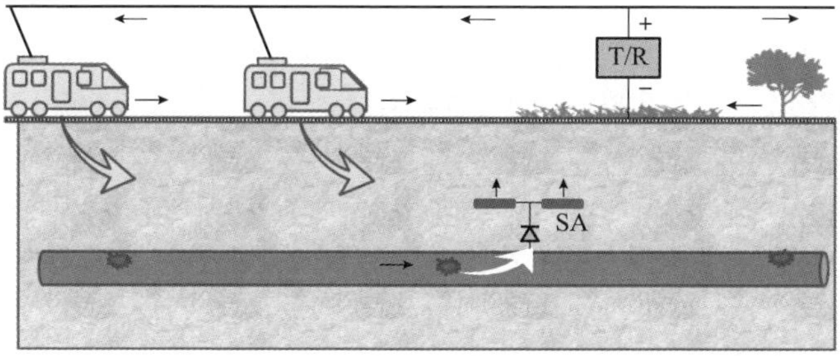

图 8－29　牺牲阳极排流

(1)排流牺牲阳极的规模及参数：在管地电位正向偏移的位置安装牺牲阳极排流，对于牺牲阳极的安装数量没有规范或文献给出指导；建议接地极电阻尽量小且不超过 5.0Ω，或者按下式计算接地极电阻(3cm 直径的漏点对地电阻的千分之一)：$R=\rho/(2\times 3\text{cm}\times 1000)$，$\rho$ 的单位为 Ω · cm。最终的评价排流效果的指标是管地电位(检查片断电电位)满足规范规定的指标要求。

(2)排流牺牲阳极类型的选择原则：选用镁阳极排流时，管地电位理论上不会正于－1.05V；选用锌阳极排流时，管地电位不会正于－0.6V，如图 8－30 所示。管道的实际电位取决于阳极接地电阻和阳极电位正向极化程度。如果管道保护达标是需要考虑的因素，应选用镁阳极排流，一般情况下采用锌阳极排流。

4. 恒电位仪强制排流

将铁轨作为阳极，抵消管道上流出的电流，目前在国内没有先例，如图 8－31 所示。

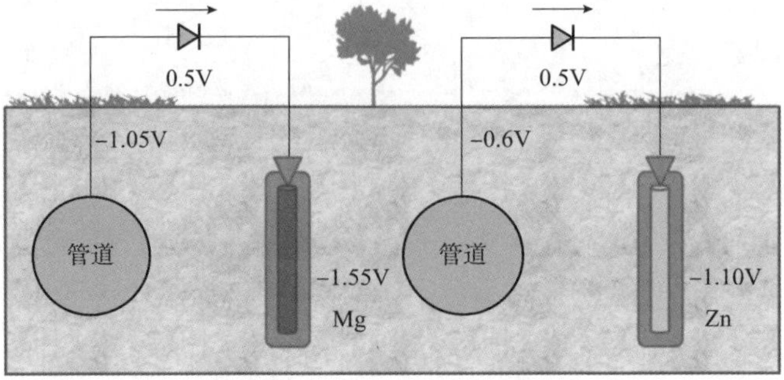

图 8－30　排流牺牲阳极类型

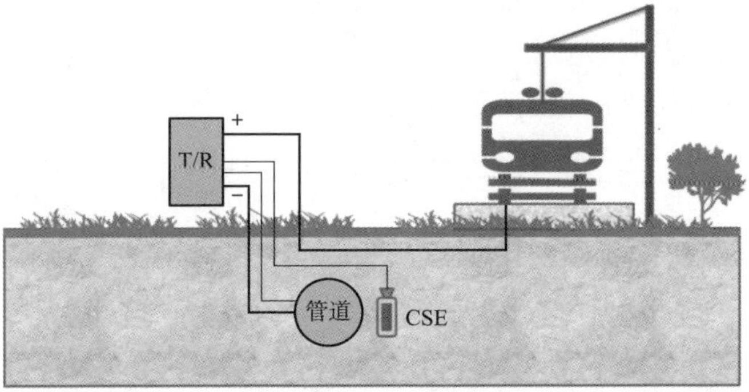

图 8－31　强制排流

5. 增加阴极保护站排流

增加阴极保护站，加强阴极保护，如图 8－32 所示。

图 8－32　增加阴极保护站排流

(1)恒电位仪工作模式的选择：

①靠近干扰源时，测量到的电位主要受地电位梯度控制，与防腐层破损点电位无关。

②恒电位仪在恒电位模式下工作时，反应速度跟不上管地电位变化速度，导致恒电位仪输出电流和管地电位脱节。

③有干扰时，将恒电位仪设置为恒电压或恒电流模式，晚上自动转换成恒电位模式，以防止夜间的过保护。埋地参比电极靠近检查片，可以减轻地电位梯度的影响。

④安装断电电位控制的恒电位仪。

(2)排流方式选择原则：

①当管地电位波动剧烈时，以排流为主、阴极保护站为辅。

②当大部分管段欠保护时，以阴极保护站为主、排流为辅。

③当管地电位既有过保护，又有欠保护时，排流和阴极保护站相结合，宁可过保护。

(3)极性排流前后管地通电电位如图 8－33 所示。

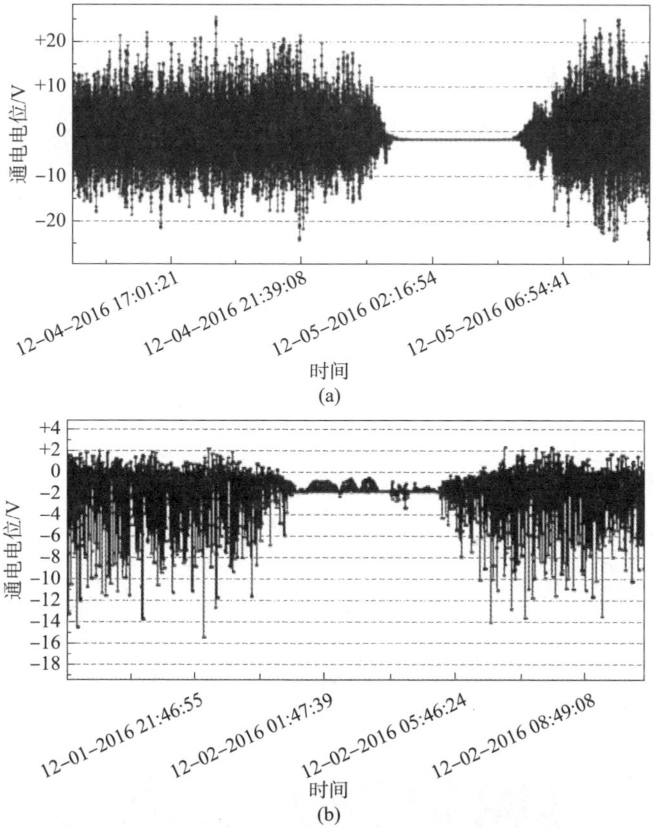

图 8－33　极性排流前后管地通电电位

(4)极性排流前后管地断电电位如图 8－34 所示。

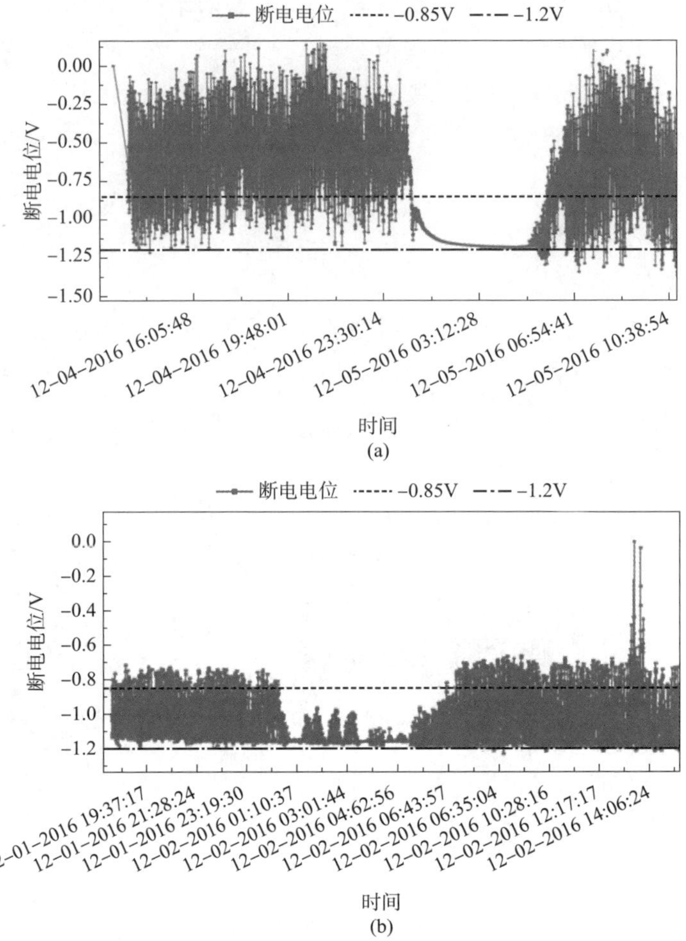

图 8-34 极性排流前后管地断电电位

五、动态直流杂散电流排流效果判断

(1)排流后，检查片断电电位应满足规范要求，如图 8-35、图 8-36 所示。

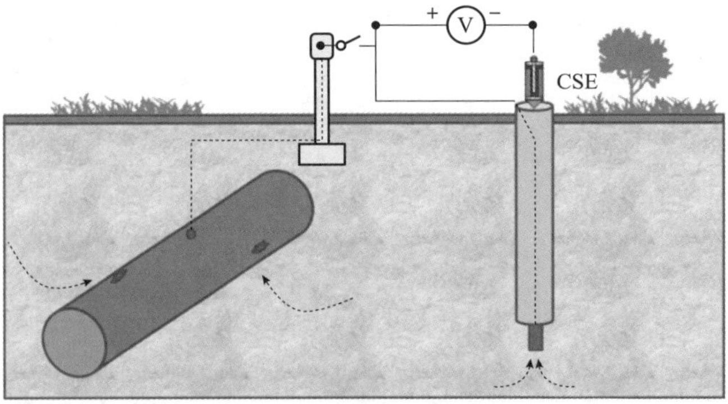

图 8-35 检查片测量断电电位

图8-36　参比管及检查片

(2)24h 监测检查片断电电位：检查片参比管测量断电电位负于-850mV。

(3)根据 AS 2832.1，检查片断电电位正向偏移允许量正于最小保护指标时间占比要求：

①电位正于 $-850mV_{CSE}$ 的次数少于测量次数的5%。

②电位正于 $-800mV_{CSE}$ 的次数少于测量次数的2%。

③电位正于 $-750mV_{CSE}$ 的次数少于测量次数的1%。

④电位正于 $0.0mV_{CSE}$ 的次数少于测量次数的0.2%。

⑤当管道电位极化或去极化比较慢时(如防腐层较差)，检查片断电电位正于-850mV 的次数少于测量次数的10%。

(4)根据俄罗斯标准 TOCT 9.602—2005，相对于稳定电位(波动小于40mV时的电位)极化电位正向偏移时间不超过4min/d。

六、动态直流杂散电流排流注意事项

(1)注意小面积防腐层破损点的腐蚀问题：

①管道受到动态直流杂散电流干扰时，由于杂散电流的流入和流出，导致防腐层破损点处于反复极化与去极化过程中。

②由于小的防腐层破损点电流密度大，更容易极化和去极化，当土壤中含有钠、钾离子时，破损点附近土壤电阻率下降，小的防腐层破损点也容易腐蚀。该现象类似于交流腐蚀，只不过杂散电流的变化频率没有交流电高而已。

③当管道受到动态直流杂散电流干扰，尤其是出现正于自然电位的通电电位时，可适当布置一些小面积的检查片($1.0cm^2$)来监测检查片断电电位。根据最新修订的行业标准 SY/T 0029，管道受交、直流干扰时，阴极保护电位检查片面积宜选用 $1.0cm^2$。

(2)注意排流方式对管地电位波动幅度的影响：

①牺牲阳极与管道直连排流：可以减小管地电位的波动幅度，增强阴极保护，但加大了杂散电流进出管道的量，加快了牺牲阳极腐蚀，导致其他位置电位波动幅度增大，也可能会屏蔽阴极保护电流、缩短阴极保护站保护距离。

②牺牲阳极与管道极性排流：可以减小管地电位正向波动幅度，对管地电位的负向波动消减幅度不大，增强阴极保护，但减小了进入管道的杂散电流，不会屏蔽阴极保护电流，不影响阴极保护站保护距离。管地电位过负时，可能会超出人身安全电压。

③增加阴极保护站排流：使管地电位整体负向偏移，对管地电位波动幅度影响不大。

(3)注意动态直流干扰和交流干扰同时存在的排流：

①交流排流装置不要安装在管地电位波动剧烈的位置。

②首先采取提高阴极保护电流和极性排流方式进行排流，慎重安装交流排流设施。

第四节　高压直流输电线路干扰与防护

一、高压直流输电线路(HVDC)的工作原理

电源端将交流电变成直流电，输送到负载端后，再逆变回交流电供电，如图 8－37 所示。

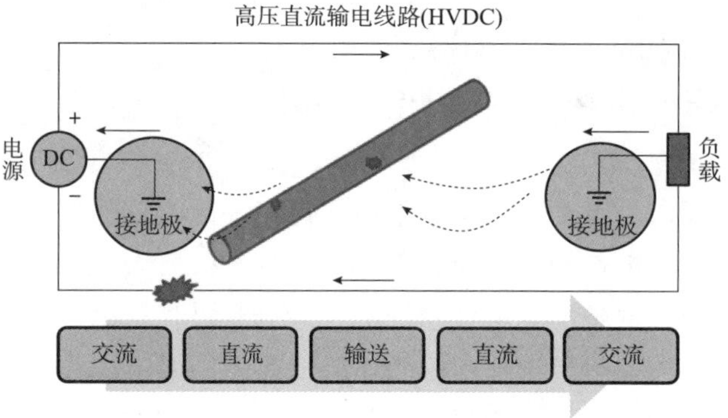

图 8－37　高压直流供电过程

二、高压直流输电线路的特点

(1)投资省(大于 600km 后)，输电量大，能耗少，应用广泛。

(2)对其他系统(如通信系统)干扰小，容易控制(AC 50～60Hz)

(3)充分利用导线截面积，没有趋肤效应，电流一般超过 2000A，接地极直径大于 500m。

(4)换流站接地极附近有输电线路或轨道交通时，干扰范围扩大。

(5)单极工作时间很短(1%～2%，每年不超过 3 天)，仅在故障时，全部电

流通过土壤流动。干扰的极性取决于发生故障的线路是正极线还是负极线。双极工作时不平衡电流一般小于 10A。

(6) 直流输电线路谐波电流一般小于 10A，引起的管道交流电压很小，频率也很高(为 50Hz 的倍数)，不会给管道带来腐蚀风险。

(7) 某实验证明，对于 ±800kV 直流输电线路，谐波在管道上感应出来的交流电压小于 0.5V。

三、直流输电线路换流站接地极干扰及排除

(1) 直流输电线路换流站接地极干扰的危害：

①造成管道设备损坏、人员触电的危险。

②导致高强钢(X80 钢)氢脆，氢致开裂，防腐层阴极剥离。

(2) 管地电位中大部分是地电位梯度，因此应注意以下几点：

①测量到的管地电位中，绝大部分是地表电位梯度(见图 8－38)，读数大小往往取决于参比电极与防腐层破损点的相对位置(见图 8－39)。因此，该电压并不代表管道的腐蚀程度。

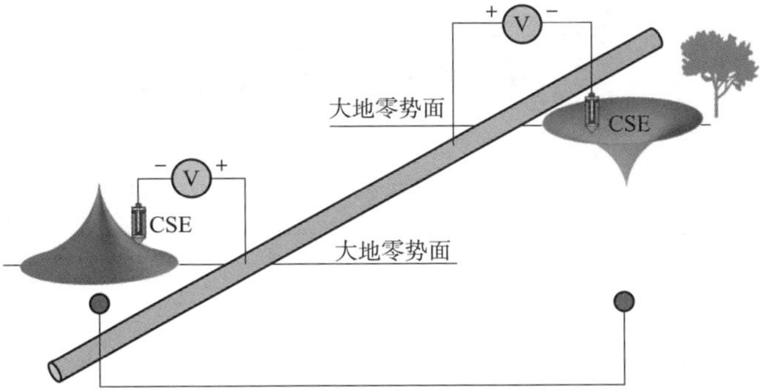

图 8－38　管地电位读数中多为电位梯度

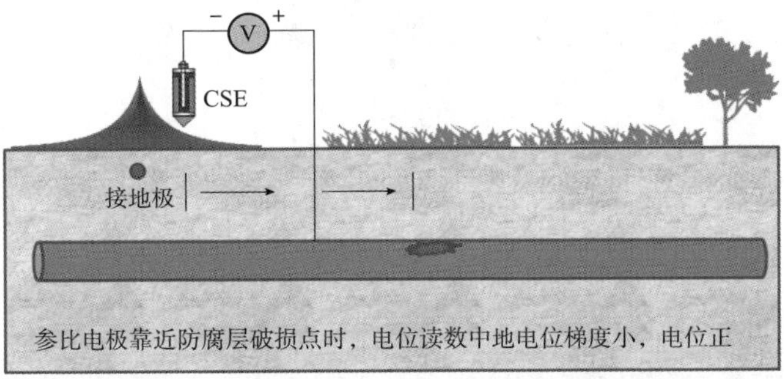

图 8－39　电位读数取决于参比电极与防腐层破损点的相对位置

②应现场埋设检查片，测量流经检查片的电流并根据检查片电流(电位)评

价干扰程度。

③根据检查片重量损失或电位确定腐蚀的严重性。

④受地电位梯度影响，管地电位很负或很正。但防腐层良好时，进入管道的电流不大。

(3)高压直流输电系统换流站接地极干扰排除：

①管道远离高压直流输电线路换流站接地极，当间距小于10km时，应评估接地极放电对管道的影响。

②加强管道的绝缘，尤其是要避免站场(如锌接地电池)、交流排流接地极、短路的阀室地网引入电流，如图8-40、图8-41所示。

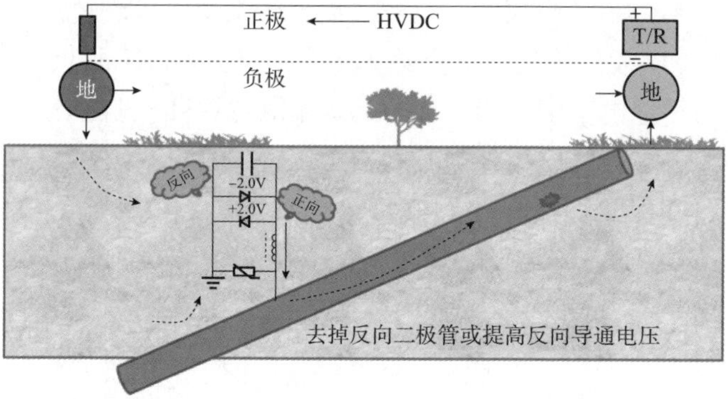

图8-40　杂散电流经直流去耦合器流入管道

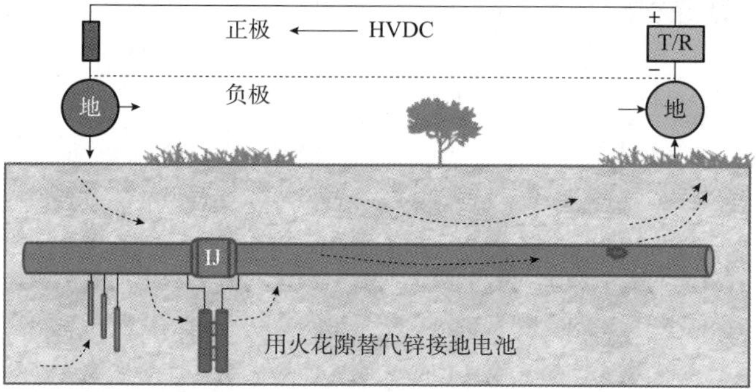

图8-41　杂散电流经锌接地电池进入管道

③利用站场、阀室接地极单向接地，沿线安装接地极并做单向连接，用金属网带(锌带)进行导流等。

④靠近直流输电线路接地极处管道增加绝缘接头，增大纵向电阻，在绝缘接头位置安装单向排流装置，如图8-42所示。安装绝缘接头将改变管道沿线电位分布，如图8-43所示。

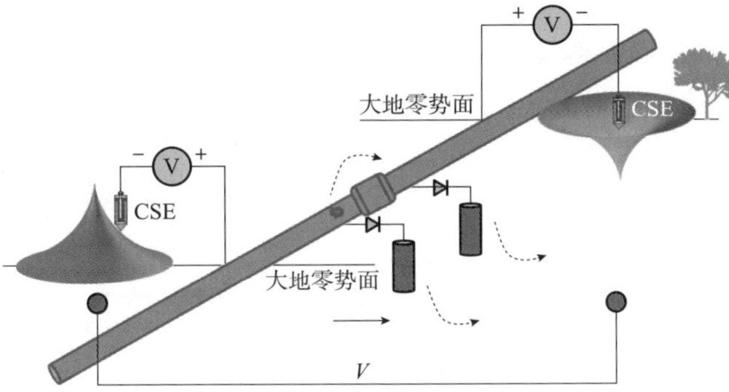

图 8－42　安装绝缘接头排流

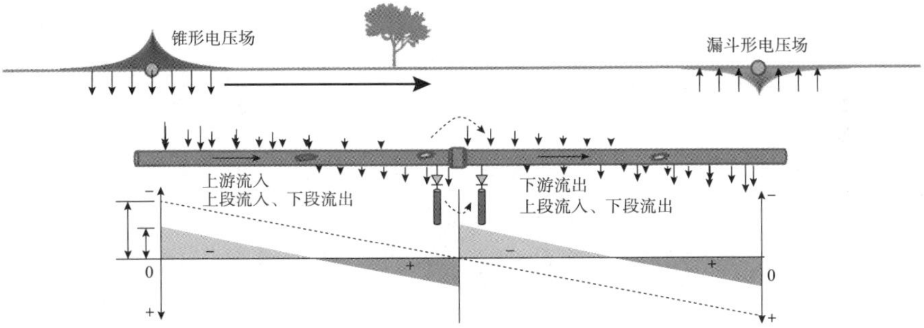

图 8－43　绝缘接头改变电位分布

(4)极性排流的优、缺点：

①限制进入管道的杂散电流，钳制管地电位正向偏移。

②不能限制管地电位负向偏移，阀室地网和管道之间会存在高压，可能会带来人身安全或绝缘垫片击穿问题。应加大绝缘垫的厚度，防止打火与击穿；高压直流接地极放电期间禁止人员在管道上进行任何操作；在地表铺设碎石，增大人体耐压等级。

四、高压直流输电线路干扰排流效果的判断

(1)高压直流输电线路单极工作时，很难满足阴极保护指标，如果要保证管地电位在输电线路故障时也满足阴极保护规范要求，将需要庞大的阴极保护及排流系统。

(2)高压输电系统单极工作是短时间的，若按长期存在的干扰来防治，方法过于保守，甚至难以实现。

(3)可以用检查片称重法测量管道的腐蚀率，通过排流将腐蚀率控制在可接受范围内。

(4)评估对人身的危险程度，控制测试桩位置管地电压小于35V，引压管间

隔大于10mm。

(5)目前，很多锌带与管道直连，这样做会减小管地电位偏移量，有利于人身安全并避免过保护，但会引入较大的杂散电流，也会漏失或屏蔽阴极保护电流。根据腐蚀率对干扰分级(根据Q/GGW 03001.1中表31，腐蚀率应低于0.01mm/a；根据SY/T 0087.4中表5.4.3，腐蚀率应低于0.03mm/a)，见表8-4。

表8-4 根据腐蚀率对干扰分级

高压直流干扰腐蚀风险	弱	中	强
腐蚀率/(mm/a)	<0.01(或0.03)	0.01(或0.03)~0.1	>0.1

五、检查片电压与电流密度试验

(1)给检查片施加高正电压后，检查片电流密度在最初几秒内迅速增大，几分钟后下降到稳定值。利用电流密度变化曲线积分(或稳定电流密度)计算得到的腐蚀率与失重腐蚀率最接近。

(2)通电瞬间，电流密度符合公式计算值，之后，小于计算值。电阻增大使试件表面温度上升、水分电渗透并导致气阻。在水分充足的条件下，也会因为水的电解降低金属的消耗。这种现象，降低了高压直流干扰产生的腐蚀，如图8-44所示。

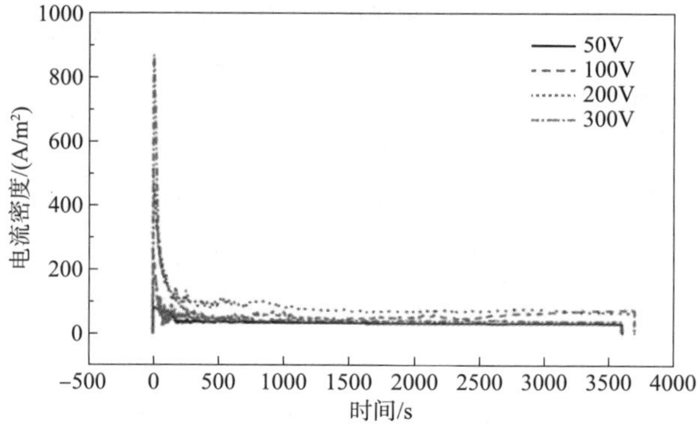

图8-44 电流密度-时间关系曲线

六、高压直流输电线路杆塔接地对管道的干扰

(1)高压直流输电线路塔基一般由20m见方的塔脚组成，塔基深度为6~8m。水泥灌桩能达到几十米深。

(2)塔基周围根据土壤电阻率围绕一圈甚至多圈接地极，接地极由铜包钢、裸钢筋或由放射镀锌扁铁加石墨棒组成，保证接地电阻小于15Ω。

(3)输电铁塔故障电流将通过接地极流入大地，对附近管道造成影响，管道与杆塔接地极的间隔需满足GB/T 50698要求，见表8-5。

表8－5　管道与杆塔接地极最小间隔

电压等级/kV	220	330	500	>500
管道与杆塔接地极最小间隔/m	5	6	7.5	10

七、高压直流输电线路对管道的干扰

(1)高压直流输电线路中的电流为直流电，线路周围的电磁场主要为静态电磁场，不会在管道上感应出交流电流。

(2)但在滤波不充分的情况下，输电线路中有纹波及谐波，该变化的电磁场在邻近管道上会感应出交流电流。感应电流频率可能不止50Hz，感应电压不高，一般不需要处理。必要的时候可采用接地极加单向导通或安装直流去耦合器排流。

第九章　交流杂散电流干扰与防护

第一节　交流杂散电流干扰定义及分类

一、交流杂散电流干扰的定义

输电线与管道之间由于传导耦合、电感耦合或电容耦合所导致的故障、风险称为交流杂散电流干扰(以下简称交流干扰)，如图 9－1 所示。

图 9－1　输电线路与管道并行产生交流干扰

二、交流杂散电流干扰的分类

(1)随着高压输电线路或电气化铁路与管道的并行或交叉越来越多，管道受到的交流干扰越来越严重。

(2)交流杂散电流干扰可分为传导型交流杂散电流干扰、电容型交流杂散电流干扰、感应型交流杂散电流干扰。

第二节　传导型交流干扰与防护

一、传导型交流干扰的定义

(1)故障电流通过杆塔接地极传导到管道上，造成管道防腐层甚至管道本体的损坏。

(2)传导型交流干扰发生在输电线路故障、雷击期间或由电气化铁路引起。

(3)对于传导型干扰，主要关注的是设备以及人员的安全问题。

二、传导型交流干扰的产生

(1)故障电流经杆塔接地极进入大地产生电压场，造成管道防腐层甚至管体损坏，如图 9－2 所示。

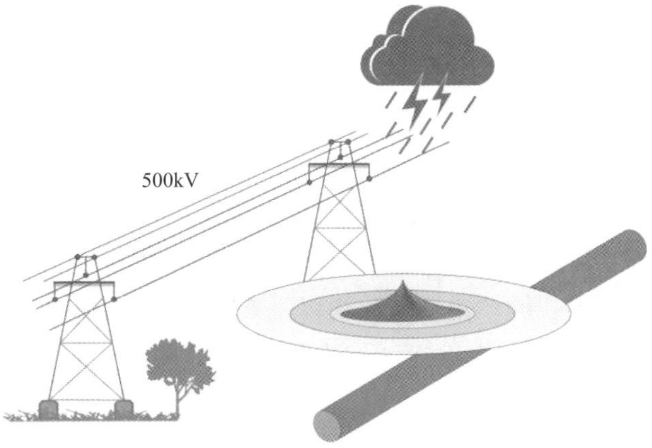

图 9－2　管道处于故障电压场中

(2)故障电流产生电压升：管道上方出现高电压升，导致管道防腐层甚至管体损坏。3PE 防腐层耐受雷击电压能达到 109kV，如图 9－3 所示。

图 9－3　电压升损坏管道

(3)传导型交流干扰的特点：

①雷击电流或故障电流沿杆塔入地极少发生，也难以判断何时、何地发生，如图 9－4 所示。

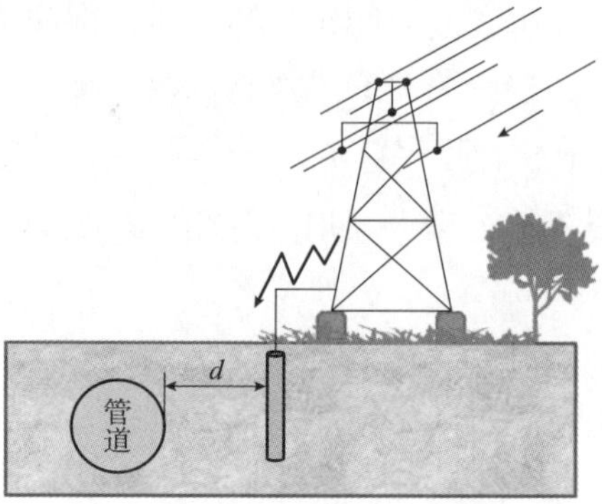

图 9－4　雷击引起的传导型交流干扰

②周期很短，通常由极端天气引起，如大风、雷电等。

③有时是由于结构故障、维护不当或设备损坏造成的。

(4)传导型交流干扰的严重性取决于以下方面：

①故障电流大小(取决于输电线路电压和杆塔接地电阻)、输电线路电压、故障周期。

②管道与输电线杆塔的间距。

三、管道本体及防腐层破坏

(1)在电流进入及流出管道处，防腐层甚至管壁遭到破坏，如图 9－5、图 9－6 所示。

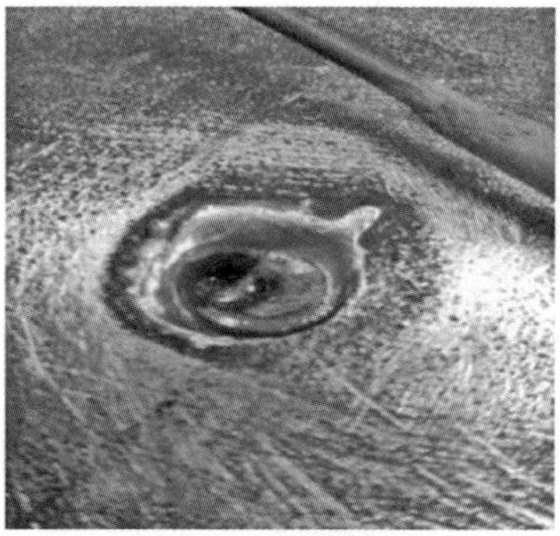

图 9－5　管体灼伤

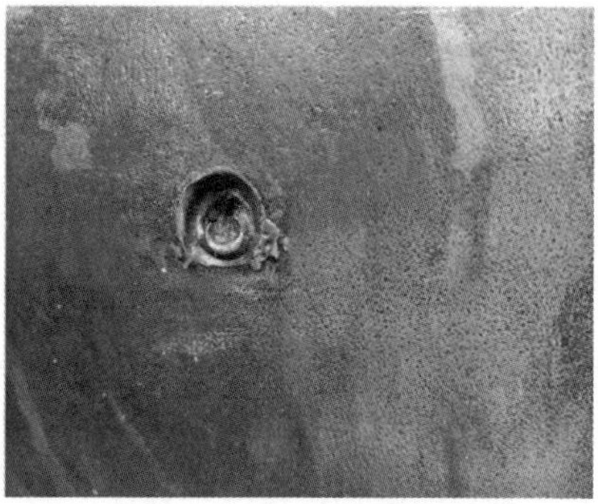

图 9－6　管体烧伤

(2)瞬时高压破坏管道设施，可能损坏跨接线、绝缘接头、去耦合装置及恒电位仪。

四、管道与输电杆塔接地极的最小距离

为避免管壁电弧烧穿，管道与输电杆塔接地极要保持足够间距，如图 9－7 所示。该间隔可以通过公式计算，也可以查规范获得，必要时可将杆塔接地极移到远离管道的对面。

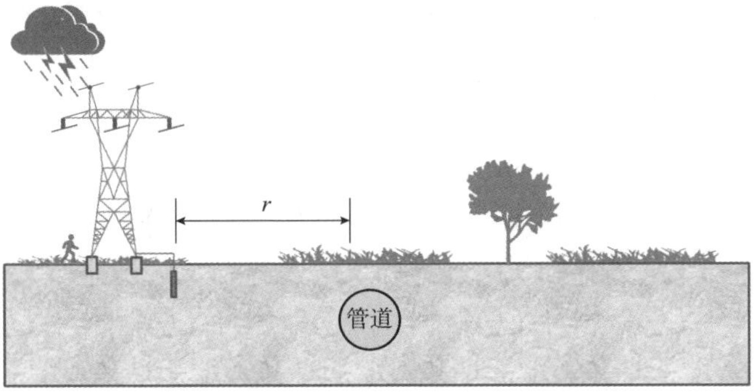

图 9－7 管道与杆塔接地极间隔

1. 根据公式计算最小间隔

为避免管壁电弧烧穿，设管道与杆塔接地极的最小间隔为 r(m)，故障杆塔入地电流为 I(kA)，土壤电阻率为 ρ(Ω·m)，则

$$r = 0.08 \times \sqrt{I \times \rho} \quad (\rho \leqslant 1000\Omega \cdot m)$$

$$r = 0.047 \times \sqrt{I \times \rho} \quad (\rho > 1000\Omega \cdot m)$$

2. 根据 GB/T 50698—2011 获得最小间隔

根据 GB/T 50698—2011，管道与杆塔接地极的最小间隔见表 9－1。

表 9－1 管道与杆塔接地极最小间隔

电压等级/kV	220	330	500	>500
管道与杆塔接地极最小间隔/m	5	6	7.5	10

(1)在开阔地区，埋地管道与高压交流输电线路杆塔基脚之间的最小距离宜不小于杆塔高度。该要求主要是为了降低感应型干扰。

(2)在路径受限地区，埋地管道与交流输电系统的各种接地装置之间的最小水平距离一般情况下宜大于表 9－1 的规定，在采取故障屏蔽、接地、隔离等防护措施后，规定的距离可适当减小。该要求主要是避免传导型干扰。

(3)管道与高压交流输电线路的夹角宜大于 55°。

3. 故障杆塔入地电流的分配

如图 9－8 所示，故障杆塔入地电流的分配如下：

(1)对于高压直流输电线路，杆塔故障入地电流约为故障电流(10～15kA)的10%，剩余电流由附近的杆塔分流。

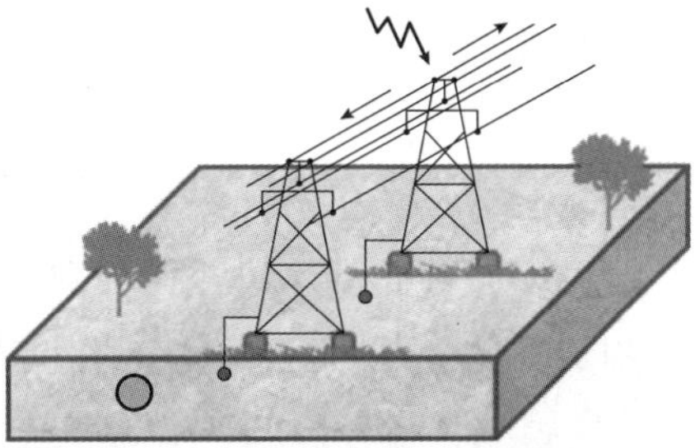

图 9－8 故障杆塔入地电流分配

（2）对于交流输电线路，故障杆塔入地电流约为故障电流的 20%，剩余电流由附近的杆塔分流。

（3）对于雷击电流，故障杆塔入地电流约为故障电流的 80%，剩余电流由附近的杆塔分流。

（4）电流频率越高，故障电流越集中排放。

五、交流线路故障预测及预防

由于难以预测雷击事故何时、何地发生，所以难以估计故障的影响及管道和人员的保护方式。当发生故障的可能性增大时，如雷雨天、大风天，要停止在管道上的作业。国内发生的几起管道被雷击电流灼伤事故并不在杆塔附近，应调研杆塔引雷或避雷的条件。管道与杆塔接地极的间隔 d 应远大于管道埋深 h，如图 9－9 所示。杆塔的存在增加了雷击频次，但避免了较强的地闪雷直击管道，有避雷作用。目前发现的管道防腐层烧损事故，接地极和管道的间隔均小于 2m。如果间隔满足规范要求，是不应该发生防腐层烧损事故的。

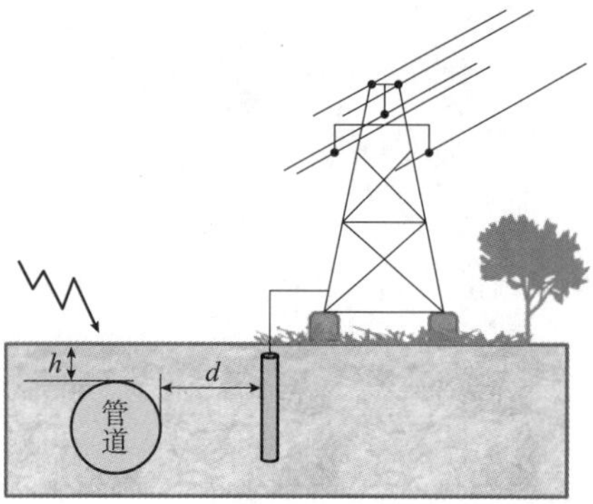

图 9－9　管道与接地极间隔大于埋深

如果在管道与杆塔之间安装锌带会引入故障电流，增大了管道仪表设备的损坏概率，如图 9－10 所示。

(a)　(b)

图 9－10　接地极引入故障电流

预防交流线路故障电流可采取以下措施：

（1）管道两侧埋设锌带并跨过管道，或管道两侧埋设接地极并跨接，如图 9－11、图 9－12 所示。

（2）用钢筋笼（金属网带）套住管道或用绝缘板屏蔽电流，如图 9－13、图 9－14 所示。

图 9－11　管道两侧埋锌带

图 9－12　管道两侧埋接地极

图 9－13　用钢筋笼套住管道

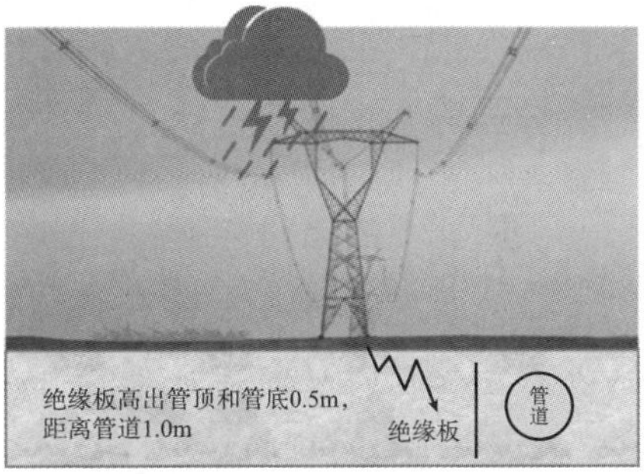

图 9－14　安装绝缘板

六、跨步电压与接触电压

大电流入地时，会引起电压升，距离入地点越近，电压升越高。当人体处于该电压场内时，两只脚之间会产生电压差，即跨步电压，一般应小于 33V/m，如图 9－15 所示。当人的手接触带电结构时，手与脚之间也会产生电压，称为接触电压，如图 9－15 所示。

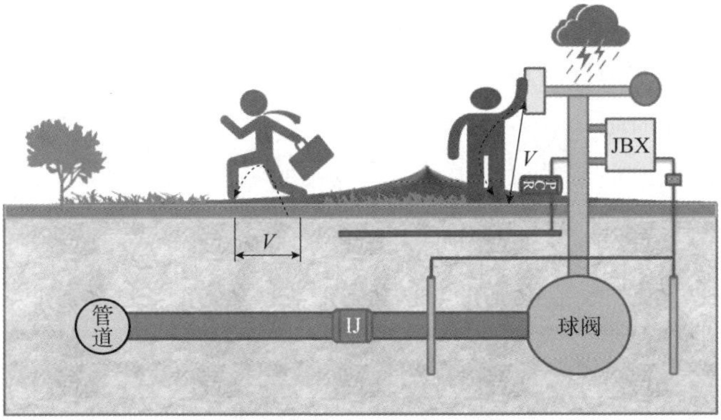

图 9－15　跨步电压与接触电压

1. 人体能承受的瞬时故障电压

（1）人体耐受的跨步电压（50kg 和 70kg 以上）：

$$V_s=(1000+6\rho)\frac{0.116}{\sqrt{t_s}},\quad V_s=(1000+6\rho)\frac{0.157}{\sqrt{t_s}}$$

（2）人体耐受的接触电压（50kg 和 70kg 以上）：

$$V_t=(1000+1.5\rho)\frac{0.116}{\sqrt{t_s}},\quad V_t=(1000+1.5\rho)\frac{0.157}{\sqrt{t_s}}$$

（3）铺设碎石后耐受的接触电压：

$$V_t=(1000+1.5\times\rho_s\times C_s)\times\frac{0.116}{\sqrt{t_s}},\quad C_s=1-\frac{0.09\left(1-\frac{\rho}{\rho_s}\right)}{2h_s+0.09}$$

式中 ρ_s——碎石电阻率，Ω·m；

C_s——表层降阻系数；

t_s——故障电流持续时间，s；

ρ——下部土壤电阻率，Ω·m；

h_s——碎石层厚度，m。

2. 跨步电压与接触电压的消减

（1）安装接地均压垫消减电压：在人体能够接触到管道的位置（如主阀）安装均压垫，均压垫通过直流去耦合器与阀体连接，降低施加到人体上的电压，地网应尽量接近地表。

（2）阀体通过直流去耦合器与地网连接。

（3）阀室地表铺设石子增大电阻，干净的碎石层厚度应大于 8cm。

七、电气化机车交流干扰

电气化机车的交流干扰以传导型为主。

（1）电气化铁路 AT 供电方式：

①电流自接触网进入机车，然后通过铁轨、正馈线、综合接地网回到电源接地极，如图 9－16 所示；

②综合接地系统泄漏电流，在土壤中流动，进入管道。

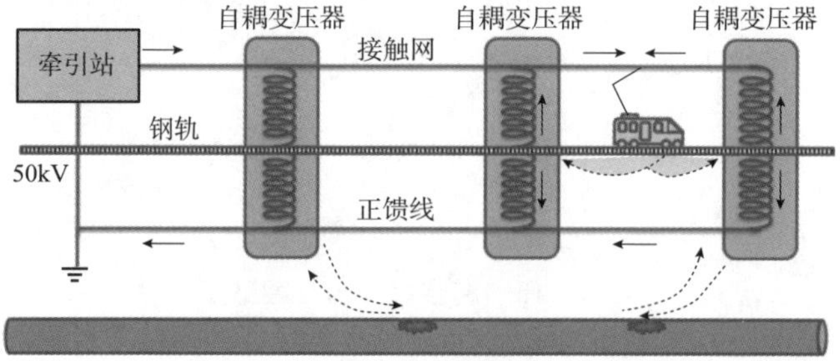

图 9－16 电气化铁路 AT 供电方式

(2)电气化机车交流干扰，使铁轨漏电产生传导型交流干扰，管道位于接触网电磁场内，产生感应型干扰，如图9－17所示。

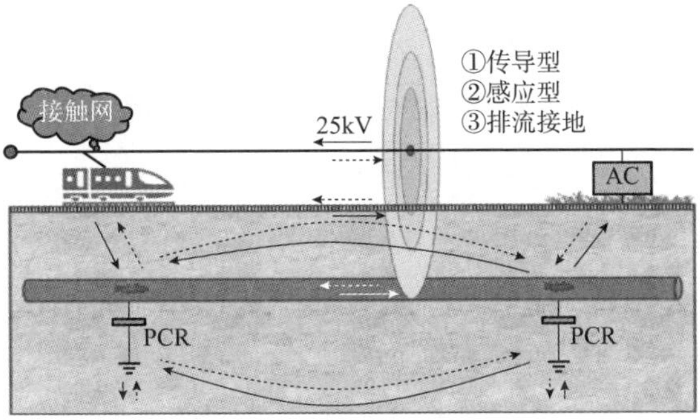

图9－17　交流干扰的产生

(3)电气化机车交流干扰的特点：

①管地交流电压为间歇型，峰值电压持续几分钟，上、下游来车时干扰电压值可能不一样。如图9－18所示，管道没有脉动电压时仍保持一定的交流电压，这是传导型和输电线路感应型干扰共同作用的结果。

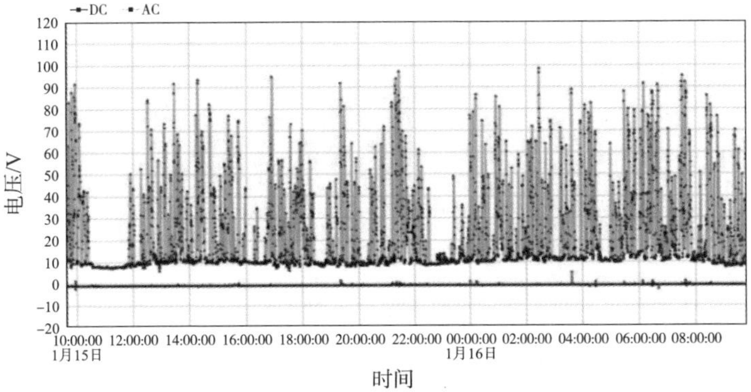

图9－18　管道脉冲型交流电压

②电力机车干扰时的人体安全电压：管地峰值电压不应超过60V，见表9－2。GB 6830规定，安全电压受环境影响，故障时低于55V。

表9－2　人体安全电压

故障周期 t/s	干扰电压/V
$t \leqslant 0.1$	2000
$0.1 < t \leqslant 0.2$	1500
$0.2 < t \leqslant 0.3$	1000
$0.35 < t \leqslant 0.5$	650
$0.5 < t \leqslant 1.0$	430
$1 < t \leqslant 3$	150
$t > 3$	60

第三节 电容型交流干扰与防护

一、电容型干扰的产生

(1)架空的管道遇高压输电线路，由于静电感应，在管道上产生电压。

(2)电容型干扰产生于管道施工期间，如图 9 – 19 所示。

图 9 – 19 电容型干扰

(3)电容型干扰能量很低，不足以导致人身伤害，可通过接地或埋地方式排除。

二、电容型干扰的特点及排流

(1)电容型干扰取决于线路电压而不是电流。如果管道与土壤绝缘，会产生较高的电压。

(2)能够传输到管道上的干扰电流很小，所以传导到人体上的电流也很小。

(3)管道埋地后，电容型耦合干扰将消失。在管道建设时期，一般通过每隔 300m 进行一次接地来排除。

第四节 感应型交流干扰与防护

一、输电线路产生电磁场

导线中有电流时，导线周围有电磁场，电磁场强度及方向随电流大小及方向变化而变化。处于动态电磁场中的金属切割磁力线，感应出电流和电压，如图 9 – 20、图 9 – 21 所示。

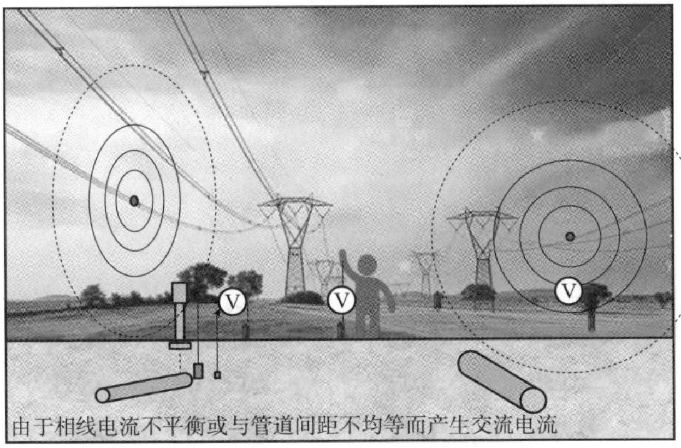

图 9－20 管道切割磁力线产生交流电流

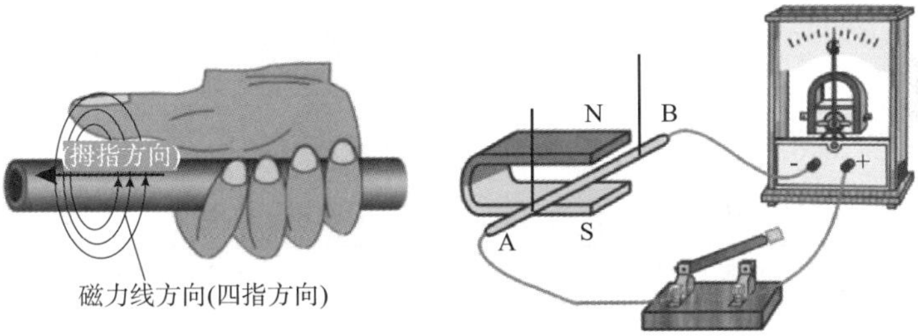

图 9－21 电流与磁场

在交流输电线路下方的测试桩以及检查片电缆上有时也会测到交流电压，而且检查片面积越小，测量到的交流电压越高，如果检查片断线，测量到的交流电压最高。交流电流出管道导致管道腐蚀，如图 9－22 所示。

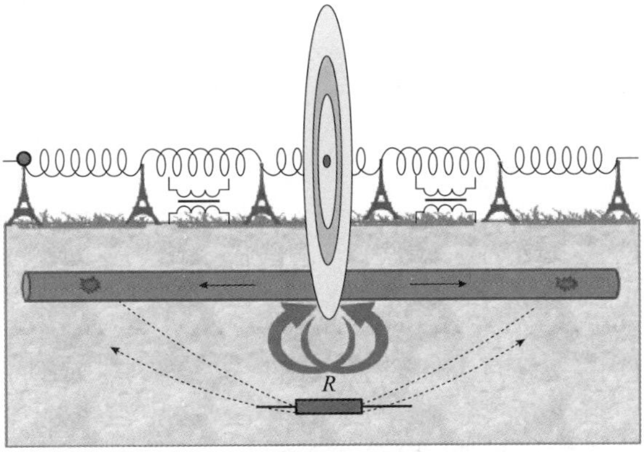

图 9－22 交流电流出管道导致腐蚀

二、感应型干扰的特点

(1)感应型干扰取决于输电线路电流而不是电压，干扰强度与电流成正比，与并行距离成正比，与间距成反比。

(2)对于长距离管道，即便管道埋地，也会感应出较高的电压。

(3)感应型干扰持续时间长，对于管道腐蚀控制及人员安全影响大。

三、管道受干扰程度评估

(1)管道与输电线路相对位置及腐蚀风险评估见表9－3。

表9－3　管道与输电线路相对位置及腐蚀风险

间距/m	并行长度/m	管道转角/(°)	交叉角度/(°)	输送电流/A	危险系数
<30	>1500	>80	<30	>1000	5
31～150	1499～300	—	—	999～500	4
151～300	299～15	79～60	29～60	499～250	3
301～800	14～1	50～30	59～80	249～100	2
>800	0	0～29	>80	<100	1

(2)管道参数、所处环境与腐蚀风险评估见表9－4。

表9－4　管道参数、所处环境与腐蚀风险

土壤电阻率/Ω·m	防腐层类型	防腐层状况	管道直径/cm	危险系数
<25	3LPE	好	*DN*20	5
			*DN*25～*DN*400	4
25～100	FBE	中等	*DN*450～*DN*600	3
100～300	石油沥青	差	*DN*660～*DN*86	2
>300	油漆	无	*DN*90～*DN*110	1

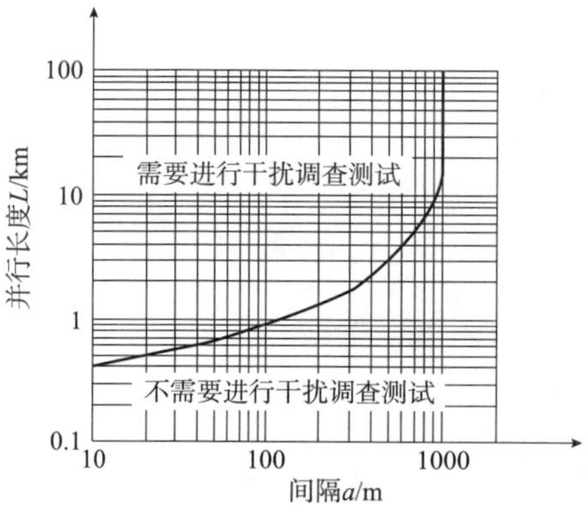

图9－23　交流腐蚀与相对位置

(3)将某段管道干扰危险系数相加，数值大的风险高。

(4)管道与输电线路、电气化铁路干扰评估：

①当管道与交流输电线路或交流电气化铁路间隔大于1000m时，一般不会产生干扰。

②当管道与交流输电线路或电气化铁路垂直交叉时，不会对管道产生干扰。

③当管道与110kV及以上的高压输电线路接近时，是否会有干扰，按图9－23所示确定。当管道与高压输电线路间隔大于500m，或并行长度小于2km时，一般不会产生干扰。

(5)管道与输电线路并行长度与感应电压的关系(单回路，间隔为 15m)如图 9－24所示。

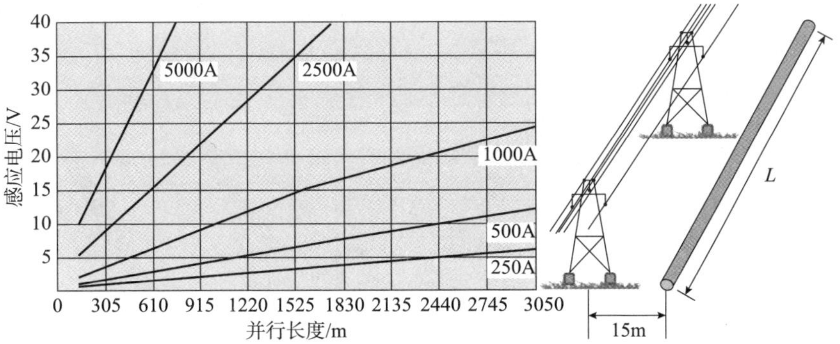

图 9－24　并行长度与感应电压的关系

(6)管道与输电线路交叉角度与感应电压的关系(单回路，管段长度为 3.2km)如图 9－25 所示。

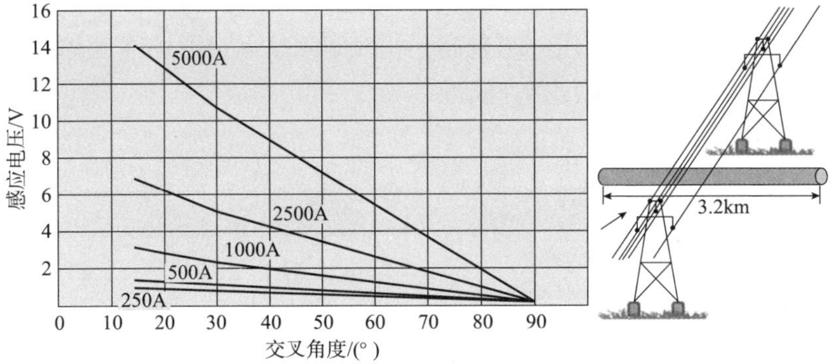

图 9－25　交叉角度与感应电压的关系

(7)管道与输电线路间隔与感应电压的关系(单回路，管道长度为 762m)如图 9－26 所示。

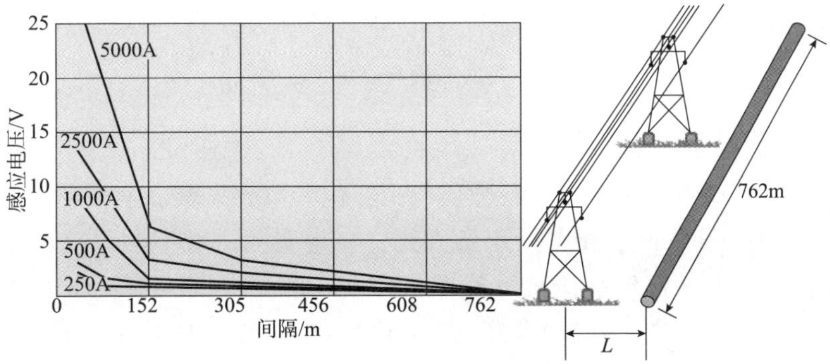

图 9－26　管道与输电线路间隔与感应电压的关系

(8)管道周围土壤电阻率与感应电压(电流)的关系(管道长度 1525m，间隔为 305m)如图 9-27 所示。

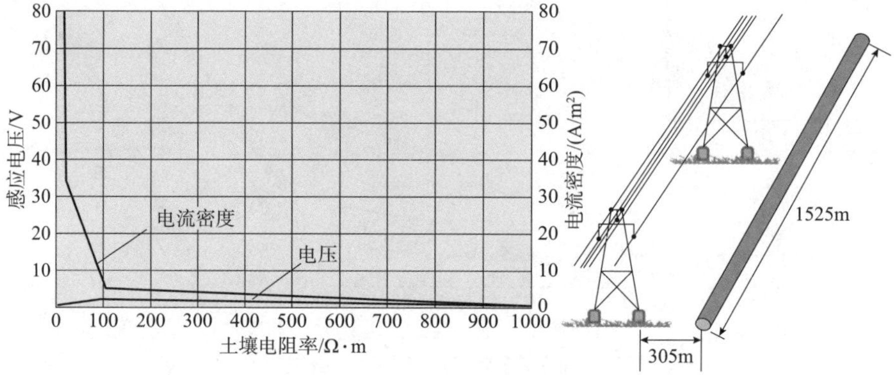

图 9-27　土壤电阻率与感应电压(电流)的关系

(9)输电杆塔相线布局对磁场强度的影响如图 9-28 所示。不同的相线布局在杆塔附近产生的电磁场分布差距较大，但离开杆塔中心 150m 后，磁场强度基本呈线性衰减。输电相线电压等级越高，相线间隔越大，磁场强度越强。随着管道和铁塔间隔增大，磁场强度迅速衰减。

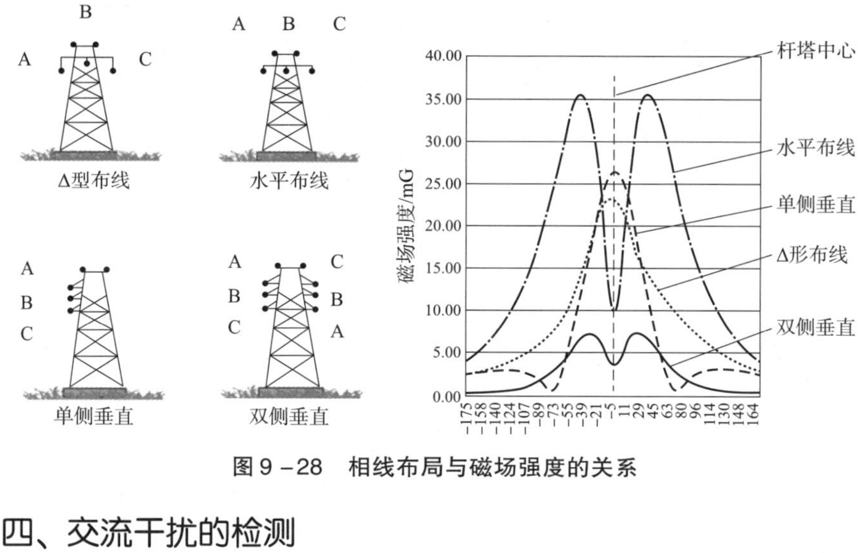

图 9-28　相线布局与磁场强度的关系

四、交流干扰的检测

新建管道或输电线路可以进行数值模拟，但参数收集难以全面准确，结论误差较大。已建管道一般采取实际测量方式，在现有测试桩上测量交流电压，如图 9-29 所示。对于高压交流输电线路的干扰，测量时间一般大于 5min；对于靠近电气化铁路的管道，测量时段应选在运输繁忙时段；对于电压高或波动大的管段，应进行 24h 监测。

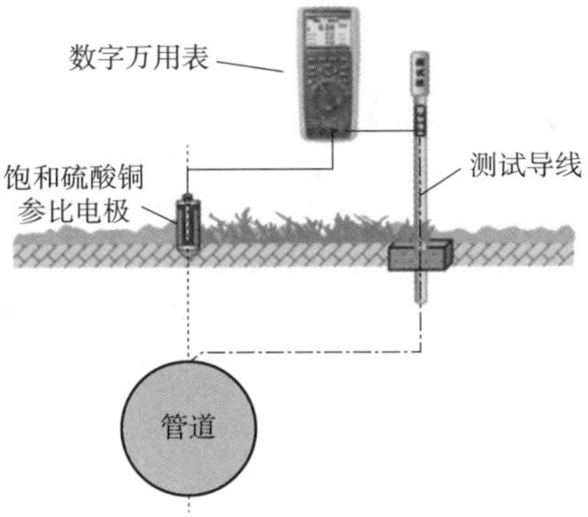

图 9－29　交流电压测量

(1)管道沿线交流电压分布检测：在每个测试桩测量交流电压最大值、最小值、平均值，如图 9－30 所示。

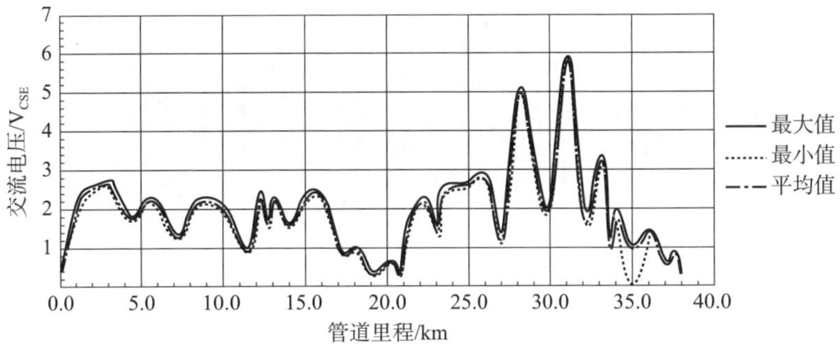

图 9－30　管道沿线交流电压

(2)管道沿线土壤电阻率检测：如图 9－31 所示。

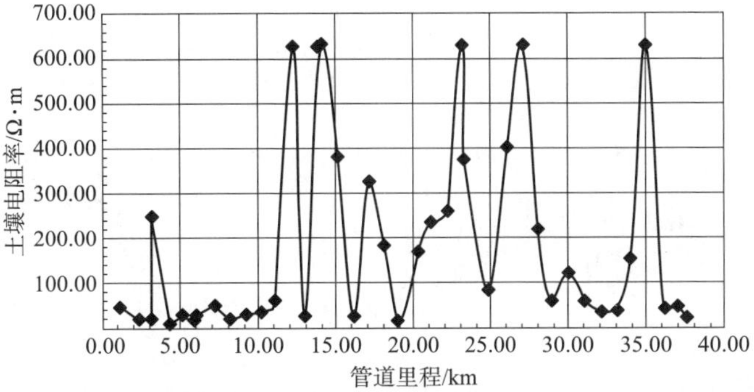

图 9－31　管道沿线土壤电阻率

(3)输电线路交流干扰检测：电压变化平滑，如图 9－32 所示。

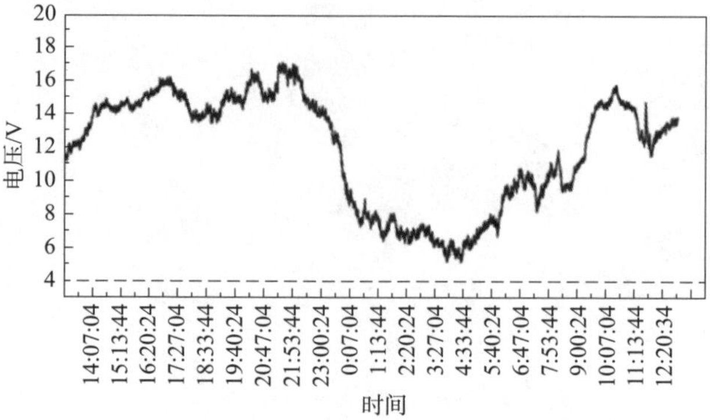

图 9－32　电压变化平滑

(4)电气化铁路交流干扰检测：电压为脉冲型，如图 9－33 所示。

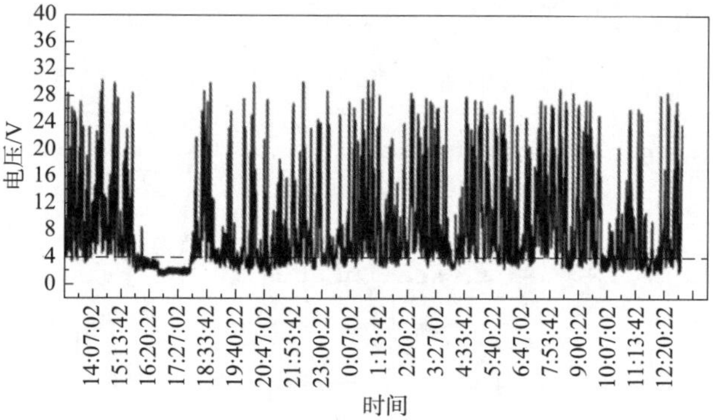

图 9－33　脉冲型电压

(5)电气化铁路与高压输电线路混合干扰检测：电压在一定基础数值上波动，如图 9－34 所示。

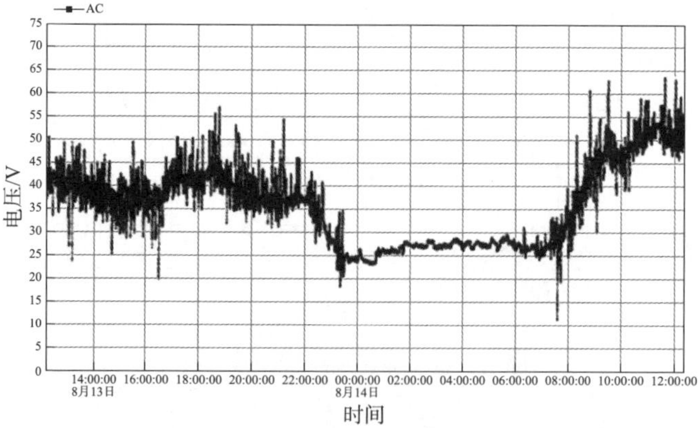

图 9－34　感应型与传导型混合干扰

五、交流干扰程度评价

防腐层越好，感应电压越高。当 $V_{ac}(\text{mV}) \geqslant \rho_{土}(\Omega \cdot \text{cm})$ 时，则需要进一步确认交流干扰的严重程度。防腐层破损点面积为 1～3cm^2、低土壤电阻率环境、阴极保护充分时(土壤中存在钠、钾离子)，最容易发生交流腐蚀。交流干扰程度评价见表 9－5。

表 9－5 交流干扰程度评价

交流干扰程度	弱	中	强
交流电流密度/(A/m^2)	<30	30～100	>100

(1)当交流干扰程度判定为“强”时，应采取交流干扰防护措施；判定为“中”时，宜采取交流干扰防护措施；判定为“弱”时，可不采取交流干扰防护措施。

(2)电流密度取决于土壤电阻率，GB/T 50698 中用 4V 划界值得商榷，建议统一用交流电密度来评价干扰程度。由于阴极保护会改变防腐层破损点附近的土壤电阻率，与地表测量值差异很大，因此交流电密度最好为实测值而非计算值。

六、管道交流电流密度计算

假设防腐层破损点面积 S 为 1.0cm^2。直接测量检查片电流时，电流密度取 24h(或干扰时段)平均值，则交流电密度为：

$$J_{ac} = \frac{I_{ac}}{S} = \frac{8 \times V_{ac}}{\rho \times \pi \times d}$$

式中 J_{ac}——交流电密度，A/m^2；

V_{ac}——交流电压(干扰时段平均值)，V；

ρ——土壤电阻率，$\Omega \cdot \text{m}$；

d——破损点直径，破损点面积为 1cm^2 时，其直径为 0.0113m。

七、管道感应电压的分布特点

管道电压峰值出现在管道特征不连续处，如纵向电压场数值或方向改变处及管道电特性改变处。

(1)高压线转角处：管道电压出现峰值，如图 9－35 所示。

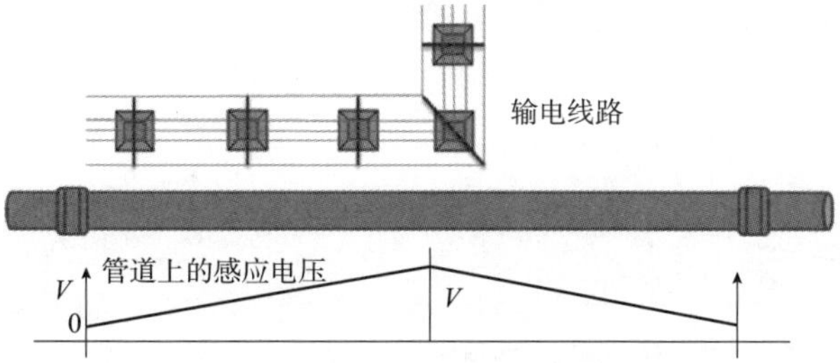

图 9－35 高压线转角处

(2)管道转角处：管道电压出现峰值，如图 9－36 所示。

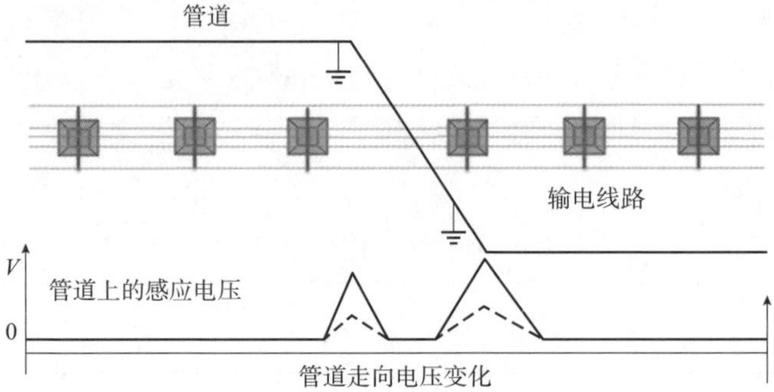

图 9－36　管道转角处

(3)高压输电线路换相处：管道电压出现峰值，如图 9－37 所示。

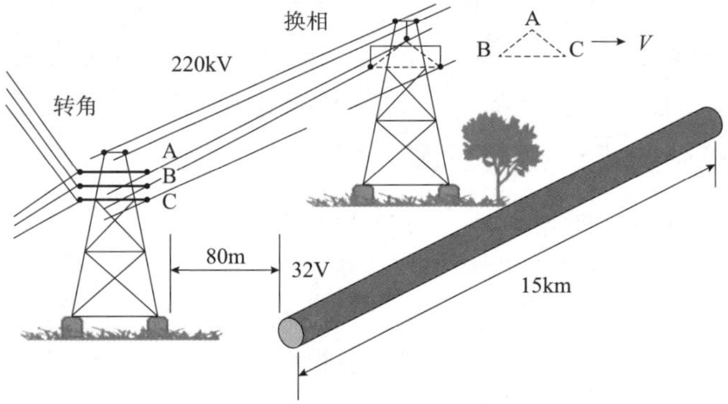

图 9－37　高压输电线路换相处

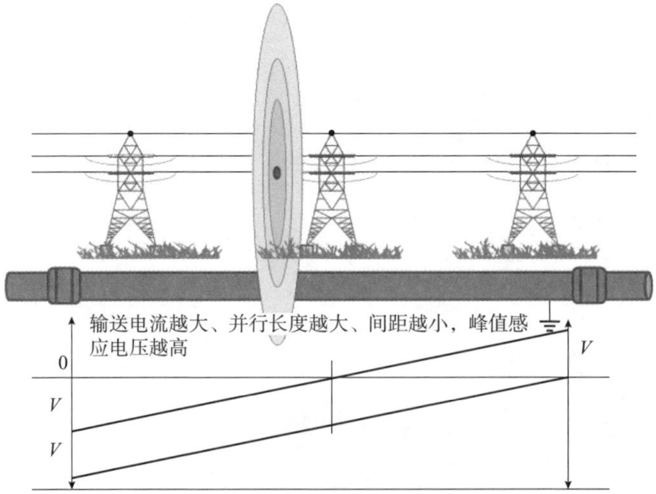

图 9－38　一端接地则另一端电压升高

(4)防腐层好时感应电压的分布特点：

①电压峰值仍出现在管道不连续处，一端接地，另一端电压加倍，如图 9－38 所示。

②管道大部分管段有电压。增加绝缘接头后，出现新的峰值点，峰值电压减半，如图 9－39 所示。

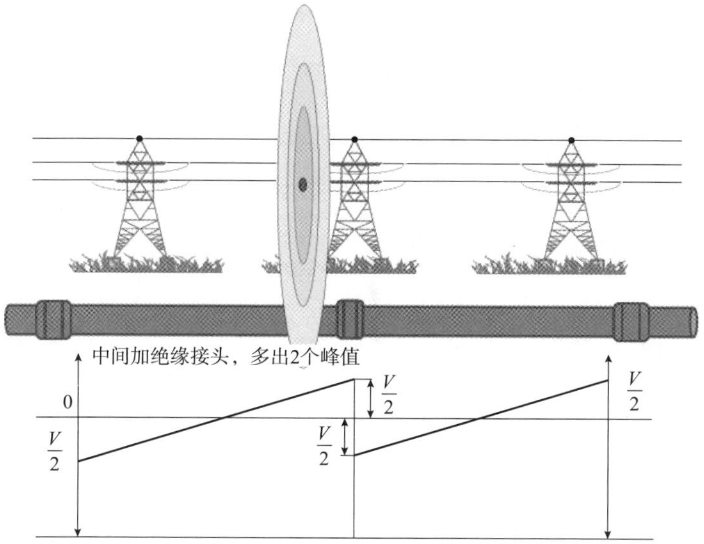

图 9－39 增加绝缘接头新增峰值电压

(5)防腐层差时电压的分布特点：

①管道防腐层较差时，电压峰值仍出现在管道不连续处，一端接地，另一端电压不变，如图 9－40 所示。

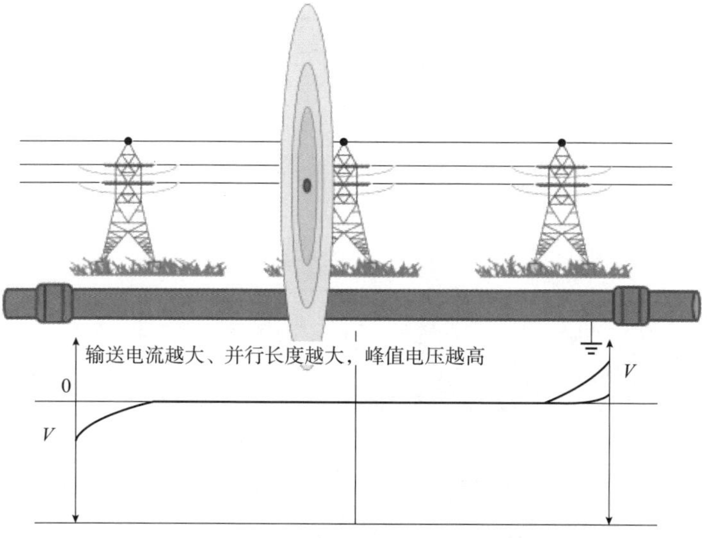

图 9－40 一端接地则另一端电压不变

②管道中部大部分管段电压为零。增加绝缘接头，出现新的峰值点，如图 9－41 所示。

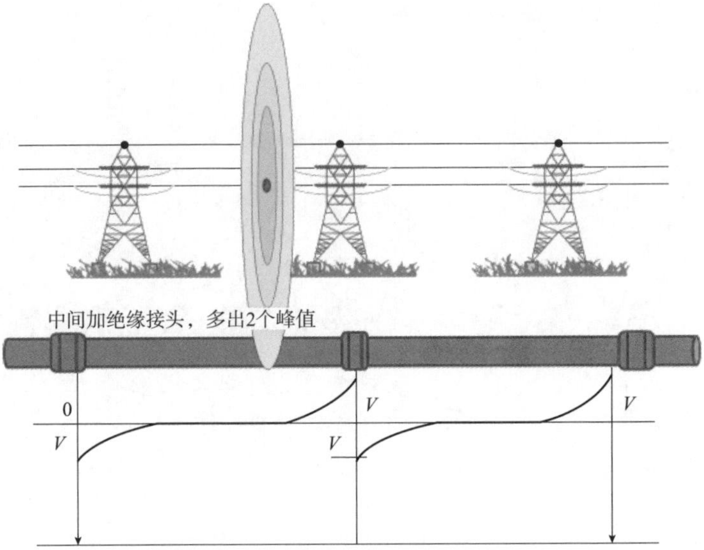

图 9－41　增加绝缘接头新增峰值电压

八、管道感应电压的预测

如果管道靠近已经运行的高压输电线路，在管道设计阶段，可以实地测量管道上将要出现的峰值电压。测量时，在管道预计位置铺设绝缘导线(100m)，导线一端接地，用万用表测量导线另一端与接地极之间的交流电压，用该电压除以导线长度并除以 2，再乘以管道与高压线的并行长度，即为管道上出现的峰值电压，如图 9－42 所示。

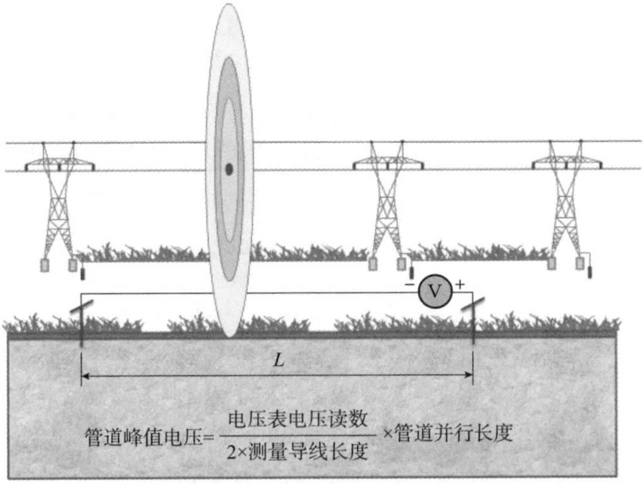

图 9－42　现场测量磁场强度

九、管道交流干扰排流

在管道上安装接地极，让绝大部分交流电通过接地极进出管道，降低流经防腐层破损点的交流电流，减轻防腐层破损点的交流腐蚀，如图 9－43 所示。为避免接地极影响阴极保护运行，在接地极连线中安装极性排流器、直流去耦合器，起到通交隔直的作用，如图 9－44 所示。

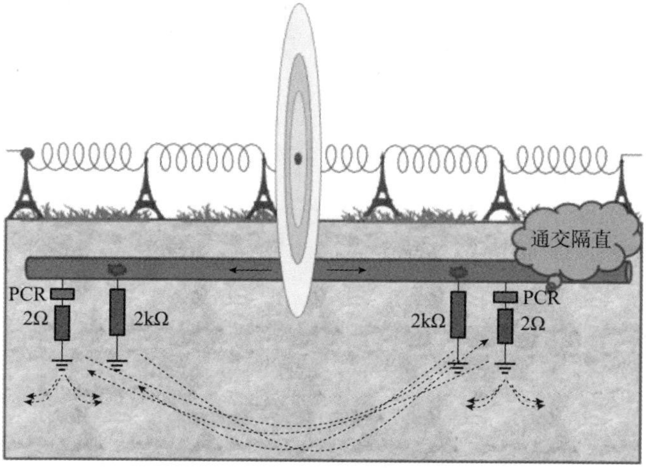

图 9－43　安装接地极排流

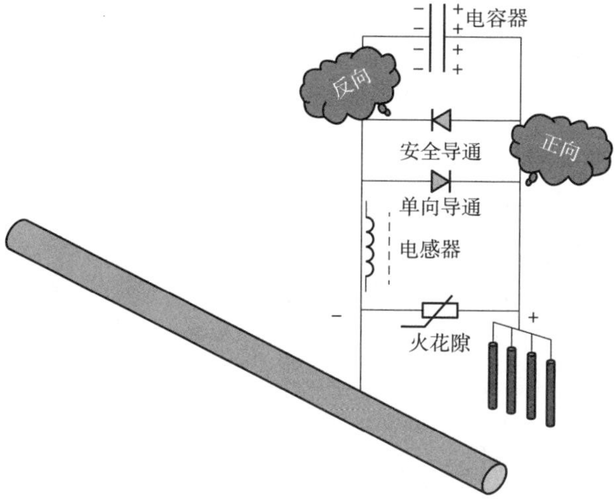

图 9－44　直流去耦合器通交隔直

需要注意直流去耦合器损坏后的电偶腐蚀，应尽量用较活性材料作接地极。当管道既有动态直流干扰，又有交流干扰时，正向二极管导通电压应尽量低，反向二极管直流导通电压应大于管道最负电位(绝对值)，同时要注意直流去耦合器电容充放电引入直流杂散电流的问题。

直流去耦合器充放电会影响管道断电电位测量，影响 PCM 防腐层检漏，管地电位波动时会引入直流杂散电流。

十、接地极形式、规模及布置

对于接地极的数量及分布，没有标准进行规范。目前的做法是在交流电密度超标的位置安装排流接地极，并按照电压(交流电密度)从高到低的顺序确定排流接地极数量及分布。安装过程中，随时进行检测，当全线交流电压降至标准要求之下时，即可停止安装接地极。国内普遍采用镀锌扁铁(锌带)加直流去耦合器的模式。

1. 排流接地极形式选择

(1)不要在管道附近埋设裸导线进行排流，这样会影响日后的防腐层破损点检测。

(2)根据获得某一接地电阻的经济性，接地极可以是水平的或者是竖直的。接地电阻一般要小于 10Ω。

(3)接地极直接连接镁阳极排流时，寿命较短；直接连接锌阳极(无回填料)时，锌阳极电位可能正向偏移，与管道直连时，会增大阴极保护电流消耗量。在阴极保护下，接地极表面有钙沉积，接地电阻增大。

2. 根据管道特征电阻确定接地极

在设计排流系统时，首先要确定的是接地极的接地电阻。该阻值确定后，再确定接地极的形式与规模。

$$R_{ground} = \frac{R_G \times V_{drain}}{2 \times V_{ac}}$$

式中 R_{ground}——接地极接地电阻，Ω；

R_G——管道特征电阻，Ω，可以理解为单位长度管道纵向电阻与接地电阻乘积再开平方，如图 9－45 所示；

V_{drain}——排流后平均交流电压，V；

V_{ac}——排流前平均交流电压，V。

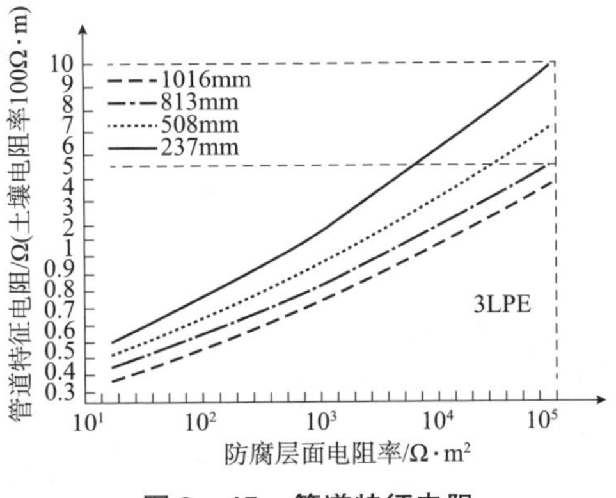

图 9－45 管道特征电阻

3PE 管道按面电阻率($10^5\Omega \cdot m^2$)查找特征电阻，或按下式计算：

$$R_G = \sqrt{r \times R}$$

式中　r——管道单位长度纵向电阻，Ω；

R——管道单位长度对地电阻(面电阻率除以面积)，Ω，如图 9－46 所示。

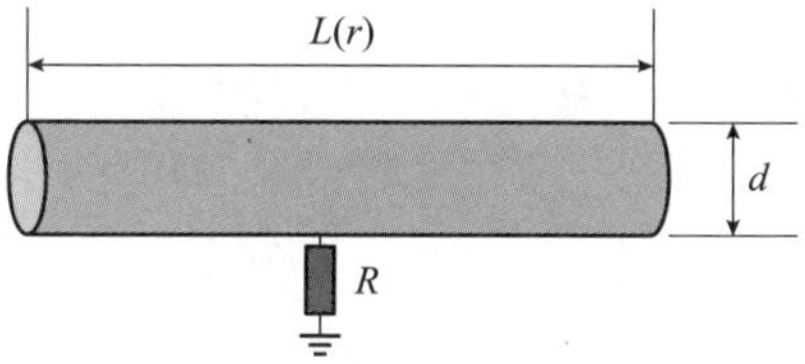

图 9－46　管道纵向电阻与接地电阻

3. 按千分之一漏点电阻确定接地极电阻

如图 9－47 所示，防腐层漏点对地电阻为：

$$R_h = \rho/(2 \times d)$$

式中　ρ——土壤电阻率，$\Omega \cdot cm$；

d——防腐层漏点直径，m。

则接地极接地电阻 $R_{ground} = R_h/1000$。

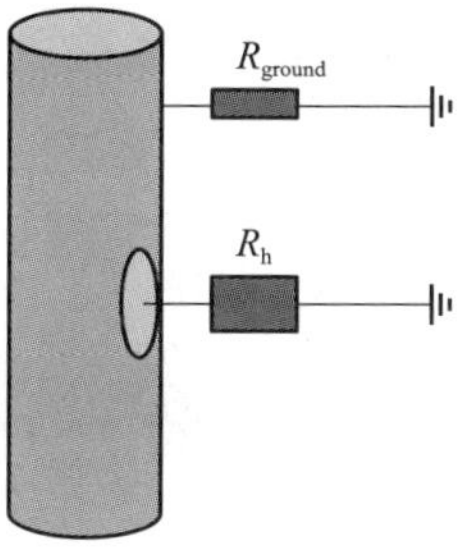

图 9－47　防腐层漏点对地电阻

4. 接地极的布置

(1)接地极尽量与管道并行，接地极电压场靠近管道，通过平衡管道防腐层破损点位置与土壤的电压降低漏点电流(接地极电压场内管道)。

(2)地面空间受限时，可以打深井接地极，也可以在与管道垂直方向埋设接地极。接地极电压场远离管道，靠降低电阻来排流。

(3)统计排流的时间和正于导通电压的平均值来计算接地极寿命。系统安装完成后，直接测量排放电流值及时间来计算接地极寿命。金属消耗量按直流电流的 1% 考虑。

(4)交流排流位置尽量避开管地电位波动区域或采用极性排流方式。

5. 交流排流设施安装及排流

(1)输电线路信息收集：输电线路走向、电压等级，正常输送电流、故障电流；输电线路相线布置、屏蔽线；输电线路接地极形式及范围；与管道并行长度、间隔。

(2)输送管道信息收集：管道走向、直径、长度；管道沿线站场、阀室分布；管道沿线穿跨越位置及方式；管道防腐层类型、埋深；管道沿线电压分布、土壤电阻率、阴极保护方式。

应调查管道与电力杆塔间隔是否满足安全距离要求。测量管地交流电压(最好 24h 监测)，计算交流电密度。土壤电阻率低的位置应实测交流电密度。

(3) 如果交流电压高于 33V，或计算的交流电密度大于 $100A/m^2$，应采取排流措施。

用金属丝网包裹管道可以有效地屏蔽感应型交流干扰。不论是传导型还是感应型交流排流，都是通过接地，降低管道交流电压从而减小流经防腐层破损点电流。

安装极性排流器，排流效果差，并导致管地电位负向偏移，所以在多数情况下，会在接地极和管道之间安装直流去耦合器，如图 9－48 所示。排流效果取决于接地极电阻，与接地极形式关系不大。根据现场环境，接地极可以与管道并行、垂直或采用深井接地极。接地极电阻宜小于防腐层破损点(直径 1cm)对地电阻的千分之一，即 $R<\frac{\rho}{2\times d\times 1000}$。

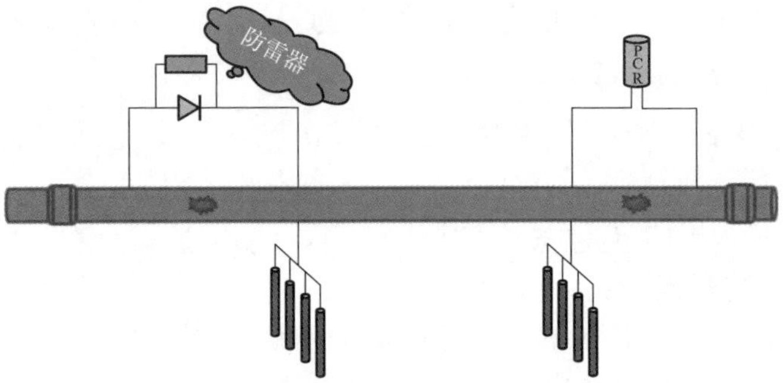

图 9－48　极性排流或直流去耦合器排流

采用惰性材料作接地极时，要注意去耦合器损坏后的电偶腐蚀。直流去耦合器电容充放电会影响管地断电电位测量，当管地电位波动时，也会引入杂散电流。加强阴极保护，阴极保护电流可能会沿交流排流接地极进入管道(反向二极管导通)，如果管地电位整体负向偏移，会引入更多的直流杂散电流。交流排流会影响 PCM 防腐层检漏。采用锌带或镀锌扁铁接地极时，接地极长度一般不大于 300m。单个排流点接地极长度超过 300m 后，接地电阻几乎不再减小。

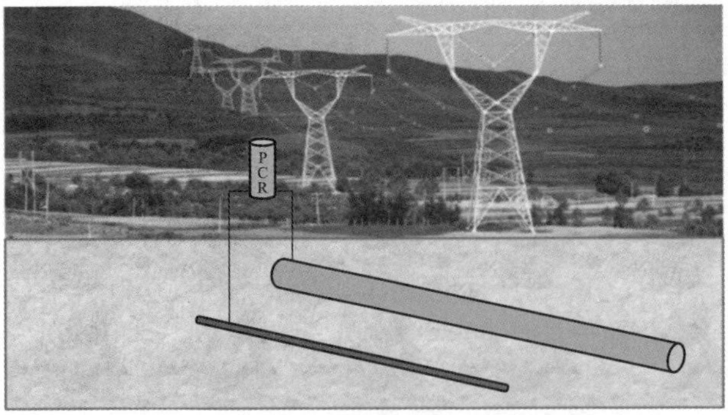

图 9－49　直流去耦合器加锌带排流

具体可采取以下排流措施：

①采用裸铜线或锌带接地进行排流，如图 9－49 所示。

②采用浅埋镁牺牲阳

极接地进行排流，管地电位稳定时，不需要直流去耦合器，如图 9－50 所示。

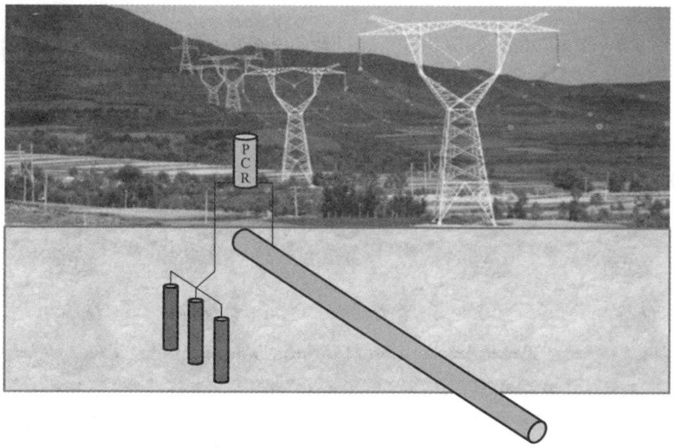

图 9－50　直流去耦合器加牺牲阳极排流

③采用深井接地极进行排流，如图 9－51 所示。

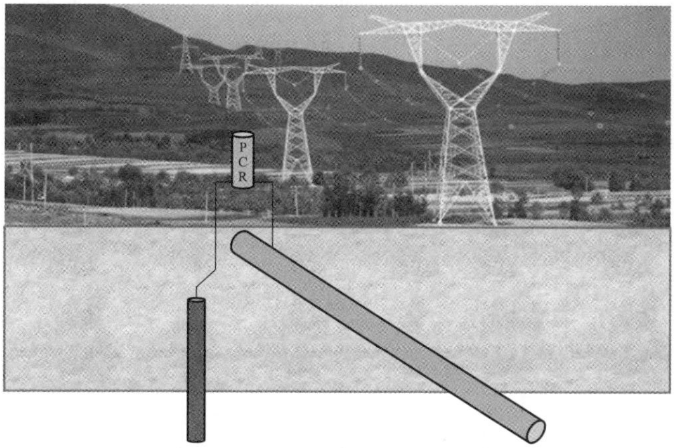

图 9－51　直流去耦合器加深井接地极排流

④利用阀室、站场接地网进行排流，如图 9－52 所示。

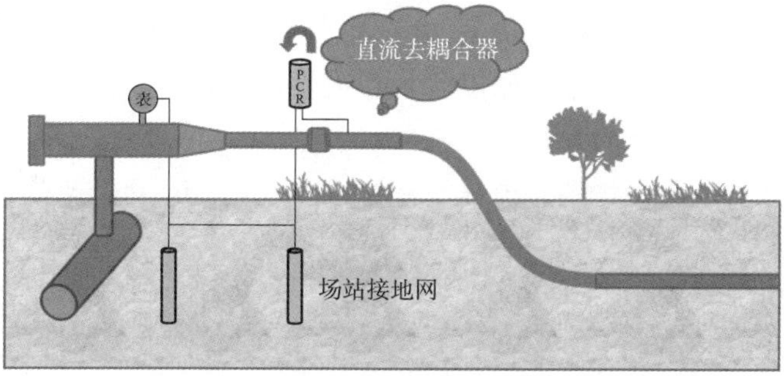

图 9－52　利用站场接地网排流

⑤利用管道沿线钢套管进行排流，如图9－53所示。

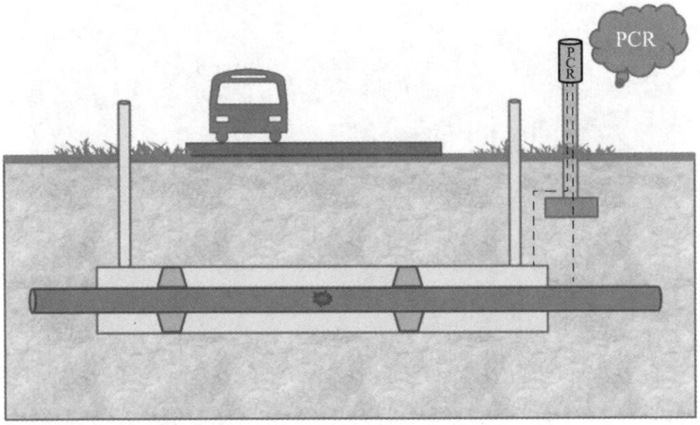

图9－53　利用钢套管排流

⑥当管道采用牺牲阳极保护或当管道不受直流杂散电流干扰时，最经济有效的交流排流措施是管道与牺牲阳极（镁或锌）直连。

十一、排流效果评价

（1）《埋地钢质管道交流干扰防护技术标准》（GB/T 50698—2011）：排流后，交流电流密度小于60A/m^2；管道稳态平均电压低于16V（潮湿）或33V（干燥），峰值电压值低于60V。

（2）埋地钢质管道交流排流评价指标：见表9－6。

表9－6　交流排流评价指标

指标名称	评价指标
交流电流密度指标	$J_{ac} \leqslant 30A/m^2$
综合评价指标 （24h平均值，受动态直流干扰时不适用）	当$30A/m^2 < J_{ac} < 100A/m^2$时，应满足： （1）$-1.15V_{CSE} \leqslant E_{IR-free} \leqslant -0.90V_{CSE}$或 （2）$J_{dc} \leqslant 1A/m^2$，且$E_{IR-free} \leqslant -0.90V_{CSE}$

上述交流电流密度均为在1.0cm^{2}检查片上测得，检查片埋设时间大于15天，且平均交流电压、平均交流电流密度均为代表性时间段（如24h内）的平均值。

（3）人体能承受的稳态电压：

①NACE 0177—2019：稳态电压不超过15V（人体允许电流为15mA，人体电阻最小为1000Ω）。

②EN 15280—2013：稳态电压低于15V，不会引起呼吸障碍（按规范规定，15V为24h内的平均电压）。

③EN 50443—2011：电动机车产生的干扰，管地电压（峰值电压）不应超过60V。

④GB/T 3805—2008：根据环境不同，交流电压限值为16V(潮湿)和33V(干燥)，或直流电压限值为35V(潮湿)和70V(干燥)。

综上所述，15V安全电压是基于无痛感的安全电压，对于专业人员来讲过于保守，建议倾向于国标规定的指标，如33V。

(4)埋地电力电缆对埋地管道的干扰：

①由于3根电缆芯相距很近，所产生的电磁场相互抵消。

②金属铠削弱了磁场外泄，对相邻管道产生的感应型干扰可以忽略，如图9-54所示。

③埋地管道与埋地电力电缆的安全距离一般大于1.0m。

④埋地管道与埋地电缆交叉时，间距小于0.5m，采取隔板或穿管措施后，可以降低到0.25m。

图9-54 铠装电缆

十二、阴极保护与交流腐蚀

(1)阴极保护将改变管道防腐层破损点位置的土壤电阻率。

(2)当土壤中含有钠、钾离子时，阴极保护产物会导致防腐层破损点附近的土壤电阻率大幅度降低，通过受阴极保护的检查片的交流电密度远大于没有阴极保护的检查片的电流密度。此类地区阴极保护越充分，交流腐蚀风险越高。

(3)当土壤中含有钙、镁离子时，阴极保护会导致防腐层破损点处的电阻率增高，交流电密度下降。

(4)日常管理时，交流电密度以实测为主(取干扰期间平均值)。

(5)若阴极保护达标但仍发生了腐蚀，一般归为交流腐蚀，交流电密度实测值远大于计算值。

(6)土壤电阻率与交流腐蚀：土壤电阻率升高，交流腐蚀风险降低。交流腐蚀的可能性与土壤电阻率具有以下关系：

①土壤电阻率≤25Ω·m，腐蚀风险非常高。

②土壤电阻率为25~100Ω·m，腐蚀风险较高。

③土壤电阻率为100~300Ω·m，腐蚀风险中等。

④土壤电阻率>300Ω·m，腐蚀风险低。

(7)防腐层破损点附近土壤电阻率的变化：假设环境为淤泥，电阻率很低(100Ω·cm)，如图9-55所示。

①通过埋地并有保护的1.0cm² 检查片的交流电流为60~75mA。

②通过埋地但没有阴极保护的1.0cm² 检查片的交流电流为10.1mA。

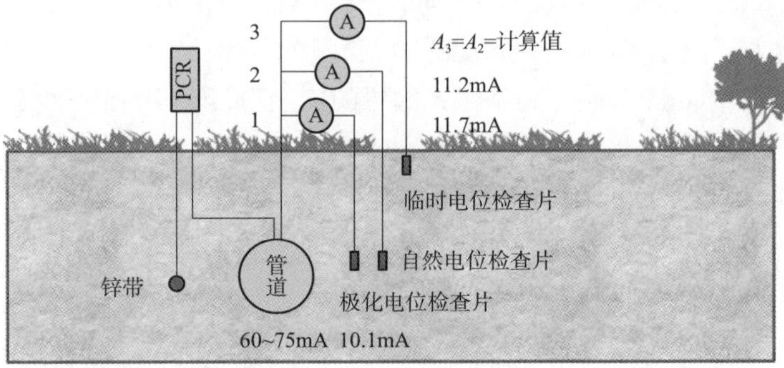

图 9－55　经过检查片的电流

③在地表临时安装 1.0cm^2 检查片，通过的交流电流为 11.7mA。

④使用地表测量的土壤电阻率、交流电压计算的交流电流为 11.2mA，与不受阴极保护的检查片的电流密度相近。

⑤评估交流干扰强度时，尤其当土壤电阻率较低时，交流电密度以实测为准(检查片埋设并与管道连接时间大于 15 天)。

十三、交流腐蚀的特征

交流腐蚀具有一些特征，见表 9－7。

表 9－7　交流腐蚀的特征

序号	评 估 内 容	是
1	管道上存在大于 100A/m^2 持续的交流干扰	√
2	防腐层单个破损点面积为 1～6cm^2	√
3	管壁存在腐蚀	√
4	测得的管道保护电位值在阴极保护准则允许的范围内	√
5	pH 值高(典型情况下大于 10)	√
6	腐蚀形态呈凹陷的半球圆坑状	√
7	腐蚀坑比防腐层破损面积更大	√
8	腐蚀产物容易一片片地清除	√
9	腐蚀产物清除后，钢铁表面有明显的硬而黑的层状痕迹	√
10	管道周围土壤电阻率低或者破损点附近土壤电阻率非常低	√
11	防腐层下存在大面积的剥离(在腐蚀坑周围有明显的晕轮痕迹)	√
12	在腐蚀区域的远处，出现分层或腐蚀产物中含有大量碳酸钙	√
13	腐蚀产物中存在四氧化三铁	√
14	管道防腐层破损处存在硬石状隆起物	√

第五节 地磁电流干扰与防护

一、地磁电流干扰的产生

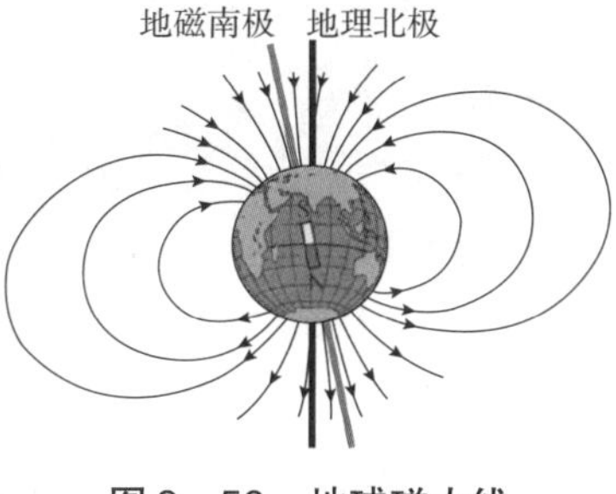

图 9－56 地球磁力线

太阳风暴时，向宇宙喷射带电粒子，带电粒子靠近地球磁场后，将导致地球磁力线扰动。带电粒子沿磁力线移动到地球南北极并在大地中流动。地球磁力线的扰动随地球与太阳的相对位置而变化，白天地球表面的磁力线被压缩，晚上则被拉伸。地球磁力线的扰动将导致地球表面的金属切割磁力线而产生电流和电压，如图 9－56 所示。

(1) 地球磁力线扰动，管道切割磁力线产生地磁电流。

(2) 输电系统切割磁力线产生地磁电流。

(3) 江河湖海切割磁力线产生地磁电流：当江河湖海岸边土壤电阻率高时，海水（海浪）、河水流动也会切割磁力线产生电流。

(4) 潮汐（海浪）产生地磁电流：地球表面的磁力线可以分解成水平分量与垂直分量，涨潮落潮时，海水（海浪）的推进与退潮切割垂直分量磁力线，产生地磁电流，影响附近的管道。

二、地磁电流干扰的特点

(1) 管道中的电压和电流因为感应而产生，类似于感应型交流干扰。

(2) 地磁干扰通常发生在绝缘接头、管道改变方向位置，如图 9－57 所示。管道长度增加、防腐层质量好，干扰增强。

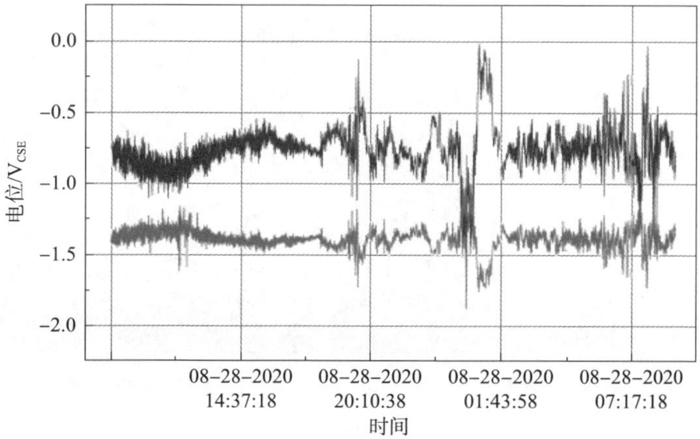

图 9－57 绝缘接头两侧电位变化

(3)管道靠近地球南北极、土壤电阻率增加、靠近海岸或有潮汐影响，干扰增强。

图9－58　地磁电流干扰(赛里木湖)

(4)地磁干扰在管道东西走向更多见，上下游管地电位反向偏移，同一时刻管中电流流动方向一致。

三、地磁电流对阴极保护的影响

(1)管道的电位持续变化：例如西气东输管道经过赛里木湖(见图9－58)，因受地磁电流干扰，管地电位波动，并随着月亮的圆缺，波动幅度随之变化，如图9－59所示。

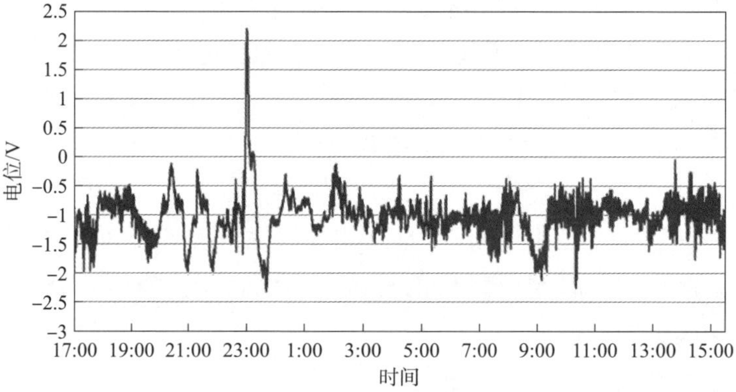

图9－59　管地电位波动

(2)由于地磁电流无法中断，难以测量极化电位，导致电流排放处腐蚀、电流收集处防腐层破坏、跨接线破坏、设备损坏。

(3)潮汐干扰示例：

①管道从海边伸入内陆，如图9－60所示，当管道上有牺牲阳极时，电位波动不明显。

②潮汐高时，电位正向偏移，越靠近内陆，电位波动越小，如图9－61所示。

图9－60　管道从海边到内陆

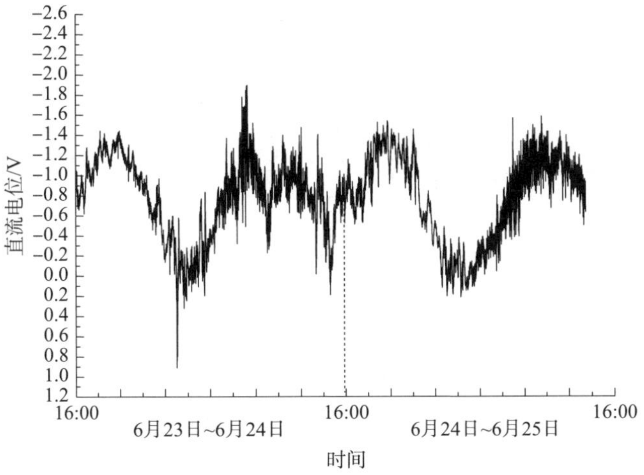

图 9－61　管地电位波动

四、地磁电流干扰检测

(1)监测管地电位，电位变化无规律。干扰范围大，人为设施很难影响如此长的距离。

(2)绝缘接头两侧管地电位偏移方向相反。

(3)将绝缘接头跨接线打开，串入电流表，同一时刻，电流方向一致。

五、地磁电流干扰的排除

(1)安装牺牲阳极单向排流。

(2)安装恒电位仪，增强阴极保护。

(3)打开管道上下游跨接线，缩短管道长度。

六、受干扰时管地电位的测量

用检查片测量断电电位，应满足阴极保护规范要求，如图 9－62 所示。

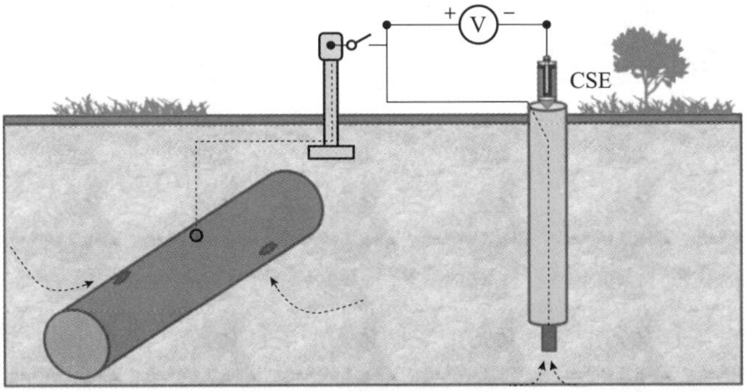

图 9－62　管地电位测量

第十章　阴极保护有效性判断指标

第一节　阴极保护准则

一、管道表面各点具有不同的电位

(1)自然电位：为金属表面阴、阳极混合电位，随环境而变化，如图 10－1 所示。

(2)对于碳钢结构，结构上最负的阳极电位为－850mV_{CSE}，该数值经过大量的试验得到验证。由于极化，无法测量到结构表面最负的阳极电位。

(3)钢铁结构自然电位与最负的阳极电位之差小于 100mV。

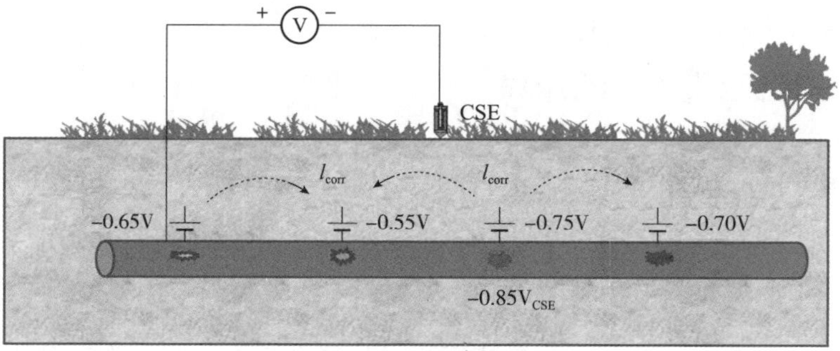

图 10－1　自然电位

二、－850mV_{CSE}准则与 100mV 准则(见图 10－2)

(1)－850mV_{CSE}准则：无论何种环境，碳钢结构最负的开路电位为－0.85V_{CSE}，当防腐层破损点电位都达到－0.85V_{CSE}时，腐蚀将得到有效抑制，因此将－0.85V_{CSE}定义为碳钢结构阴极保护最小指标。

(2)100mV 准则：如果从自然电位负向偏移 100mV，则管道的电位已经负于管道上最负的阳极电位，达到保护，所以 100mV 阴极极化(电位偏移)为碳钢结构阴极保护另外一个最小指标。

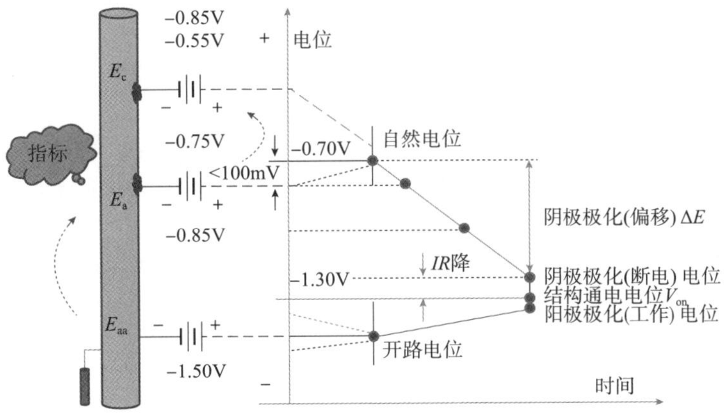

图 10－2　极化曲线

第二节　阴极保护测量中的误差

一、管道断面土壤中的 *IR* 降

测量结构电位时，参比电极总是放置在距离结构一定距离之外(或距离漏点有一定距离)，电流从土壤流向结构时，由于电解液的电阻，会产生电压降，我们把土壤(水)中的电压降称为 *IR* 降。管地电位测量时，从参比电极位置经电解液走向万用表红表笔连接点，电流方向与该走向一致的电压降(*IR* 降)使电位读数更负，反之更正。

(1)管道各电位之间的关系如图 10－3 所示。

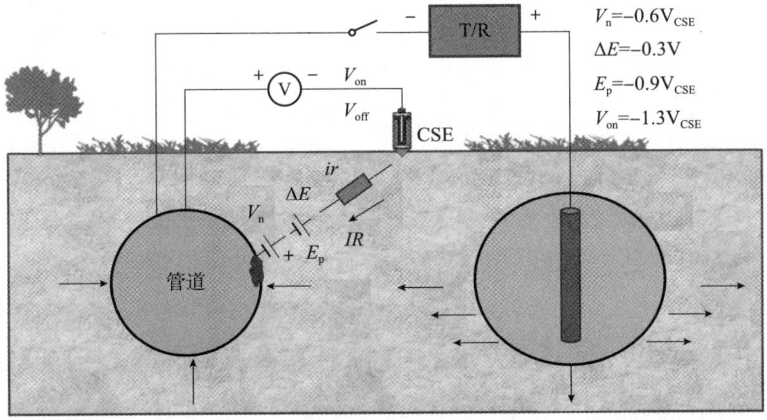

图 10－3　管道各电位的关系

(2)管道最小保护指标如图 10-4 所示。

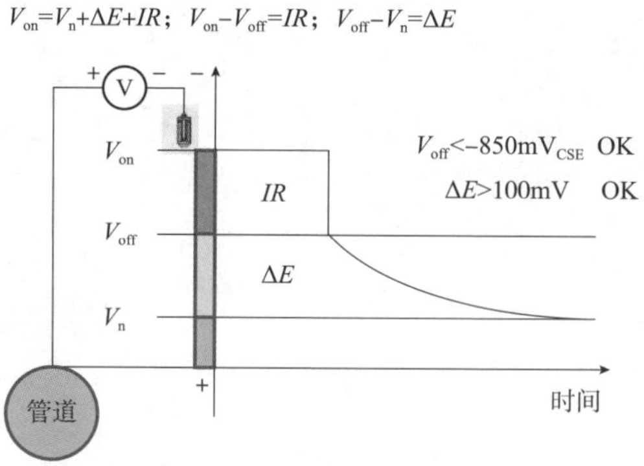

图 10-4 最小保护指标

碳钢结构最小保护指标为 -850mV$_{CSE}$或阴极极化大于 100mV。电位均为不含 *IR* 降的极化或断电电位。*IR* 降发生在距离金属表面微米级的范围内，不能通过靠近参比电极来消除。

二、管道中的 *IR* 降

当管道中有电流流动时，管道中也有 *IR* 降。根据管道中电流的流向，管道中的 *IR* 降应从电位读数中减去或加上。从参比电极位置经电解质走向万用表红表笔连接点，电流方向与该走向一致的电流产生的 *IR* 降为负值，电流方向与该方向相反的电流产生的 *IR* 降为正值，如图 10-5 所示。

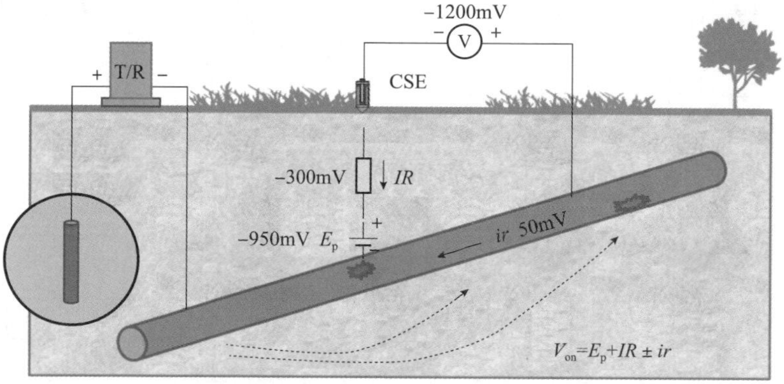

图 10-5 电位读数与电流方向的关系

已知土壤中的 *IR* 降为 -300mV，管道极化电位 E_p = -950mV$_{CSE}$，管道中的电流方向如图 10-5 所示，如果管道中的电压降 *ir* 为 50mV，则测量表中的通电电位读数为 1200mV$_{CSE}$；如果管道中电流方向改成从左到右，则测量表中的通电电位为 1300mV$_{CSE}$。

三、土壤中的电位梯度

(1)如图 10－5 所示，已知土壤中的电位梯度为 200mV，管道破损点处的 *IR* 降为－300mV，管道极化电位为－920mV$_{CSE}$，管道中的 *ir* 降为 10mV，则通电电位读数为－1010mV$_{CSE}$；如果参比电极位于破损点左侧，则通电电位读数为－1410mV$_{CSE}$，如图 10－6 所示。

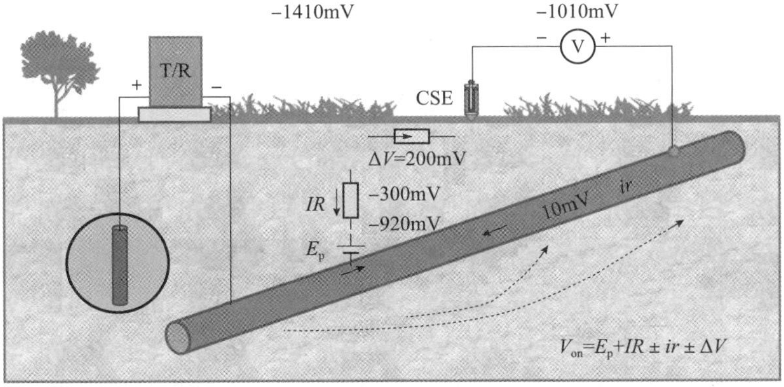

图 10－6 土壤电位梯度对电位读数的影响

(2)动态直流杂散电流电位梯度：参比电极靠近阳极(阴极)或干扰源时，电位读数中的主要部分是地电位梯度，如图 10－7 所示。我们把流过参比电极并通过破损点进入管道的电流产生的电压降称为 *IR* 降；把通过参比电极与破损点之间的土壤但不进入管道的电流产生的电压降称为地电位梯度。这两种电压降都会影响通电电位读数。参比电极是在防腐层破损点的上游还是下游(相对位置)，其电位读数是不一样的。

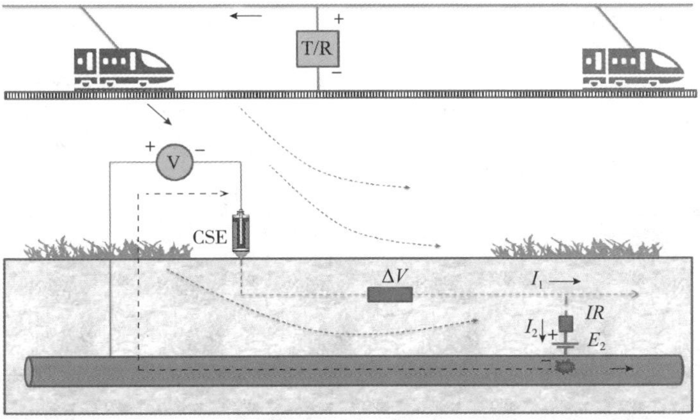

图 10－7 电位读数中的主要部分是地电位梯度

(3)电压场对绝缘接头性能判断的影响：绝缘接头内侧电位为－1.35V，外

侧电位为 –1.30V，假设外管道自然电位为 –0.76V，则电位梯度为 0.54V；将参比电极远离绝缘接头，则测量到的电位为 –0.76V。

(4)电压场对检查片断电电位测量的影响：检查片靠近牺牲阳极安装，牺牲阳极连通前，极化检查片自然电位为 –0.65V，自然检查片自然电位为 –0.66V；牺牲阳极与管道连通后，极化检查片通电电位为 –1.36V，断电电位为 –1.25V，自然检查片自然电位为 –0.78V。由于参比电极和试片之间有 0.12V 电位梯度，极化检查片真正的断电电位为 –1.13V，如图 10–8 所示。

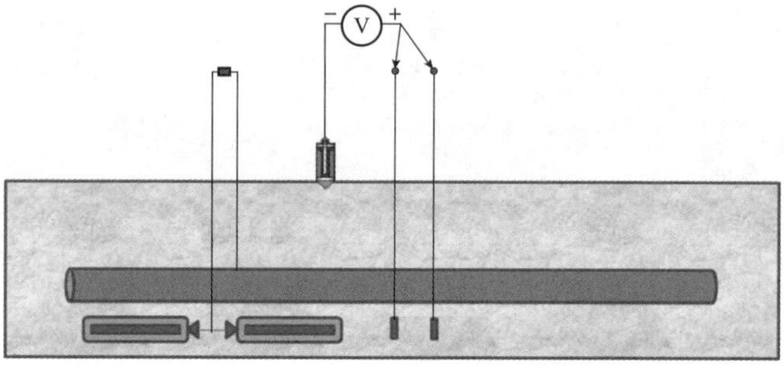

图 10–8　电压场影响电位读数

四、测量导线中的 *IR* 降

1. 跨接线中的 *IR* 降

当测量线中有电流流动时，导线中的电压降将影响电压表读数。如图 10–9 所示，两条管道 A、B 交叉，为了防止相互之间的干扰，用跨接线跨接，跨接线距离两条管道均为 5m，截面积为 $2.5mm^2$，已知流经跨接线的电流为 2000mA。测量管地电位时，误将跨接线当成了测量线，如果 A 管的实际通电电位为 $-1100mV_{CSE}$，电流由 B 管流向 A 管，那么 A 管测量到的通电电位读数是多少？

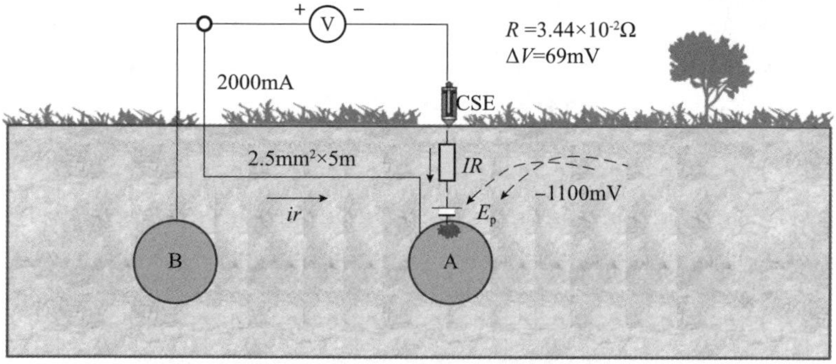

图 10–9　跨接线中的 *IR* 降对电位读数的影响

首先计算跨接线的电阻，通过跨接线的电流为 2000mA，所以电压降是 69mV。

由于导线中电流的方向使电压测量绝对值减小，故测量电位读数为 $-1031mV_{CSE}$。

2. 牺牲阳极导线中的 IR 降

某受牺牲阳极保护的管道，其阳极输出电流为50mA，牺牲阳极与管道连线中串联1.0Ω电阻。测量时，万用表接线方式如图10－10所示。如果万用表电压读数为 $-890mV_{CSE}$，实际的管地通电电位是万用表读数减去导线中电阻上的电压降，因此管道的实际通电电位为 $-840mV_{CSE}$。

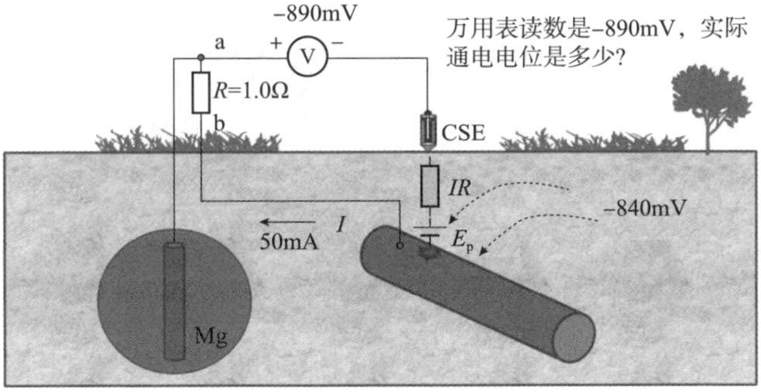

图10－10　导线中的 IR 降对电位读数的影响

3. 恒电位仪阴极线中的 IR 降

某恒电位仪输出电压为8V，输出电流为3A，管地通电电位为 $-1350mV_{CSE}$，在阴极与参比之间测量到的电位为 $-1800mV_{CSE}$，铜芯电缆截面积为 $16mm^2$，计算阴极电缆的长度。

零位线和阴极线电位读数的差值是阴极线上的电压降，除以恒电位仪电流就是阴极线电阻，如图10－11所示。

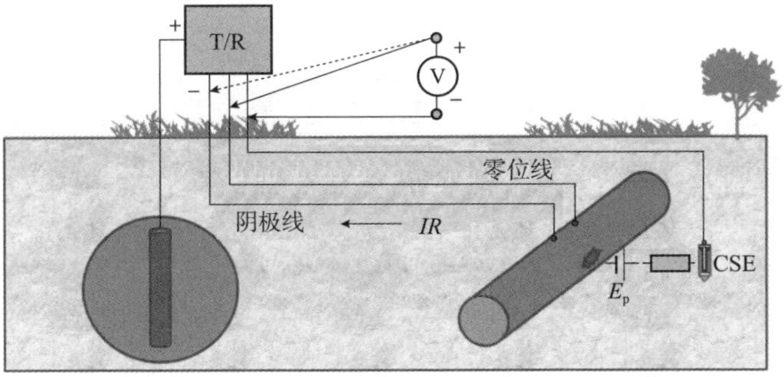

图10－11　阴极线中的 IR 降导致电位读数偏负

(1)阴极电缆上的电压降为 $1800mV-1350mV=450mV$，则阴极线电阻 $R=V/I=0.45V/3A=0.15\Omega$。

(2)由 $R=\rho\times\frac{L}{A}=1.72\times10^{-6}\Omega\cdot cm\times\frac{L}{16\times10^{-2}cm^2}=0.15\Omega$，计算得阴极电

缆的长度 $L = 139\text{m}$。

五、大部分 *IR* 降发生在防腐层破损点附近

95%的 *IR* 降发生在 10 倍破损点直径 d 范围内，当参比电极位于防腐层破损点电压场之外时，近参比法对降低 *IR* 降作用不大，如图 10－12 所示。

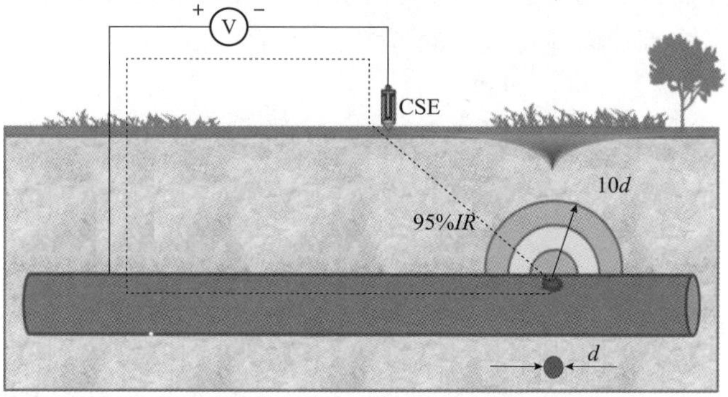

图 10－12　大部分 *IR* 降在 10*d* 范围内

六、各破损点对电位读数的影响

(1)使回路电阻小，对于流过电压表的电流贡献大。

(2)距离参比电极最近或面积较大的破损点对电位读数影响最大(如检查片通电电位受附近管道破损点电位影响)，如图 10－13 所示。

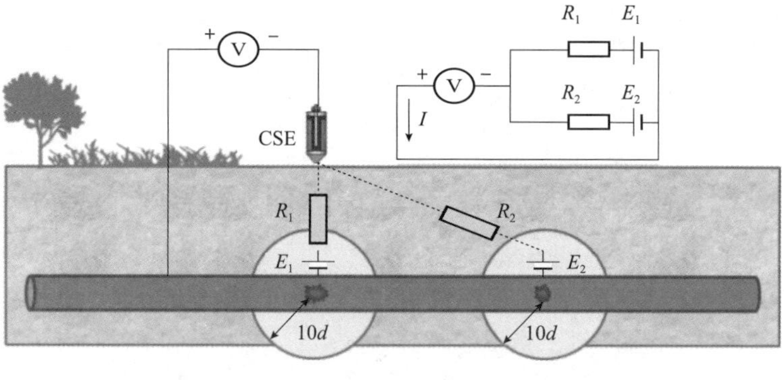

图 10－13　各破损点对电位读数的影响

第三节　阴极保护规范指标

一、GB/T 21448 阴极保护指标

GB/T 21448 规定的阴极保护指标见表 10－1。

表 10 -1　阴极保护指标

金属或合金	环境条件	典型的自然电位/mV	最小保护电位/mV	极限电位/mV
碳钢、低合金钢或铸铁	除下述环境外，其他所有土壤和埋地环境	-650 ~ -400	-850	a
	土壤或水的温度 40℃ < T < 60℃	—	b	a
	土壤或水的温度 T > 60℃ [c]	-800 ~ -500	-950	a
	土壤或水中含氧充分的温度 T < 40℃ 土壤电阻率：100Ω·m < ρ < 1000Ω·m	-500 ~ -300	-750	a
	土壤或水中含氧充分的温度 T < 40℃ 土壤电阻率 ρ > 1000Ω·m	-400 ~ -200	-650	a
	土壤或水中含氧量低，具有硫酸盐还原菌活动	-800 ~ -650	-950	a
奥氏体不锈钢，耐蚀系数 < 40	环境温度下中性或碱性土壤或水	-100 ~ +200	-500	d
奥氏体不锈钢，耐蚀系数 > 40		-100 ~ +200	-300	—
马氏体或奥氏体金属(双相)不锈钢		-100 ~ +200	-500	e
所有的不锈钢	环境温度下酸性土壤或水	-100 ~ +200	e	e
铜	环境温度下土壤或水	-200 ~ 0.00	-200	—
镀锌钢		-1100 ~ -900	-1200	—

注：(1)所有电位均不含 IR 降，相对于饱和硫酸铜参比电极，参比电极电位 $E_{Cu} = E_h - 0.32V$。

(2)在结构运营期间，要考虑结构环境电阻率的变化。

(3)保护电位为金属腐蚀率低于 0.01mm/a 的保护电位。为防止防腐层阴极剥离，最大保护电位不应比 $-1200mV_{CSE}$ 更负。

a 为避免氢脆，对屈服强度超过 $550N/mm^2$ (X80 钢及以上)的高强低合金钢和非合金钢，要根据文献或实验确定极限电位。

b 当 40℃ ≤ T ≤ 60℃时，根据 40℃时的电位和 60℃时的电位($-0.95V_{CSE}$)线性延伸确定。

c 随着温度的提高，高 pH 应力腐蚀开裂风险增大。

d 当有马氏体或铁素体(由于硬化)存在时，要根据文献或实验确定氢致开裂的风险。

e 通过文献或试验确定。

二、100mV 阴极电位偏移(极化)指标

(1)如果无法达到表 10 -1 所示的阴极保护指标，也可采用阴极电位偏移最

少 100mV 的判据(腐蚀率可能不满足 0.01mm/a)。

(2)100mV 阴极电位偏移指标不能应用于温度大于 40℃ 的环境、含硫酸盐还原菌的土壤，或者有杂散电流、平衡电流、地磁电流以及存在应力腐蚀风险的环境。另外，当管道与混合金属连接或由混合金属构成时，不能使用该指标。

(3)当管道受到干扰无法获得自然电位，或与惰性材料连接时，不能使用 100mV 阴极极化指标。管道已经腐蚀，增加阴极保护后也不能使用 100mV 阴极极化指标，但可以使用光亮检查片 100mV 指标。

①结构与活性材料连接的保护指标。

当被保护钢结构与活性材料连接时(见图 10－14)，结构的自然电位 V_n 负向偏移，如图 10－15 所示，从目前自然电位基础上负向偏移 100mV 后，将超过管道上最负的阳极电位。这种场合可以使用 100mV 电位阴极极化指标，不能使用 $-850mV_{CSE}$ 指标，如站内管道采用了锌包钢接地极。

例如某管道原来的自然电位为 $-0.65V_{CSE}$，最负的阳极电位为 $-0.75V_{CSE}$，与镀锌接地极连接后，自然电位为 $-0.70V_{CSE}$，从 $-0.70V_{CSE}$ 再负向偏移 100mV，远负于 $-0.75V_{CSE}$ 的保护指标。

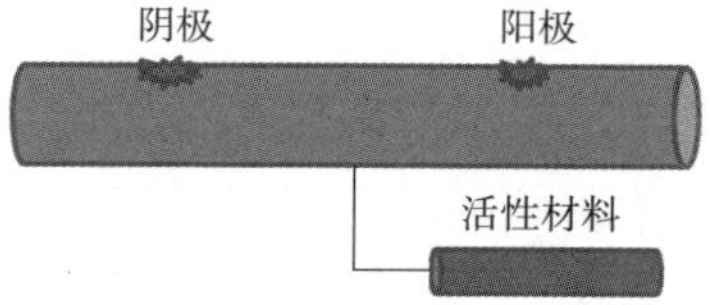

图 10－14　管道连接活性材料

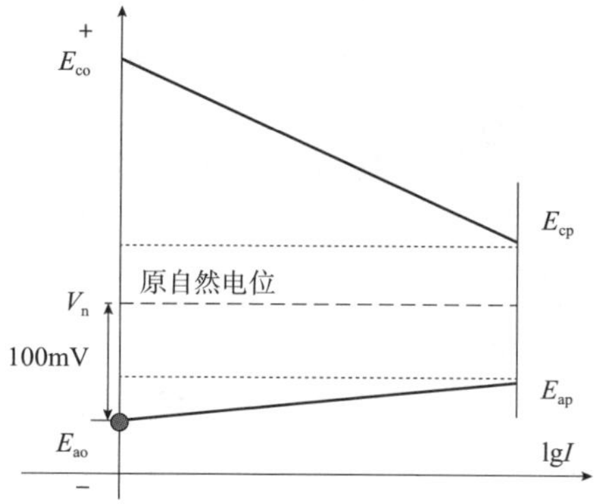

图 10－15　自然电位负向偏移

②结构与惰性材料连接的保护指标。

当被保护钢结构与惰性材料连接时(见图 10－16)，结构的自然电位 V_n 正向偏移，如图 10－17 所示，电位从目前自然电位基础上负向偏移 100mV 后，不一定达到结构上最负的阳极电位。这种场合可以使用 $-850mV_{CSE}$ 指标，不能使用 100mV 阴极极化指标。

例如某管道原来的自然电位为 $-0.65V_{CSE}$，最负的阳极电位为 $-0.75V_{CSE}$，与石墨接地极连接后，自然电位为 $-0.60V_{CSE}$，从 $-0.60V_{CSE}$ 再负向偏移 100mV，达不到 $-0.75V_{CSE}$ 的保护指标。

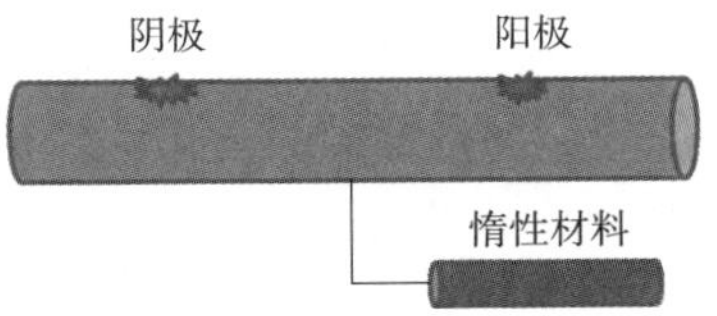

图 10－16　管道与惰性材料连接

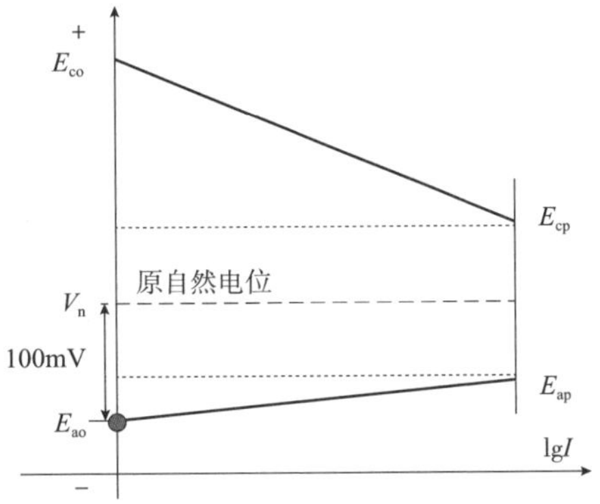

图 10－17　自然电位正向偏移

③已腐蚀管道增加阴极保护后的保护指标。

对旧管道施加阴极保护时，由于管道防腐层破损位置已经腐蚀，导致管道的自然电位发生了正向偏移。增加阴极保护后，不能使用管道的 100mV 阴极极化指标，可以使用 $-850\text{mV}_{\text{CSE}}$ 最小极化电位指标。也可以使用检查片的 100mV 阴极极化指标，但前提是检查片表面比较光亮，检查片的自然电位相当于管道刚埋地时的自然电位。

三、混合金属结构保护指标

如果结构是由多种金属构成的，则阴极保护指标取最活泼金属的保护电位。大多数金属都采用 100mV 阴极极化指标，既能满足防腐要求，又不至于发生过保护。例如 PCCP 输水管道的预应力钢筋保护电位上限为 $-1.0\text{V}_{\text{CSE}}$。

四、温度、土壤电阻率及保护指标

温度、土壤电阻率及保护电位的关系如图 10－18 所示。

(1)压气站出口处，管道温度为 50℃，土壤电阻率为 180Ω · m，确定阴极保护最小指标。

在该土壤电阻率下，40℃时最小阴极保护指标为 $-750\text{mV}_{\text{CSE}}$，60℃时最小阴极保护指标为 $-950\text{mV}_{\text{CSE}}$，按线性关系进行修正(10mV/℃)，则 50℃时最小阴极保护指标为 $-850\text{mV}_{\text{CSE}}$。

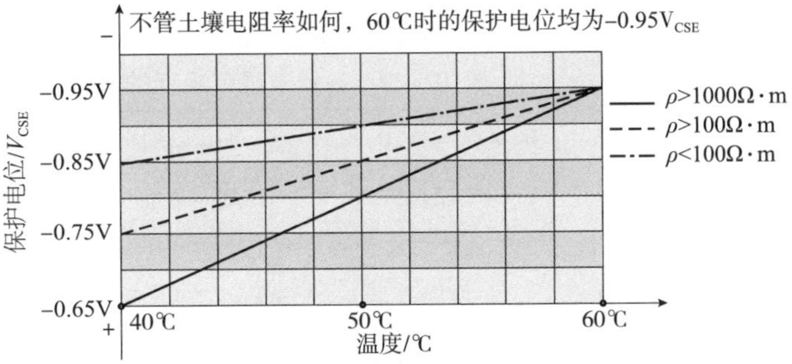

图 10－18　温度、土壤电阻率及保护电位的关系

(2)如果土壤电阻率为 1100Ω · m，最小保护阴极电位是多少？

在该土壤电阻率下，40℃时最小阴极保护指标为 $-650mV_{CSE}$，60℃时最小阴极保护指标为 $-950mV_{CSE}$，按线性关系进行修正（15mV/℃），50℃时最小阴极保护电位为 $-800mV_{CSE}$。

五、标准规范中的保护指标

1. 最小保护电位

各标准规范规定的最小保护电位见表 10 -2。

表 10 -2　各标准规范规定的最小保护电位

环　境		最小保护电位（CSE）				
		GB/T 21448—2017	ISO 15589 -1—2015	NACE RP 0169—2013	P 51164—1998	DIN 30676—1985
埋地或浸水管道		-850mV	-850mV	-850mV	-850mV	-850mV
硫酸盐还原菌环境		-950mV	-950mV	-950mV	-950mV	-950mV
温度低于 5℃		—	—	—	-800mV	—
土壤电阻率	100 ~ 1000Ω·m	-750mV	-750mV	-750mV	—	—
	>1000Ω·m	-650mV	-650mV	-650mV		

在土壤电阻率高的环境中，采用 $-650mV_{CSE}$ 或 $-750mV_{CSE}$ 指标，如果土壤中钙、镁离子比较多，阴极保护产物是氢氧化钙或氢氧化镁，防腐层破损点附近的土壤电阻率可能升高。

如果土壤中钠、钾离子比较多，阴极保护产物是氢氧化钠或氢氧化钾，防腐层破损处可能因吸水而降低电阻率，导致防腐层破损点附近的土壤电阻率可能降低，此时再采用 $-750mV_{CSE}$ 或 $-650mV_{CSE}$ 指标，可能会导致欠保护。

2. 最大保护电位

各标准规范规定的最大保护电位见表 10 -3。

表 10 -3　各标准规范规定的最大保护电位

环　境	最大保护电位（CSE）				
	GB/T 21448—2017	ISO 15589—2015	AS 2832.1—2015	P 51164—1998	BS PD8010—2015
考虑到防腐层剥离	-1200mV	-1200mV	-1200mV	—	—
考虑到氢致开裂	—	—	—	-1100mV	-1150mV

注：①PRCI PR 186 -02107 建议最大保护电位不负于 $-1.10V_{CSE}$。

②EN 12954—2001 认为，在任何情况下保护电位负于 $-1.10V_{CSE}$ 都是危险的。

六、DIN 30676 的保护指标

德国标准 DIN 30676 规定的不同材料、不同环境下的最小保护电位见表 10 -4。

表 10－4　DIN 30676 规定的最小保护电位

材　料	环　境	最小保护电位
低碳钢	≤40℃	$-850mV_{CSE}$
低碳钢	>40℃	$-950mV_{CSE}$
低碳钢	厌氧环境	$-950mV_{CSE}$
低碳钢	沙性土壤，$\rho>500\Omega\cdot m$	$-750mV_{CSE}$
不锈钢，Cr>16%	土壤、淡水环境	$-100mV_{CSE}$
不锈钢，Cr>16%	土壤、淡水环境，>40℃	$-300mV_{CSE}$
不锈钢，Cr>16%	盐水	$-300mV_{CSE}$
铜、铜镍合金	—	$-200mV_{CSE}$
铝	淡水	$-800mV_{CSE}$
铝	盐水	$-900mV_{CSE}$
与混凝土接触的钢筋	—	$-750mV_{CSE}$
镀锌扁钢	—	$-1200mV_{CSE}$

七、阴极保护与腐蚀率

表 10－5 中的数值受土壤电阻率、pH 值及其他因素影响。阴极保护达标时，碳钢的腐蚀率低于 0.01mm/a。

表 10－5　阴极保护与腐蚀率

保护水平	腐蚀率/(mm/a)	穿孔年限(4mm)/a
没有阴极保护	0.4	10
欠保护	0.08	50
充分保护	0.01	400

八、铁在水中的最大极化电位

水只有在析氢和析氧线之间是稳定的，电位达到这两条线后，水开始电解，如图 10－19、图 10－20 所示。

(1)铁的极化电位不会比析氢线负 80mV，极化电位到达析氢线后，增大电流只能增加析氢量以及电解液的 pH 值，对于水中的碳钢结构，极化电位很难负于 $-1.22V_{CSE}$。

(2)在透气性很差的黏土中，由于 OH^- 扩散受到抑制或者 O_2 补充困难，碳钢的极化电位有可能达到 $-1.32V_{CSE}$。

(3)当断电电位负于 $-1.20V_{CSE}$ 时，要对测量方法进行研究，确保没有杂散电流的存在。

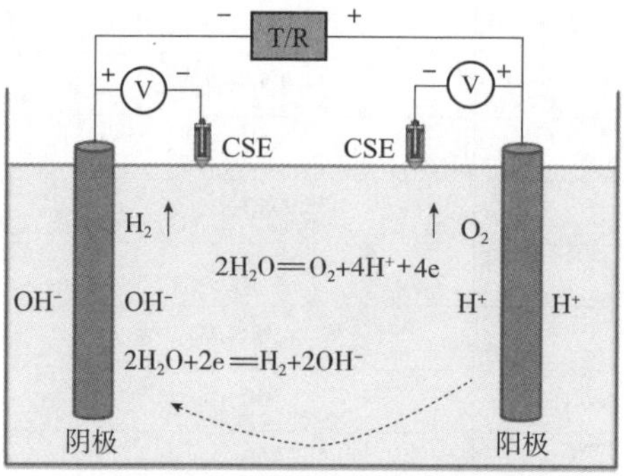

图 10－19　水的电解反应

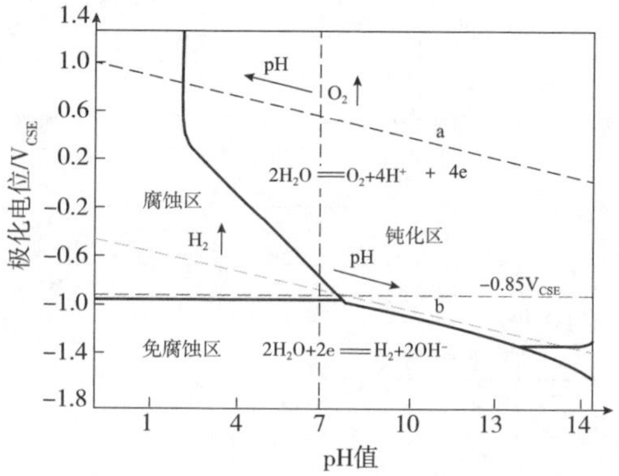

图 10－20　柏拜图

(4)当 pH 值大于 14，碱性非常强时，碳钢结构会出现腐蚀。

九、碳钢结构极化电位与电流密度

电位负于 $-850mV_{CSE}$ 以后，碳钢结构的极化电位负向偏移 100mV，需要的电流密度增加大约一个数量级，如图 10－21 所示。

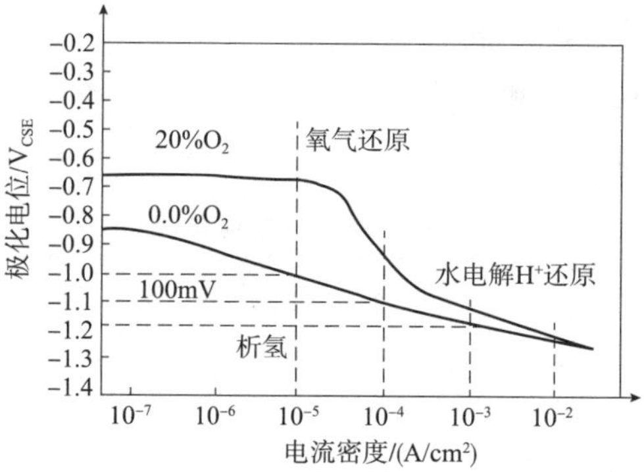

图 10－21　电流密度与极化电位的关系

十、阴极保护效果验证

开挖验证是评价阴极保护效果的最终指标。要有计划地开挖漏点，验证阴极保护效果。

第四节　防腐层和阴极保护

一、防腐层和阴极保护相互辅助

防腐层承担了 99% 的防腐任务，而阴极保护对防腐层破损点处进行保护。两者配合，更为经济有效。防腐层的存在，减小了阴极保护电流，使阴极保护电流分布更为均匀，减少了产生杂散电流的概率。过度的阴极保护将破坏管道防腐层，或产生氢脆及氢致开裂(有争议)。所以，阴极保护电位要控制在一定范围内。

二、防腐层氢致开裂与阴极剥离

(1)氢原子渗入钢材内部，在滞留处结合成氢分子，氢分子无法从钢材中逸出，引起氢鼓包导致钢材开裂——氢致开裂。氢原子浓度增加将导致钢材变脆(氢脆)，如图 10－22 所示。

(2)当氢气逸出后，多余的 OH^- 离子使靠近金属表面的溶液呈碱性，加速防腐层老化，导致防腐层剥离——阴极剥离，如图 10－22 所示。防腐层剥离后，破损点面积增大，阴极保护电流密度下降，破损点位置将由过保护过渡到不过保护。

(3)最大保护电位：能够引起防腐层剥离或氢致开裂的电位称为最大保护电位。

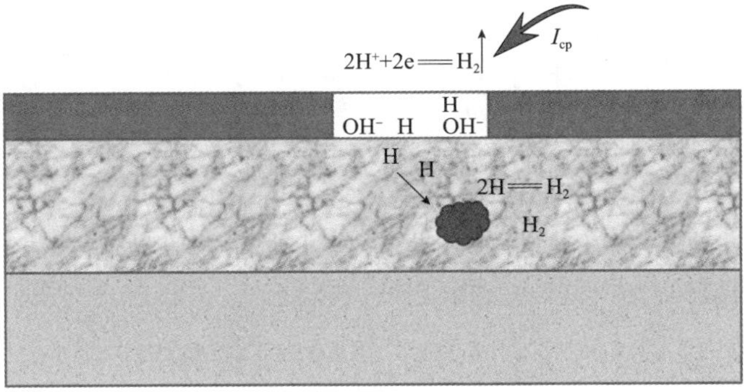

图 10－22 阴极剥离与氢脆

氢致开裂现象主要针对高强钢(X80 钢以上)，钢材在静荷载作用下不会发生氢致开裂，只在连续的塑性应变，尤其是慢应变率(慢拉伸)试验(SSR)时发现过氢脆，慢且持续的应变是起裂和裂纹延展的必要因素。

电位负于极限指标时，氢致开裂取决于应变率、钢材结晶结构及钢材机械特性。钢材结晶越细腻，越不容易发生氢致开裂，不论保护电位多么负，在到达屈服强度之前不会发生氢脆。由于管道的运行应力一般远低于屈服强度，因此防腐层破损点一般是在局部，面积很小(破损面积大时不容易过保护)，但即便是管道的局部(破损点处)氢脆也不会导致管道开裂。

三、3PE 防腐层剥离

在防腐层完好的位置，没有水，也没有阴极保护电流，若出现防腐层剥离那应该是工厂预制质量控制问题，与阴极剥离没有关系。

第十一章　阴极保护系统设计

第一节　阴极保护设计基本要求

一、基本信息收集及要求

(1)管道长度、直径、防腐层、运营温度，沿线站场、阀室、穿跨越分布，沿线水文、地质、人口密度信息、土壤电阻率，管道沿线高压输电线路、电气化铁路运行参数及相对位置。

(2)管道沿线每隔1.0km设置一处测试桩并埋设检查片，在重要的穿跨越位置、阴极保护薄弱位置、杂散电流干扰严重位置及高后果区安装智能测试桩。

(3)确认受干扰的管段，预先安装排流设施。管道同时受交流和动态直流杂散电流干扰时，交流排流位置应尽量远离管地电位波动剧烈的位置，反向导通电压应大于最负的管地电位。

(4)尽量采用镁阳极作为临时保护，阴极保护系统投用后，可用作排流接地。

(5)对于电流需求量大、土壤电阻率高的区域，应尽量采用外加电流阴极保护。

(6)对于电流需求量小、土壤电阻率低的环境，可采用牺牲阳极阴极保护。

二、阴极保护系统绝缘及电缆

(1)埋地管道采用防腐层、绝缘接头、通交隔直装置等，与环境或其他结构、接地极隔离。

(2)绝缘装置要进行防护，当输送介质含有电解质时，绝缘装置及附近管道要做内涂层，涂覆长度为4倍的管径，或绝缘接头两侧内阻大于100Ω。

(3)穿越公路铁路时，应尽量采用混凝土套管；采用钢套管穿越时，主管道要安装绝缘支架，保证主、套管不能搭接。套管具有高质量防腐层时，两端应预留出2m裸管段。

(4)管道并行时，应尽量采用联合保护，在汇流点或方便的位置进行跨接。当防腐层差异太大，或其中有管道受交、直流干扰严重时，可以独立采取阴极保护系统。

(5)阴极保护电缆截面积：

①外加电流阴极保护系统的阴、阳极电缆、跨接线电缆为 16 ~ 25mm^2，牺牲阳极电缆为 6.0 ~ 10mm^2，测试电缆为 4.0 ~ 6mm^2，应尽量避免电缆接头，避雷器及直流去耦合器两侧的电缆截面积不宜小于 16mm^2，且要求短而直。

②电缆与结构采用铝热焊连接，焊点位置离开焊缝或管件需大于 20cm，焊点应严格密封。当电缆截面积大于 16mm^2 时，宜分成多股单独焊接。

三、外加电流阴极保护设计基本要求

(1)当阴极保护电流需求大或土壤电阻率高时，应尽量采用外加电流阴极保护。

(2)阳极地床位置要选择在土壤电阻率低、具有可靠的电源、维护方便的位置。

(3)汇流点位置、阳极地床位置要安装接线箱，并明确标记阳极位置和电缆走向。

(4)阳极地床在被保护管道位置产生的电压升应小于 0.5V，在相邻管道位置产生的电压升应小于 0.2V。阳极地床接地电阻一般应小于 2Ω。

(5)在定向钻穿越段，如果涂层损伤严重，必要时要与主管道隔离，单独采取阴极保护。

(6)阴极保护电源要具有足够的容量，电位显示精确到毫伏，电流显示精确到毫安。

四、牺牲阳极阴极保护设计基本要求

(1)当被保护结构电流需求小或没有可靠的电源时，可以选用牺牲阳极阴极保护。

(2)镁阳极应用环境下的土壤电阻率不宜大于 100Ω · m，锌阳极应用环境下的土壤电阻率宜低于 50Ω · m，且温度应低于 49℃，铝阳极仅能应用于氯离子含量高的环境(如海水及原油储罐内壁的阴极保护)。

(3)牺牲阳极要通过测试桩与管道连接，与管道间隔应大于 0.5m。不论是块状或带状牺牲阳极，都应用填料回填。

(4)测试桩下埋设检查片及参比电极时，距离阳极应大于 3m。参比电极和交流检查片的间隔宜大于 15cm。对于 3PE 管道，电位检查片的面积为 6.0 ~ 10cm^2；对于 FBE 管道，电位检查片的面积为 10 ~ 20cm^2。交流检查片的面积为 1.0cm^2。

第二节　阴极保护电流需求

(1)3PE 防腐层管道的保护电流密度：3 ~ 10μA/m^2。

(2)FBE 防腐层的保护电流密度：10 ~ 50μA/m^2。

(3)沥青及环氧煤沥青防腐层的保护电流密度：100~500μA/m²。

(4)有涂层的原油及污水罐内壁的保护电流密度：2~5mA/m²。

(5)带有防渗膜的储罐底板外侧的保护电流密度：2~5mA/m²。

(6)已建跨海桥梁、码头钢筋的保护电流密度：2~20mA/m²。新建结构的阴极保护电流密度取已建结构的10%。

(7)土壤中裸金属及场站内镀锌扁铁接地极的保护电流密度：10~20mA/m²。

(8)带有不锈钢配件的垃圾渗滤液硝化罐内壁的保护电流密度：10mA/m²。

(9)水运工程结构耐久性设计标准裸钢的保护电流密度：见表11-1。

表11-1　海洋环境阴极保护电流密度　　mA/m²

环境介质	初始值	维持值	末期值
静止海水	100~130	55~70	70~90
流动海水	150~180	60~80	80~100
海泥	25	20	20
海水堆石	60~90	40~50	50~75
海水中混凝土或泥沙包覆	10~25		

(10)水运工程结构耐久性设计标准中的涂层破损率：见表11-2。随着涂层质量的提高，末期涂层破损率可以适当减小。根据港珠澳大桥"钢管复合桩(含钢管桩)防腐蚀技术及试验研究成果报告"，钢管复合桩采用1000μm厚高性能FBE涂层，初始涂层破损率取0.5%，60年后为8%，120年后为15%。

表11-2　保护年限与涂层破损率

阴极保护设计保护年限/a	初期值/%	平均值/%	末期值/%
10	2	7	10
20	2	15	30
30	2	25	60
40	2	40	90

第三节　阳极地床形式及接地电阻计算

一、浅埋阳极地床定义及接地电阻计算

(1)地床距离地面较近，埋深为2~3m，小于4m。

(2)当地表土壤电阻率满足要求并具有足够场地时，多选用浅埋阳极地床，其优点是施工简单、造价较低。外加电流阳极地床距离管道一般大于100m。

(3)阳极可以是立式或卧式，在地下水位高或沼泽地区可采用卧式，阳极要处于冻土层以下，一般埋深不小于1.0m，如图11－1、图11－2所示。

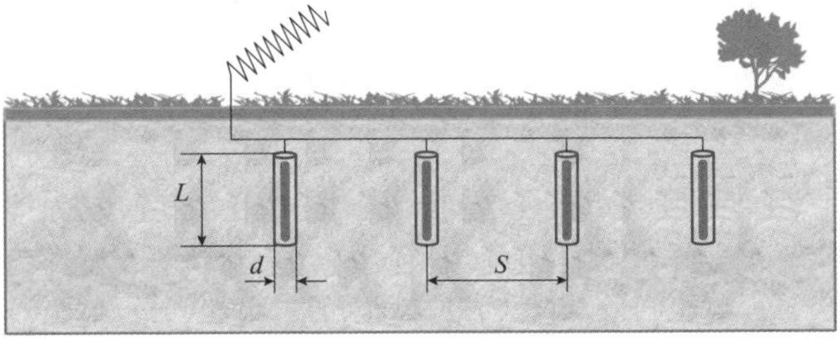

图11－1　浅埋立式阳极

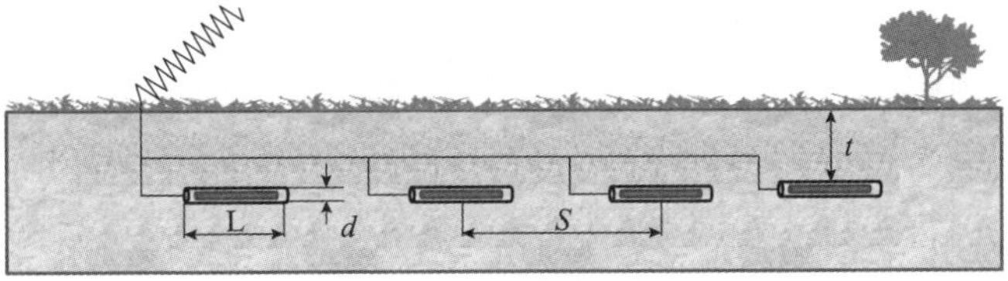

图11－2　浅埋卧式阳极

(4)单支浅埋立式阳极接地电阻 R_a：

$$R_a = \frac{\rho}{2 \times \pi \times L} \times \left[\ln\left(\frac{8 \times L}{d}\right) - 1\right]$$

(5)多支浅埋立式阳极接地电阻 $R_{gb,v}$：

$$R_{gb,v} = \frac{\rho}{2 \times \pi \times NL} \times \left[\ln\left(\frac{8 \times L}{d}\right) - 1 + \frac{2 \times L}{S}\ln(0.656N)\right]$$

式中　ρ——土壤电阻率，Ω·m；

L——阳极长度，m；

d——阳极直径，m；

S——阳极间距，m；

N——阳极数量。

(6)单支浅埋卧式阳极地床接地电阻 $R_{a,h}$(统一用填料回填时，按单支卧式阳极公式计算，如图11－3所示)：

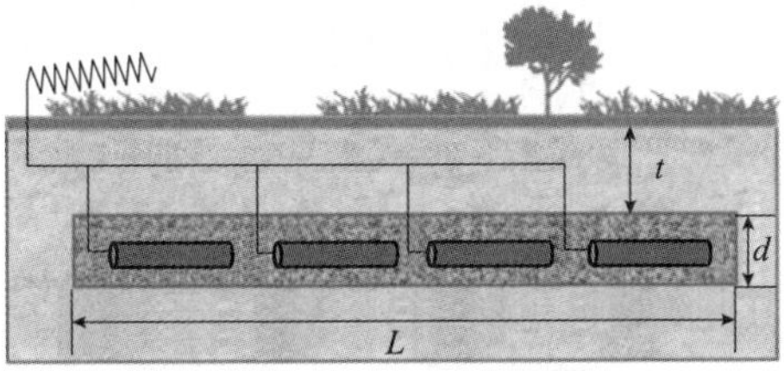

图11－3　浅埋卧式连续阳极

$$R_{a,h} = \frac{\rho}{2 \times \pi \times L} \times \ln\left(\frac{L^2}{t \times d}\right)$$

式中　ρ——土壤电阻率，Ω·m；

L——阳极长度，m；

t——阳极埋深，m；

d——阳极直径，m。

(7)多支浅埋卧式阳极地床接地电阻 $R_{gb,h}$：

$$R_{gb,h} = \frac{R_{a,h}}{N} \times F$$

式中 N——阳极数量；

F——拥挤系数，$F = 1 + \frac{\rho}{\pi \times S \times R_{a,h}} = \ln 0.656N$，其中 ρ 为土壤电阻率，S 为阳极间距。

(8)线性阳极地床接地电阻 R_l：

$$R_l = \frac{\rho}{2 \times \pi \times d}\left[\ln\left(\frac{4L^2 + 4L\sqrt{S^2 + L^2}}{d \times S}\right) + \frac{S}{L} - \frac{\sqrt{S^2 + L^2}}{L} - 1\right]$$

式中 ρ——土壤电阻率，Ω·m；

L——阳极长度，m；

d——阳极直径，m，填包带状阳极直径取 10cm；

S——阳极间距，为 2 倍的阳极埋深，m。

(9)浅埋卧式阳极地床安装：如图 11-4 所示。

(a) (b)

图 11-4 浅埋卧式阳极地床安装

二、深井阳极接地电阻计算

深井阳极井口距离管道宜大于 50m。接地电阻按活性段单支立式阳极计算，如图 11-5 所示。

$$R_a = \frac{\rho}{2 \times \pi \times L} \times \left[\ln\left(\frac{8 \times L}{d}\right) - 1\right]$$

式中 R_a——接地电阻，Ω；

ρ——土壤电阻率，Ω·m；

L——阳极长度，m；

d——阳极直径，m。

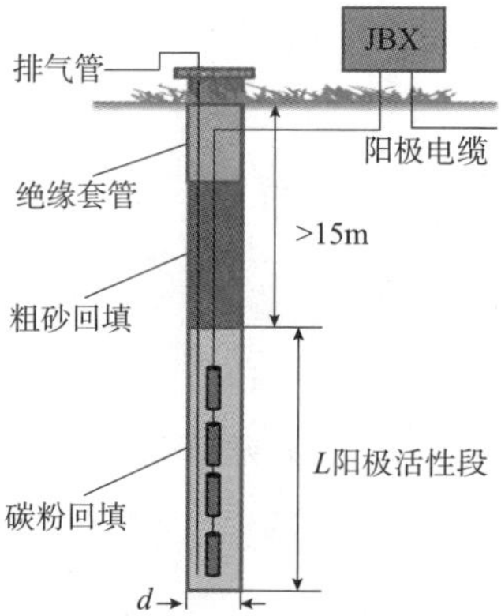

图 11-5 深井阳极

三、阳极地床电压升计算

阳极地床电压场如图 11－6 所示。阳极地床电压升（$t \ll L$ 时忽略）V_x 为：

$$V_x = \frac{0.159 \times I \times \rho}{L} \times \ln\left(\frac{t + L + \sqrt{(t+L)^2 + X^2}}{t + \sqrt{X^2 + t^2}}\right)$$

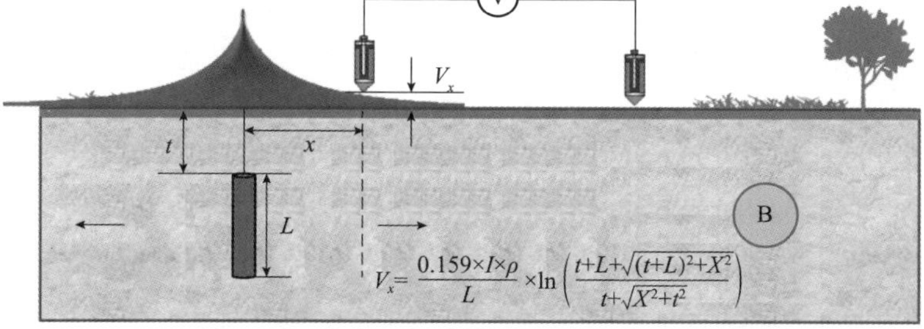

图 11－6 阳极地床电压场

（1）当管道采用远阳极做保护时，管道相对于附近土壤电位负向偏移，单座阴极保护站保护距离主要决定于管道防腐层质量和管道纵向电阻。

（2）当管道采用近阳极或均布阳极时，管道附近土壤电位抬升，保护范围主要取决于阳极电压场覆盖范围和涂层质量。

（3）长输管道多采用远阳极，站内管道采用近阳极（分布式阳极），如图 11－7、图 11－8 所示。

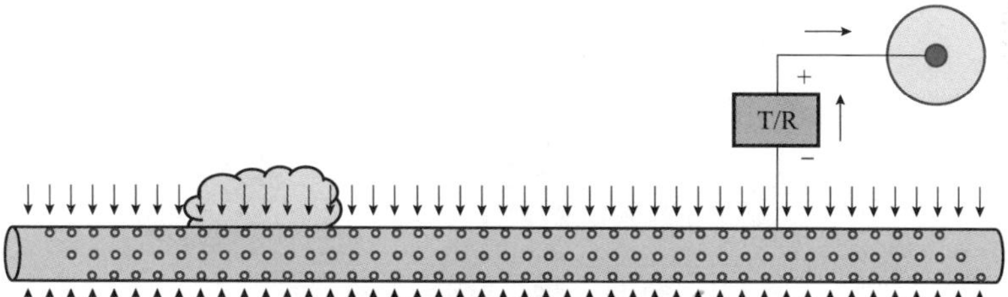

图 11－7 远阳极电流分布

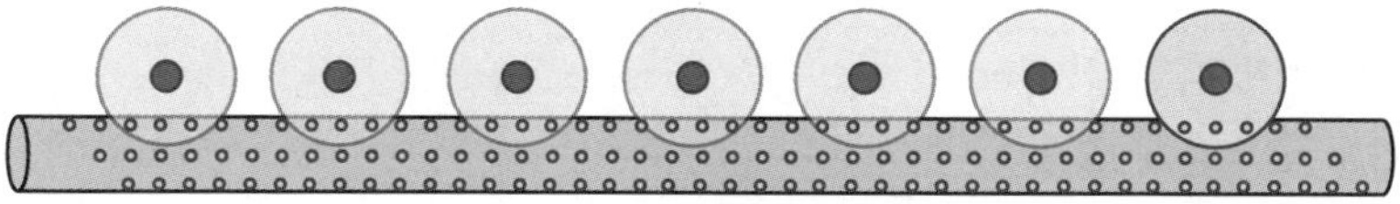

图 11－8 近阳极电流分布

（4）站场阴极保护采用分布式阳极时，阳极沿管道埋地段分布，与管道的间隔为 1～2m，阳极之间的间隔为 4～8m。阳极应尽量远离站内接地极，与接地极的间隔应大于 $10d$（d 为阳极等量直径）或阳极在接地极位置产生的电压升小于

0.5V。线性阳极与管道的间隔为 0.3m，每段长度不宜超过 300m。

四、海洋结构阳极接水电阻计算

(1) 阳极长度远大于直径($L>4d$)的棒状阳极：如果棒状阳极与被保护结构的间隔小于 0.3m，计算出的电阻需乘以 1.3 倍，如图 11－9 所示。

$$R_a=\frac{\rho}{2\times\pi\times L}\times\left[\ln\left(\frac{8\times L}{d}\right)-1\right]$$

式中　d——阳极梯形截面等量直径，m。

(2) 阳极长度远大于直径($L>4d$)的平齐阳极：如图 11－10 所示。

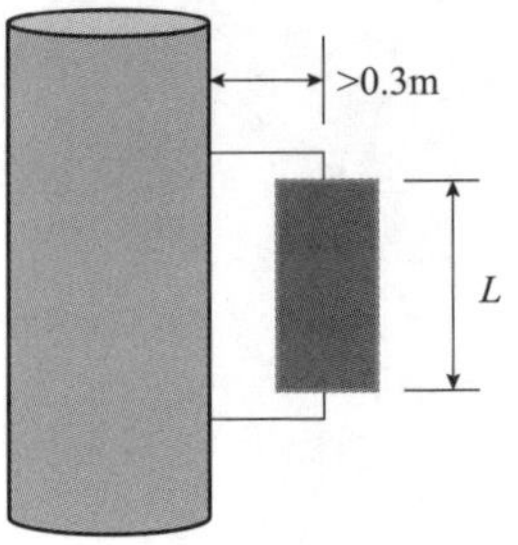

图 11－9　棒状阳极

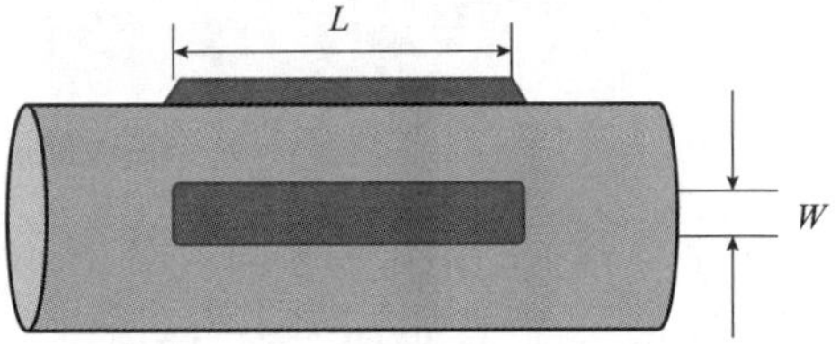

图 11－10　平齐阳极

$$R_a=\frac{\rho}{2\times d}$$

式中　d——阳极迎水面等量直径，$d=2\times(L+W)/\pi$，m。

(3) 手镯状阳极：如图 11－11 所示。

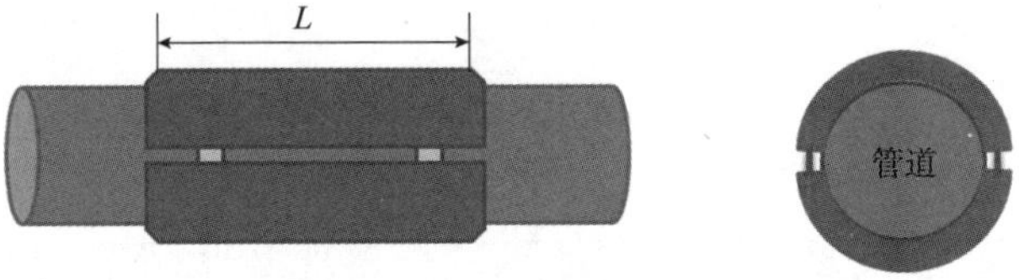

图 11－11　手镯状阳极

$$R_a=\frac{0.315\times\rho}{\sqrt{A}}$$

式中　A——阳极表面积，m^2。

(4) 阳极接水电阻计算说明：

对于独立的条状阳极，末期的阳极长度可以取原长度的 90%，按 15% 阳极重量计算阳极直径和接水电阻，也可以用初始等量直径的 40% 进行计算。紧贴结构或手镯状阳极，计算末期接水电阻可以不考虑阳极尺寸的缩减。

海水中牺牲阳极的接水电阻小，一般不需要担心阳极的电流输出能力，阳极重量满足寿命要求即可。当阳极独立安装，截面积为非圆形时，等量直径按等周长原则计算，如图 11－12 所示。

$$d=\frac{2\times h+W+L}{\pi}$$

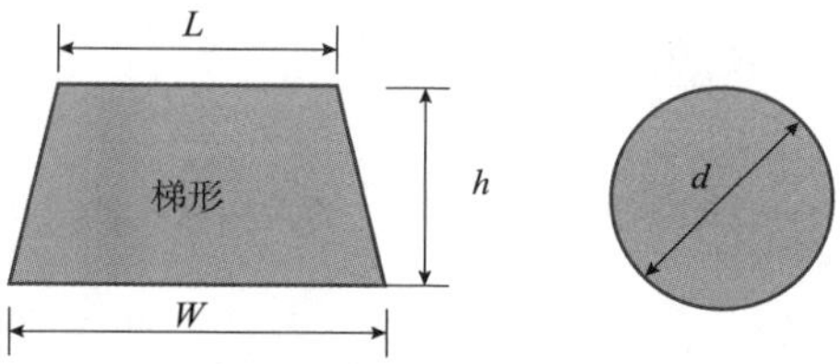

图 11－12　等量直径

第四节　牺牲阳极阴极保护设计

某埋地管道长度为 13km，直径为 159mm，环氧粉末防腐层，处于土壤电阻率为 30Ω · m 的环境中，设计阴极保护系统，该阴极保护系统的设计寿命为 15 年。

由于该管道直径较小、距离较短，并且土壤电阻率较低，因此采用牺牲阳极阴极保护较经济，也可行。在陆上应用时，一般采用高电位镁阳极。

一、阴极保护电流计算

(1)管道保护面积：

$$S=\pi\times D_p\times L_p$$

式中　S——管道保护面积，m^2；

D_p——管道直径，159mm；

L_p——管道长度，13000m。

因此被保护面积为 3. 14 ×0. 159m ×13000m ＝6490m^2。

(2)所需阴极保护电流：

$$I=S\times J_s\times C_b$$

式中　I——阴极保护电流，mA；

S——管道保护面积，m^2；

J_s——保护电流密度，10mA/m^2；

C_b——防腐层破损率，2%。

因此阴极保护电流为 6490m^2 ×10mA/m^2 ×2% ＝1298mA。

二、阴极保护系统输出电流计算

1. 牺牲阳极保护系统驱动电压计算（见图 11－13）

（1）阴极极化电位 E_{cp} 最小为 $-0.85V_{CSE}$。

（2）镁阳极工作电位 E_{ap} 为 $-1.65V$。

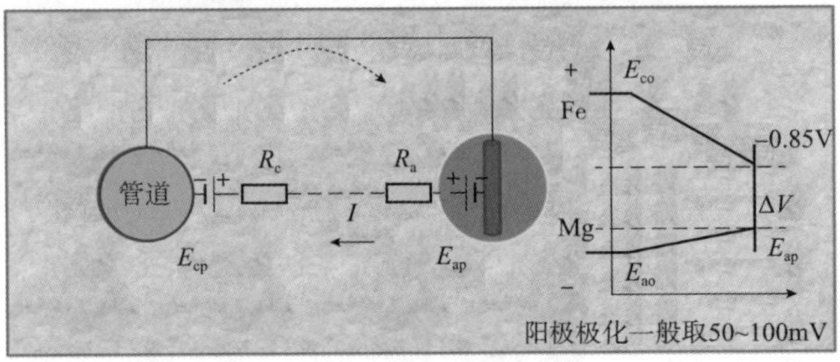

图 11－13　牺牲阳极驱动电压

因此驱动电压为 $1.65V-0.85V=0.80V$。

2. 牺牲阳极接地电阻计算

$$R_a=\left(\frac{\rho}{2\times\pi\times L}\right)\times\left[\ln\left(\frac{8\times L}{d}\right)-1\right]$$

式中　R_a——阳极接地电阻，Ω；

ρ——土壤电阻率，30Ω · m；

L——阳极长度，0.9m；

d——阳极直径，0.28m。

计算得阳极接地电阻为 11.9Ω。

8.0kg 镁阳极填包后尺寸：长度为 90cm，直径为 28cm。按阳极尺寸四周各加 10cm 计算填包后的尺寸（填料厚度至少为 5cm），如图 11－14 所示。

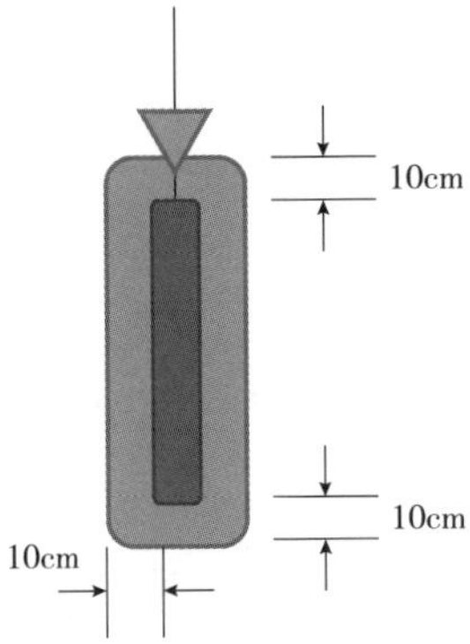

图 11－14　填包后尺寸

3. 管道对地电阻计算

假设管道的自然电位为 $-0.55V$，最小极化电位为 $-0.85V$，保护电流为 1298mA，则管道的接地电阻 R_c 为 $\frac{0.85V-0.55V}{1.298A}=0.23\Omega$，加上导线电阻及阳极接地电阻，回路电阻取 12.5Ω。

4. 单支阳极输出电流计算

单支阳极的输出电流 $I=\frac{E_{ap}-E_{cp}}{R_a+R_c}=0.80V/12.5\Omega=64mA$，输出 1298mA 电流需要阳极数量为 1298mA/64mA = 20.2 支，取 21 支。

三、根据阳极发电量(能力)计算阳极用量

(1)根据接地电阻计算的阳极用量为21支，考虑1.25倍的安全系数以及阳极均匀分布，取26支。

(2)将26支阳极分成13组，沿管道每隔1000m埋设2支，通过测试桩与管道连接。

四、核算阳极实际寿命(耐力)

(1)选用8.0kg镁合金阳极，截面上边长75mm，下边长95mm，高度为75mm，长度为700mm，如图11－15所示。计算得其表面积为2240cm^2。

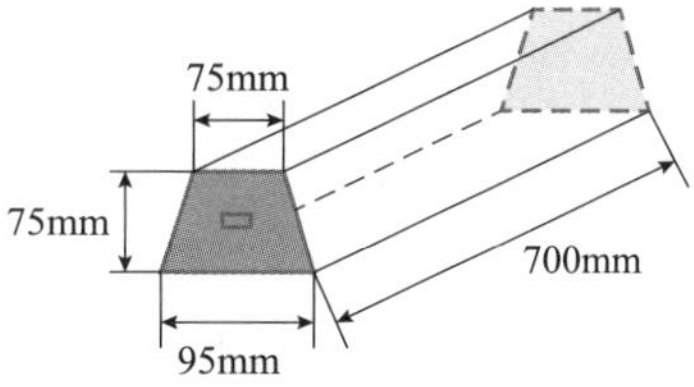

图11－15　阳极尺寸

(2)计算得每支阳极输出电流为1298mA/26＝50mA，则阳极表面电流密度为50mA/2240cm^2＝22μA/cm^2。

(3)查曲线得到阳极实际电容量为960A·h/kg，如图11－16所示。

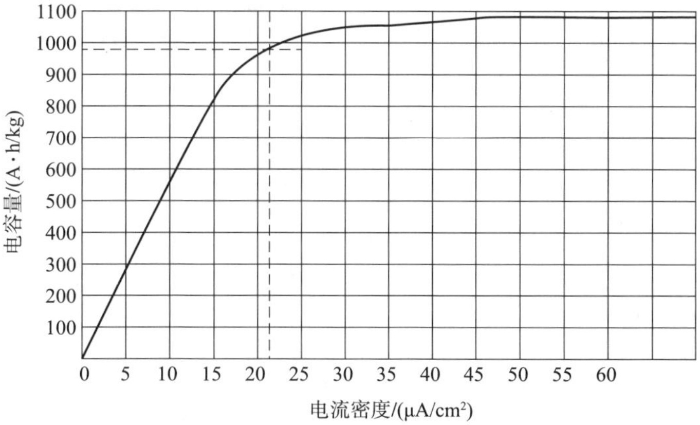

图11－16　阳极表面电流密度－电容量关系曲线

(4)核算阳极实际寿命：

$$W = \frac{I \times t \times 8766}{U \times Z \times Q}$$

式中　W——阳极用量，8.0kg；

t——设计寿命，年；

$Z \times Q$——实际电容量，960A·h/kg；

U——阳极利用率，85%；

I——阳极输出电流，0.05A。

计算得阳极寿命为14.9年，小于15年。

如选用11kg的牺牲阳极，计算得其寿命为20.5年，大于15年，满足设计要求。

第五节　外加电流阴极保护设计

某埋地管道长度为80km，直径为529mm，壁厚为20mm，环氧粉末防腐层，处于土壤电阻率为80Ω·m的环境中，设计阴极保护系统，该阴极保护系统的设计寿命为50年。

由于该管道直径较大、距离较长，且土壤电阻率较高，因此采用外加电流阴极保护较经济，也可行。该管道两端与其他接地设施绝缘，有足够的场地安装阳极地床，因此该管道不会对其他埋地设施造成腐蚀干扰。

一、阴极保护电流计算

(1)管道保护面积：

$$S = \pi \times D_p \times L_p$$

式中　S——管道保护面积，m^2；

D_p——管道直径，529mm；

L_p——管道长度，80km。

因此管道保护面积为$3.14 \times 0.529m \times 80000m = 132885m^2$。

(2)所需阴极保护电流：

$$I = S \times J_s \times C_b$$

式中　I——阴极保护电流，mA；

S——管道保护面积，m^2；

J_s——保护电流密度，$10mA/m^2$；

C_b——防腐层破损率，1%。

因此阴极保护电流为$132885m^2 \times 10mA/m^2 \times 1\% = 13288mA$。

二、外加电流阴极保护系统反电动势计算

外加电流阴极保护系统驱动电压及等效电路如图11－17所示。

用碳粉回填阳极时，反电动势$V_b = E_{ap} + E_{cp} = 2V$。

三、阴极保护站及阳极地床设置

在管道沿线设立2座阴极保护站，则每个阴极保护站需要输出的电流为6644mA。选用直径为50mm、长度为1500mm高硅铸铁阳极(每支阳极质量约为20kg，共400kg)，填包后，单支阳极的直径为300mm、长度为2000mm。

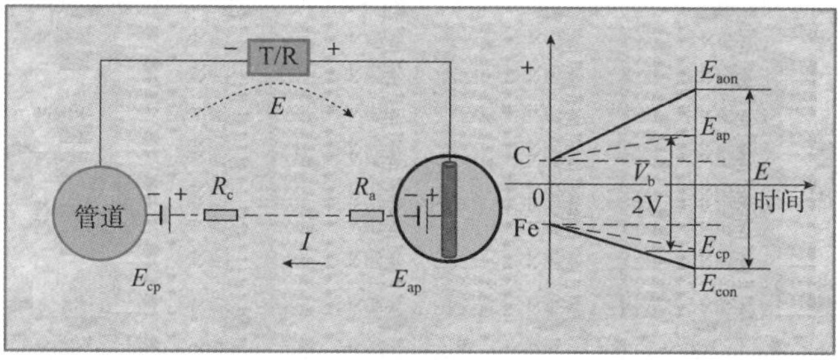

(a)外加电流阴极保护系统驱动电压

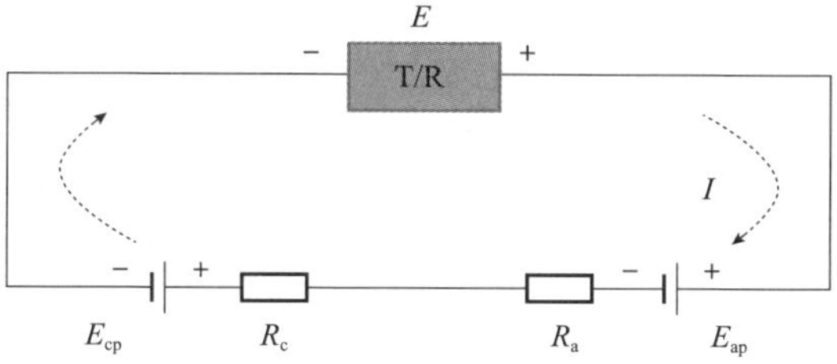

(b)外加电流阴极保护系统等效电路

图 11－17　外加电流阴极保护系统驱动电压及等效电路

1. 阳极地床接地电阻计算

在阴极保护设计中，一般将阳极地床的接地电阻控制在 2.0Ω 左右，以降低电源的能耗。根据上述计算，如果每个地床选用 20 支阳极，阳极间距为 3.0m，则接地电阻为：

$$R_a = \frac{\rho}{2 \times \pi \times NL}\left[\ln\left(\frac{8 \times L}{d}\right) - 1 + \frac{2L}{S}\ln(0.656N)\right]$$

式中　R_a——阳极地床接地电阻，Ω；

ρ——土壤电阻率，80Ω·m；

L——阳极长度，2m；

d——阳极直径，0.3m；

S——阳极间距，3m；

N——阳极数量，20 支。

计算得阳极地床接地电阻为 2.025Ω。

2. 恒电位仪容量选择

假设管道的自然电位为 －0.55V，极化电位为 －0.85V，保护电流为 6644mA，则管道的接地电阻 $R_c = \frac{0.85V - 0.55V}{6.644A} = 0.045\Omega$。导线电阻为导线长度乘以每米导线电阻（查表），假设铜芯电缆截面积为 16mm²，电缆电阻为 1.15Ω/km，则 90m 阴、阳极电缆电阻为 0.1Ω。因此回路电阻共计 2.17Ω。

恒电位仪输出电压 $E = I \times (R_c + R_a + 0.1\Omega) + 2V = 6.644A \times 2.17\Omega + 2V = 16.42V$，输出电流为 6.644A，考虑 1.25 倍安全系数，为 20.5V/8.3A。选用最接近的工业用恒电位仪为 24V/10A，电源预留功率为 300W(电源效率 80%)。

阳极消耗量 $W = (I \times t \times \omega)/K = [6.644A \times 50a \times 0.5kg/(A \cdot a)]/0.85 = 195kg$，小于 400kg。

四、单座阴极保护站保护长度计算

阴极保护电流从土壤中流向管道，再从汇流点回到电源负极。电流分布在管道上，离开汇流点越远，管中电流越小。该电流在管道上产生的电压降为汇流点和管道保护末端之间管道的电压降。如果采用整段管道的电阻来计算电压降，管中电流自管道末端到汇流点逐渐增大，则电流按一半计算，如图 11－18 所示。管道保护为远阳极时，保护距离仅取决于管道纵向电压降，管径越大、壁厚越大，保护距离越长。

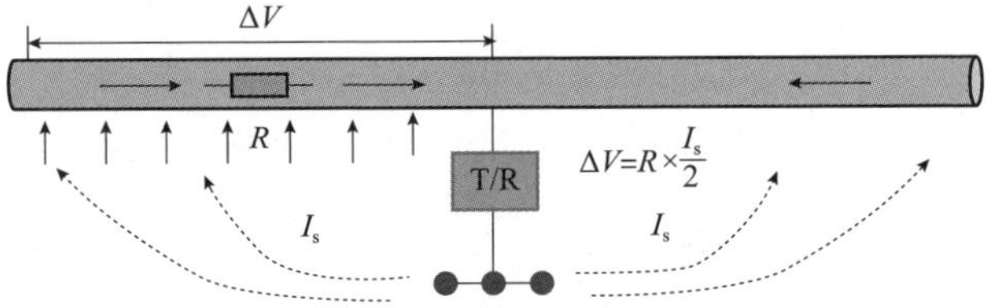

图 11－18　管道电压降

1. 管道单侧电阻 R 计算

$$R = \frac{\rho \times L_p}{A} = \frac{\rho \times L_p}{\pi \times (D_p - \delta) \times \delta}$$

式中　A——管道截面积，$A = \pi \times (D_p - \delta) \times \delta$，$m^2$，如图 11－19 所示；

ρ——高强钢的体积电阻率，$18 \times 10^{-8}\Omega \cdot m$；

L_p——管道单侧长度，m；

D_p——管道外径，m。

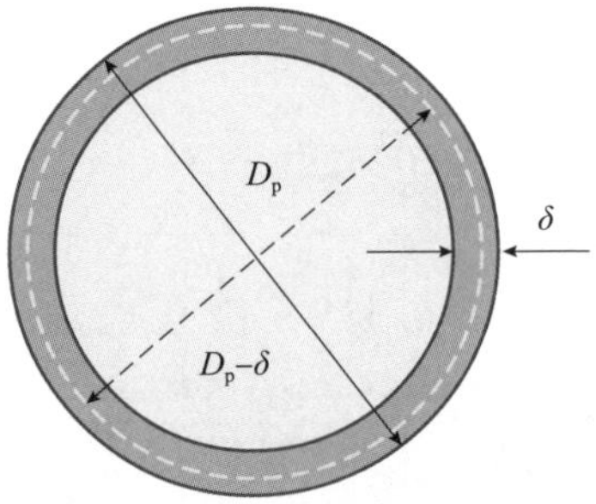

图 11－19　管道截面积

2. 管道单侧阴极保护电流 I_s 计算(见图 11-20)

$$I_s = S \times J_s = \pi \times D_p \times L_p \times J_s$$

式中　J_s——阴极保护电流密度，A/m^2；

S——管道表面积，m^2。

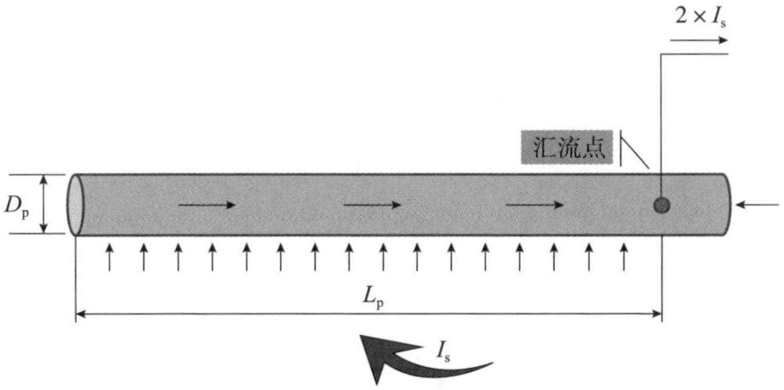

图 11-20　管道单侧保护电流

3. 管道单侧阴极保护长度 L_p 计算

由公式 $\Delta V = R \times I_s/2 = \rho \times \dfrac{L_p}{(D_p - \delta) \times \delta \times \pi} \times \pi \times D_p \times L_p \times J_s/2$ 可推导出阴极保护长度为：

$$L_p = \sqrt{\frac{2 \times \Delta V \times (D_p - \delta) \times \delta}{\rho \times D_p \times J_s}}$$

管道单侧电压降 ΔV 一般取 0.3V，因此 $L_p = \sqrt{\dfrac{2 \times 0.3V \times (0.529m - 0.02m) \times 0.02m}{18 \times 10^{-8}\Omega \cdot m \times 0.529m \times 10^{-4}A/m^2}} =$ 25.3km。

4. 阳极地床与管道距离计算

根据公式 $V_x = \dfrac{0.159 \times I \times \rho}{X} = \dfrac{0.159 \times 6.64A \times 80\Omega \cdot m}{X}$ 可计算得出在 0.5V 电压升范围内，阳极地床与管道的距离 $X \geq 169m$。

第六节　垃圾渗滤液硝化罐内壁阴极保护设计

某储罐直径为 8.4m，高度为 10.8m，介质温度为 40℃，储罐底板内壁采用牺牲阳极阴极保护，设计寿命为 10 年。储罐钢板采用搪瓷涂覆，拼接而成，钢板拼接处用油漆涂覆螺栓。储罐内装有裸不锈钢曝气设备，故防腐层破损率按 10% 计算。

一、参照标准

(1)BS 7361－1：1991《阴极保护　第1部分：陆上和海上应用规范》；

(2)SY/T 6536—2020《钢制储罐、容器内壁阴极保护技术规范》；

(3)GB 50393—2017《钢制石油储罐防腐蚀工程技术规范》。

二、设计参数

(1)储罐直径：8.4m；

(2)储罐高度：10.8m；

(3)介质温度：40℃；

(4)电阻率：75Ω·cm；

(5)设计寿命：10年；

(6)保护电流密度：100mA/m²。

三、阴极保护电流计算

(1)保护面积：$S=\pi\times D\times h=3.14\times8.4\text{m}\times10.8\text{m}=285\text{m}^2$。

(2)保护电流：$I=100\text{mA/m}^2\times10\%\times285\text{m}^2=2850\text{mA}$。

四、阳极实际输出电流计算

(1)单支阳极(8.0kg)与溶液电阻(阳极直接卧式安放在混凝土储罐底板上，见图11－21)：

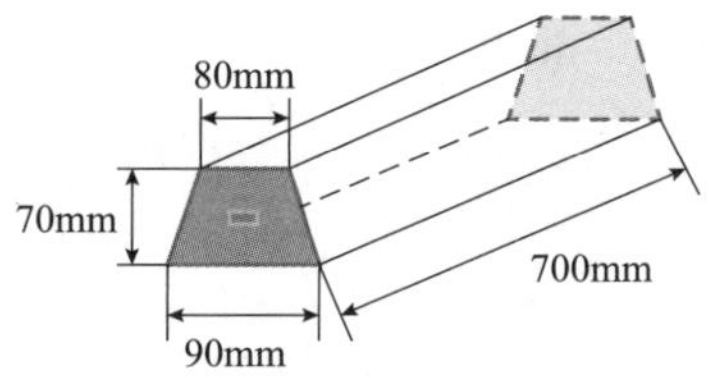

图11－21　阳极尺寸

$$R_{a,h}=\frac{\rho}{2\times\pi\times L}\times\ln\left(\frac{2\times L}{d}\right)\quad(t\gg L)$$

式中　$R_{a,h}$——阳极接水电阻，Ω；

ρ——溶液电阻率，75Ω·cm；

L——阳极长度，0.70m；

t——阳极埋深的2倍，20m；

d——阳极等量直径，10cm(截面等周长)。

计算得阳极接水电阻为0.45Ω，考虑到阳极之间的拥挤系数以及阴极接水电阻，电阻增大2倍，即0.9Ω。

(2)阳极驱动电压：0.60V(阳极极化100mV)。

(3)单支阳极输出电流：0.60V/0.9Ω＝667mA。

为满足总电流输出需要的阳极数量为2850mA/667mA＝4.3支，即5支。阳极长70cm，高7.0cm，截面上边长8.0cm，下边长9.0cm，表面积为2170cm²，阳极表面电流密度为667mA/2170cm²＝307μA/cm²，阳极实际电容量为1100A·h/kg。

五、按阳极寿命计算阳极用量

阳极用量按以下公式计算(见图11－22)：

$$W=\frac{I\times t\times 8766}{U\times Z\times Q}$$

式中　W——阳极用量，kg；

I——输出电流，2.85A；

t——设计寿命，10 年；

U——阳极利用系数，85%；

Z——阳极理论电容量，2200A·h/kg；

Q——电流效率，50%。

计算得阳极用量为 267kg，需要 8kg 阳极 34 支。按输出电流计算出所需的阳极数量为 5 支，二者取大者，同时考虑 1.25 倍的安全系数，确定阳极用量为 43 支。

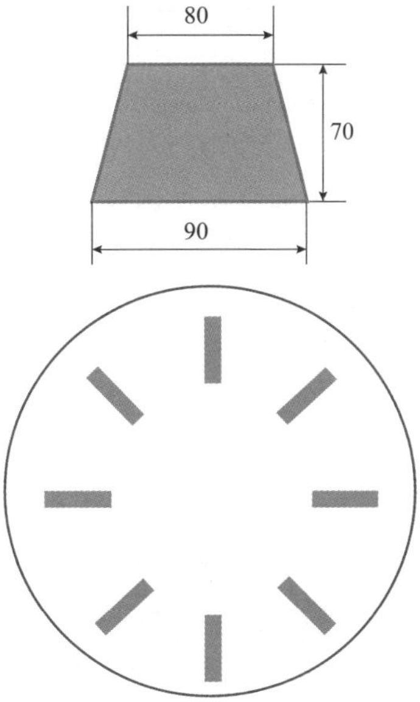

图 11－22　阳极分布

六、阳极安装

阳极均匀布置在储罐底板上，将阳极导线汇接后引到罐外，如图 11－23 所示。

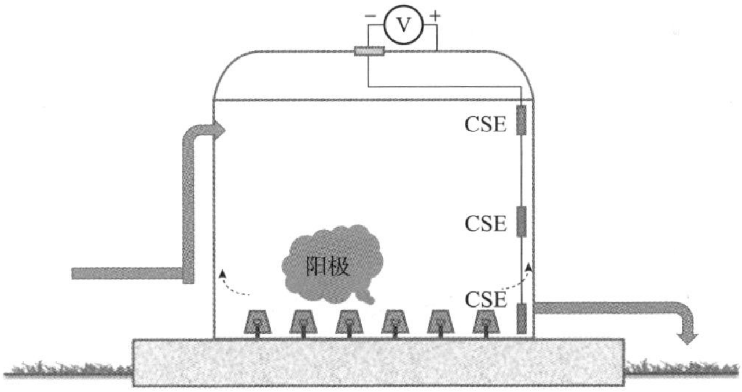

图 11－23　阳极安装

七、测量系统安装

(1)采用饱和硫酸铜参比电极或锌参比电极，电极内部注满溶液，沿罐壁方向均布 4 支参比电极。

(2)将导线引到罐外接线盒内。

八、现场测试

(1)储罐满水后，测量储罐的自然电位和通、断电电位，确认阴极保护效果。

(2)测量阳极的输出电流，验算阳极寿命。

(3)牺牲阳极输出电流为 2080～2260mA，电流密度约为 8mA/m^2。

(4)4 支参比电极测量的自然电位见表 11－3。

表 11－3　各参比电极自然电位　mV_{CSE}

1[#]自然电位	2[#]自然电位	3[#]自然电位	4[#]自然电位
－700	－690	－690	－590

(5)4 支参比电极测量的开路、闭路电位见表 11－4。

表 11－4　牺牲阳极开路、闭路电位　mV_{CSE}

1[#]阳极开路电位	2[#]阳极开路电位	3[#]阳极开路电位	4[#]阳极开路电位
－1395	－1410	－1406	－1396
1[#]阳极闭路电位	2[#]阳极闭路电位	3[#]阳极闭路电位	4[#]阳极闭路电位
－1009	－979	－972	－981

投产测试，折合保护电流密度为 $8mA/m^2$，平均每支阳极输出电流为 70mA(实际安装 32 支 7.7kg 阳极)，沿罐壁电流分布比较均匀。阳极组的总电阻为阳极开路电位平均值减闭路电位平均值除以电流：(1401mV－985mV)/2260mA＝0.184Ω。储罐断电电位实测为 $-916mV_{CSE}$。

九、经验总结

当储罐内壁有防腐层时，即便将阳极布置在储罐地板上，沿罐壁方向阴极保护电流分布依然均匀，因此在以后的设计中，没必要将阳极安装在储罐壁板上。

对于镁阳极，由于输出电流足够大，可以按理想环境镁阳极电容量(1100A·h/kg)计算阳极寿命。不需要计算阳极接水电阻来计算阳极发电量。

对于海水中的铝阳极，只按寿命计算阳极用量即可，阳极紧贴结构安装时，不需要计算阳极接水电阻来计算阳极寿命末期发电量。

第七节　网状阳极储罐底板阴极保护设计

一、网状阳极的结构

(1)网状阳极是由贵金属氧化物阳极带与导电连接片交叉焊接而构成的外加电流阴极保护辅助阳极，埋设在储罐基础内，为储罐底板提供阴极保护电流。

(2)网状阳极系统由阳极带、连接片、电缆接头、电缆、参比电极以及电源组成。

(3)储罐基础中安装有防渗膜，将阳极网与接地网隔离。

二、罐底板为裸板时电流分布

(1)阳极网位于储罐基础内，尽量远离储罐底板。

（2）阳极带的间隔主要考虑电流分布均匀，裸板电流分布如图 11－24 所示，$X=4\times h$，保护范围为 120°夹角涵盖区域。

（3）MMO 阳极带及导电片的间隔和阳极电缆数量（馈电点数量）见表 11－5。

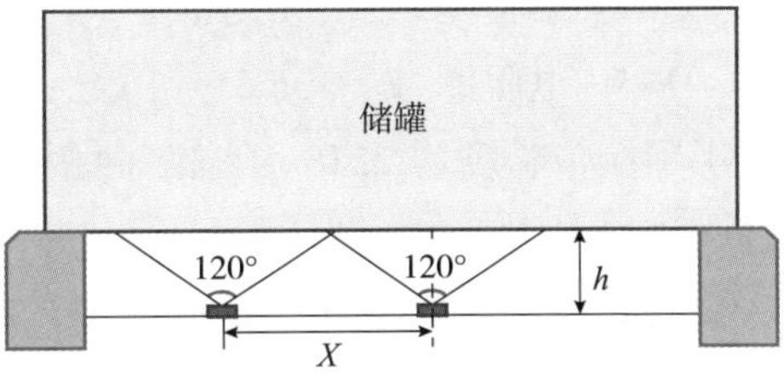

图 11－24　网状阳极电流分布

表 11－5　阳极带及导电片的间隔和馈电点数量

序号	储罐直径 D/m	阳极带间隔/m	钛金属导电片间隔/m	馈电点数量
1	≥80	2.0	8.0	8
2	60	1.6	6.0	6
3	40	1.4	5.0	4
4	30	1.2	4.0	4
5	22	1.0	4.0	3

三、参比电极的位置及数量

（1）参比电极应尽量靠近储罐底板，位于两根阳极带中间位置，自储罐中心位置向储罐边缘，沿半径方向均匀布置，一般不少于 3 支。每个参比电极位置放置一支饱和硫酸铜参比电极，一支预包装锌参比电极。

（2）参比电极应尽量远离阳极带。靠近阳极带会造成恒电位仪通电电位过负，当恒电位仪输出功率远小于恒电位仪额定功率时，会导致恒电位仪输出波动。

（3）如果恒电位仪输出正负极之间安装了假负载，会导致罐底板自然电位偏正（参比电极靠近阳极网）。

四、储罐保护电流以及回路电阻计算

（1）储罐保护电流密度 J_s 取 2mA/m²，罐底保护面积 $A=\pi\times(D/2)^2$，恒电位仪输出电流 $I=A\times J_s$。假设储罐直径 $D=80$m，则保护面积为 5026m²，需要的保护电流为 10A。当有防渗膜时，裸底板阴极保护电流密度为 5mA/m²。

（2）阳极网的接地电阻 R_1 按下式计算：

$$R_1=\frac{\rho}{2\times\pi\times L}\times\left[\ln\left(\frac{2L^2}{r\times D'}\right)-2\right]\times Q$$

式中　ρ——土壤电阻率，400Ω · m；

L——阳极带长度，m；

r——等量半径（等周长），2.2×10^{-3} m（阳极带截面尺寸为 6.35mm × 0.635mm）；

D'——阳极网埋深，0.5m；

Q——电阻系数，1.5。

①阳极带长度为2513m(罐底面积除以阳极带间隔)，代入以上公式，计算得阳极网接地电阻 $R_1=0.8\Omega$。

②罐底板对地电阻 $R_2=\rho/(2\times D)$，沥青砂电阻率 ρ 取 $400\Omega\cdot m$，储罐直径 D 为80m，计算得 $R_2=2.5\Omega$。因此回路总电阻 $R=R_1+R_2=0.8\Omega+2.5\Omega=3.3\Omega$。

五、恒电位仪容量的确定及阳极布置

(1)恒电位仪输出电压 $V=I\times R+2V$。

(2)计算得恒电位仪输出为35V/10A，安全系数取1.25，故选用50V/30A商用恒电位仪，电源预留功率为1500W。

(3)应将阳极网放置在防渗膜内侧，接地极放置在防渗膜外侧，防渗膜隔离阳极与站内结构，如图11-25所示。

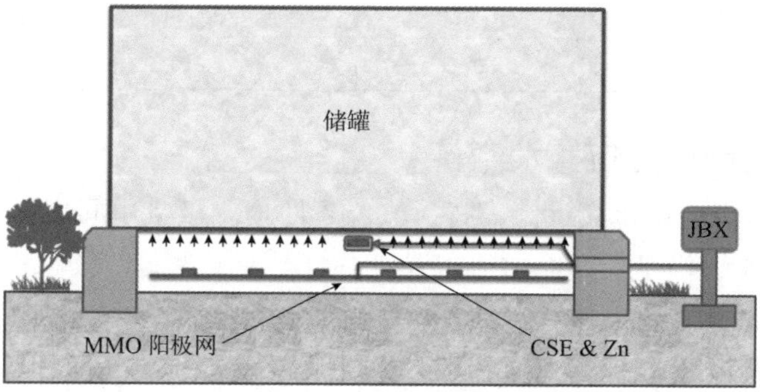

图11-25 网状阳极位置

(4)阳极网、参比电极、阳极电缆接头、接线箱(JBX)布置如图11-26所示。

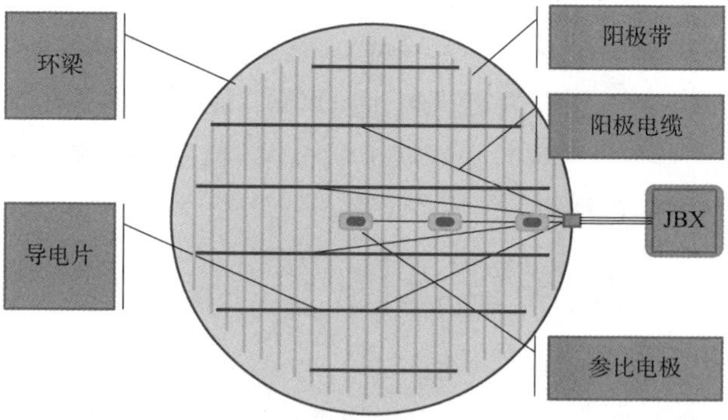

图11-26 网状阳极分布

六、储罐阴极保护实测示例

(1)带有防渗膜的5万方储罐，采用网状阳极阴极保护，电流密度(投产5年后)约为0.8mA/m^2，断电电位为-1.0V_{CSE}左右，见表11-6。

表11-6　5万方储罐(60m直径)阴极保护参数测量记录

储罐编号	通电电位/V_{CSE}	输出电压/V	输出电流/A
0210	-16.5	18.2	1.91
0209	-24.3	25.9	2.24
0208	-38.1	44.1	2.84
0207	-20.4	23.2	2.01
0206	-16.2	19.4	2.20
0201	-19.4	21.6	2.84

(2)10万方储罐的通电电位达到-1.2V，有防渗膜时需要电流0.8A，没有防渗膜时需要电流18A(26V/18A)，相差约22倍，真正到达储罐底板的电流不到5%。表11-6中储罐底板通电电位接近输出电压，是因为参比电极靠近阳极网所致。

第八节　原油储罐内壁阴极保护设计

某原油储罐的直径为22.8m，高度为15m，介质温度为60℃，原油储罐底板内壁、顶板内壁、底板上面1m及顶板下面1m圈板用高质量油漆涂覆。计划对储罐底板内壁以及距离底板1m罐圈板施加阴极保护，采用牺牲阳极阴极保护，设计寿命为10年。

一、参照标准

(1)SY/T 6536—2020《钢制储罐、容器内壁阴极保护技术规范》；

(2)GB 50393—2017《钢制石油储罐防腐蚀工程技术规范》。

二、设计参数

(1)储罐直径：22.8m；

(2)储罐高度：15m；

(3)原油温度：60℃；

(4)防腐层破损率：5%；

(5)常温下(30℃)保护电流密度：100mA/m^2；

(6)60℃保护电流密度：$100mA/m^2 \times (1+0.25)^3 = 195mA/m^2$(30℃后，温度每提高10℃，电流密度增大25%)。

(7)设计寿命：10年。

三、阴极保护电流计算

(1)保护面积：$S = \pi \times r^2 + \pi \times D \times h = 3.14 \times 11.4m^2 + 3.14 \times 22.8m \times 1m = 480m^2$。

(2)保护电流：$I = 480m^2 \times 195mA/m^2 \times 5\% = 4680mA$。

四、根据寿命计算阳极用量

阳极用量按下式计算：

$$W = \frac{I \times t \times 8766}{U \times Z \times Q}$$

式中 W——阳极用量，kg；

I——输出电流，4.68A；

t——设计寿命，10年；

U——电流效率，90%；

Z——阳极理论电容量，1420A·h/kg；

Q——阳极使用效率，85%。

计算得阳极用量为378kg，选用23kg阳极，则需要17支阳极，如图11-27所示。

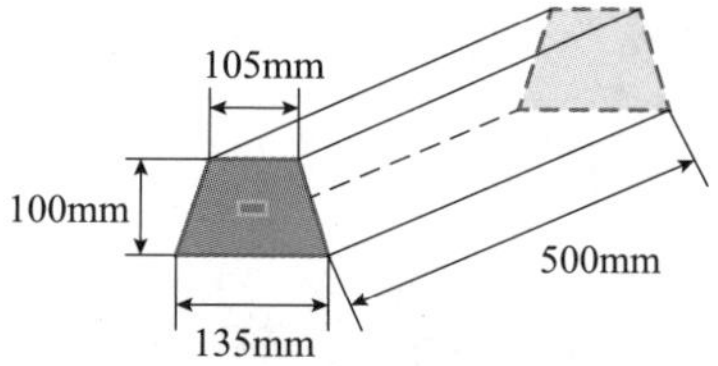

图11-27 阳极尺寸

五、阳极实际输出电流计算

(1)单支阳极与溶液电阻：

$$R_a = \frac{\rho}{2 \times d}$$

式中 R_a——阳极接水电阻，Ω；

ρ——溶液电阻率，25Ω·cm；

d——阳极迎水面等量直径(周长相等原则)，$(500+105) \times 2/3.14 = 38.5cm$。

计算得阳极接水电阻为0.32Ω。

(2)阳极驱动电压：0.30V。

(3)单支阳极输出电流：0.30V/0.32Ω=937mA。

(4)总输出电流：937mA×17=16A，满足电流输出要求。

六、阳极安装

阳极均匀布置在储罐底板上，铁芯与罐底板焊接，阳极下表面距离储罐底板50mm。靠近储罐壁板的位置(储罐底板最外圈)安装更多的阳极，以补充罐壁板消耗的阳极。

第九节　消防水罐内壁阴极保护设计

某消防水罐的直径为22m，高度为15m，内壁涂覆了无溶剂液态环氧漆，水面高度为12m。计划设计外加电流阴极保护系统，设计寿命为15年。为了保证电流分布均匀，达到预期寿命，决定采用MMO线性阳极进行保护，如图11－28所示。

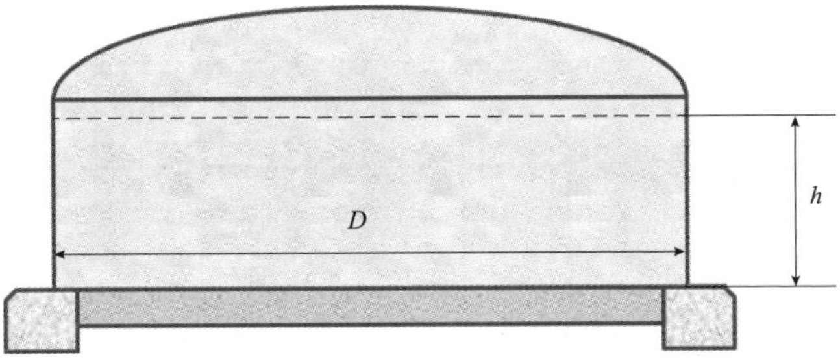

图11－28　储罐被保护面积

一、设计参数

(1)储罐直径：22m；

(2)水面高度：12m；

(3)防腐层破损率：5%；

(4)介质电阻率：25Ω·m；

(5)保护电流密度：$20mA/m^2$；

(6)设计寿命：15年。

二、阴极保护电流计算

(1)保护面积(见图11－28)：$S=\pi\times r^2+\pi\times D\times h=3.14\times(11m)^2+3.14\times22m\times12m=1209m^2$。

(2)保护电流：$I=1209m^2\times20mA/m^2\times5\%=1209mA$。

三、MMO线性阳极形状及安装

(1)阳极为环形分布，直径为60%罐直径，如图11－29所示。

(2)阳极安装高度为40%液面高度，如图11－30所示。

(3)阳极电缆和参比电极安装在储罐内部，与储罐壁板做好绝缘密封。

(4)阴极电缆和零位电缆焊接在储罐外壁，如图11－31所示。

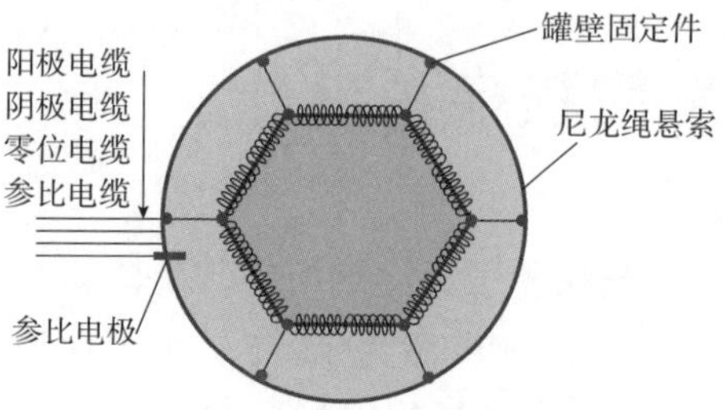

图 11－29　阳极环形状

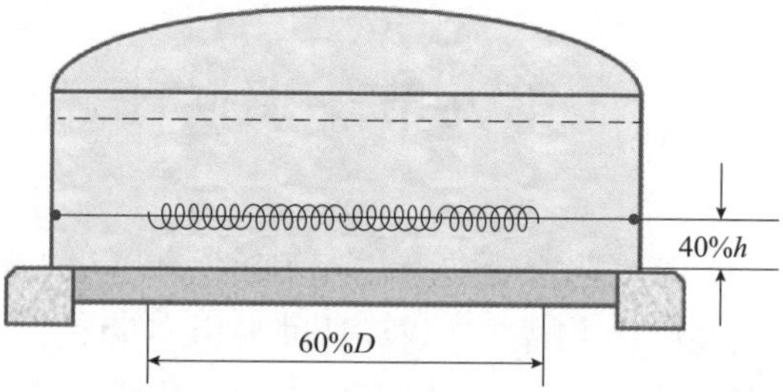

图 11－30　阳极环安装高度

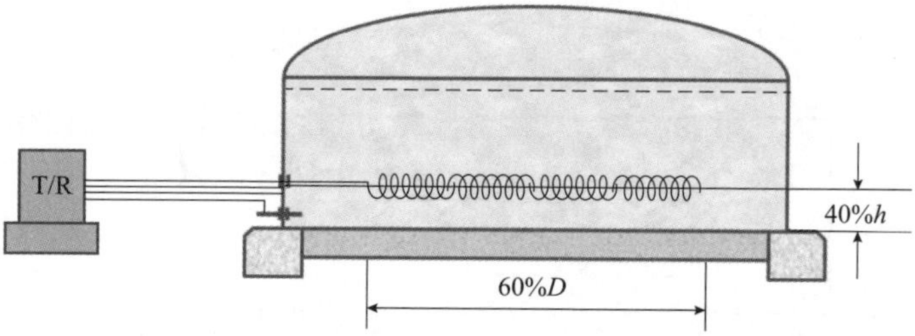

图 11－31　电源线连接

四、MMO 阳极长度及接水电阻计算

1. 阳极长度

(1) 选用电流输出为 100mA/m 的阳极，阳极总长度为 1209mA/100mA/m＝12m。

(2) 阳极长度经计算为 40m。考虑 1.25 倍安全系数，阳极长度选用 50m。

2. 阳极接水电阻

阳极接水电阻按线性阳极计算，计算公式为：

$$R_1=\frac{\rho}{2\times\pi\times d}\left[\ln\left(\frac{4L^2+4L\sqrt{S^2+L^2}}{d\times S}\right)+\frac{S}{L}-\frac{\sqrt{S^2+L^2}}{L}-1\right]$$

式中　R_1——阳极接水电阻，Ω；

ρ——水电阻率，25Ω · m；

L——阳极长度，50m；

d——阳极直径，0.001m；

S——两倍的阳极水深，2×12m×60%＝14.4m。

计算得阳极接水电阻为 0.99Ω。

五、恒电位仪容量计算

(1) 恒电位仪输出电压 $V=I\times R_1+2V=1.2A\times1.5\Omega+2V=3.8V$。

(2) 考虑到 0.2Ω 导线电阻及 1.25 倍安全系数，回路电阻取 1.5Ω。

(3) 选用 24V/10A 恒电位仪。恒电位运行时，根据电位自动调节输出电流。

六、已建消防水罐内壁阴极保护安装

(1)对于已经运行的消防水罐内壁阴极保护，将阳极从罐顶吊入，尼龙绳末端固定在混凝土加重块上，如图 11－32 所示。

(2)参比电极固定在尼龙绳中部，以断电电位为准设定输出电流。

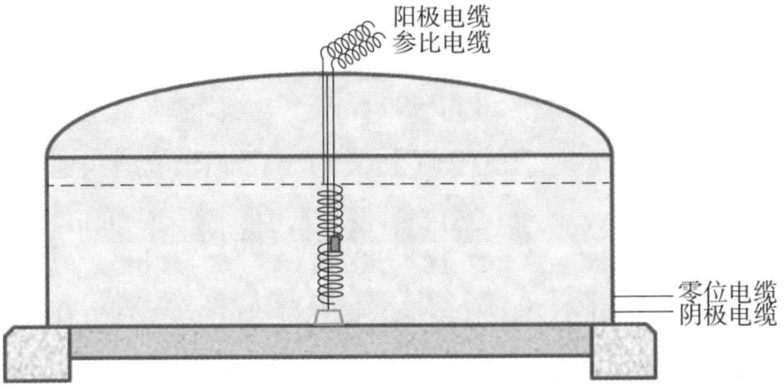

图 11－32　阳极与参比电极布置

第十节　储罐海水试压临时保护设计

某储罐建成后用海水试压，该海域水质干净，不在河口，海水含盐量相对较高，对钢的腐蚀性很强。为防止罐体腐蚀，采用阴极保护方式对储罐进行临时保护。

一、设计参数

(1)保护范围：罐内浮顶、罐圈板及罐底板内壁。

(2)保护方法：牺牲阳极阴极保护，保护时间为 50 天。

(3)设计指标：阴极保护电位维持在 $-0.85 \sim -1.0V_{CSE}$范围内。

(4)储罐直径：80m；储罐高度：20m；海水电阻率：25Ω · cm。

(5)海水试压需保护面积：储罐底板面积为 $5024m^2$，浮顶面积为 $5024m^2$，储罐圈板面积为 $5024m^2$。

(6)保护电流密度：选取 $100mA/m^2$。

二、临时阴极保护设计

(1)阳极选型为截面积为 9.5mm × 19mm 的带状铝合金阳极。

(2)当量直径为 $2 \times (9.5mm + 19mm)/\pi = 0.018m$，质量为 0.5kg/m。

(3)驱动电压为 0.3V。

三、储罐圈板阳极用量计算

储罐圈板的保护面积为 $5024m^2$，需要保护电流为 502A。阳极从浮顶上垂下，

为立式阳极，阳极长度为22m，接水电阻按下式计算：

$$R_a=\frac{\rho}{2\times\pi\times L}\times\left[\ln\left(\frac{8\times L}{d}\right)-1\right]=\frac{25\Omega\cdot cm}{2\times3.14\times2200cm}\left[\ln\left(\frac{8\times2200cm}{1.8cm}\right)-1\right]=0.015\Omega$$

因此单支阳极接水电阻为0.015Ω，输出电流为0.3V/0.015Ω=20A，则阳极用量为502A/20A=25支。

四、储罐底板、浮顶阳极需求量计算

储罐底板、浮顶的保护面积均为5024m^2，电流需求量为502A。选用5m长的阳极，两端焊接在罐底板及浮顶内侧上，则单支阳极接水电阻为：

$$R_{a,h}=\frac{\rho}{2\times\pi\times L}\times\ln\frac{2\times L}{d}=\frac{25\Omega\cdot cm}{2\times3.14\times500cm}\times\ln\left(\frac{2\times500cm}{1.8cm}\right)=0.05\Omega$$

因此单支阳极接水电阻为0.05Ω，输出电流为0.3V/0.05Ω=6A，则保护罐底板和浮顶分别需要502A/6A=84支阳极，共计168支阳极。

五、阳极寿命计算

阳极总质量$W=2\times84$支$\times5m\times0.5kg/m+25$支$\times22m\times0.5kg/m=420kg+275kg=695kg$。根据下式计算阳极设计寿命：

$$t=\frac{W\times U\times Q\times Z}{I\times8766}$$

式中 t——设计寿命，年；

W——阳极用量，695kg；

U——电流效率，90%；

Q——阳极使用效率，85%；

Z——阳极理论电容量，2500A·h/kg；

I——输出电流，502A。

将计算得出的t除以3，即为阳极寿命36.5天，考虑到钙镁沉积物的形成会减小电流需求量，按实际输出电流为设计值的70%计算，阳极寿命为52天，满足工程需要。

六、阳极的安装及保护效果

（1）保护圈板的阳极带底端与罐底板焊接，顶端与浮顶焊接，折弯在浮顶和罐底板之间。

（2）保护底板和浮顶的阳极两端与底板、浮顶焊接。

（3）充水2天后，保护电位达到$-1.0V_{CSE}$左右。

（4）试压完成后，罐壁有滑腻感，无锈。第二天罐壁上有白霜，再往后逐渐会有浮锈，但用抹布可以擦去，这是空气腐蚀，无大伤害。

（5）下部罐圈板、罐底板以及罐浮顶有致密的白色钙镁层，能在较长时间内抵御空气腐蚀，无黄锈。

第十一节　油气田井套管及集输管道阴极保护设计

一、井套管的阴极保护

(1)井套管可以采用外加电流阴极保护或牺牲阳极阴极保护。

(2)根据环境不同，阴极保护电流密度为 5 ~ 30mA/m^2。也可以根据井套管深度确定阴极保护电流，见表 11 –7。

(3)套管井口在阳极电压场之外。

表 11 –7　井套管阴极保护电流

井套管深度/m	阴极保护电流/A
900	2
1500	5
2400	30

二、集输管道的阴极保护

(1)集输管道可以采用牺牲阳极阴极保护或外加电流阴极保护。

(2)采用外加电流阴极保护时，阳极地床应位于联合站，同时保护多条管道。

(3)单井和集输管道最好同时施加阴极保护，绝缘接头两侧电位应尽量接近。

三、绝缘接头单井侧腐蚀与防护(见图 11 –33)

(1)单井侧管地电位负向偏移，但不明显。

(2)管道内有水时会发生内壁腐蚀，防腐层有破损时会发生外腐蚀。

(3)绝缘接头非保护侧腐蚀控制：用锌接地电池替代火花间隙，将绝缘接头跨接，或用二极管限制绝缘接头两侧电位差。

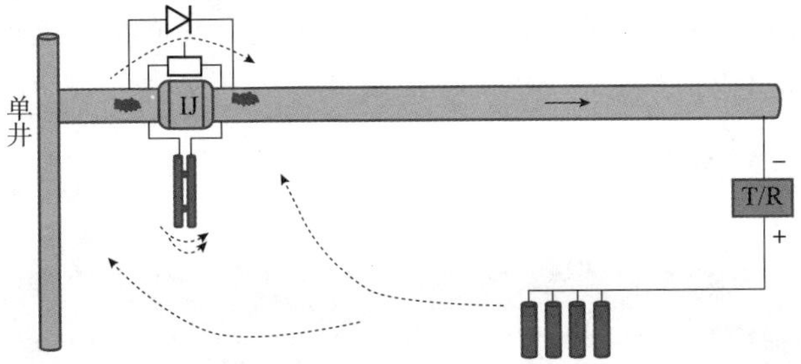

图 11 –33　单井侧腐蚀与防护

第十二节 阴极保护设计注意事项

一、阳极地床位置确定原则

(1)阳极地床应处于土壤电阻率低的位置。

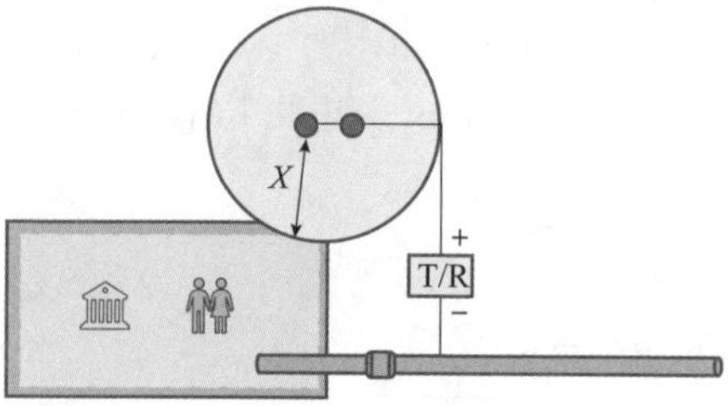

图 11-34 站内接地位置电压升

(2)在被保护管道上产生的电压升应小于 0.5V_{CSE},在被干扰结构上产生的电压升应小于 0.2V_{CSE}。

(3)站场周边一般会有接地极,接地极与站内管道连通。阳极地床在接地扁铁位置产生的电压升应小于 0.2V,如图 11-34 所示。

二、阀室仪表与阀体直连(见图 11-35)

(1)仪表与阀体直连,阀体经直流去耦合器接地。

(2)放空管绝缘接头安装在地上,或放空立管经火花隙与接地极连接。

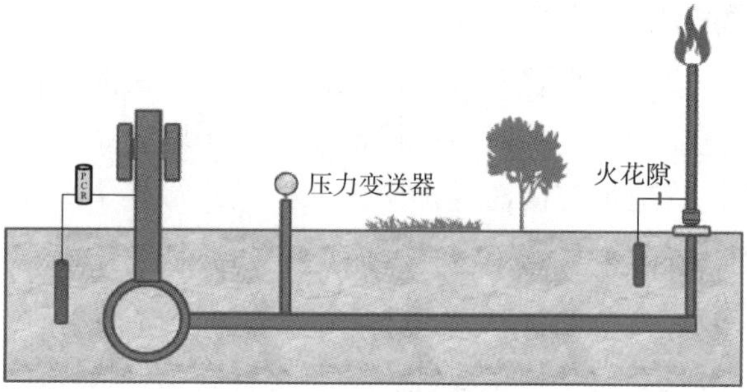

图 11-35 阀体及立管与接地极之间安装直流去耦合器和火花隙

三、直流去耦合器或火花隙安装方式

(1)直流去耦合器安装在防爆箱内或一侧通过金属件与管道连接。

(2)火花隙地上安装时,一侧通过金属件与管道连接,埋地安装时,两侧为电缆,如图 11-36 所示。

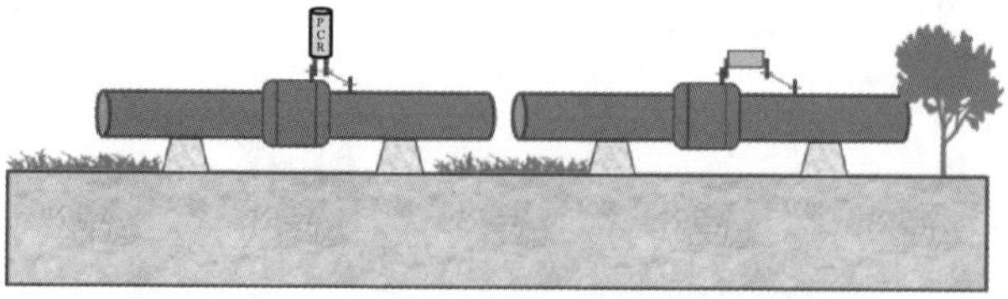

图 11-36 直流去耦合器金属件连接管道

四、站内区域阴极保护

(1)采用均布式阳极，靠近被保护管道埋设，远离接地极。

(2)站内不需要测试桩，在合适的位置埋设检查片及测试点。

(3)管道干线绝缘接头远离站内接地极或管道。

(4)阴极线和零位接阴线在方便的位置与管道连接，参比电极埋设在需要测量电位的位置，远离阳极地床。

(5)站内不需要均压线、跨接线，阴极保护电流的分布取决于阳极位置，与汇流点位置无关。

(6)对于储罐底板外侧的保护，用防渗膜限定阴极保护电流范围。

五、线性阳极的使用

在高土壤电阻率地区，有时候会用线性阳极沿管道铺设当地床。需要注意的是线性阳极不宜过长，由于线性阳极的纵向电阻影响，电流不会沿线性阳极流动很远，一般不超过500m。另外，线性阳极沿管道铺设时，也会发生阳极与管道搭接的情况，导致管地电位偏正。例如某管道，阳极与管道搭接后，管地电位在 $-0.15 \sim -0.50V_{CSE}$ 之间变化，类似测量线虚接，且没有规律，通过密间隔电位测量，找到电位最正处($-0.23V_{CSE}$)，发现了搭接点。

六、统一接线箱尺寸及布线

(1)接线箱需要标准化，如图11-37所示。

(2)接线箱尺寸为400mm×300mm×150mm，接线箱顶部高度为1.45m~1.50m，其布线需标准化。

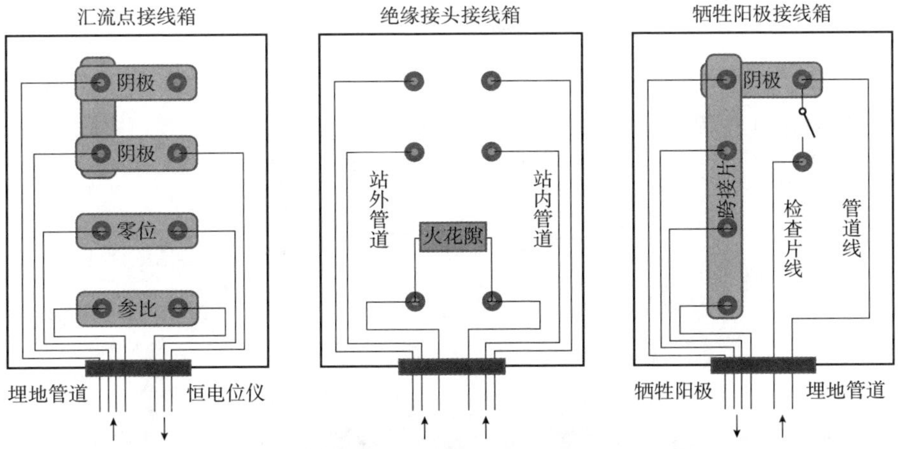

图11-37 接线箱标准化

第十二章　交、直流杂散电流排流设计

第一节　静态直流杂散电流排流设计

一、站内阴极保护对站外管道阴极干扰

（1）站内阴极对站外管道干扰：当站外管道靠近站内被保护结构时，会受到干扰，如图 12－1 所示。

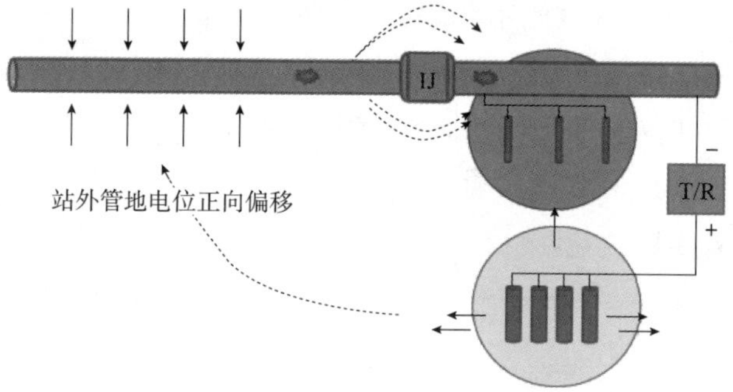

图 12－1　站内阴极对站外管道干扰

（2）深井阳极产生阴极干扰：因阳极场远在地下，所以地表主要受阴极场控制，容易对站外管道产生阴极干扰，如图 12－2 所示。

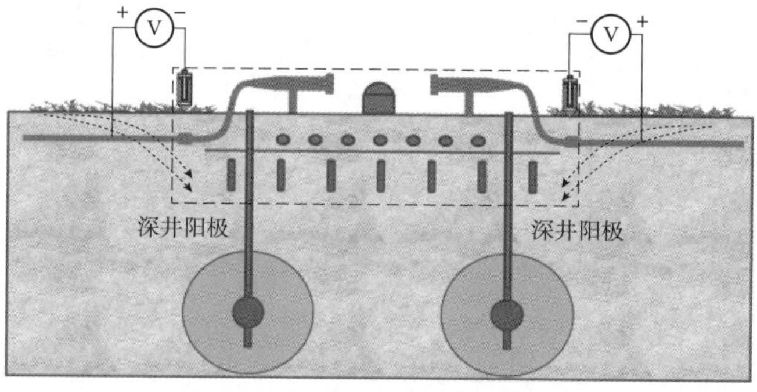

图 12－2　深井阳极产生阴极干扰

以下通过实例进一步介绍静态直流杂散电流排流设计。

二、阴极干扰测试

某阴极干扰测试结果如下：

(1)站内恒电位仪输出参数：见表 12－1。

表 12－1 恒电位仪输出参数记录

恒电位仪编号	恒电位仪输出电压/V	恒电位仪输出电流/A	恒电位仪设定电流/A	恒电位仪工作模式	参比电位/V	备 注
1#	9.227	7.070	7.000	恒电流	－986	阀组、泵棚
2#	7.409	6.063	6.000	恒电流	－854	阀组、泵棚区及注油区
3#	7.229	6.080	6.000	恒电流	－844	罐、加热区

(2)站外恒电位仪输出参数：当线路恒电位仪输出为 0.452A 时，受站内区域阴极保护的干扰，外管线绝缘接头位置保护不达标，见表 12－2。

表 12－2 站外管道恒电位仪输出参数

恒电位仪	输出电压/V	输出电流/A	设定电流/A	工作模式	参比电位/mV
1#	3.017	0.452	0.400	恒电流	＋531

(3)地表电位梯度测量：如图 12－3 所示。

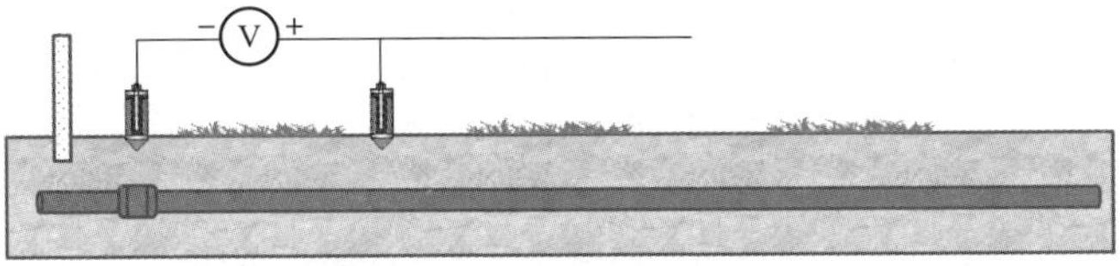

图 12－3 电位梯度测量

①出站方向地电位梯度(一支参比电极固定在绝缘接头位置，移动另一支参比电极测电位差)：见表 12－3、图 12－4。

②进站方向地电位梯度：见表 12－4、图 12－5。

表 12－3 出站方向地电位梯度 mV

0	5m	10m	15m	20m	25m	30m	35m	40m	45m	50m	55m	60m	65m	70m
18	263	583	894	1113	1267	1383	1445	1502	1546	1571	1587	1593	1622	1632
75m	80m	85m	90m	95m	100m	105m	110m	115m	120m	125m	130m	135m	140m	145m
1645	1677	1687	1696	1695	1704	1701	1681	—	—	—	—	—	—	—

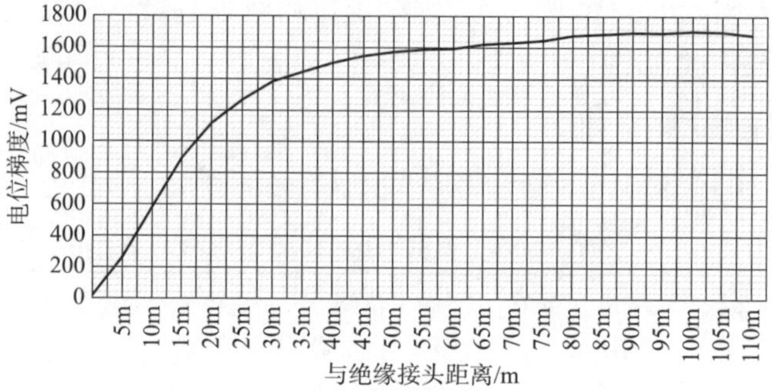

图 12 -4　出站方向电位梯度 - 距离关系曲线

表 12 -4　进站方向地电位梯度　　mV

0	5m	10m	15m	20m	25m	30m	35m	40m	45m	50m	55m	60m	65m	70m
10	435	765	1094	1335	1442	1525	1582	1633	1657	1681	1692	1719	1734	1752
75m	80m	85m	90m	95m	100m	105m	110m	115m	120m	125m	130m	135m	140m	145m
1774	1753	1771	1784	1762	1782	1774	1785	1783	1772	—	—	—	—	—

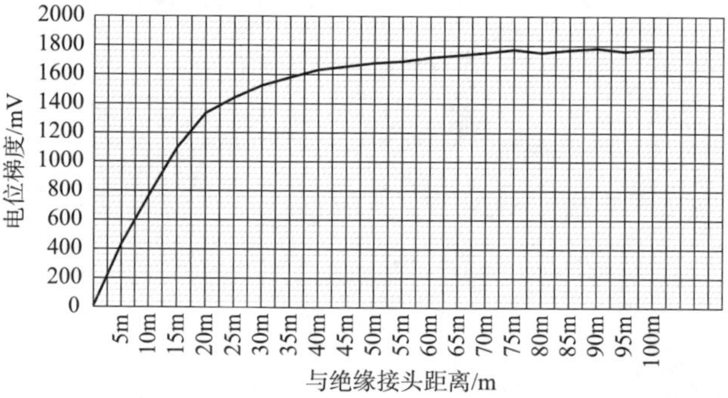

图 12 -5　进站方向电位梯度 - 距离关系曲线

站内阴极电压场范围约为 80m，电位梯度为 1.7 ~1.8V。

三、不同排流方式的试验

(1)线路恒电位仪恒位在 -1.25V：见表 12 -5。

表 12 -5　恒电位仪恒位运行后管道测量参数

测试位置	输出电流/A	绝缘接头处			500m 处		
		管地电位/mV		检查片电流/mA	管地电位/mV		检查片电流/mA
		V_{on}	V_{off}		V_{on}	V_{off}	
出站方向(3#桩)	7.493	-1294	-1022	-0.40	-2692	-1331	-6.9
进站方向(1#桩)		-822	-724	-0.15	-2491	-1247	-6.3

结论：线路恒电位仪恒位运行，输出电流达到7.5A，进站绝缘接头处欠保护，进、出站方向距离绝缘接头500m处过保护。

(2)站内、外跨接绝缘接头：见表12－6。

表12－6　跨接绝缘接头后管道测量参数

测试位置	站内、外跨接电流/A	绝缘接头处			500m处		
		管地电位/mV		检查片电流/mA	管地电位/mV		检查片电流/mA
		V_{on}	V_{off}		V_{on}	V_{off}	
出站方向(3#桩)	1.70	－1229	－982	－0.24	－2323	－1164	－5.12
进站方向(1#桩)	0.994	－1065	－766	－0.54	－2162	－1256	－4.50

结论：站内、外跨接后，出站方向满足阴极保护指标，进站方向绝缘接头处欠保护，距离绝缘接头500m处过保护。

(3)牺牲阳极排流(站内、外电源均开)：见表12－7。

表12－7　牺牲阳极排流后管道测量参数

测试位置	排流电流/A	绝缘接头处			500m处		
		管地电位/mV		检查片电流/mA	管地电位/mV		检查片电流/mA
		V_{on}	V_{off}		V_{on}	V_{off}	
出站方向(3#桩)	0.1513	－966	－964	－0.2	－1453	－946	－2
进站方向(1#桩)	—	445	＋403	1.5	－1234	－989	－2

结论：安装牺牲阳极排流后，出站方向满足阴极保护指标，进站方向没有安装牺牲阳极，通电电位为正值，管道处于腐蚀状态。

(4)安装牺牲阳极后地电位梯度：见表12－8、图12－6。

表12－8　安装牺牲阳极后地电位梯度　　mV

0	5m	10m	15m	20m	25m	30m	35m	40m	45m	50m	55m	60m	65m	70m
12	－72	－115	－14	139	264	368	425	478	517	532	549	536	583	593
75m	80m	85m	90m	95m	100m	105m	110m	115m	120m	125m	130m	135m	140m	145m
602	616	627	625	638	648	649	644	—	—	—	—	—	—	—

结论：牺牲阳极排流后，出站地表仍有约650mV电位梯度。

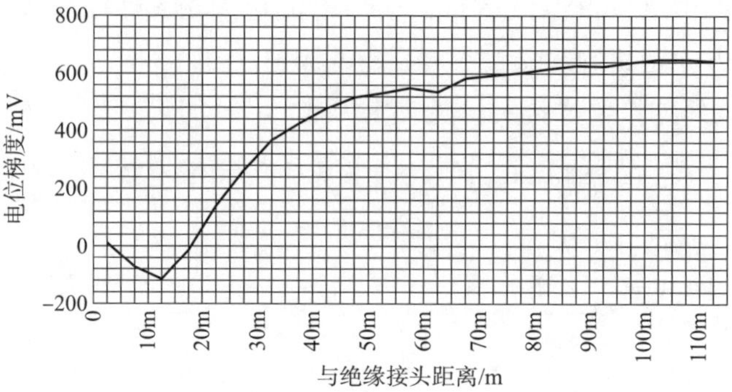

图 12-6 电位梯度-距离关系曲线

四、排流阳极位置的确定

(1)阳极排流原理：人为增加阳极电压场，抵消阴极电压场。

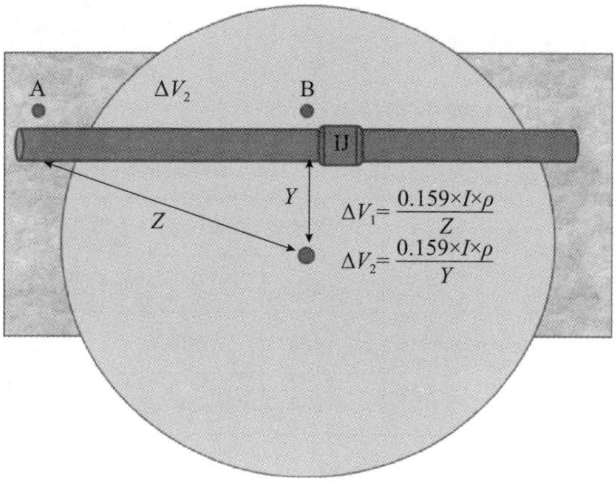

图 12-7 排流阳极电压场

(2)确定排流阳极位置的原则：如图 12-7 所示，增加的阳极既要抵消 A、B 之间的电位差，又不能使 B 点的电位过负。

假设新增加的阳极在 A 点产生的电压升为 ΔV_1，则 $\Delta V_1=\frac{0.159\times I\times\rho}{Z}$；新增阳极在绝缘接头位置(B 点)产生的电压升为 ΔV_2(即绝缘接头位置 B 与远离绝缘接头位置 A 之间的电位差)，则 $\Delta V_2=\frac{0.159\times I\times\rho}{Y}$。

(3)排流阳极输出电流的计算：

根据电压升计算公式，排流阳极输出电流为：

$$I=\frac{\Delta V_1\times Z}{0.159\times\rho}$$

式中 I——输出电流，V；

ΔV_1——电压升，A；

Z——与阳极的间隔，m；

ρ——土壤电阻率，Ω·m。

假设试验阳极安装后，在 100m 位置产生的电压升为 100mV，土壤电阻率为 21Ω·m，代入上述公式后，可得 $I=2.99$A。

(4)排流阳极与绝缘接头间隔的计算：

$$Y=\frac{0.159\times I\times\rho}{\Delta V_2}$$

式中　Y——排流阳极与绝缘接头的间隔，m；

I——输出电流，A；

ρ——土壤电阻率，Ω·m；

ΔV_2——电压升，V。

假设试验阳极安装后，在绝缘接头位置产生的电压升为1.79V，排流阳极输出电流为2.99A(上述计算得出)，土壤电阻率为21Ω·m，代入上述公式后，可得 $Y=5.6$m。

(5)排流阳极实际布置：每侧8支硅铁阳极，间隔2m，排流阳极总长30m，距离绝缘接头3m，如图12-8所示。

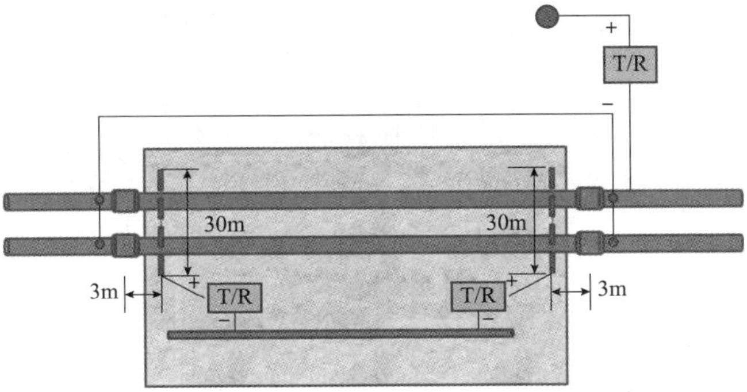

图12-8　排流阳极布置

五、安装排流阳极后测量参数

(1)采用排流阳极排流后测量参数：

①进站方向管地电位、检查片通断电位及电流：见表12-9。

表12-9　进站方向管道测量参数

排流阳极电流/A	绝缘接头处			500m处			1500m处		
	管地电位/mV		检查片电流/mA	管地电位/mV		检查片电流/mA	管地电位/mV		检查片电流/mA
2#	V_{on}	V_{off}		V_{on}	V_{off}		V_{on}	V_{off}	
进站方向	-1875	-915	-0.21	-1378	-981	-1.65	—	—	—

②出站方向管地电位、检查片通断电位及电流：见表12-10。

③站内恒电位仪、站外恒电位仪(恒电流模式)、试验电源均开启。线路机应增大电流。

表 12－10　出站方向外管道测量参数

排流阳极电流/A	绝缘接头处			500m 处			1500m 处		
	管地电位/mV		检查片电流/mA	管地电位/mV		检查片电流/mA	管地电位/mV		检查片电流/mA
3#	V_{on}	V_{off}		V_{on}	V_{off}		V_{on}	V_{off}	
出站方向	－1759	－1190	－0.7	－1764	－1035	－2.87	－1735	－802	－0.33

(2)出站方向地电位梯度：见表 12－11、图 12－9。

表 12－11　出站方向地电位梯度　　mV

0	5m	10m	15m	20m	25m	30m	35m	40m	45m	50m	55m	60m	65m	70m
－41	26	59	67	13	－23	－17	－19	－4	－30	－34	－23	－28	－15	－27
75m	80m	85m	90m	95m	100m	105m	110m	115m	120m	125m	130m	135m	140m	145m
－23	－33	－18	－46	－45	－45	—	—	—	—	—	—	—	—	—

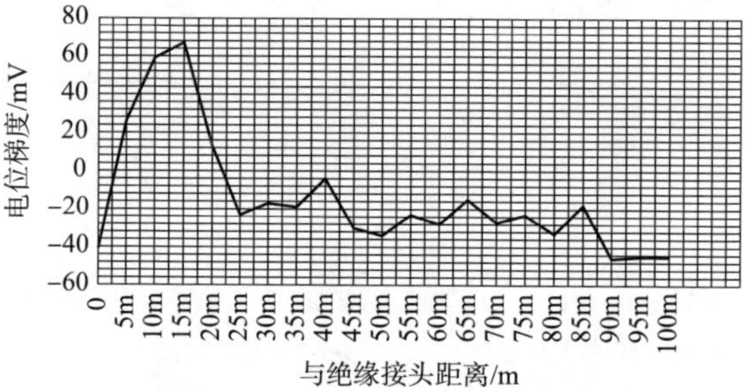

图 12－9　出站方向电位梯度－距离关系曲线

排流后，出站地电位梯度为 60mV。

(3)进站方向地电位梯度：见表 12－12、图 12－10。

表 12－12　进站方向地电位梯度　　mV

0	5m	10m	15m	20m	25m	30m	35m	40m	45m	50m	55m	60m	65m	70m
－21	－38	43	67	10	－8	－22	－35	－36	－42	－38	－53	－59	－58	－66
75m	80m	85m	90m	95m	100m	105m	110m	115m	120m	125m	130m	135m	140m	145m
－69	－76	－90	－72	－93	－78	—	—	—	—	—	—	—	—	—

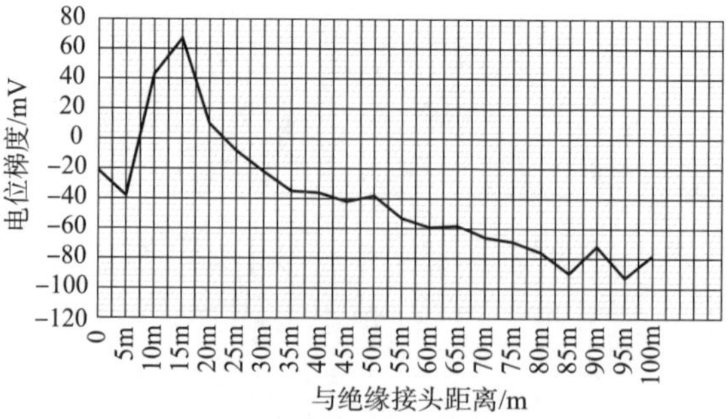

图 12－10　进站方向电位梯度－距离关系曲线

排流后，进站地电位梯度为60mV。

(4)排流方案分析：

①根据管道的断电电位以及电位梯度变化，发现进、出站给定的电流稍微偏大，可以减小一些。

②离开站场1500m后欠保护，线路机应增大电流输出。最后的输出电流应根据现场测试进行优化。

③站内阴极电压场的影响范围一般不超过100m。站外500m处，管地电位基本不受站内阴极干扰，只要保证线路恒电位仪有一定的电流输出，就可以保证该位置不受干扰。

④牺牲阳极排流：通过现场试验确定阳极用量，只要阳极用量足够，就能起到排流作用。

⑤绝缘接头跨接：绝缘接头跨接中的电阻进行试验确定后，也能保证绝缘接头位置保护达标。但也存在着绝缘接头直连后，接头位置保护不达标的可能。

⑥安装排流阳极的方式：通过调节站外恒电位仪输出以及排流阳极输出电流，可以保证绝缘接头位置以及出站500m位置满足规范要求即可。

六、安装排流恒电位仪

(1)可以利用站内现有的恒电位仪进行排流，根据现有恒电位仪的输出电压以及需要的排流电流，计算排流阳极接地电阻及规模。

(2)可以单独设置排流恒电位仪，其负极与站内管道连接，正极连接排流阳极，恒电位仪参比连接靠近绝缘接头的参比电极，零位接阴连接远离绝缘接头的参比电极，运行时设置恒电位仪电位为零，如图12－11所示。

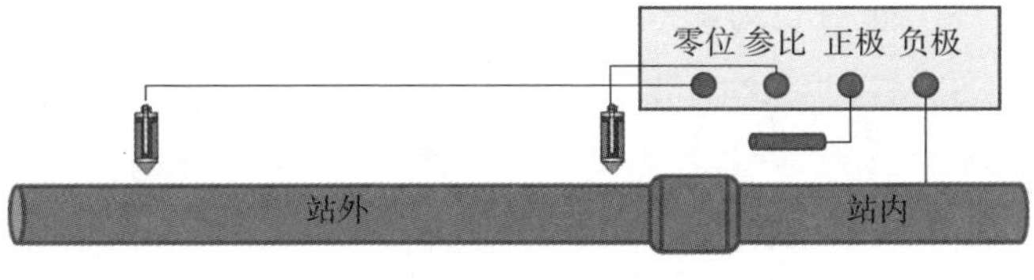

图12－11　排流恒电位仪连线

第二节　动态直流杂散电流排流设计

一、动态直流杂散电流干扰的排流方法

(1)首先对管道沿线通电电位波动幅度、断电电位不达标的时长进行分析，当断电电位不达标为主流时，提高恒电位仪输出电流或增加阴极保护站。

(2)对于动态杂散电流干扰，最主要的排流方式是增大恒电位仪的输出电流，让管道的电位整体负向偏移。

(3)在个别电位仍然偏正的位置，利用牺牲阳极和单向导通装置排流。在管道过保护时间比较长的位置，可以将牺牲阳极与管道直连，最好使用镁阳极以减少对阴极保护电流的消耗。

以下通过示例进一步介绍动态直流杂散电流排流设计。

二、管道概况

(1)本段线路起于广州鳌头首站，止于广州花都区，中间设有从化分输站，沿线多丘陵、甘蔗田等。鳌头北方大约20km的飞来峡镇龙鱼村有西电东送高压直流输电线路接地极。其输送电压为500kV和800kV，单极工作时最大入地电流为3215A。线路上测量到的最高管地电位约为40V，持续时间大约为14h。线路恒电位仪有几次烧损记录。

(2)管材为ϕ914mm的X70钢管，长度约为36.5km，2011年11月投产通气。全线采用三层PE高温型加强级防腐层，热缩带补口。

(3)本段线路在鳌头、广州分输站设有阴极保护站，阳极地床为浅埋硅铁阳极，无线路阀室。鳌头、从化、广州分输站内均采用线型阳极进行区域保护。

(4)线路安装有13处临时牺牲阳极保护，牺牲阳极材料为长20m的12.7mm×4.3mm锌带。

(5)管道沿线设有3处交流排流接地极，用去耦合器连接。

三、管道沿线自然电位测量

关闭线路恒电位仪，拆除临时保护阳极，交流排流接地连接，对管道沿线管地电位、电压进行了测量。检测结果表明，受地铁或直流输电线路的干扰，管地直流电位在-3.85~1.61V之间波动。受沿线交流输电线路的干扰，管道交流电压最大值为19.5V。

(1)管道沿线直流电位：如图12-12所示。

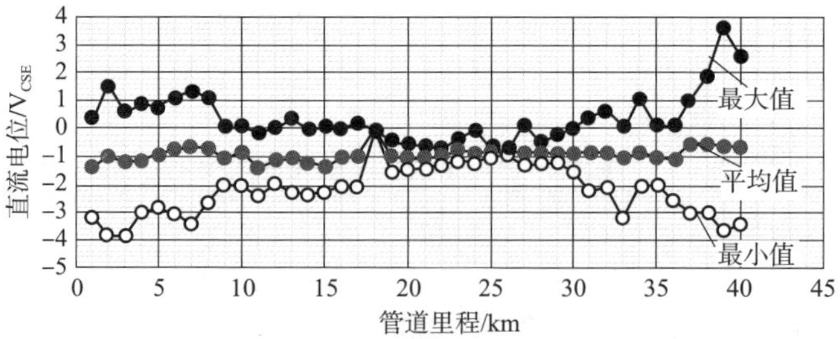

图12-12 管道沿线直流电位

(2)管道沿线交流电压：如图12-13所示。

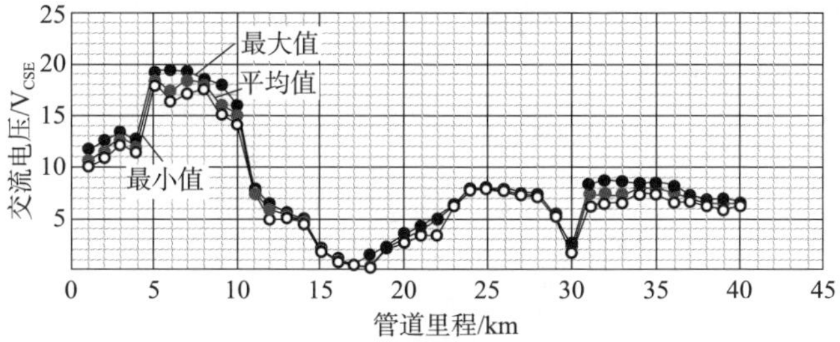

图 12-13 管道沿线交流电压

(3)管道沿线土壤电阻率：如图 12-14 所示。

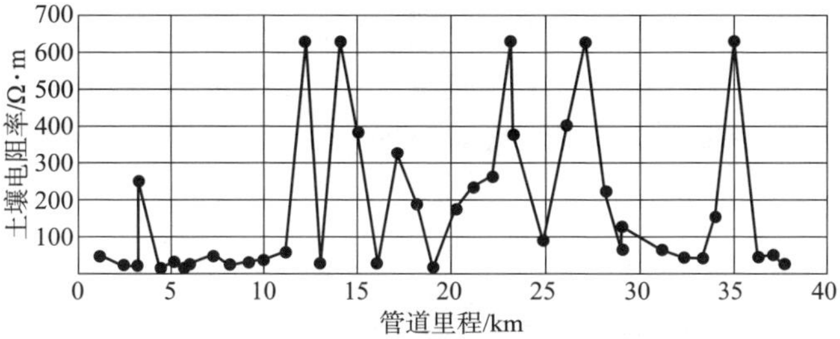

图 12-14 管道沿线土壤电阻率

(4)临时保护阳极位置直流电位及交流电压：见表 12-13。

表 12-13 管道临时保护阳极位置直流电位及交流电压

测量位置	位置里程/km	直流电位/mV			交流电压/V			锌带接地电阻/Ω
		最大值	最小值	平均值	最大值	最小值	平均值	
4# +	4.39	-0.029	-1.444	-0.625	2.448	2.301	2.386	3.9
7#	7.25	-0.246	-1.238	-0.689	3.590	3.474	3.534	6.5
11#	11.13	-0.425	-1.339	-0.847	2.536	2.430	2.472	6.3
14#	14.04	0.257	-2.615	-0.900	3.717	3.560	3.641	48.5
17#	17.13	0.060	-1.000	-0.500	0.160	1.800	0.700	36.5
20#	20.30	-0.516	-1.484	-1.082	3.379	3.050	3.208	48
23#	23.18	-0.885	-1.464	-1.137	2.171	2.055	2.110	12.5
27#	27.12	0.222	-2.352	-1.280	4.620	4.208	4.346	59
29#	29.01	-0.854	-2.632	-1.610	3.122	2.777	2.976	8.6
30#	30.00	-1.380	-1.728	-1.380	1.707	1.571	1.641	12
32#	32.18	-0.396	-1.974	-1.316	1.030	0.838	0.927	8.2
35#	35.04	-0.144	-2.134	-1.130	1.043	0.961	1.005	47
37#	37.03	-0.027	-2.341	-1.304	0.735	0.723	0.728	3

四、开启阴极保护电源测量

1. 恒电位仪输出参数

恒电位仪输出参数见表 12－14。

表 12－14　恒电位仪输出参数

阴极保护站名称	输出电压/V		输出电流/A		设定电位/V_{CSE}
	最大值	最小值	最大值	最小值	
鳌头站(干线保护)	30.9	1.9	2.6	0.0	－1.30
广州站(干线保护)	42.0	0.7	8.2	0	－1.30

开启阴极保护电源，尤其是连接临时保护后，管地电位波动范围收窄，交流电压降低。但仍有个别位置交流电压较高，管道通电电位平均值较正。应该用检查片测量断电电位，确认阴极保护的有效性。

2. 管道沿线直流电位

管道沿线直流电位如图 12－15 所示。

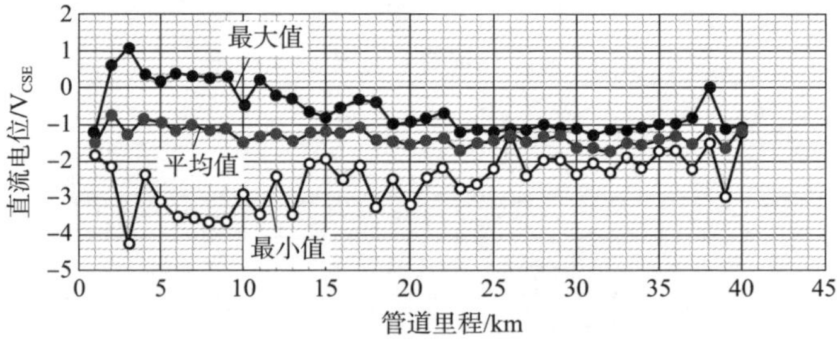

图 12－15　管道沿线直流电位

3. 管道沿线交流电压

管道沿线交流电压如图 12－16 所示。

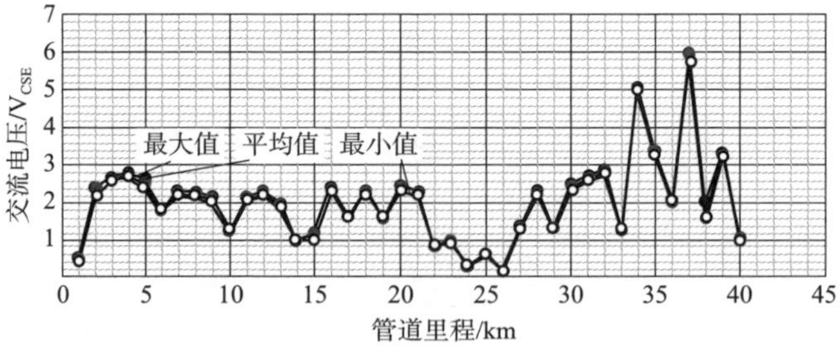

图 12－16　管道沿线交流电压

4. 管道两端管地电位

管道两端管地电位如图 12－17 所示。

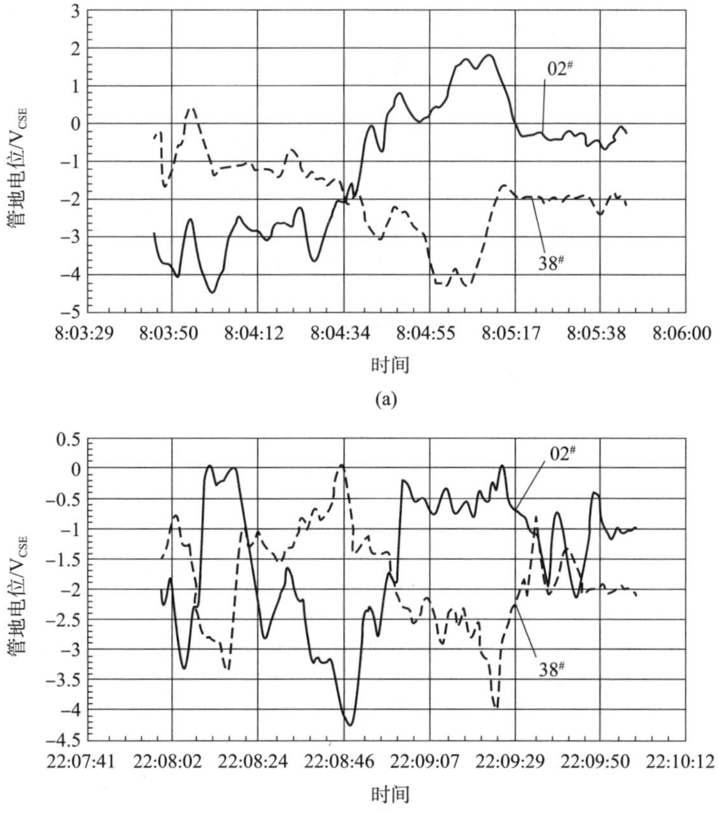

图 12 –17　管道两端管地电位偏移方向相反

5. 管道沿线检查片断电电位

管道沿线检查片断电电位如图 12 – 18 所示。

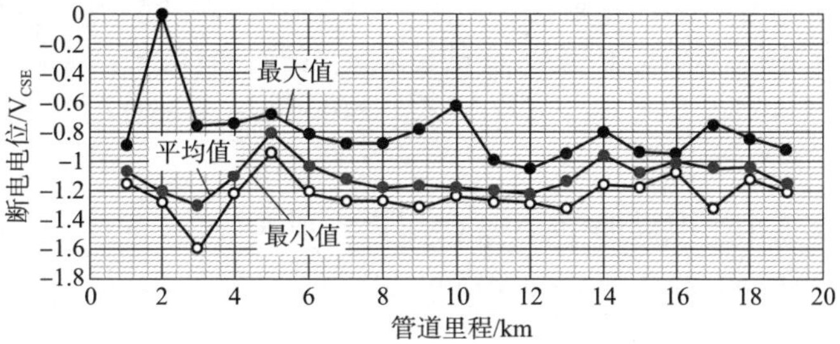

图 12 –18　管道沿线检查片断电电位

6. 管道沿线交流电密度

管道沿线交流电密度如图 12 – 19 所示。

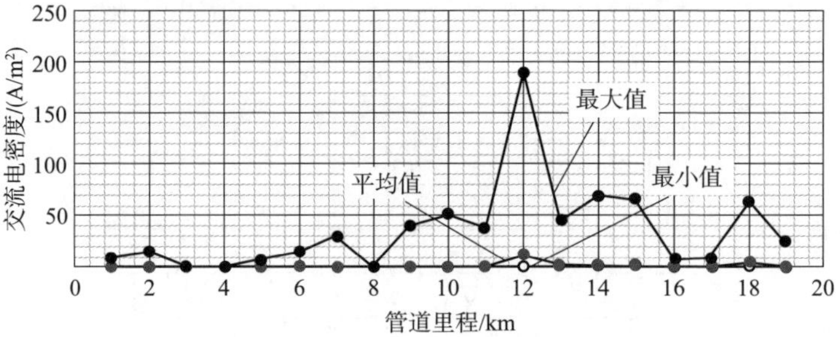

图 12－19　管道沿线交流电密度

7. 数据分析及排流方案

(1)管道沿线有临时保护锌阳极与管道连接，3 处交流排流正常工作。

(2)管道两端电位波动趋势反向，杂散电流从一侧进入管道的同时，从另一侧离开管道。

(3)通过对管道沿线直流电位以及检查片断电电位分析，发现只有个别位置管道保护不达标。

(4)通过对管道沿线交流电密度分析，只有一处交流电密度超标。

(5)外加电流阴极保护可以使管道电位整体偏负，牺牲阳极排流适合局部调整。在过保护及管地电位波动大的位置，可用牺牲阳极直连。由于干扰程度不严重，决定增大首末站阴极保护电源输出，局部采用直连镁阳极排流及保护。

五、管道排流设计

(1)首先将首末站恒电位仪设定为恒电流输出模式。

(2)在管地电位波动较大、电位偏正时间较长、土壤电阻率低的位置安装镁阳极排流。

(3)镁阳极安装数量按接地电阻计算。管道沿线土壤电阻率变化较大，阳极只能安装在土壤电阻率小于 100Ω·m 的位置，这些位置的平均电阻率为 39Ω·m。每组阳极的接地电阻应该小于 $\rho/(2\times d\times1000)=0.65\Omega$（$d$ 为漏点直径，取 3.0cm）。

(4)选用 6 支水平埋设的 14.5kg 镁阳极，埋深为 1.2m，单支阳极填包后长度为 1.0m，直径为 0.2m，间隔为 0.5m。经相关计算得阳极接地电阻为 7.2Ω > 0.65Ω，应增加阳极。

六、排流阳极安装

在土壤电阻率低、管地电位波动较大的位置安装牺牲阳极，共 7 组。牺牲阳极通过测试桩与管道直连，如图 12－20 所示。

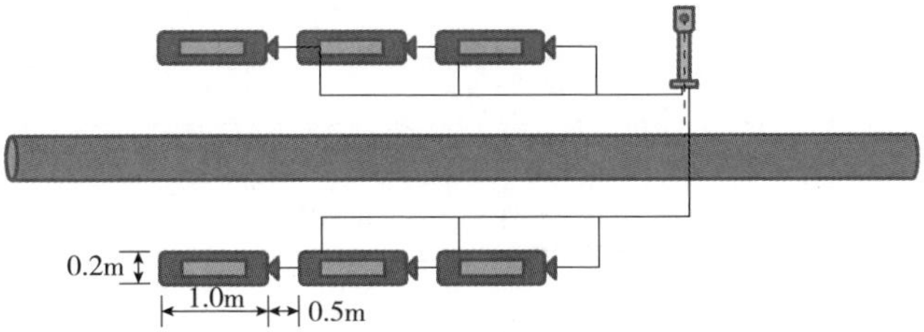

图 12-20　排流阳极安装

(1)排流阳极接地电阻：见表 12-15。

表 12-15　排流阳极接地电阻

镁阳极埋设位置	第一组电阻/Ω	第二组电阻/Ω	两组并联/Ω
2#	9.5	9.3	4.5
3# +	37	26	15
4# +	1.7	1.6	1.1
6#	15	11	8
8#	11	11	7
37#	8.6	6.5	4.7
38#	68	38	27

(2)排流阳极排放电流：见表 12-16。

表 12-16　排流阳极排放电流

排流位置	阳极电位/V	直流排放电流/mA			交流排放电流/mA		
		最大值	最小值	平均值	最大值	最小值	平均值
2#	-1.60	147	-246	-37	373	364	368
3# +	-1.54	37	-94	-20	110	108	109
4# +	-1.52	191	-126	28	413	402	407
6#	-1.53	139	-192	-52	175	169	172
8#	-1.45	-42	-188	-111	233	227	229
37#	-1.53	134	-364	-111	629	602	616
38#	-1.54	119	-157	-30	205	193	199

(3)排流前管地电位及交流电压：见表 12-17。

表 12-17　排流前管地电位及交流电压

排流位置	阳极电位/V	排流前管地电位/V			排流前交流电压/V		
		最大值	最小值	平均值	最大值	最小值	平均值
2#	-1.60	-0.26	-4.09	-2.05	3.91	3.81	3.86

续表

排流位置	阳极电位/V	排流前管地电位/V			排流前交流电压/V		
		最大值	最小值	平均值	最大值	最小值	平均值
3# +	-1.54	-1.24	-2.58	-1.72	2.25	2.20	2.22
4# +	-1.52	-0.56	-3.80	-2.04	3.46	3.42	3.44
6#	-1.53	-1.00	-3.90	-2.24	1.94	1.83	1.86
8#	-1.45	-1.28	-4.10	-2.56	2.39	2.22	2.31
37#	-1.53	+0.09	-2.91	-1.48	2.81	2.73	2.77
38#	-1.54	-0.67	-2.85	-1.80	3.81	3.54	3.68

(4)排流后管地电位及交流电压：见表12-18。

表12-18 排流后管地电位及交流电压

排流位置	阳极电位	排流后管地电位/V			排流后交流电压/V		
		最大值	最小值	平均值	最大值	最小值	平均值
2#	-1.60	-0.72	-1.61	-1.16	1.03	0.90	0.95
3#	-1.54	-0.91	-1.45	-1.20	0.33	0.32	0.32
4#	-1.52	-1.33	-1.72	-1.54	0.31	0.30	0.31
6#	-1.53	-1.09	-1.54	-1.35	2.23	2.21	2.22
8#	-1.45	-1.24	-1.99	-1.62	0.51	0.46	0.49
37#	-1.53	-0.70	-1.78	-1.33	0.57	0.48	0.53
38#	-1.54	+0.23	-2.47	-1.09	1.91	1.85	1.89

七、排流后效果检测

最大交流电密度均小于50A/m^2，满足规范要求。管道电压满足安全电压要求。管地电位满足极化电位负于-0.85V或阴极极化大于100mV要求。极化探头测量结果和参比管测量结果相近。排流极可以有效地抑制电位的波动。

1. 管道通电电位

排流后管道通电电位如图12-21所示。

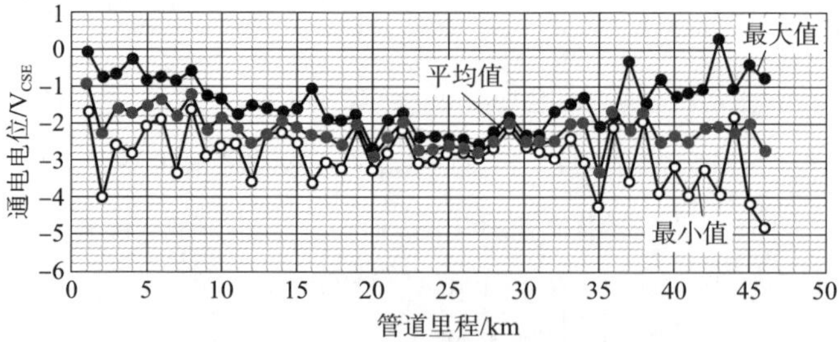

图12-21 管道通电电位

2. 管道沿线检查片自然电位

排流后管道沿线检查片自然电位如图 12－22 所示。

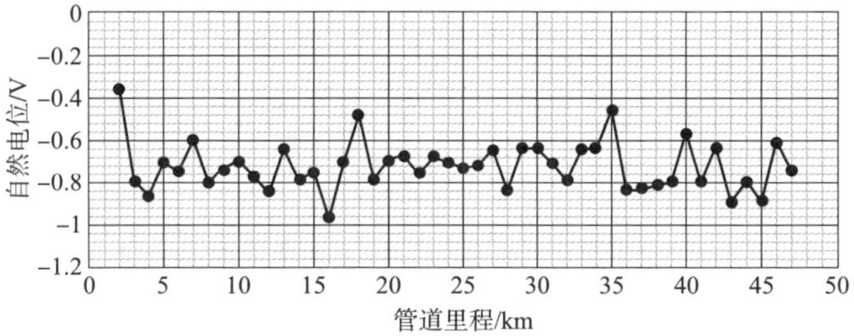

图 12－22　管道沿线检查片自然电位

3. 管道沿线检查片断电电位

排流后管道沿线检查片断电电位如图 12－23 所示。

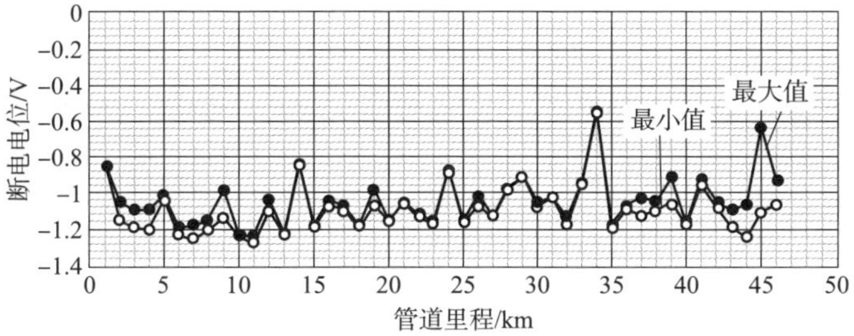

图 12－23　管道沿线检查片断电电位

4. 管道沿线交流电压

排流后管道沿线交流电压如图 12－24 所示。

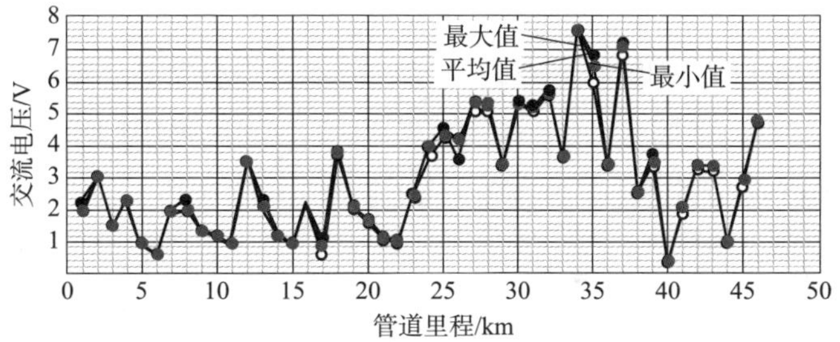

图 12－24　管道沿线交流电压

5. 管道沿线交流电密度

排流后管道沿线交流电密度如图 12－25 所示。

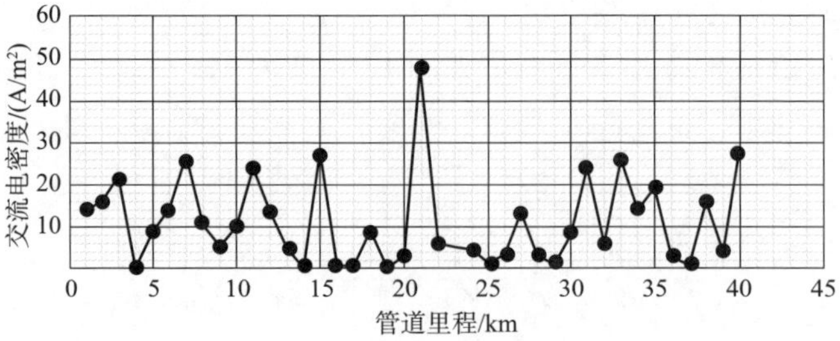

图 12－25　管道沿线交流电密度

6. 杂散电流检测及排流效果总结

(1)排流设计开始前，首先要检测管道检查片通、断电电位以及交流电压、交流电密度。

(2)在管地电位或交流电压变化剧烈的位置，进行24h 监测。

(3)排流后，仍测量检查片通、断电电位以及交流电压、交流电密度。

(4)根据检查片断电电位及不达标时长比例评价阴极保护有效性。

(5)根据交流电压最大值和平均值评价安全性，根据检查片交流电密度评价交流腐蚀干扰。

(6)测量排流接地极位置管道侧交直流电压、直流电位，以及接地极侧交直流电压、直流电位、排放电流、接地极接地电阻等。

第三节　交流杂散电流排流设计

一、交流杂散电流对管道的干扰

交流杂散电流对管道的干扰主要有两种形式，即传导型和感应型。传导型干扰主要是安全问题，感应型干扰既有安全问题，也有腐蚀问题。对于传导型干扰，主要是靠增大管道和杆塔接地极的间隔来避免，见表 12－19；对于感应型干扰，还需要采取排流措施。一般情况下，满足表 12－19 中的间隔要求，就很难发生传导型干扰。

表 12－19　管道与杆塔接地极最小间隔

电压等级/kV	220	330	500	>500
与杆塔接地极最小间隔/m	5	6	7.5	10

二、传导型交流干扰的预防

传导型干扰是故障电流或雷击电流沿杆塔入地，在杆塔接地极附近产生电压升，导致管体、防腐层或人身的伤害。

1. 管道与杆塔接地极最小间隔

为避免土壤离子化，管道与杆塔接地极最小间隔 r 为：

$$r = 0.08 \times \sqrt{I \times \rho} \quad (\rho \leqslant 1000\Omega \cdot m)$$

$$r = 0.047 \times \sqrt{I \times \rho} \quad (\rho > 1000\Omega \cdot m)$$

式中　I——故障杆塔入地电流，取故障电流的 20%，没有具体参数时，故障电流取线路额定电流的 10 倍，kA；

ρ——土壤电阻率，Ω·m。

2. 管道距离杆塔接地极位置电压升

计算管道距离杆塔接地极最近位置电压升，需满足防腐层耐压要求，如图 12－26、图 12－27 所示。电压升按以下公式计算：

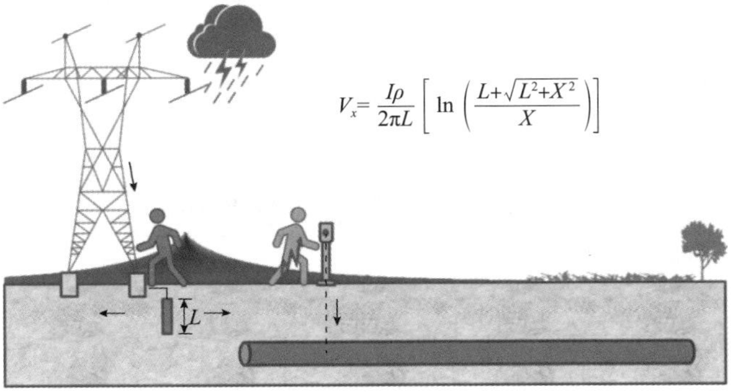

图 12－26　管道位置电压升

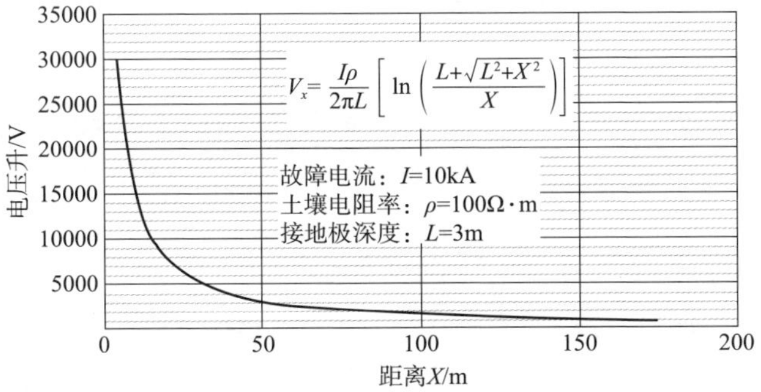

图 12－27　管道位置电压升计算

$$V_x = \frac{I\rho}{2\pi L}\left[\ln\left(\frac{L + \sqrt{L^2 + X^2}}{X}\right)\right]$$

式中　V_x——管道位置电压升，V；

I——故障电流，A；

ρ——土壤电阻率，$\Omega \cdot m$；

L——接地极深度，m；

X——管道与接地极距离，m。

3. 防腐层耐压能力

(1)3PE 防腐层耐受雷击电压能力按以下公式计算：

$$V = \eta \times (12t + 60)$$

式中 V——防腐层耐压能力，kV；

η——防腐层折算系数，0.7kV/mm；

t——防腐层厚度，mm。

(2)FBE 防腐层耐受雷击电压能力按以下公式计算：

$$V = \eta \times (0.027t + 12)$$

式中 V——防腐层耐压能力，kV；

η——防腐层折算系数，0.6kV/μm；

t——防腐层厚度，μm。

(3)防腐层耐受故障电压能力：见表 12－20。

表 12－20 防腐层耐受故障电压能力

防腐层类型	介电强度/(kV/mm)
聚乙烯	18.9
环氧粉末	19.7
聚氨酯	25.0
沥青漆	47.4

4. 人体耐受电压能力

(1)人体耐受的跨步电压(50kg 和 70kg 以上)按以下公式计算：

$$V_s = (1000 + 6\rho)\frac{0.116}{\sqrt{t_s}},\ V_s = (1000 + 6\rho)\frac{0.157}{\sqrt{t_s}}$$

式中 ρ——土壤电阻率，$\Omega \cdot m$；

t_s——故障电流持续时间，s。

(2)人体耐受的接触电压(50kg 和 70kg 以上)按以下公式计算：

$$V_t = (1000 + 1.5\rho)\frac{0.116}{\sqrt{t_s}},\ V_t = (1000 + 1.5\rho)\frac{0.157}{\sqrt{t_s}}$$

式中 ρ——土壤电阻率，$\Omega \cdot m$；

t_s——故障电流持续时间，s。

(3)铺设碎石后耐受的接触电压按以下公式计算：

$$V_t=(1000+1.5\times\rho_s\times C_s)\times\frac{0.116}{\sqrt{t_s}},\quad C_s=1-\frac{0.09\left(1-\frac{\rho}{\rho_s}\right)}{2h_s+0.09}$$

式中　ρ_s——碎石电阻率，Ω·m；

C_s——表层降阻系数；

t_s——故障电流持续时间，s；

ρ——下部土壤电阻率，Ω·m；

h_s——碎石层厚度，m。

三、感应型交流干扰的排流

根据交流电密度平均值、交流电压平均值、交流电压最大值决定是否排流。选择交流排流方式时，要兼顾管道的保护水平，欠保护时，要有利于增强阴极保护。某管道的相关参数见表12－21、表12－22。

表12－21　管道沿线交流电电压及交流电密度

测量位置（桩号）	管地交流电压/V			管道交流电密度/(A/m^2)			土壤电阻率/Ω·m
	最大值	最小值	平均值	最大值	最小值	平均值	
22#	36	12	24	135	39	78	60

表12－22　管道沿线检查片通、断电电位

测量位置（桩号）	检查片通电电位/mV			检查片断电电位/mV			断电电位正于最小指标/%		
	最大值	最小值	平均值	最大值	最小值	平均值	－0.85V	－0.80V	－0.75V
22#	－0.23	－4.25	－2.25	－0.75	－1.18	－1.03	6.5	3.8	1.8

四、交、直流复合干扰时排流注意事项

(1)当管地电位波动时，采用非对称型直流去耦合器，反向导通电压大于最负的管地电位(绝对值)。改扩建工程可以采用电位测试桩兼作排流桩。

(2)交流排流应尽量避开管地直流电位波动剧烈、波动幅度大的位置，以减少直流去耦合器电容器充放电进入管道的直流杂散电流，或采用极性排流。

(3)当管道既有过保护段，又有欠保护段时，增大外加电流阴极保护电流，使管地电位普遍负移，或采用极性排流，在排放交流的同时，抑制管地电位正向偏移。

第四节　交流杂散电流排流设计案例

一、管道概况

(1)某管道直径为406.4mm，管道材质为L415M，设计压力为9.5MPa，管

道外防腐层为环氧粉末(FBE)，厚度为400μm。

(2)管道103～122km共有约20km管道与220kV高压交流输电线路共用走廊，间隔在100m之内。管道受干扰管段总长约为50km。

(3)额定输送电流为2.5kA，故障电流按10倍的额定电流计算为25kA，故障杆塔入地电流按故障电流的20%考虑，为5kA，持续时间为0.1s，杆塔接地极长度为3m，与管道最小间隔为4.8m，距离杆塔30m处有管道测试桩，故障期间，体重49kg的测试人员正在作业。

(4)管道土壤电阻率普遍为20Ω·m左右。

二、管道与杆塔接地极最小间隔

为避免土壤离子化，管道与杆塔接地极最小间隔为：

$$r = 0.08 \times \sqrt{I \times \rho} \quad (\rho \leqslant 1000\Omega \cdot \mathrm{m})$$

将故障杆塔入地电流5kA和土壤电阻率20Ω·m代入上式，计算出管道最小允许间隔为0.8m，目前管道距离接地极4.8m，不会因土壤离子化而损坏管体。

三、管道防腐层及人身安全核算

(1)防腐层耐受雷击电压：$V = \eta \times (0.027t + 12) = 0.6 \times (0.027 \times 400\mu\mathrm{m} + 12) = 13.68\mathrm{kV}$。

(2)防腐层耐受故障电压：$V = 19.7\mathrm{kV/mm} \times 0.4\mathrm{mm} = 7.88\mathrm{kV}$。

(3)49kg测试人员耐受的接触电压和跨步电压：

$$V_{\mathrm{t}} = (1000 + 1.5\rho)\frac{0.116}{\sqrt{t_{\mathrm{s}}}} = (1000 + 1.5 \times 20\Omega \cdot \mathrm{m})\frac{0.116}{\sqrt{0.1\mathrm{s}}} = 378\mathrm{V}$$

$$V_{\mathrm{s}} = (1000 + 6\rho)\frac{0.116}{\sqrt{t_{\mathrm{s}}}} = (1000 + 6 \times 20\Omega \cdot \mathrm{m})\frac{0.116}{\sqrt{0.1\mathrm{s}}} = 411\mathrm{V}$$

(4)电压升计算：

①距离杆塔接地极4.8m处电压升：

$$V_{x} = \frac{I \times \rho}{2 \times \pi \times L}\ln\left(\frac{L + \sqrt{L^2 + X^2}}{X}\right) =$$

$$\frac{5000\mathrm{A} \times 20\Omega \cdot \mathrm{m}}{2 \times 3.14 \times 3\mathrm{m}}\ln\left(\frac{3\mathrm{m} + \sqrt{(3\mathrm{m})^2 + (4.8\mathrm{m})^2}}{4.8\mathrm{m}}\right) = 3.12\mathrm{kV}$$

电压升为3.12kV，低于防腐层耐受故障电压7.88kV，不会损坏防腐层。

②距离接地极30m测试桩处电压升：

$$V_{x} = \frac{I \times \rho}{2 \times \pi \times L}\ln\left(\frac{L + \sqrt{L^2 + X^2}}{X}\right) =$$

$$\frac{5000\mathrm{A} \times 20\Omega \cdot \mathrm{m}}{2 \times 3.14 \times 3\mathrm{m}}\ln\left(\frac{3\mathrm{m} + \sqrt{(3\mathrm{m})^2 + (30\mathrm{m})^2}}{30\mathrm{m}}\right) = 529\mathrm{V}$$

电压升为529V，高于测试人员耐受接触电压378V，要在测试桩四周铺设碎石，保障测试人员安全。由于假设管道为零电位，所以接触电压风险远大于跨步电压风险。设计时只考虑人体耐受接触电压能力。

(5)铺设碎石后耐压核算：

假设碎石电阻率为5kΩ·m，厚度8cm，则

$$C_s = 1 - \frac{0.09 \times \left(1 - \frac{\rho}{\rho_s}\right)}{2h_s + 0.09} = 1 - \frac{0.09 \times \left(1 - \frac{20\Omega \cdot m}{5000\Omega \cdot m}\right)}{2 \times 0.08m + 0.09} = 0.641$$

$$V_t = (1000 + 1.5 \times \rho_s \times C_s) \times \frac{0.116}{\sqrt{t_s}} =$$

$$(1000 + 1.5 \times 5000\Omega \cdot m \times 0.641) \times \frac{0.116}{\sqrt{0.1s}} = 2128V > 529V$$

铺设碎石后，人体耐受电压为2128V，可以耐受529V接触电压。

四、管道沿线交流电压及交流电密度(实测值)

管道沿线交流电压及交流电密度见表12-23。

表12-23　管道沿线交流电压及交流电密度

序号	管道里程	交流电压/V			土壤电阻率/Ω·m	交电流密度/(A/m^2)
		最大值	最小值	平均值		
1	087km+815m	4.2	2.6	3.4	18.84	41
2	088km+451m	4.5	2.7	3.6	17.58	47
3	090km+681m	7.9	7.9	7.9	17.58	101
4	091km+826m	10.9	6.2	8.6	18.84	103
5	093km+000m	12.2	7.9	9.5	20.09	107
6	094km+902m	14.0	14.0	14.0	20.09	157
7	096km+962m	16.7	10.3	14.2	20.09	159
8	097km+950m	17.4	10.7	14.7	22.60	146
9	100km+000m	15.7	15.7	15.7	18.84	187
10	101km+173m	19.1	11.6	15.9	18.84	191
11	102km+104m	11.5	11.5	11.5	16.32	158
12	103km+192m	19.9	12.0	16.4	16.32	227
13	103km+900m	14.8	14.8	14.8	16.32	204
14	105km+114m	18.0	10.9	14.9	16.32	206
15	105km+410m	15.3	15.3	15.3	18.84	183

续表

序号	管道里程	交流电压/V			土壤电阻率/Ω·m	交电流密度/(A/m^2)
		最大值	最小值	平均值		
16	105km+879m	14.2	14.2	14.2	18.40	174
17	106km+954m	17.7	9.7	13.8	18.84	165
18	108km+981m	16.1	8.3	12.8	20.09	144
19	109km+339m	14.8	7.6	11.8	21.35	125
20	109km+593m	10.2	10.2	10.2	16.32	140
21	109km+956m	9.8	9.8	9.8	16.32	135
22	110km+554m	13.0	6.7	10.4	16.32	144
23	111km+014m	7.3	7.3	7.3	16.32	101
24	112km+062m	12.2	12.2	12.2	16.32	168
25	113km+125m	11.3	11.3	11.3	16.32	156
26	114km+127m	11.2	11.2	11.2	16.32	154
27	115km+292m	11.9	5.6	9.3	16.32	129
28	116km+401m	9.1	9.1	9.1	17.58	116
29	117km+553m	18.0	10.7	14.5	17.58	186
30	118km+829m	15.4	15.4	15.4	20.09	172
31	119km+313m	20.0	9.6	15.7	20.09	176
32	120km+591m	20.9	10.1	16.7	18.84	199
33	121km+423m	21.2	10.3	16.8	18.84	201
34	122km+455m	20.6	10.1	16.4	18.84	197
35	122km+461m	14.6	7.1	11.4	17.58	146
36	124km+549m	14.07	14.07	14.07	17.58	180
37	124km+991m	14.7	7.1	11.7	20.09	131
38	126km+461m	12.51	12.51	12.51	20.09	140
39	128km+661m	15.3	7.4	11.9	16.32	165
40	131km+581m	18.9	9.2	14.8	20.09	166
41	133km+502m	18.1	8.8	14.1	16.32	195
42	134km+488m	12.6	12.6	12.6	16.32	174
43	135km+610m	11.6	11.6	11.6	17.58	148
44	136km+754m	15.9	7.8	12.4	17.58	160
45	137km+920m	10.3	10.3	10.3	15.07	154

续表

序号	管道里程	交流电压/V			土壤电阻率/Ω·m	交电流密度/(A/m²)
		最大值	最小值	平均值		
46	138km+230m	13.8	6.8	10.8	15.07	162
47	139km+800m	8.9	8.9	8.9	18.84	106
48	140km+069m	8.7	8.7	8.7	18.84	104

根据交流电密度、平均交流电压及最高电压确定排流位置。交流电压平均值>15V、交流电密度>30A/m²、峰值电压>60V处为需要排流的位置。

五、排流位置确定原则

(1)本管道排流点的位置设计原则为输电线路与管道近距离并行段，交流电密度大于100A/m²的位置，每2km安装一处排流接地极。

(2)输电线路与管道相对位置关系发生明显变化时，电压升高的重点管段应加密布置。

(3)排流接地体的安装方式有浅埋地床和深井地床两种方式，为直流去耦合器+100m锌带接地极，锌带用填料回填。

(4)本管道沿线实际安装了20处排流，排流后检测，大部分管段交流电密度在30A/m²左右。

六、排流接地极构造

(1)采用100m锌带+直流去耦合器的排流措施。

(2)排流接地极接地电阻：

①根据接地极电阻为防腐层破损点电阻千分之一的原则，破损点电阻 $R=\frac{\rho}{2\times d}$。

②管道沿线平均土壤电阻率为20Ω·m，防腐层破损点直径为1cm。

③防腐层破损点电阻 $R=\frac{\rho}{2\times d}=\frac{2000\Omega\cdot \text{cm}}{2\times 1.0\text{cm}}=1000\Omega$。

④交流排流接地极电阻宜小于 $R/1000$，即小于1.0Ω。

(3)排流接地极接地电阻核算：

①根据接地电阻小于1.0Ω的原则，水平铺设100m锌带并用填料回填，锌带埋深为1.2m，回填后直径为0.1m。

②根据以下公式计算锌带接地电阻：

$$R_h=\frac{\rho}{2\times\pi\times L}\times\ln\left(\frac{L^2}{t\times d}\right)=\frac{20\Omega\cdot \text{m}}{2\times 3.14\times 100\text{m}}\times\ln\left(\frac{100\text{m}^2}{1.2\text{m}\times 0.1\text{m}}\right)=0.36\Omega$$

③锌带接地电阻为0.36Ω，满足小于1.0Ω的要求。

(4)采用锌带接地极或镀锌扁钢接地极，长度尽量不超过300m。300m之后，继续增加接地极长度，对接地电阻下降作用不大。

(5)排流前、后管道交流电压如图12－28所示。

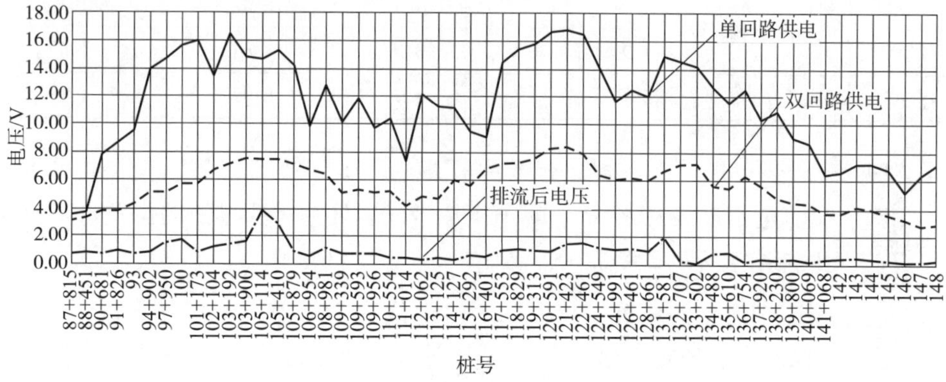

图12－28　排流前、后管道交流电压

经现场检测并通过阴保在线监控系统查看智能桩上传的数据，排流施工完成后管道沿线所有测试点的交流干扰电压均明显下降，交流电密度低于100A/m²，整体干扰防护效果良好，达到了预期目标。个别位置交流电密度大于30A/m²，可以通过新增排流接地极或控制阴极保护电位来控制腐蚀。

第五节　高压直流接地极放电干扰计算

某管道靠近高压直流输电线路换流站接地极，距接地极最近距离为2.2km。高压直流输电线路单极工作时，放电电流为5kA，每年累计放电时间为22h。假设距接地极最近距离的管道上有1.0cm² 的防腐层破损点，土壤电阻率为35Ω·m，则管道的年平均腐蚀率理论上是多少？

一、电压升计算

在距离直流输电线路接地极2.2km处，电压升为：

$$V_x = \frac{0.159 \times I \times \rho}{X} = \frac{0.159 \times 5000\text{A} \times 35\Omega \cdot \text{m}}{2200\text{m}} = 12.65\text{V}$$（忽略管道本身阴极保护电位）

二、防腐层破损点接地电阻及排放电流计算

(1)防腐层破损点接地电阻(电压超过5.0V时要考虑电阻的增大)为：

$$R = \frac{\rho}{2 \times d} = \frac{35\Omega \cdot \text{m}}{2 \times 0.0113\text{m}} = 1549\Omega$$

(2)排放电流为：

$$I=\frac{V}{R}=12.65\text{V}/1549\Omega=8.1\times10^{-3}\text{A}=8.1\text{mA}$$

三、金属腐蚀量计算

根据法拉第第一定律，金属腐蚀量为：

$$W=K\times I\times t=9.1\text{kg/A}\cdot\text{a}\times8.1\times10^{-3}\text{A}\times22\text{h}/8766\text{h}=0.185\text{g}$$

四、腐蚀率计算

假设金属密度 ρ 为 7.8g/cm^3，防腐层破损点面积 S 为 1.0cm^2，则腐蚀(穿孔)深度 h 为：

$$h=\frac{W}{\rho\times S}=\frac{0.185\text{g}}{7.8\text{g/cm}^3\times1.0\text{cm}^2}=0.024\text{cm}$$

所以年腐蚀率(穿孔率)为0.24mm/a。只有阴极干扰时才会产生腐蚀，考虑有一半的时间为阳极干扰，所以年腐蚀率(穿孔率)取二分之一，即0.12mm/a(根据Q/GGW 03001.1中表31，腐蚀率应低于0.01mm/a；根据SY/T 0087.4中表5.4.3，腐蚀率应低于0.03mm/a)。

第十三章　海洋结构腐蚀与防护设计

第一节　混凝土钢筋腐蚀的原因

一、金属结构不同导致腐蚀

(1)碳化：混凝土本身具有高碱性(pH12.5 ~ pH13.5)，当 pH > 11 时，会使钢筋表面产生一层钝化膜，使得钢筋得到保护。但是由于大气中的酸性气体(二氧化碳)向混凝土内渗透，使得混凝土本身的碱性下降(pH8 ~ pH9)，当酸性气体到达钢筋表面时，就会导致钢筋腐蚀。

(2)氯离子侵蚀：环境中的 Cl^- 向混凝土内部不停地渗透，理论上说，当 Cl^- 浓度超过 0.4% 时，钢筋就会发生腐蚀(现场经验以及研究表明，对于受 Cl^- 污染的已建结构，0.026% 的 Cl^- 浓度足以破坏钝化膜，引起钢筋的腐蚀)。

(3)当 Cl^- 浓度均匀时，金属的晶间结构以及应力的不同也会导致腐蚀。在这种情况下，同一钢筋上阴极区和阳极区距离很近，微观电池将导致局部腐蚀，称为点蚀。

①腐蚀电池的产生：如图 13 - 1 所示。

②混凝土修复后形成腐蚀电池：修复位置钢筋钝化，电位偏正，为阴极，如图 13 - 2 所示。

③腐蚀电池中发生的电化学反应：如图 13 - 3 所示。

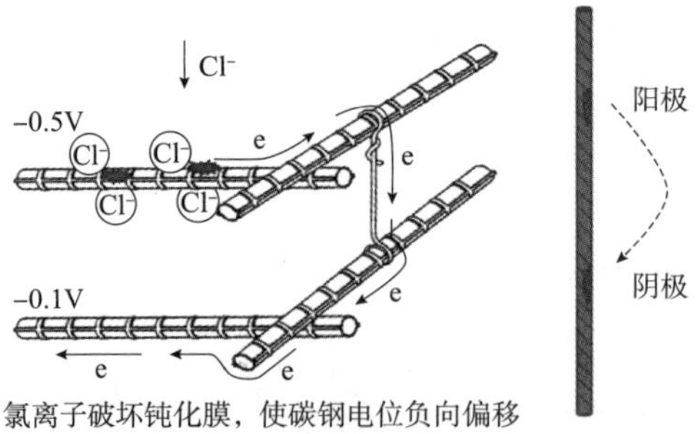

图 13 - 1　腐蚀电池的产生

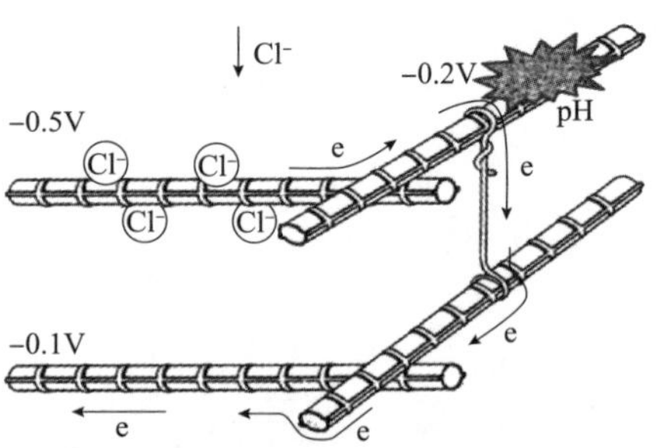

图 13 - 2　混凝土修复后形成腐蚀电池

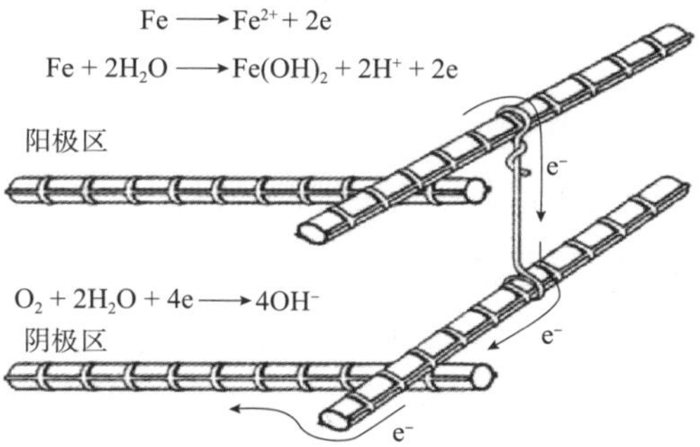

图 13－3　氧化还原反应

(4)腐蚀发生时，腐蚀产物所占体积要比钢筋大很多倍(根据腐蚀产物的不同，体积增大 2～4 倍)，使混凝土承受张力。由于混凝土本身抗拉能力差，因此将产生裂纹，使钢筋暴露于更多的氯离子、氧以及潮气中，使腐蚀加剧。

二、杂散电流引起腐蚀

杂散电流引起的腐蚀如图 13－4 所示。

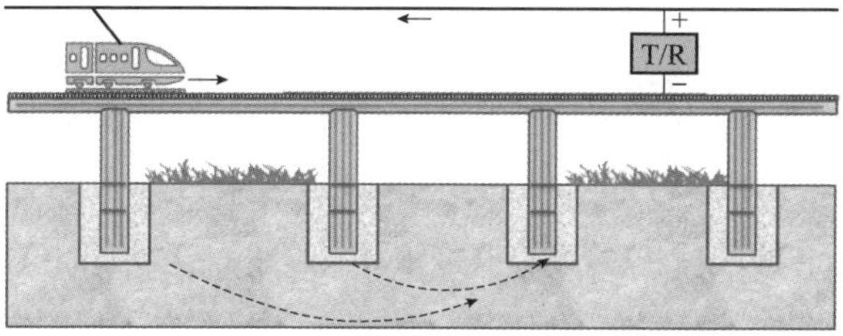

图 13－4　杂散电流引起的腐蚀

第二节　混凝土钢筋防腐措施

一、混凝土保护层及配合比设计

(1)采用低水灰比、防渗透混凝土。

(2)增加混凝土保护层厚度，混凝土外表面涂覆涂层。

①该方法可以延缓腐蚀的发生但是不能阻止其发生。

②混凝土裂缝使得氯离子和湿气可以渗入其内部。

③外表面涂层在潮差区和浪溅区的效果不佳。

二、采用镀锌或不锈钢钢筋

1. 镀锌钢筋

(1)对于有碳化风险的结构有效。

(2) 对于氯盐污染的结构，可增加使用寿命，但因此增加的成本不明确。

2. 不锈钢钢筋

(1) 成本高，可能发生电偶腐蚀。

(2) 缺少相关的长期使用效果的历史性的数据。

三、环氧涂层(FBE)钢筋

(1) 美国联邦公路局(FHWA)于1982年批准其使用。

(2) 钢筋的FBE涂层难免有破损，1986年在佛罗里达州发现许多使用了环氧涂层钢筋的桥梁的潮差区/浪溅区发生了严重的腐蚀损坏，之后停用了环氧涂层钢筋。

(3) 1992年加拿大公路战略研究计划组织提出了环氧涂层钢筋与混凝土结合力与黏结力下降的论点。

四、阻锈剂

(1) 可以延缓腐蚀的发生，但是一旦腐蚀发生后，将不会降低腐蚀率。

(2) 缺少长期使用效果的数据，如果用量不正确会导致加速腐蚀。

(3) 容易从混凝土中渗出。

五、阴极保护

(1) 基于可靠的并且经过证实有效的电化学技术。

(2) 使钢筋在结构的整个设计使用期限内保持钝化，即使在周围存在大量氯离子的情况下仍能够保持钝性。

(3) 可以在结构设计使用期限内监控腐蚀情况。

(4) 有大量的工程实例证明该方法对于结构保护是有效的。

(5) 可用于结构腐蚀最严重的部位，如潮差区或浪溅区。

(6) 必须保证钢筋的连续性以及钢筋与阳极的绝缘性。

第三节　混凝土钢筋阴极保护

一、MMO网状阳极阴极保护

(1) 覆盖层具有良好的透气性，将阳极反应产生的气体逸出，如图13-5所示。

(2) 将氯离子反拉回到阳极，如图13-6所示。

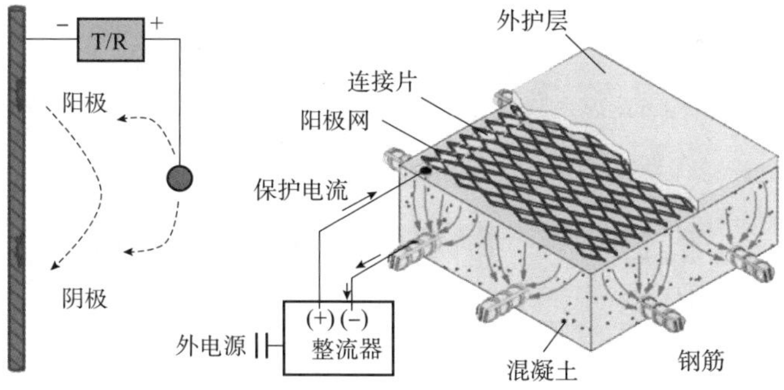

图 13-5 覆盖层有利于阳极反应气体排放

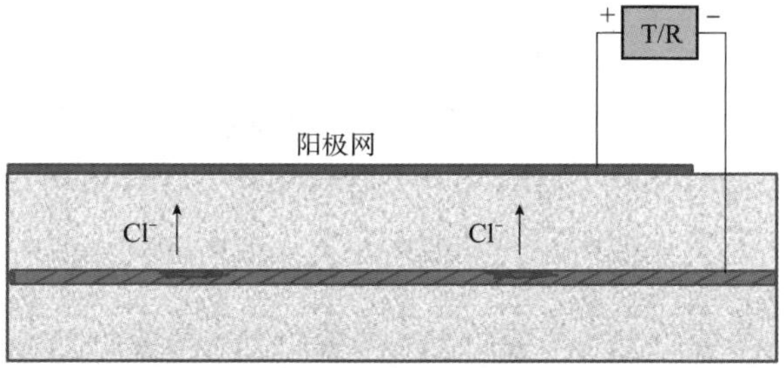

图 13-6 将氯离子吸引到阳极

(3) MMO 网状阳极安装：

①打开阳极网，铺设在经过预处理的混凝土墙面上，并用塑料钉固定。

②用钛导电片将阳极网连接并连接阳极电缆。

③根据电流需求选择不同规格的阳极网。

④用水泥砂浆覆盖阳极网，可以得到良好的电流分布。

二、离散式阳极阴极保护

(1) 适用于混凝土箱梁保护。

(2) 在混凝土墙上打孔，安装 MMO 阳极并用非收缩性水泥填充。

(3) 将导电连接片安装在割槽中。

(4) 不需要混凝土砂浆抹面。

三、桥墩夹克型阳极阴极保护

(1) 适用于飞溅区和潮差区保护。

(2) 在玻璃钢夹克内部安装 MMO 网状阳极，避免电流流失到相邻结构。

(3) 与结构之间的空间用水泥砂浆填充。

四、预埋阳极网带阴极保护

(1) 适用于新建结构。

(2)将 MMO 阳极网带预埋在混凝土结构中。

(3)要确保阳极网带与钢筋不短路，阴、阳极之间绝缘。

(4)将结构分区保护。

第四节　阴极保护系统设计

一、阴极保护必要性测试

(1)对钢筋进行连续性测试，如果钢筋两点之间的电阻小于0.1Ω，或者电位差小于1mV，说明电连续，如果电位差大于3mV 则说明电不连续。

(2)如果钢筋电位正于 -200mV，腐蚀的可能性小于5%；在 -200 ~ -300mV 之间，腐蚀的可能性大于50%；如果负于 -350mV，腐蚀的可能性大于95%。

(3)阴极保护电位为 -750mV(最大不负于 $-1000mV_{CSE}$)或者去极化大于100mV。

二、阴极保护电流计算

(1)计算钢筋面积。

(2)根据 DNV RP B401，海水中电流密度按2.5mA/m^2 计算(对于新结构的阴极防护，阴极保护电流密度为0.2 ~2.0mA/m^2；对于已建并受到盐分污染的结构，阴极保护电流密度为2 ~20mA/m^2)。根据钢筋面积(或 PCCP 内壁面积)、混凝土电阻率(400Ω · m，1.9mA/m^2；100Ω · m，7.5mA/m^2)确定每平方米需要的电流量。

(3)选择适应的阳极网，汇流点到阳极网远端的电压降应小于300mV。

(4)将阳极网分区(最大600m^2)安装并用独立的电源供电，每个区至少有2条导电片、2个汇流点、1支参比电极。

第五节　PCCP 混凝土输水管道阴极保护

一、预应力钢筒混凝土管结构

(1)预应力钢筒混凝土管(PCCP)是在带钢筒(薄钢筒的厚度为1.5 ~2.0mm)的混凝土管芯上缠绕一层或二层环向预应力钢丝，并用水泥砂浆保护而制成的管子，能将高强钢丝的抗拉性、混凝土的抗压性和钢板的防渗性有机结合在一起。

(2)充分合理地利用了材料各自物理力学特性，是一种公认的经济、耐用、力学性质可靠的高品质输水管材。

二、阴极保护的必要性

(1)正常情况下 PCCP 管内部钢结构处于强碱性环境使腐蚀得到有效抑制，但是由于混凝土的碳化作用和氯化物侵袭可能破坏混凝土中的碱性环境，当满足电化学腐蚀条件时，钢结构开始出现腐蚀。

(2)钢结构的锈蚀还会发生体积膨胀使整个 PCCP 管出现裂纹、剥落等现象，最终导致主体工程寿命达不到设计使用年限。

三、管道阴极保护方式

(1)通用的牺牲阳极材料是锌带、锌块等，阳极单条(支)或成组与 PCCP 管道连接。其中阳极块外面采用石膏粉、膨润土和无水硫酸钠的混合物填料，可以改进牺牲阳极的性能。

(2) PCCP 钢筋保护指标采用 100mV 阴极极化指标，最负极化电位为 -1000mV(CSE)，保护电流密度为 0.35 ~ 1mA/m^2。

(3)每段 PCCP 管独立采用锌阳极保护，阳极尽量远离管段。每隔 1km 阳极通过测试桩与管段连接(其他管段牺牲阳极与管段直连)，以便于断电电位测量。为避免引入杂散电流，管段之间无需跨接。钢质管道与 PCCP 管之间做好绝缘。

四、PCCP 管采用阴极保护成功案例

新疆伊犁河水利工程 JK 项目(建设周期为 2017 ~ 2019 年)，项目全长 170 多公里，管径为 3600mm，全部标段使用牺牲阳极阴极保护，根据设计每 5m 管线埋一支 22kg 或 36kg 的棒状阳极，阳极用量共计 12000 多支，阳极的使用寿命可以达到 20 年以上。通过对目前已建标段的阴极保护电位的现场测试，采用此种设计方案阴极保护效率达到 100%。

采用带状锌阳极作为牺牲阳极的阴极保护系统对 PCCP 管保护效果良好，保护电流密度较小，电流分布均匀，电位分散状态好，可自行调节电流，延长其使用寿命。

第六节　混凝土钢筋阴极保护设计案例

一、阴极保护系统设计说明

(1)系统设计符合欧洲标准 EN 12696：2016，设计使用寿命不低于 100 年。

(2)阴极保护电流密度为 10mA/m^2(基于混凝土中被保护钢筋表面积计算)，阳极网带的设计间距为 300mm，可根据不同部位的构件钢筋密度适当调整。

(3)阳极材料选用混合金属氧化物(MMO)阳极网带，基材执行标准为 GB/T

3620.1—2007 和 ASTM B265，规格为 19mm×0.9mm。辅助阳极最大输出电流密度为 $110mA/m^2$。

（4）阳极网带与钢筋之间用塑料垫条分隔。

（5）采用两种型号的参比电极：设计寿命为 20 年的银/饱和氯化银参比电极和设计寿命为 100 年的钛参比电极。

（6）每个分区的所有正极接头、负极接头、参比电极以及参比测试电缆都接入下塔柱的接线箱内，电缆接入位于人孔内的控制单元柜内。

（7）每个小分区间阳极网带采用钛导电片进行连接固定，导电片大小应满足阳极上电压降损失的要求，经过计算，本工程采用 12.7mm×0.9mm 规格的导电片。

（8）每个墩台各有一台控制电源系统，每个控制电源系统由两台变压整流单元供电，变压整流单元输出为 15V/10A。

二、阴极保护系统的安装

1. 阳极网带与导电片的安装

（1）辅助阳极预制在塑料垫条中，使用尼龙绑带将预制好的辅助阳极固定在钢筋上。辅助阳极及尼龙绑带之间的间距应符合要求，不能使用金属附件。

（2）所有阳极网带必须与钢筋电绝缘。在施工和浇筑混凝土期间要不断地监控以保证电绝缘。应按照要求在混凝土应用之前、期间和之后，监测阳极和钢筋间的电路是否短路。如果发现阳极和钢筋连通，应清除短路。

（3）两个独立的保护区域，其阳极网带间的距离至少应有 200mm。

2. 正极连接片、负极连接片、参比电极和参比电极电缆安装

（1）参比电极测试连接片（软钢）应焊接到钢筋上，位置应照图安装。参比电极应使用尼龙系带固定在钢筋上。

（2）承台中的电缆应使用尼龙系带固定在钢筋上，系带之间的间距应符合浇筑混凝土时的强度要求。

3. 绝缘及连续性测试

（1）阳极与钢筋之间的绝缘测试：测量阳极电缆与钢筋之间的电压，若测量的电压大于 100mV，说明绝缘。

（2）钢筋连续性测试：用万用表直流电压挡测量钢筋与钢筋之间的电位差小于 1mV，或用万用表电阻挡正、反表笔测量的电阻均小于 0.1Ω，说明钢筋连续，用同样的方法测量阳极电缆与阳极网之间的连续性。

三、阴极保护系统调试

检查阴极保护系统连接无误后，开启电源，调节输出，直到钢筋断电电位达

到 $-0.70V_{SSC}$（相对于饱和硫酸铜参比电极为 $-0.75V_{CSE}$，但正于 $-1.00V_{CSE}$）或阴极极化大于 100mV。测量钢筋保护电位时，如果使用便携参比电极，混凝土表面要润湿或在参比电极下方使用浸水海绵垫层。

第七节 跨海公路桥钢桩阴极保护设计

一、阴极保护电流密度的确定

（1）阴极保护电流密度的确定，参照 DNV RP B401。防腐层破损率的确定，一般初始阶段按 1%，末期按 15%，平均防腐层破损率按 8%～10% 计算。

（2）根据裸钢平均电流密度（$80 \sim 100mA/m^2$）及裸露面积计算阳极用量。

（3）选定阳极规格后，按末期阳极尺寸计算接水电阻和电流输出能力，电流输出要满足保护末期电流需求。

二、设计注意事项

（1）设计末期是指阳极重量仅为初期重量的 15%，阳极长度减小 10%，可根据末期阳极重量和最后的长度计算阳极等量半径。与被保护结构表面紧贴的条状或镯式阳极，计算阳极寿命末期接水电阻时，可以不考虑阳极尺寸及重量的减小。

（2）处于海泥中的裸露金属保护电流密度按 $20mA/m^2$ 计算。计算电流量时，海水中钢桩长度需增加 2m 的冲淤深度。

（3）钢桩上部充水段需考虑 5 倍直径的内保护面积，淤泥侧不予考虑。

（4）独立阳极计算阳极接水电阻时，如果阳极和结构的间距小于 30cm 但大于 15cm，计算的电阻值应乘以 1.3。

（5）如果阳极截面不是圆形，应按周长除以 2π 计算等量半径。

（6）海水中牺牲阳极不存在输出电流不足问题，按使用寿命计算阳极用量即可。

三、牺牲阳极安装

（1）阳极均匀分布，当管桩有防腐层时，阳极可以放置在管桩底部或安装在离开管桩的位置。

（2）安装电位监测装置（饱和氯化银参比电极或锌参比电极）。

（3）参比电极导线严格密封，在钢桩上引出测量电缆，安装电位测试盒。

第八节　跨海公路桥钢桩阴极保护设计案例

某跨海桥的钢桩直径为1.6m，潮差区为8m，水中深度为8m，海泥中深度为30m。钢桩用环氧粉末涂层涂覆，阴极保护设计寿命为30年。使用初期，防腐层破损率按1%计算，末期按15%计算。采用牺牲阳极阴极保护系统。

一、设计依据

(1)JTS 153—2015《水运工程结构耐久性设计标准》；

(2)DNV RP B401—2011《阴极保护系统的设计》；

(3)GJB 156A—2008《港工设施牺牲阳极保护设计和安装》；

(4)GB/T 4948—2002《铝-锌-铟系合金牺牲阳极》；

(5)GB/T 7387—1999《船用参比电极技术条件》；

(6)ISO 15589-2：2012《石油、石化和天然气工业　管道运输系统的阴极保护　第2部分：海上管道》。

二、钢管桩参数

(1)钢桩伸入承台的上部0.8m范围为裸管。

(2)裸管下水位变动区8.2m范围内(标高+1.2～-7m)采用总厚度≥1000μm的高性能复合加强双层熔融结合环氧粉末涂层防腐，其中底层厚度≥350μm，面层厚度≥650μm。

(3)水下区8～38m范围内(标高-7～-37m)采用总厚度≥650μm的高性能复合普通双层熔融结合环氧粉末涂层防腐，其中底层厚度≥350μm，面层厚度≥300μm。

(4)泥下区采用总厚度≥450μm的高性能普通双层磨砂型环氧粉末涂层防腐，其中底层厚度≥350μm，面层磨砂型涂层厚度≥100μm。

(5)钢桩牺牲阳极阴极保护系统保护范围为水位变化区、水中区和泥下区。阳极材料选择高效铝合金阳极，第一期阴极保护设计寿命为不小于30年，运营期内可根据结构耐久性需要进行更换，每次更换有效期应不小于30年。

(6)钢桩保护电位为-0.85～-1.10V(相对于饱和硫酸铜参比电极)。

(7)阴极保护设计的前提是钢管外壁涂覆高性能复合环氧涂层，涂层初始破损率小于1%，30年后涂层破损率小于15%。涂层平均破损率为8%。

(8)天然海水的电阻率为25～30Ω·cm。

三、阳极需求量计算

1. 保护电流密度的选取

(1)阴极保护电流密度的理论取值见表 13－1。

表 13－1　阴极保护电流密度的理论取值　　mA/m²

环境介质	初始值	维持值	末期值
静止海水	100～130	55～70	70～90
流动海水	150～180	60～80	80～100
海泥	25	20	20
海水堆石	60～90	40～50	50～75
海水中混凝土或泥沙包覆	10～25		

(2)阴极保护电流密度的实际取值见表 13－2。

表 13－2　阴极保护电流密度的实际取值　　mA/m²

区域	初始值	维持值	末期值
水中	165	70	90
泥下	25	20	20

开口钢桩内壁充满海水时，保护深度按 5 倍管径计算。如果用淤泥填满，则不考虑阴极保护电流消耗。

2. 钢桩保护面积计算

水中部分：$S_1 = \pi \times D \times L = 3.14 \times 1.6\text{m} \times (2\text{m} + 8\text{m}) = 50\text{m}^2$(考虑 2m 海床冲刷)。

泥下部分：$S_2 = \pi \times D \times L = 3.14 \times 1.6\text{m} \times 28\text{m} = 141\text{m}^2$。

潮差区：$S_3 = \pi \times D \times L = 3.14 \times 1.6\text{m} \times 8\text{m} = 40\text{m}^2$。

3. 单桩需要的阴极保护电流计算

(1)水中区域：维持期涂层破损率按$(1\% + 15\%)/2 = 8\%$计算，所需要的电流量为$(50\text{m}^2 + 40\text{m}^2) \times 70\text{mA/m}^2 \times 8\% = 504\text{mA}$。

(2)泥下区域：维持期涂层破损率按$(1\% + 15\%)/2 = 8\%$计算，所需要的电流量为 $141\text{m}^2 \times 20\text{mA/m}^2 \times 8\% = 225\text{mA}$。

(3)水中区域：末期涂层破损率按 15% 计算，所需要的电流量为$(50\text{m}^2 + 40\text{m}^2) \times 90\text{mA/m}^2 \times 15\% = 1215\text{mA}$。

(4)泥下区域：末期涂层破损率按 15% 计算，所需要的电流量为 $141\text{m}^2 \times 20\text{mA/m}^2 \times 15\% = 423\text{mA}$。

4. 阳极用量计算(用维持期电流计算)

$$W = \frac{I \times t \times 8766}{U \times Q \times Z} = \frac{0.73\text{A} \times 30 \times 8766\text{h}}{0.85 \times 2600\text{A} \cdot \text{h/kg} \times 0.9} = 96.5\text{kg}$$

式中：$I = 504\text{mA} + 225\text{mA} = 0.73\text{A}$；$t = 30$ 年；$U = 0.85$；$Z = 0.9$；$Q = 2600\text{A} \cdot \text{h/kg}$。

考虑15%安全裕量，选用商用阳极114kg[长1500mm×宽(148mm+178mm)×高170mm]，紧贴桩面安装。

5. 阳极输出电流核算

阳极寿命末期，结构需要的电流增大，而阳极由于消耗，尺寸减小，接水电阻增大。

(1)阳极与结构紧贴安装：

阳极紧贴结构安装，可以不考虑末期尺寸的缩减。选用梯形阳极，阳极驱动电压为0.25V。

阳极接水电阻为：

$$R_a = \frac{\rho}{2 \times d} = \frac{30\Omega \cdot \text{cm}}{2 \times (14.8\text{cm} + 150\text{cm}) \times 2/3.14} = 0.14\Omega$$

因此输出电流 $I = \frac{0.25\text{V}}{0.14\Omega} = 1.75\text{A}$。

单支阳极输出电流为1.75A，满足末期需要的总电流(1215mA+423mA=1.638A)需求。

(2)阳极与结构独立安装：

计算阳极接水电阻时，要考虑阳极尺寸的缩减。若仍选用商用阳极114kg[长1500mm×宽(148mm+178mm)×高170mm]，则等量直径 $d = (17\text{cm} \times 2 + 15\text{cm} + 18\text{cm})/3.14 = 21\text{cm}$，末期等量直径按原始直径40%计算，等于8.4cm，长度按原始长度的90%计算，等于135cm。

阳极接水电阻为：

$$R_a = \frac{\rho}{2\pi L} \times \left[\ln\left(\frac{8L}{d}\right) - 1\right] = \frac{30\Omega \cdot \text{cm}}{2 \times 3.14 \times 135\text{cm}} \times \left[\ln\left(\frac{8 \times 135\text{cm}}{8.4\text{cm}}\right) - 1\right] = 0.136\Omega$$

由于阳极与结构间距小于30cm，大于15cm，接水电阻增大1.3倍，则接水电阻为0.18Ω，因此输出电流 $I = \frac{0.25\text{V}}{0.18\Omega} = 1.39\text{A}$，不能满足末期电流(1.638A)需求。

第九节　海上钻井平台导管架阴极保护设计

某导管架水中面积为11480m^2，海泥中面积为5105m^2，设计寿命为25年，8

条井套管各消耗阴极保护电流 6A，计算阴极保护初期阳极用量并验算阳极电流输出能力；计算保护寿命内需要的阳极。如果导管架为裸管，要预留最初一个月的阳极消耗量，按初始保护电流密度计算电流量并根据阳极接水电阻验算阳极电流输出能力。

一、阴极保护初期阳极用量计算

(1)阴极保护初期(一个月)，水中阴极保护电流密度为 165mA/m²，则

需要的保护电流：$I_{sw}=11480\text{m}^2\times165\text{mA/m}^2=1894\text{A}$。

阳极用量：$W=\dfrac{I\times t\times8766}{U\times Q\times Z}=\dfrac{1894\text{A}\times0.083\times8766\text{h}}{0.85\times2600\text{A}\cdot\text{h/kg}\times0.9}=693\text{kg}$。

(2)阴极保护初期(一个月)，海泥中阴极保护电流密度为 25mA/m²，则

需要的保护电流：$I_{sm}=5105\text{m}^2\times25\text{mA/m}^2=128\text{A}$。

阳极用量：$W=\dfrac{I\times t\times8766}{U\times Q\times Z}=\dfrac{128\text{A}\times0.083\times8766\text{h}}{0.85\times2600\text{A}\cdot\text{h/kg}\times0.9}=47\text{kg}$。

二、阴极保护维持期阳极用量计算

(1)阴极保护维持期(25 年)，水中阴极保护电流密度为 70mA/m²，则

需要的保护电流：$I_{sw}=11480\text{m}^2\times70\text{mA/m}^2=804\text{A}$。

阳极用量：$W=\dfrac{I\times t\times8766}{U\times Q\times Z}=\dfrac{804\text{A}\times25\times8766}{0.85\times2600\text{A}\cdot\text{h/kg}\times0.9}=88585\text{kg}$。

(2)阴极保护维持期(25 年)，海泥中阴极保护电流密度为 20mA/m²，则

需要的保护电流：$I_{sm}=5105\text{m}^2\times20\text{mA/m}^2=102\text{A}$。

阳极用量：$W=\dfrac{I\times t\times8766}{U\times Q\times Z}=\dfrac{102\text{A}\times25\times8766\text{h}}{0.85\times2600\text{A}\cdot\text{h/kg}\times0.9}=11238\text{kg}$。

(3)井套管阳极消耗量：$W=\dfrac{I\times t\times8766}{U\times Q\times Z}=\dfrac{48\text{A}\times25\times8766\text{h}}{0.85\times2600\text{A}\cdot\text{h/kg}\times0.9}=5289\text{kg}$。

三、阳极总用量

阳极总用量：$W=693\text{kg}+47\text{kg}+88585\text{kg}+11238\text{kg}+5289\text{kg}=105852\text{kg}$。

四、阳极型号的选择

选用海洋工程设施牺牲阳极，选择 122kg 阳极(AI－3)，需要 868 块，见图 13－7 和表 13－3。

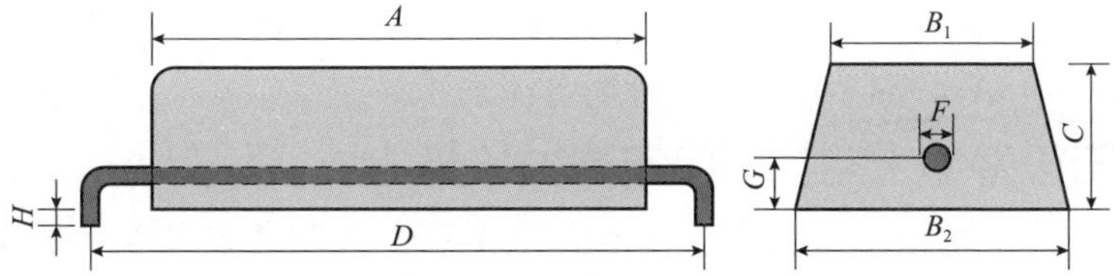

图 13－7　铝阳极尺寸

表 13－3　铝阳极规格尺寸

型号	规格/(mm×mm×mm)	铁脚尺寸/mm				净重/kg	毛重/kg
	$A\times(B_1+B_2)\times C$	D	F	H	G		
AI－1	2300×(220÷240)×230	2.500	60	300	110	294.0	310.0
AI－2	1600×(200＋210)×220	1800	60	300	90	181.0	190.0
A1－3	1500×(170＋200)×180	1700	50	300	80	122.0	130.0
A1－4	900×(150＋170)×160	1100	40	300	70	55.0	58.0

五、验算阴极保护初期阳极输出电流能力

(1)海水电阻率：30Ω·cm。

(2)阳极截面等量直径：$d=(17\text{cm}+20\text{cm}+2\times18\text{cm})/3.14=23.2\text{cm}$。

(3)阳极接水电阻：$R_a=\frac{\rho}{2\pi L}\times\left[\ln\left(\frac{8L}{d}\right)-1\right]=\frac{30\Omega\cdot\text{cm}}{2\times3.14\times150\text{cm}}\times\left[\ln\left(\frac{8\times150\text{cm}}{23.2\text{cm}}\right)-1\right]=0.094\Omega$。

(4)假设阴极保护初期，导管架自然电位为 $-0.60\text{V}_{\text{CSE}}$，则阳极驱动电压为 $1.10\text{V}_{\text{CSE}}-0.60\text{V}_{\text{CSE}}=0.5\text{V}$。

(5)单支阳极输出电流为 0.5V/0.094Ω = 5.3A，868 支阳极输出电流为 4600A 电流，初期需要的电流为 1894A + 128A + 48A = 2070A，满足初期电流需求。

六、维持期间阳极输出电流能力验算

维持期间，结构极化电位为－0.85V，阳极等量直径按初始等量直径的一半计算。

(1)阳极截面等量直径：$d=[(17\text{cm}+20\text{cm}+2\times18\text{cm})/3.14]/2=11.6\text{cm}$。

(2)阳极接水电阻：$R_a=\frac{\rho}{2\pi L}\times\left[\ln\left(\frac{8L}{d}\right)-1\right]=\frac{30\Omega\cdot\text{cm}}{2\times3.14\times150\text{cm}}\times\left[\ln\left(\frac{8\times150\text{cm}}{11.6\text{cm}}\right)-1\right]=0.116\Omega$。

(3)假设阴极保护维持期间，导管架极化电位为 $-0.85\text{V}_{\text{CSE}}$，阳极驱动电压为 $1.10\text{V}_{\text{CSE}}-0.85\text{V}_{\text{CSE}}=0.25\text{V}$，则单支阳极输出电流为 0.25V/0.116Ω＝2.15A。

(4)868 支阳极输出电流为 2.15A×868＝1866A 电流，维持期需要的电流为 804A＋102A＋48A＝954A，满足维持期电流需求。

七、阳极寿命末期输出电流能力核算

(1)阳极等量直径按初始等量直径的 40% 计，阳极长度按初始长度 90% 计，则阳极接水电阻为：

$$R_a=\frac{\rho}{2\pi L}\times\left[\ln\left(\frac{8L}{d}\right)-1\right]=\frac{30\Omega\cdot\text{cm}}{2\times3.14\times150\text{cm}\times90\%}\times$$

$$\left[\ln\left(\frac{8\times150\text{cm}\times90\%}{23.2\text{cm}\times40\%}\right)-1\right]=0.133\Omega。$$

(2)单支阳极输出电流为 0.25V/0.133Ω = 1.88A，868 支阳极输出电流为 1632A。

(3)阳极寿命末期，水中结构需要的保护电流 $I_{sw}=11480\text{m}^2\times90\text{mA/m}^2=1033\text{A}$，海泥中结构需要的保护电流 $I_{sm}=5105\text{m}^2\times20\text{mA/m}^2=102\text{A}$，井套管需要的保护电流为 48A。

(4)电流需求总量为 1033A + 102A + 48A = 1183A，阳极末期输出电流 1632A > 1183A，满足结构阴极保护电流要求。

八、阳极安装

将阳极按保护面积均匀分布在导管架上(该导管架有涂层)。必要时对单支阳极重量进行调整，以满足阳极均匀分布的要求。实际安装时，考虑 1.25 倍设计裕量，阳极用量为 1085 支。

(1)有涂层的海洋结构，验算末期阳极输出电流量，由于涂层破损，电流需求增大，阳极独立安装时，由于尺寸缩减，接水电阻增大。

(2)对于裸露的海洋结构，验算阴极保护初期及维持期电流输出能力，初期结构电位取自然电位，维持期按极化电位取 -0.85V，计算接水电阻时，初期根据阳极截面周长计算，维持期阳极等量直径取初始值的一半，末期按 40% 计算。

第十四章　阴极保护典型问题分析

第一节　阀体接地与阴极保护

一、天然气管道截断阀

输气管道规范要求输气管道沿线应设置线路截断阀，在故障时及时切断气源。输气管道线路截断阀的最大间隔应符合表 14－1 规定。

表 14－1　管道线路截断阀的最大间隔

地区等级(主要根据沿线人口数量确定)	管道线路截断阀的最大间隔/km
一	32
二	24
三	16
四	8

远传阀室装有压力、温度变送器以及其他带电仪表，为了保证仪器仪表正常工作，避免受到雷击电流或故障电流的损坏，这些仪表都会与接地极连接。为了避免阴极保护电流的漏失，这些仪器仪表都与阀体绝缘，只要有一处绝缘损坏，整个地网都会与阀体短路。另外，阀室不应该封闭，最好采用围栏的方式，除非采取了安全措施，否则放空管绝缘接头不应放到阀室内。发现阀体与地网短路后，可以用钳形表查找短路的引下线(几百毫安，必要时可增大阴极保护电源输出电流)，也可以通过测量阀体与引下线或仪表外壳之间的电压(交、直流)查找短路的引下线，电压最低的引下线大概率就是短路的引下线。

二、仪器仪表与阀体绝缘

最初只是将仪表与阀体绝缘，仪表单独接地，并没有进行防护。当管道受雷击后，电流会击穿绝缘卡套或垫片而引发事故。放空管上的绝缘接头用氧化锌避雷器保护，避雷器应该与阀室一侧的地网连接，不应该连接阀室一侧的管道。因为放空管受雷击后，电流跨过氧化锌避雷器到达阀体一侧，然后会寻找入地点，由于阀体与接地仪表之间绝缘，将击穿绝缘组件。为了避免绝缘装置被击穿漏气，在阀体和地网之间安装直流去耦合器进行防护，如图 14－1 所示。这种结构的缺点是只要有一处接地与阀体短路，整个阀体都会接地。

该方法的另一个缺点是绝缘接头外侧的放空管没有阴极保护。用于防雷保护的直流去耦合器安装在阀室的进出口处，连接管道的电缆太长，压降很大，影响防雷保护效果。

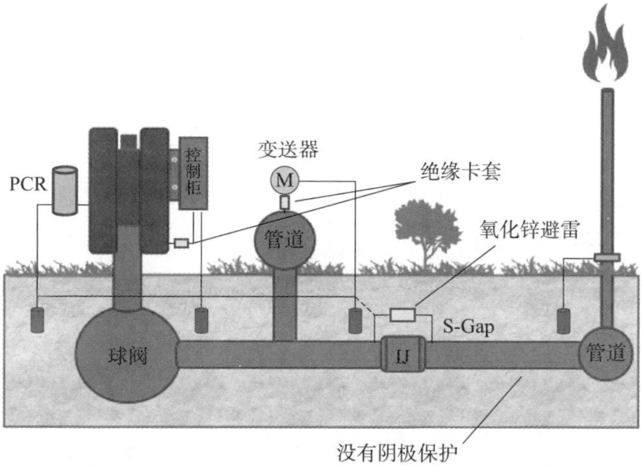

图 14－1　仪器仪表接地同时与阀体绝缘

三、牺牲阳极作接地极

可以用高电位镁阳极作为接地极，仪表直接与阀体短路。只有当管地电位负于 $-1.70V_{CSE}$时，接地极才漏失阴极保护电流。但镁阳极的存在将影响管道断电电位测量，如果阀室是阴极保护站，镁阳极可能会影响恒电位仪的控制电位，如图 14－2 所示。

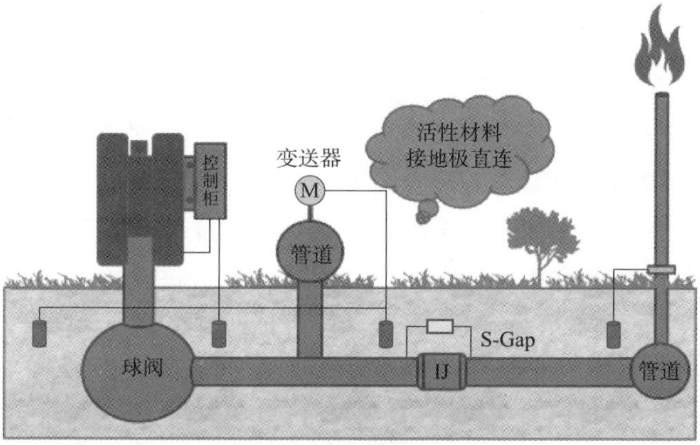

图 14－2　牺牲阳作极接地

四、阀体通过直流去耦合器接地

仪器仪表与阀体直连，不加绝缘[压力变送器的引压管可能会有密封材料(如生丝带)影响导电性，必要时可在压力变送器与阀体之间安装跨接线]，而阀体通过直流去耦合器接地[没有交流干扰时，可以通过防雷装置(如氧化锌避雷器)、等电位连接器等接地]。这样做的好处是减少了接地点数量，不会由于一处短路，整个地网和阀体导通，如图 14－3 所示。管道的接地电阻足够低，一般低于几个欧姆，可以为仪器仪表的工作提供工作接地或防静电接地(防静电接地要求接地电阻小于 100Ω)，不用担心直流去耦合器的存在会影响仪器仪表的工作。在多雷暴地区，放空管很可能成为引雷的设施，引入雷击电流，损坏管道。因此，应增大放空管下方的接地网，降低其接地电阻，保证大部分雷击电流就地扩散，只有少量雷击电流会流到放空管埋地段或主管道。目前存在的问题是放空管下面的接地网不够大，主要靠阀室接地网泄流，这样容易损坏阀室仪表，严重时会导致阀室内管道烧穿。

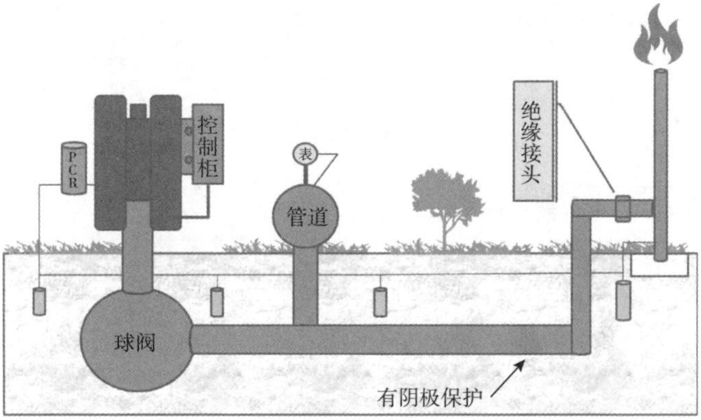

图 14－3　阀体通过直流去耦合器接地

将放空管与主管道的绝缘接头安装在放空管出地面位置，保证所有埋地管道都有阴极保护。或去掉放空管绝缘接头，在放空管与地网之间安装避雷器。

关于在引下线中安装直流去耦合装置，在众多规范中都得到了允许：

(1)NEC NFPA 70—2023 中 250.6 E：有必要隔离阴极保护电流时，要在设备地线中安装通交隔直装置。

(2)ISO 15589－1—2015 中 7.3.6：在电动设备与地网之间安装直流去耦合装置，如火花隙、浪涌保护装置、极化电池等。

(3)BS EN 15280—2013 中 9.3.1.3：为了避免接地网直连带来的问题，通常经过通交隔直，即直流去耦合器连接地网。

(4)API 651—2014 中 7.3.6.2：对地上储罐或管网接地系统进行绝缘隔离

时，要考虑去耦合装置。

（5）GB/T 21448—2017 中 4. 2. 3：如果阴极保护管道需要接地，接地系统应与阴极保护兼容，可在接地回路中安装去耦隔直装置；局部接地可采用锌或镀锌接地极与管道直接连接。

第二节　交流排流对管地电位的影响

一、交流极性排流对管地电位的影响

电磁感应导致管道上正负电荷向管道两端移动，造成一端电压正向偏移，另一端电压负向偏移，管地电压按照 50Hz 的频率进行波动。如果防腐层有漏点，交流电流将离开电压正的一侧，通过土壤向电压负的一侧流动。因此，在某一时刻，管道一侧电流流出，另一侧电流流入。

当采用极性排流方式进行交流电排流时，交流电的正半周通过二极管排向接地极，而负半周时二极管截止，电流只能通过土壤流入管道，其结果是脉动电流流向管道，为管道提供阴极保护，如图 14 –4 所示。当存在交流干扰时，管地电位明显负于没有交流干扰时的管地电位。有交流干扰时，管道的断电电位也略负于没有交流干扰时的断电电位。当测量管道自然电位并发现管地电位异常负时，这种交流排流装置的影响可能是一个原因。在防腐层质量良好的情况下，交流极性排流所产生的保护电流会足够大，导致恒电位仪停止输出并为管道提供足够的阴极保护电流。

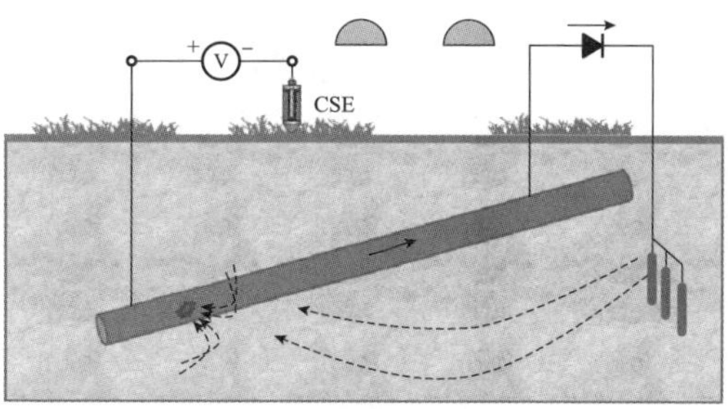

(a) 交流极性排流

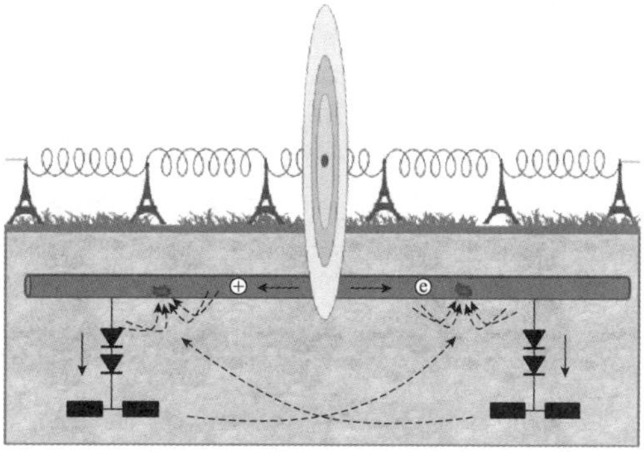
(b) 半波整流电流流向管道

图 14 –4 极性排流器的整流作用

交流干扰极性排流导致管地电位总体负向偏移，交流排流接地极加强了管道的阴极保护，如图 14 –5 所示。交流极性排流相当于沿管道安装了多个阴极保护站，这些阴极保护站除了提供阴极保护外，还起到一定的交流排流作用。如果管道没有交流干扰，则采用牺牲阳极的极性排流接地极将起到排流和提供阴极保护电流的作用，如图 14－6 所示。

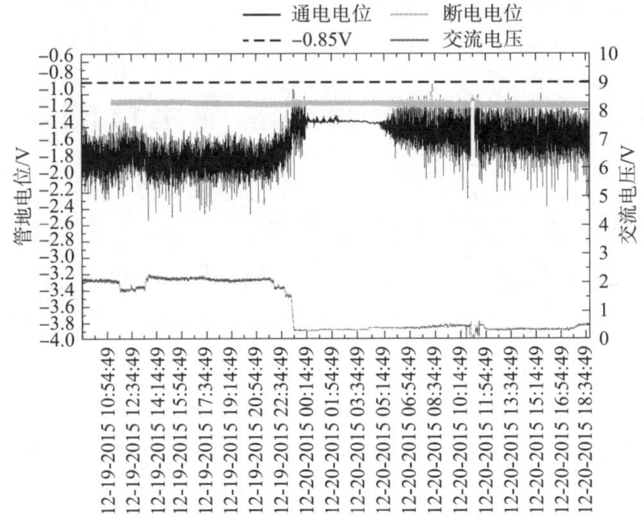

图 14－5　管地电位负向偏移

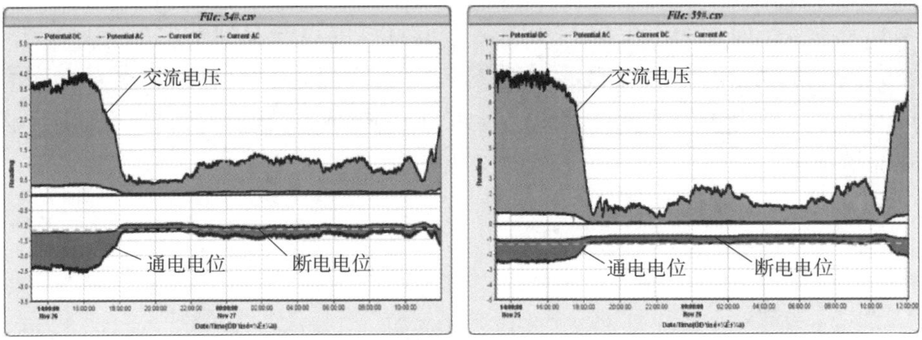

图 14－6　交流电压影响下的直流电位

二、恒电位仪的极性排流作用

恒电位仪内部的桥式整流电路相当于一个单向排流装置，阳极地床为排流接地极，如图 14－7 所示。当管道上的交流电流为正半周时，电流通过整流二极管从管道流向阳极地床，并通过大地流回到管道其他位置；当管道上的交流电流为负半周时，整流二极管截止，这时电流只能通过土壤及防腐层进入管道，其结果相当于一个半波整流电源给管道

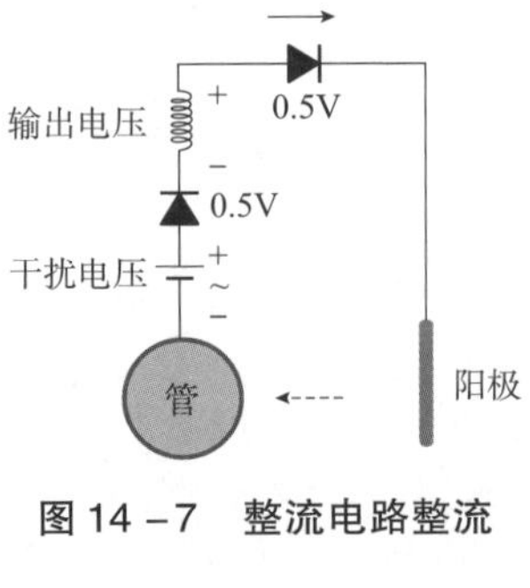

图 14－7　整流电路整流

施加一个单向脉冲直流电流，导致管地电位负向偏移，如图 14－8 所示。

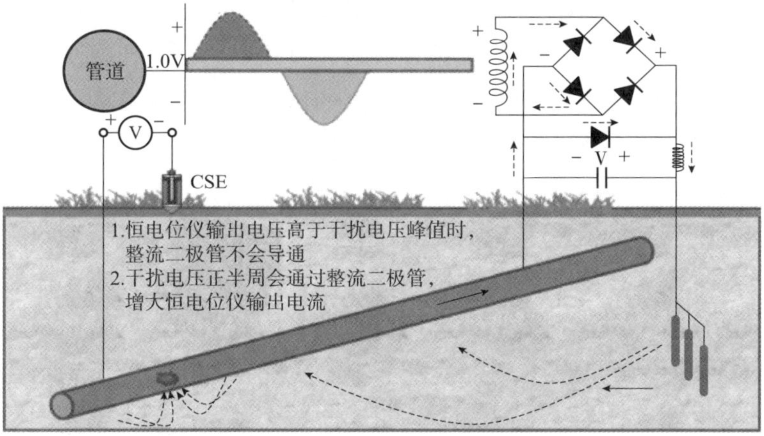

图 14－8 半波直流电流向管道

例如某管道的直径为 600mm，长度为 25km，采用 3PE 防腐层，沿线与高压输电线路有并行及交叉。阴极保护调试过程中，将恒电位仪的阴极电缆从设备上拆下来，测量的管地电位为 $-1037mV_{CSE}$，管地交流电压为 5.87V，阳极电缆与设备之间直流电流为 1.104A（从管道流向阳极），交流电流为 1.37A，将阳极电缆与设备接通后，管地直流电位负向偏移至 $-1915mV_{CSE}$，交流电压降低到 4.039V。

该测试证明，当恒电位仪滤波电容小或者设计不当时，恒电位仪通过自身的交流极性排流作用就可以将管地电位负向偏移 900mV。因此，在管道自然电位测量时，恒电位仪交流极性排流对管地电位的影响不能被忽视。这种整流作用有利于管道的阴极保护，无需整改，但会造成恒电位仪开机后无电流输出甚至报警，测量管道的自然电位时，得到的是虚假的值。

几天后，在恒电位仪关闭，仅靠其内部整流电路对管道上的交流电压进行半波整流的情况下，从管道流向地床的直流电流达到 0.996A，该电流相当于有阴极保护电流施加到管道上，导致管地电位从 $-0.903V_{CSE}$ 负向偏移到 $-1.706V_{CSE}$。管道沿线埋设了面积约 $6.5cm^2$ 的检查片，检查片的断电电位均满足 $-850mV_{CSE}$ 阴极保护指标。恒电位仪及地床同时具有交流排流作用，排除交流电流约 1.28A，导致管道的交流电压从 5.205V 降低到 3.816V。

当管道交流电压变化时，恒电位仪输出电流也随之变化，管道沿线直流电位也会波动。因此，当管地电位波动时，要比较交流电压与直流电位波动是否具有相同的规律，确认管地电位的波动不是由交流电压的波动引起的。

三、直流去耦合器的直流漏电问题

1. 通过直流去耦合器电容引入的杂散电流

当管道通过直流去耦合器连接接地极时，直流去耦合器能够防止阴极保护电流的泄漏，因为直流去耦合器具有通交隔直的作用。但直流去耦合器的这个性能是通过内部的电容来完成的。当管道受到动态直流干扰时，如果管道上安装直流去耦合器，随着管地直流电位的波动，直流去耦合器中的电容持续充放电，也会导致直流电流流入、流出管道，类似直接接地，在安装直流去耦合器的位置，管地电位波动可能减小，但管道受影响范围增大，离开安装位置，管地电位波动可能加大，因此，交流排流装置应尽量避开管地电位波动幅度大的位置安装或安装极性排流器。如图 14－9 所示，管电电位波动范围为 2.0 ~ －5.0V_{CSE}，通过 100mF 电容器的直流电流达到 160mA，有些位置引流会达到 1 ~ 3A。

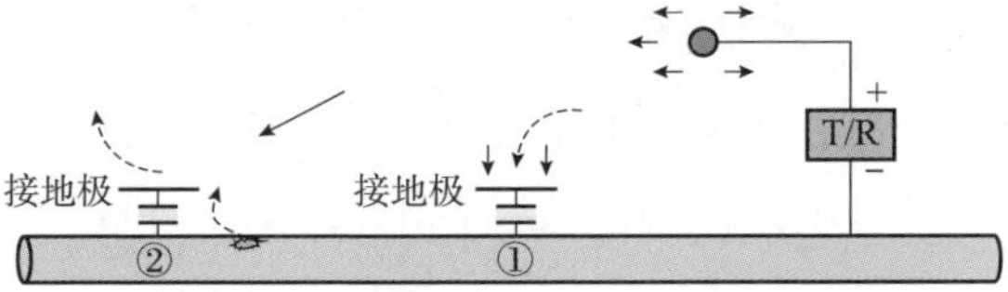

图 14－9　电容充放电引入直流杂散电流

(1) 进入管道的电流可能会从其他接地极流出管道，也有可能从防腐层破损点流出管道，导致管地电位波动幅度增大或防腐层破损点腐蚀。

(2) 如果恒电位仪是恒电位模式，当输出电流变化时，直流去耦合器会吸收阴极保护电流，此时应采用恒电流模式。

2. 通过直流去耦合器二极管引入的杂散电流

当管地电位波动超过直流去耦合器中二极管导通电压限定值时，直流杂散电流会经过二极管进、出管道。如图 14－10 所示，直流去耦合器的实际测量数据如下：

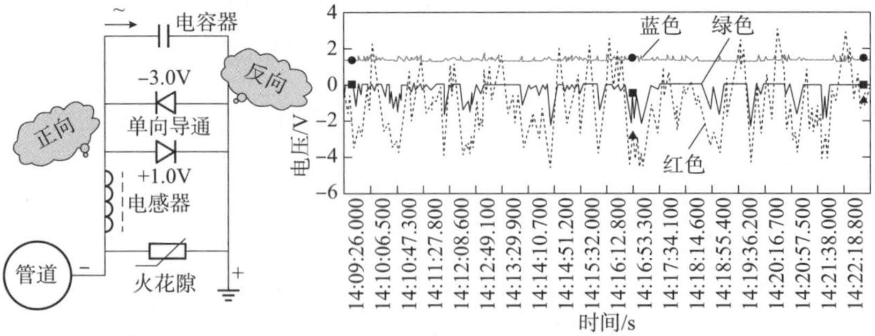

(a) 直流去耦合器结构　　(b) 直流去耦合器二极管漏电

图 14－10　直流去耦合器漏电

（1）红色：管地电位。

（2）蓝色：去耦合器两侧电压差。

（3）绿色：直流电流，正值为管道流到接地极，负值为接地极流到管道。

（4）二极管导通电压：－3.0V/＋1.0V。

（5）当管道和接地极之间的电位差大于3V时，杂散电流通过二极管进入管道，最大引入电流能达到几安培，应该去掉反向二极管（从接地极指向管道的二极管）或设置其导通电压值大于最负的管地电位（绝对值）。

3. 直流去耦合器引流实例

如图14－11所示，直流去耦合器导通电压为±2V，管地电位波动为－6～＋3V，引入的直流电流将近±3A。

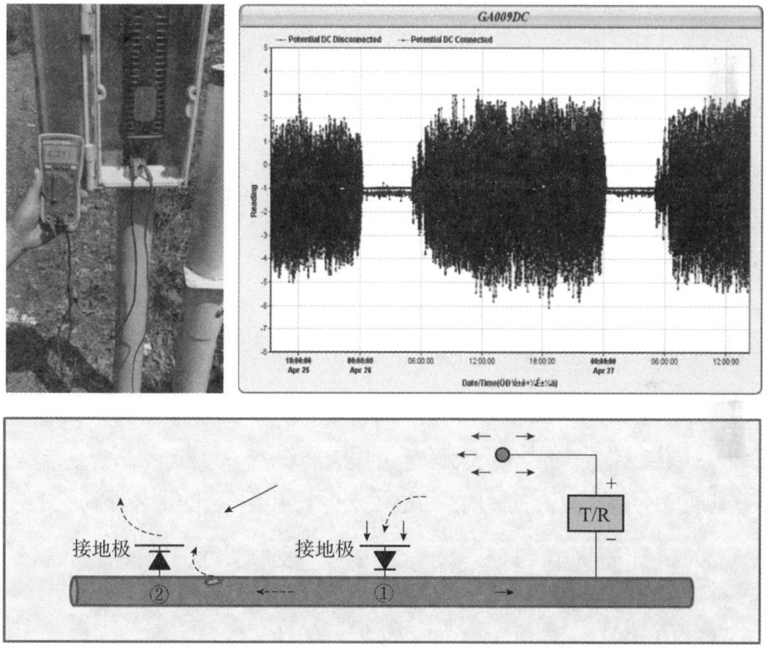

图14－11 反向二极管导通引入直流杂散电流

（1）杂散电流从①流入管道，导致管地电位负向偏移，反向二极管导通。

（2）阴极保护电流从①经反向二极管进入管道，导致流向远处的阴极保护电流减小。加强阴极保护后，导致管地电位负向偏移，增大了杂散电流经反向二极管流入管道的机会。

（3）如果多个排流点同时吸收阴极保护电流，将造成阴极保护电流大量流失。

某管道经过直流去耦合器引入的直流电流见表14－2。

表 14-2　管道沿线直流去耦合器引入的直流电流

管地电位/V			直流排流量/mA		
最大值	最小值	平均值	最大值	最小值	平均值
-1.140	-2.175	-1.486	61.9	-56.7	5.2
-0.852	-2.168	-1.514	121.4	-18.5	6.4
-0.787	-2.185	-1.372	84.3	-85.5	6.5
-0.974	-2.102	-1.359	70.5	-59.1	1.4
-0.809	-2.240	-1.369	105.3	-122.2	1
-0.378	-5.737	-2.616	150.2	-222.1	-0.3
-0.222	-5.384	-2.201	58.9	-68.4	1.3
-0.647	-5.187	-2.466	158.5	-126	-25.1
-1.869	-7.078	-3.902	64.9	-44.7	-2.7
0.551	-4.920	-1.731	90.5	-103.3	10.9
-0.445	-5.033	-2.682	300.7	-413.4	-13.9
-0.513	-6.817	-3.179	25.5	1.1	14.9
-0.672	-5.657	-3.307	18.5	-9.3	2.7
-0.284	-5.138	-2.896	143.1	-132.9	11.6
-0.810	-3.575	-2.289	116.4	-82.7	-18.6

四、直流去耦合器对管地电位的影响

1. 直流去耦合器充放电对管地电位的影响

进行管道通、断电电位测量时，在阴极保护电源通的时间段，直流去耦合器电容充电；在阴极保护电源断的时段，直流去耦合器电容放电，相当于阴极保护电源断电期间仍有电流流向管道，导致管道断电电位测量误差。其影响是导致管道断电电位测量值比真实值偏负，如图 14-12 所示。直流去耦合器的充放电量为几十或上百毫安，导致管道断电电位负向偏移几十到几百毫伏，其影响范围取决于防腐层质量及环境条件，可以达到几十米到几公里。

2. 直流去耦合器对管道断电电位测量影响实例

(1)某管道直径为 317mm，3PE 防腐层，管道长度为 6km，距离上游 2km 处有一个阀室，阀室进出口有绝缘法兰，全线共有 4 个直流去耦合器。CIPS 测量时，通电 4s，断电 1s。

(2)直流去耦合器随着阴极保护电源通断而充放电，每个直流去耦合器的放电电流最大达到 40mA 左右，影响了断电电位的测量。当 $V_{on}=-1410mV_{CSE}$时，$V_{off}=-1380mV_{CSE}$。

(3)拆除 PCR，通电电位 V_{on} = −1420mV$_{CSE}$，断电电位 V_{off} = −1160mV$_{CSE}$。

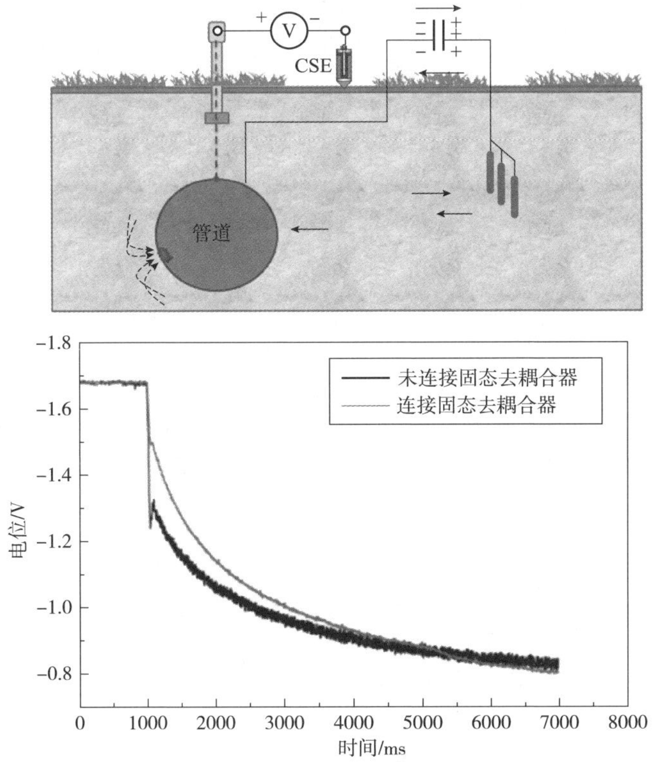

图 14−12　直流去耦合器充放电影响断电电位测量

五、直流去耦合器故障对管地电位的影响

直流去耦合器电容量小，容抗大，当电容断路时会导致管地电位偏移。直流去耦合器直流导通电压对称时，由于管地电位和接地极电位有差异，且单向导通装置具有整流作用，导致管地电位趋向接地极电位。直流去耦合器直流导通电压不对称时，一般是正向导通电压低于反向导通电压，交流电容易通过接地极流出(流出大于流入)，导致管地电位负向偏移。

1. 直流去耦合器导致电位偏移

(1)以接地极电位为基准，计算二极管正、反向导通电压值。

(2)交流电压波动直到正向或反向二极管导通电压。交流电压在哪个方向偏移量大，管地电位就往哪个方向偏移。

(3)当直流去耦合器具有对称的正反向导通电压时，管地电位趋向接地极电位。

(4)测量直流去耦合器中的直流电流，若流向接地极，则管地电位负向偏移；若流向管道，则管地电位正向偏移。

2. 电位测量异常

某次管道电位检测时，发现接入直流去耦合器后（接地极电位为 $-750mV_{CSE}$），管地电位由原来的 $-0.1\sim-0.3V_{CSE}$ 负向偏移到 $-1.0V_{CSE}$ 左右（受恒电位仪通断以及杂散电流干扰影响，管地电位在波动）。测量直流去耦合器的充放电电流为 $-140\sim80mA$。管道交流电压由 8V 下降到 1V，交流排流量约为 5A。根据测量参数分析，管地电位负向偏移是由接地极放电导致的。

当直流去耦合器电容故障时，如果正向二极管开路，则管地电位正向偏移；如果反向二极管开路，则管地电位负向偏移。

六、直流去耦合器对 PCM 防腐层检漏的影响

1. 直流去耦合器对 PCM 测量的影响

利用交流电位梯度（ACVG）法进行管道防腐层检漏时，通过 PCM 信号发射机给管道施加一个多频率的交流信号，通过跟踪该信号可以测量管道的走向和埋深。通过测量该信号在地表产生的电位梯度，可以检测管道防腐层破损点。当管道上装有交流排流装置时，由于交流信号容易通过直流去耦合器电容漏失到接地极，造成 PCM 信号的快速消耗，导致经过防腐层破损点流入管道的信号电流减小，地表电位梯度减弱，防腐层检漏困难，如图 14－13 所示。因此，管道防腐层检漏时，通常需要拆除管道的交流排流装置。

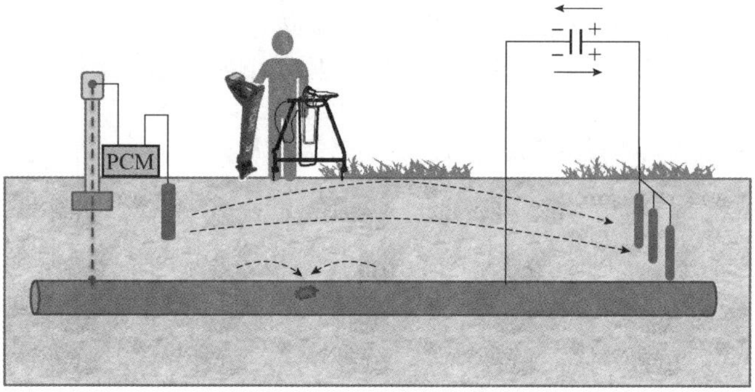

图 14－13　直流去耦合器影响 PCM 测量

2. 直流去耦合器对 PCM 防腐层检测影响实例

（1）在对 6km 氧气管道检测过程中，由于该管道上安装了 4 个直流去耦合器，两位检测员花了 2 周的时间没有找到一个防腐层破损点。

（2）摘除直流去耦合器后，沿线找到 6 个防腐层破损点。

（3）没有安装直流去耦合器时，由于施加到管道上的信号电流很小，在高压线下无法确定管道位置及埋深。必要时，可增加管道的接地，以便于给管道施加较强的 PCM 信号。

七、直流去耦合器过度使用问题

管道设计初期，由于缺乏对交流干扰程度的了解，很多新建管道安装了大量的交流排流设施。这些直流去耦合器的存在，给日后管道电位测量以及防腐层检漏带来很大影响，加上有些直流去耦合器的故障，加大了管道管理工作量。因此，最好等管道建成以后，根据沿线交流电压分布情况，安装交流排流接地极。

另外一个需要注意的问题是，直流去耦合器主要是用来排放交流杂散电流的，其内部防雷元件的主要作用是保护内部电路免受雷击破坏。目前存在的问题是，许多不需要排流仅需要防雷的场合也采用直流去耦合器防雷，这不仅带来经济上的浪费，而且其防雷效果也没有专用防雷器件快捷有效。很多直流去耦合器安装在地面以上，两端有几米长的电缆，由于电缆上具有很大的电压降(每米至少1000V)，因此极大地降低了其防雷效果。管地电位波动时，电容充放电或正反二极管导通电压选择不当，也会引入直流杂散电流。

八、测量交流电压时参比电极位置

(1)排流之前，电压读数与参比电极位置无关(管道正上方就是远地点)，如图14－14所示。

(2)排流之后，参比电极远离接地极位置，电压读数升高，接近排流前电压。

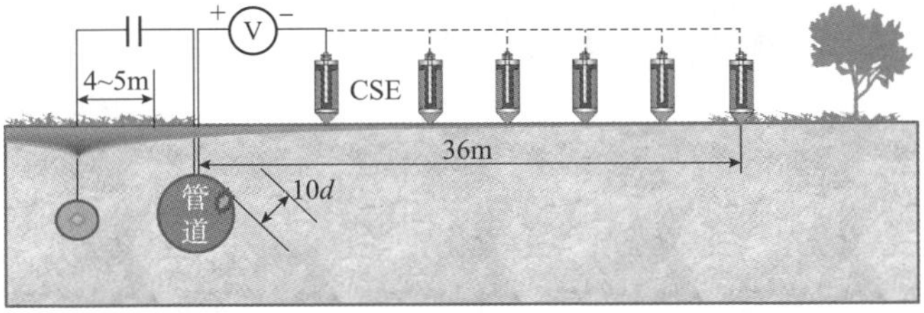

图14－14　参比电极位置与电压读数

(3)交流电压测量示例：如图14－15所示。

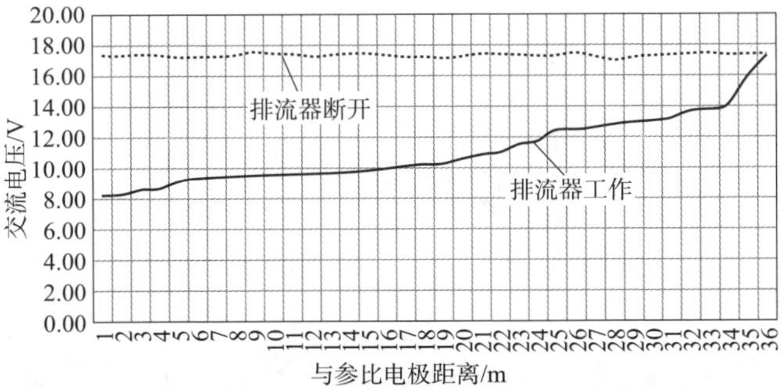

图14－15　交流电压－距离关系曲线

①管道交流电压为17.35V，采用直流去耦合器＋锌带排流。

②土壤电阻率为120Ω·m，锌带长度为120m，与管道并行，距离管道4～5m。

③有接地极时，参比电极远离管道后，交流电压回到排流前数值。

(4)测量管道交流电压时参比电极位置：

①防腐层破损点一般不大，破损点交流电压场主要在11cm范围以内，在管道上方测量的电压基本涵盖了防腐层破损点全部电压降。

②在接地极位置测量电压时，如果参比电极远离接地极，电压值趋近于排流前电压。不能用规范中的公式$\left(J_{ac}=\dfrac{8\times V_{ac}}{\rho\times\pi\times d}\right)$计算交流电密度。

③无论管道是否安装有接地极，测量管道交流电压时，将参比电极放置在管道附近即可。

(5)极化探头测量交流电压偏小，如图14－16所示。测量交流电压时，相当于*IR*降测量，参比电极应位于检查片电压场之外，由于防腐层破损点直径规定为0.113m，因此参比电极应在11cm之外，否则交流电压测量值偏低。受极化电位检查片干扰，检查片交流电流测量值偏小。

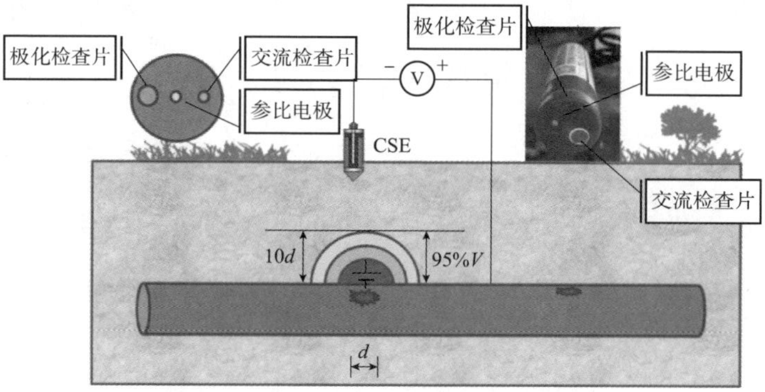

图14－16　参比电极远离交流检查片

(6)直流电位和交流电压测量的区别：

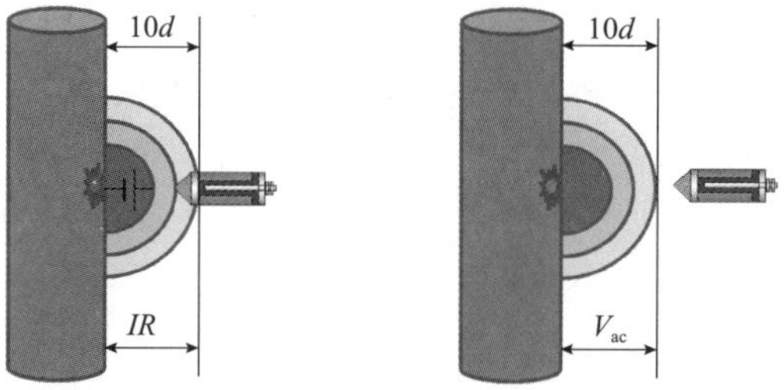

(a)直流电位测量　(b)交流电压测量

图14－17　直流电位测量和交流电压测量

测量直流电位时，我们感兴趣的是双电层电压，参比电极尽量靠近检查片，尽量减小读数中的*IR*降。测量交流电压时，我们感兴趣的是交流电压场电压，参比电极在检查片电压场之外，这样电压测量值中才包括全部交流电压，如图14－17所示。

智能测试桩参比电极应远离(＞15cm)交流检查片，不同检查片的间隔最好大于0.5m。

第三节 管道阴极保护屏蔽问题

一、阴极屏蔽的定义

阴极保护屏蔽是指阴极保护电流流向被保护结构的过程中，由于受到导体或绝缘体的影响，导致阴极保护电流无法到达被保护结构。

二、绝缘体对阴极保护电流的屏蔽

1. 热缩带补口对阴极保护电流的屏蔽

当热缩带与母材防腐层出现缝隙或破损后，水分会沿缝隙进入热缩带下方，并沿着焊缝进入内部。尽管少量的阴极保护电流也会通过水分跟进，但碰到底漆露铁点，电流会进入管道，回到汇流点，不再向前跟进，而水分会继续沿焊缝流动，碰到其他露铁点后将发生腐蚀，如图 14－18 所示，该腐蚀不受阴极保护控制，尤其在土壤干湿交替地区，该现象更为突出。可见采用热缩套补口，套下缺陷不容易被检出，进水后，阴极保护电流受屏蔽，腐蚀无法避免，属于失效不安全型补口方式。因此建议尽量采用无溶剂环氧或无溶剂聚氨酯涂料补口，该补口方式属于失效安全型，即便涂层有破损，下沟前，很容易通过火花检漏发现，即便有漏检的防腐层破损点，埋地后也可以通过阴极保护防止腐蚀。目前有几条长输管道已经采用了该方式补口，也取得了不错的效果，如深圳大鹏 LNG 管道、广西北海闸口到茂名 LNG 管道、中俄东线长岭到山海关段及长岭支线管道。

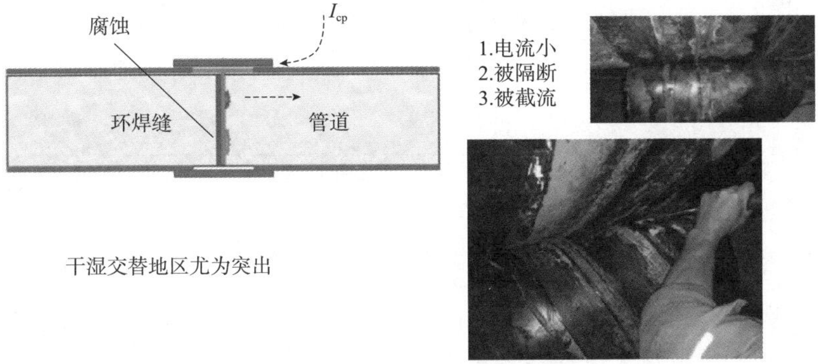

图 14－18 热缩带屏蔽阴极保护电流

2. 冷缠带对阴极保护电流的屏蔽

由于焊缝高出金属母材 2～3mm，在焊缝两侧存在空鼓。冷缠带破损后，水分沿焊缝流入，同样，跟进的阴极保护电流遇到底漆露铁点将返回电源，而水分会继续向前方流动，阴极保护电流无法跟进，水分碰到其他露铁点后将发生腐蚀，如图 14－19 所示。因此建议尽量避免使用冷缠带作为管道防腐层。到目前为止，只有少量的防腐层大修采用了冷缠带防腐层，且有些管段已经发生了严重的腐蚀。

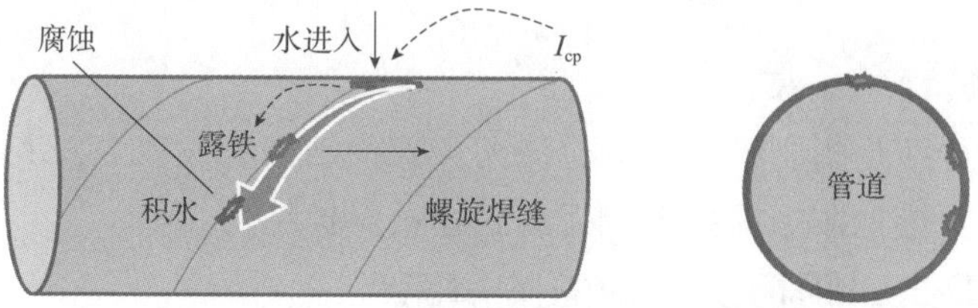

图 14－19　冷缠带屏蔽阴极保护电流

3. 高电阻率岩石对阴极保护电流的屏蔽

某些管道从山下低土壤电阻率地区进入山上高土壤电阻率地区，由于岩石的屏蔽作用，导致阴极保护电流无法到达山上高土壤电阻率地区，导致山上的管道欠保护，如图 14－20 所示。因此建议管道用细土回填，并在管沟内安装线性阳极和微型阴极保护电源进行热点保护。目前，有些山地管道处于欠保护状态，应该及时治理。

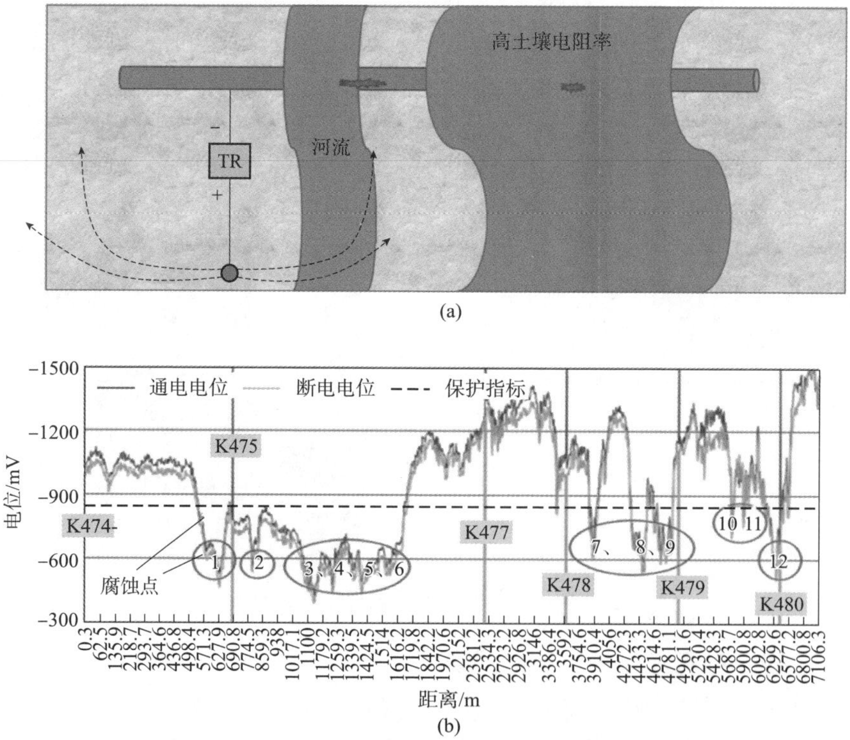

图 14－20　高土壤电阻率屏蔽阴极保护电流

4. 聚氨酯泡沫保温管道对阴极保护电流的屏蔽

聚氨酯保温管道外防水层破损后，进入的水分在管道和保温层接触面上扩散，遇到底漆露铁点将返回，而水分进一步扩散，遇到其他露铁点将发生腐蚀。因此建议管道涂覆防腐层，并在保温层下方安装导电丝网，每段管道的金属丝网在端部用金属丝引出保温层，并与土壤接触，将阴极保护电流导入保温层下管道，如图 14-21 所示。该方式对架空保温管道同样适用。国家管网东部储运公司襄阳处做过相关研究，取得了预期的效果，但该技术并未推广应用。

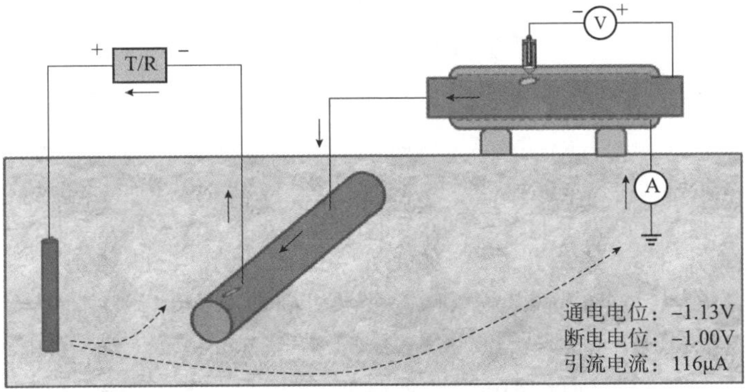

图 14-21　预埋金属丝网引入阴极保护电流

三、导体对阴极保护电流的屏蔽

1. 其他金属导体对阴极保护电流的屏蔽

导体的存在将改变阴极保护电流的方向，导致阴极保护电流无法流到被保护结构。阴极保护电流自阳极地床流出后，碰到其他金属，部分阴极保护电流将沿其他金属流动到其他位置，改变了流向管道的阴极保护电流分布，如图 14-22 所示。因此，阳极地床和被保护管道之间不应存在其他金属导体，在阴极保护系统设计阶段就要重视该问题。

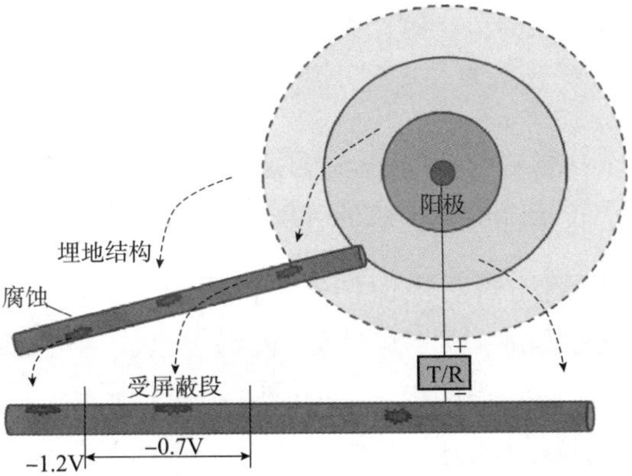

图 14-22　其他金属导体屏蔽阴极保护电流

2. 管道密集时相互屏蔽

管道并行或密集时，如果阳极布置不合理，将导致远离阳极的管道得不到充分保护。阴极保护电流被靠近阳极的管道截流，不能到达远离阳极的管道，如图14－23所示。

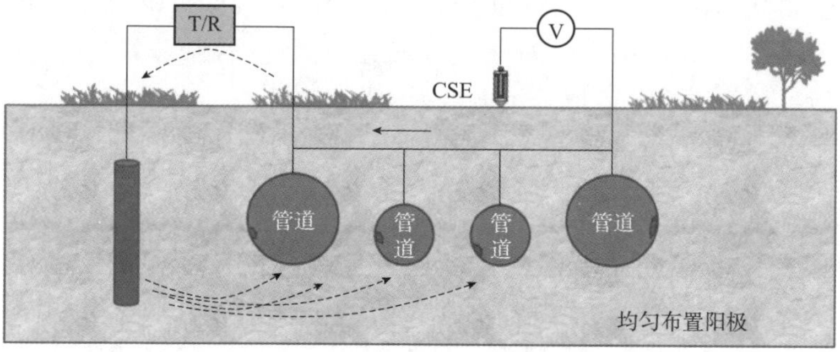

图14－23　靠近阳极管道屏蔽阴极保护电流

因此，阳极的布置要均匀，不能靠改变阴极保护汇流点的方式改变阴极保护电流的分布。目前有些场站，通过安装跨接线等方式，试图调整阴极保护电流的分布，这种方式不能起到调整电流分布的目的。

3. 站内接地网对阴极保护电流的屏蔽

流向管道的电流被接地网截流，通过接地网与管道仪表引下线进入管道，影响了阴极保护电流的分配，如图14－24所示。因此建议站场内仪表与管道直连，工艺区内分布一些直流去耦合器连接管道与接地网，或在仪表引下线中安装浪涌保护装置。这种方式在国内外规范中都有所推荐，但真正实施的案例并不多。

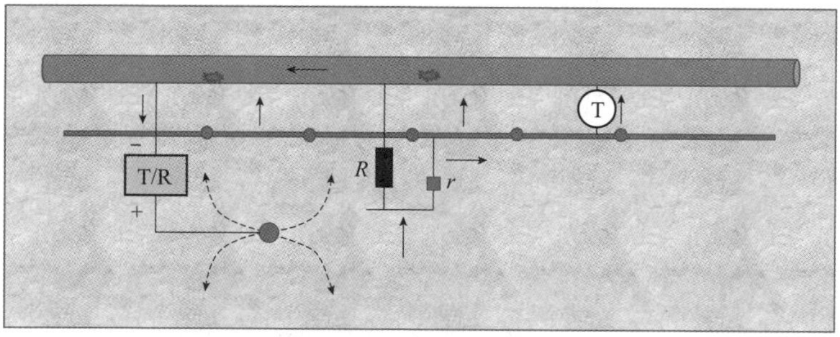

图14－24　接地网屏蔽阴极保护电流

4. 混凝土加重层钢筋对阴极保护电流的屏蔽

如果钢筋与管道有搭接(短路)，则阴极保护电流会通过混凝土钢筋经搭接点进入管道，屏蔽了流向管道的电流，如图14－25所示。因此，在浇筑混凝土时，要保证钢筋不能接触管道。

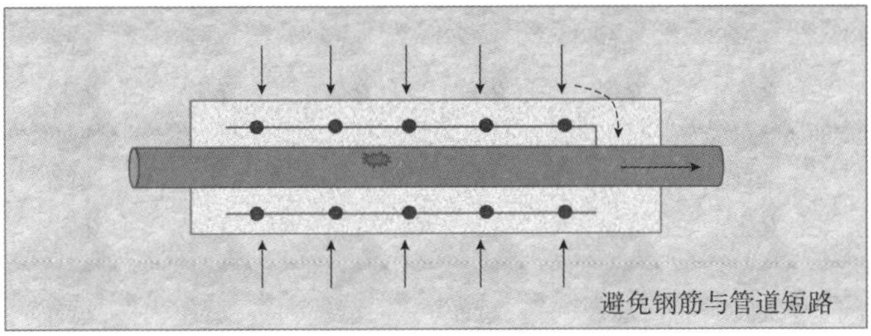

图 14－25　短路钢筋屏蔽阴极保护电流

5. 混凝土套管穿越对阴极保护电流的屏蔽

处于混凝土套管内部的管道，如果露空，将得不到阴极保护，而处于大气腐蚀环境中。应将露空空间用土或砂填满，并保证一定的密实度，使阴极保护电流能够流向管道，最好用水泥砂浆填充水泥管空间。

四、钢套管对阴极保护电流的屏蔽

长输管道大多数采用外加电流阴极保护。在套管穿越处，考虑经济问题，一般采用钢套管。钢套管防腐质量一般很差，或穿越时损坏很严重。由于套管与主管道之间的空隙，阻碍了阴极保护电流的流动，不能到达套管内主管道表面，也就是说，阴极保护电流受到屏蔽。目前普遍做法是在套管内安装牺牲阳极，并将套管两端密封，防止土壤、水分进入套管，但这种方式也有一定的弊端。以下，就套管与主管道之间多种情况进行分析。

1. 套管与主管道没有短路

(1)套管内没有进水或没有土壤：外加阴极保护电流不能到达主管道表面，管道表面如果有凝析水，安装在主管道上的牺牲阳极也可能会对管道起到一些保护作用，但由于凝析水的电阻率很高，其保护效果很差，管道表面会发生大气腐蚀，如图 14－26 所示。

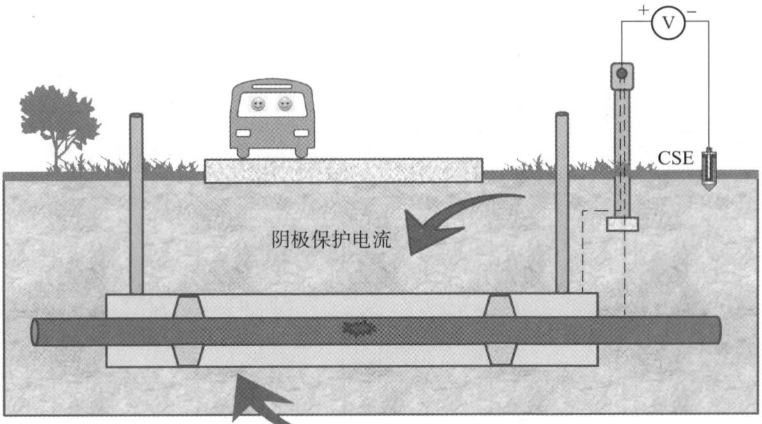

图 14－26　防腐层破损点发生大气腐蚀

(2)套管内进水或有土壤：外加阴极保护电流穿过套管后，通过套管内的水或土壤到达主管道表面，对主管道进行保护，如图 14－27 所示，套管内壁受到腐蚀，外壁受到保护。

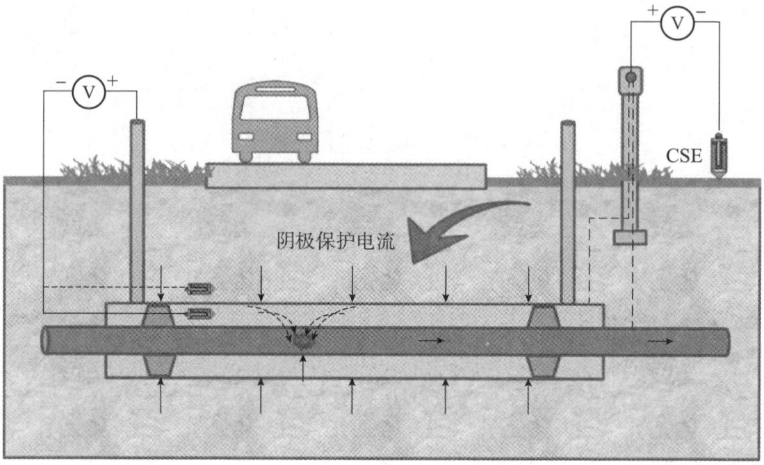

图 14－27　套管内壁受到腐蚀

2. 套管与主管道短路

受土壤下沉以及管道自身蠕动的影响，套管与主管道的短路经常发生。主、套管短路后，阴极保护电流沿短路点回到电源负极，阴极保护电流无法到达套管内的主管道，如图 14－28 所示，在穿越段附近安装牺牲阳极或增大阴极保护电流，也无助于套管内部主管道阴极保护的改善。套管相当于管道防腐层有一个巨大的漏点，吸纳很大的阴极保护电流，经常会造成套管附近很长一段主管道得不到充分保护。

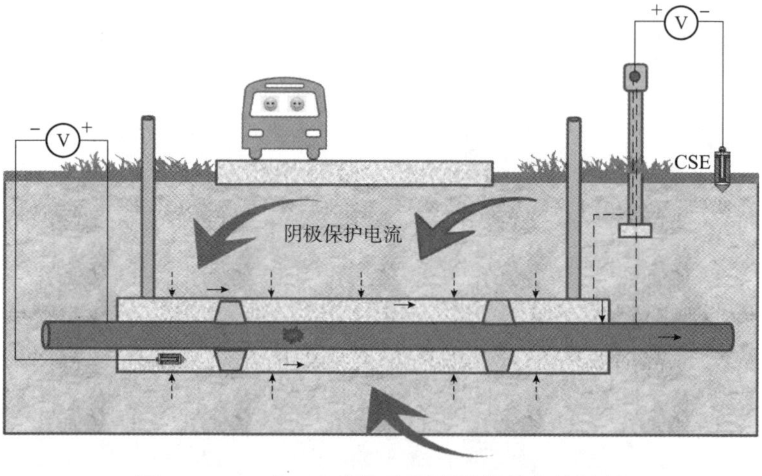

图 14－28　主、套管短路后阴极保护电流路径

3. 套管内主管道安装牺牲阳极

安装在套管内主管道上的牺牲阳极会对管道产生保护作用，但当套管与主管道短路时，牺牲阳极在保护主管道的同时，也保护套管内壁，由于套管内壁没有防腐层，将大量消耗牺牲阳极，所以牺牲阳极将很快耗尽，不能达到预期的寿命。在主管道上安装牺牲阳极增大了主管道与套管短路的机会，增大了施工难度，影响阴极保护站的保护距离，也影响日后管道的断电电位测量，如图 14－29 所示。

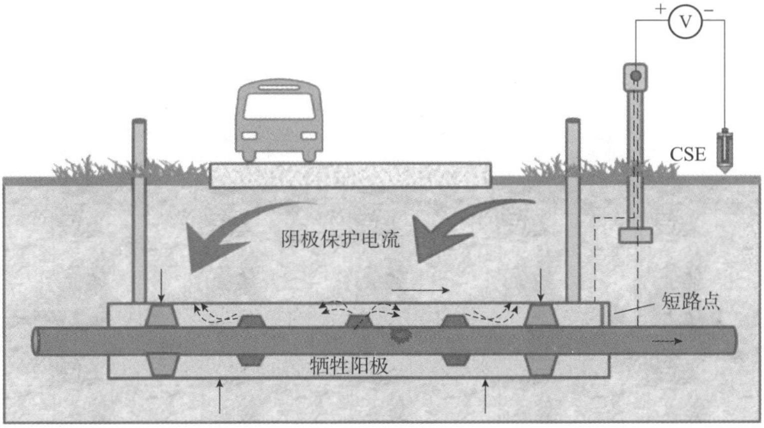

图 14－29 牺牲阳极增大短路概率

4. 套管有高质量防腐层

套管有高质量防腐层时，应在套管两端预留裸管段或安装与套管同等材料的接地极引入阴极保护电流，如图 14－30 所示。

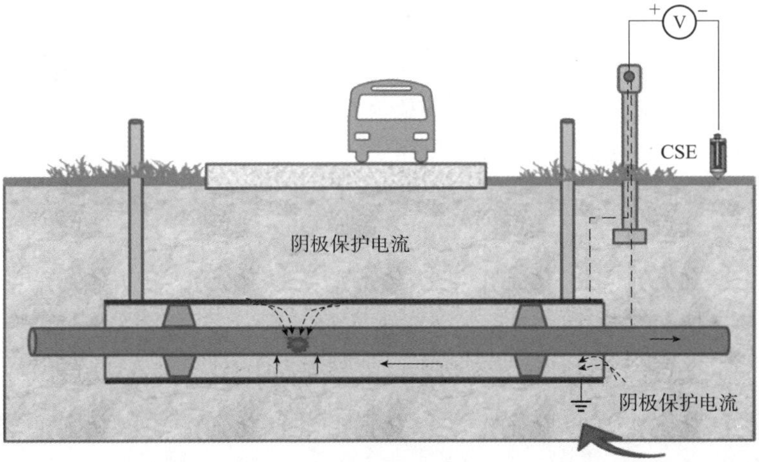

图 14－30 安装接地极引入阴极保护电流

5. 用牺牲阳极保护高质量防腐层套管

当牺牲阳极开路电位远负于主管道保护电位时，牺牲阳极释放的保护电流可能会从套管两端进入主管道，再在套管内部流出主管道，对主管道造成腐蚀干扰，如图 14－31 所示。

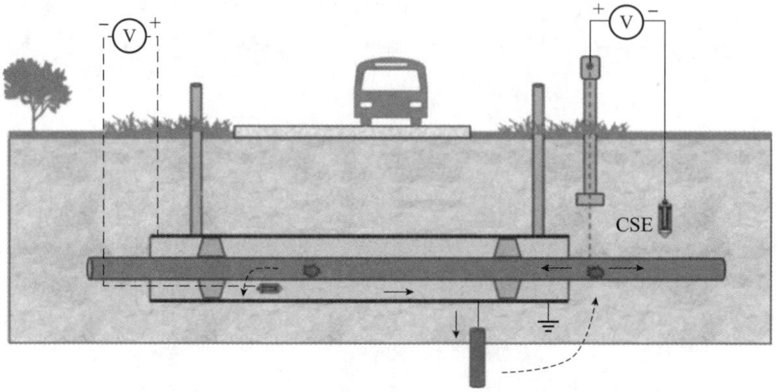

图 14－31 牺牲阳极引流量减小

五、套管穿越段腐蚀控制

(1) 尽量避免采用钢套管穿越，可通过增加主管道壁厚来满足强度上的要求，或代之以混凝土套管，混凝土套管内部用土壤或水泥砂浆填充，为阴极保护电流提供通道。

(2) 如果一定要采用钢套管，则需加强主管道防腐层，加密绝缘垫块，防止主、套管短路，并保证套管内有足够量的导电介质。

(3) 如套管防腐层良好，应在套管两端留出裸露段或安装同种材料接地极，引入阴极保护电流。

(4) 取消套管两端的密封头，允许地下水、土壤进入套管，或用泥土填充套管与主管之间的空间，使外加电流阴极保护对其起作用，但套管内壁仍然有可能腐蚀。

(5) 混凝土套管内可以安装牺牲阳极，如镁带或锌带，但会影响日后的断电电位测量、杂散电流治理以及防腐层检漏。

(6) 钢套管以及混凝土套管内注满导电物质(如水泥砂浆)，防止套管内干湿交替导致的管道大气腐蚀，或注满非导电密封材料，避免水分进入。

六、管道及储罐外壁阴极保护不能保护内壁

电流到达管道(或储罐)外壁后，沿外壁流向电源负极，不会流入管道(或储罐)内部积液中，如图 14－32 所示。只有在管道不连续时(如进出站绝缘接头处)，电流才会从管道内部积液中流出，导致流出侧腐蚀。

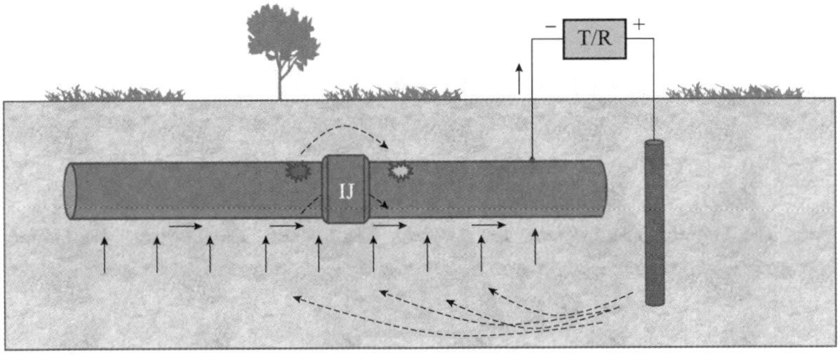

图 14－32　阴极保护电流沿管壁返回电源

电流到达储罐底板后，沿储罐底板流向电源负极，不会流入储罐内部，不能对储罐内壁起到保护作用，因此只能将阳极置于储罐内部，如图 14－33 所示。

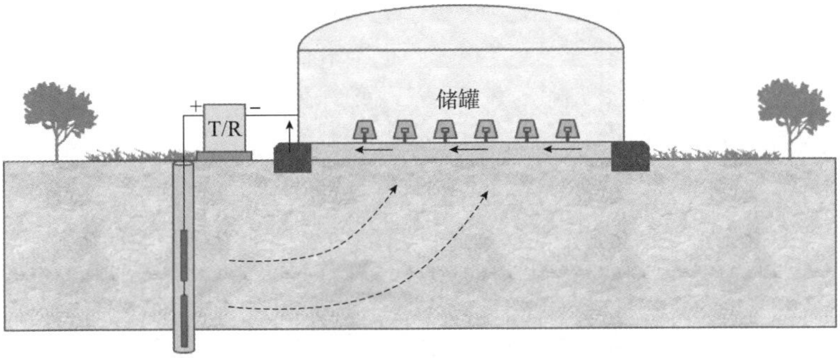

图 14－33　阴极保护电流沿储罐底板返回电源

第四节　绝缘接头非保护侧的腐蚀及预防

一、非保护侧管道受阴极干扰

绝缘接头将管道分成两个结构，任一侧有阴极保护时，都可能对另外一侧造成腐蚀干扰。

1. 站场内阴极保护对站外管道的干扰

站场内阴极保护对站外管道的干扰如图 14－34 所示。

(1)阴极干扰的特点：

①站外管道处于站场区域保护的阴极场内，管地电位正向偏移。电位偏移幅度大，容易造成站外管道外腐蚀，管中有积液时，也可能造成管道内腐蚀。

②如果阴极场内的站外管道防腐层有破损，离开阴极场，管地电位会负向偏移。

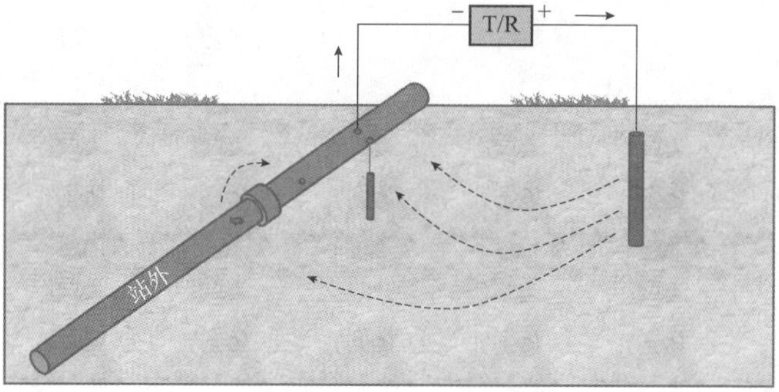

图 14-34　站内阴极保护干扰站外管道

(2)阴极干扰的描述：

站外管道相当于处于抽水井附近，当土壤中的水分从远处流向抽水井时，有一些水分在远处进入管道，并在抽水井附近释放。在水分进入管道的位置，管地电位负向偏移，在水分流出管道的位置，管地电位正向偏移，如图 14-35 所示。当站内采用深井阳极地床做区域保护时，对站外管道更容易产生阴极干扰。因为站外管道远离阳极场，更靠近阴极场，如图 14-36 所示。

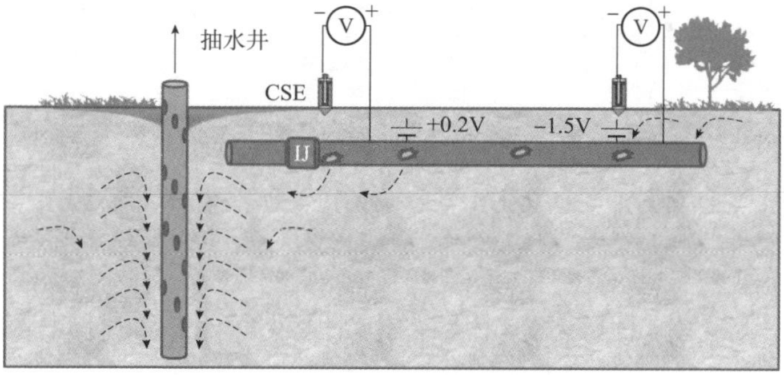

图 14-35　电流流向类似水流流向

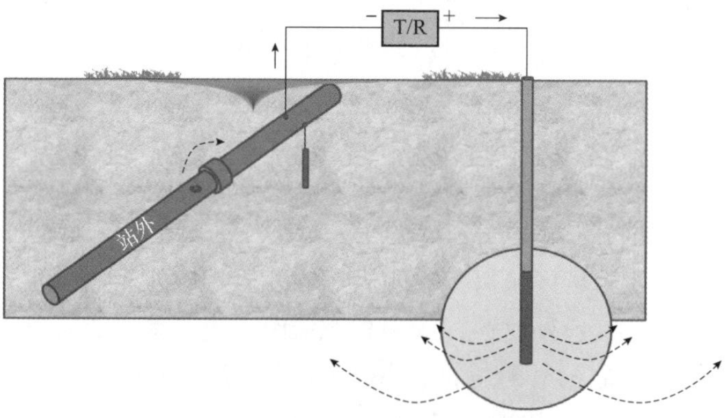

图 14-36　站外管道受阴极场干扰

2. 线路恒电位仪输出电流增大

如果站外管道阴极保护站参比电极处于阴极场内，当管地电位正向偏移时，恒电位仪将自动增大输出电流来保持设定电位。恒电位仪输出电流的增大，又将导致远离绝缘接头的管道电位负向偏移，如图 14-37 所示。阴极场的范围一般小于 100m。

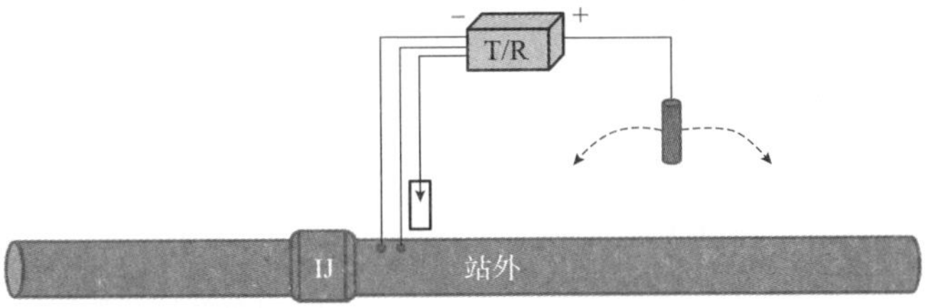

图 14-37　恒电位仪输出电流增大

3. 非保护侧管道电位整体负向偏移

受阴极干扰时，站外管道电位整体负向偏移，说明绝缘接头性能下降，电流通过管道内电解液返回受保护侧，会发生内腐蚀，如图 14-38 所示。对管道非保护侧电位负向偏移应保持警觉。

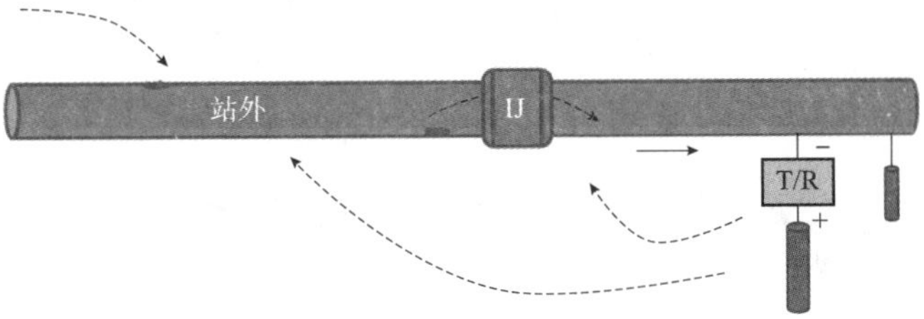

图 14-38　管道内部积液导致绝缘性能下降

(1) 靠近站场，管道电位可能负向偏移。

(2) 远离站场，管道电位更负。

(3) 影响范围可以达到数公里。

4. 绝缘接头单井侧更容易被腐蚀

(1) 单井侧管地电位负向偏移，但不明显。

(2) 管道内有水，会发生内壁腐蚀。

(3) 慎用绝缘接头，如图 14-39 所示。

5. 站场阴极干扰及腐蚀严重性

站场对站外线路的阴极干扰，会导致站外管道电位正向偏移幅度大，但由于站外管道防腐层较好，尽管电位正向偏移大，但进入站外管道的电流并不大，一般不会造成严重腐蚀。相反，如果站外线路对站内管道造成阴极干扰，由于站内接地多，电位正向偏移并不大，但一般会造成严重腐蚀。

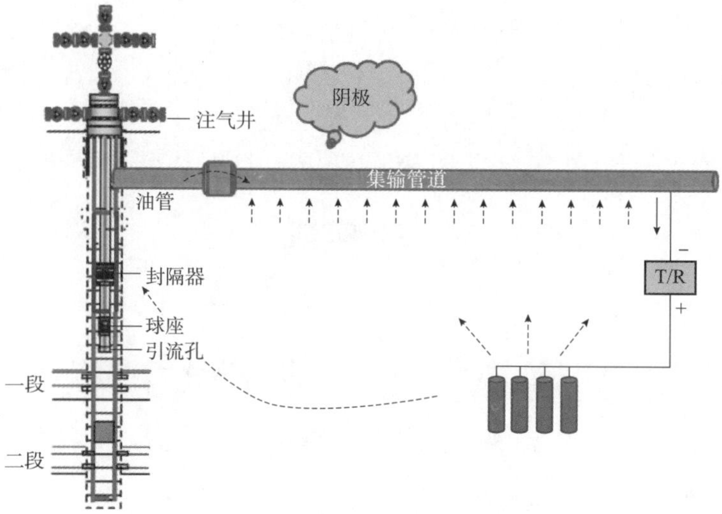

图 14－39　单井侧慎用绝缘接头

二、阴极干扰的排除

（1）保持站外管道恒电位仪恒电流（电位）运行，调节电源输出，直到绝缘接头处断电电位达标，注意出站第一个测试桩不超标，如图 14－40 所示。

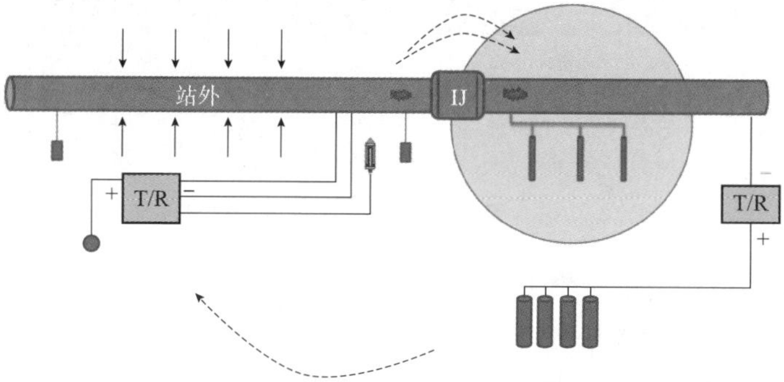

图 14－40　站外恒电位仪输出电流增大

（2）在绝缘接头位置用牺牲阳极排流，如图 14－41 所示。

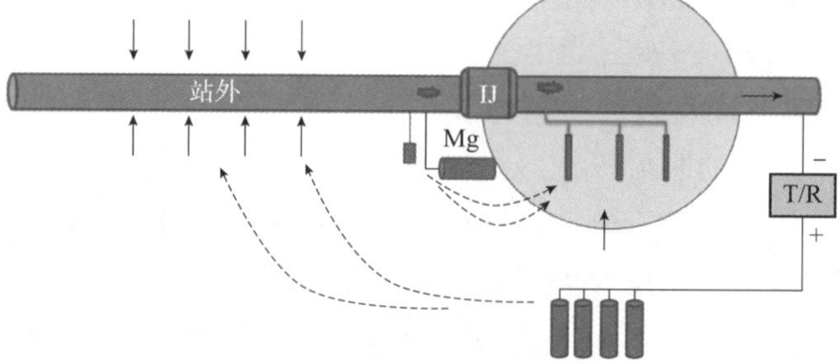

图 14－41　牺牲阳极排流

(3)安装锌接地电池或跨接，如图 14－42 所示。

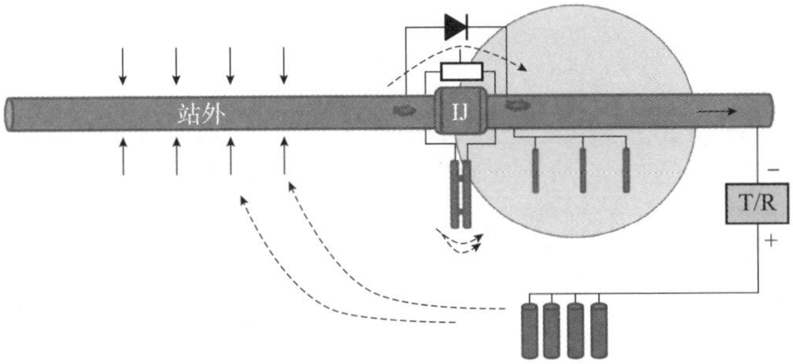

图 14－42 锌接地电池排流

①用锌接地电池替代火花间隙。

②将绝缘接头跨接，或用二极管限制绝缘接头两侧电位差。

③检查片断电电位达标。

(4)均衡绝缘接头附近电压场，靠近绝缘接头安装阳极，移走站内接地极。

三、站外管道受阳极干扰

(1)阳极靠近非保护管道时，阳极附近管道电位偏负，离开绝缘接头位置发生管道外腐蚀。

(2)阳极靠近绝缘接头时，若管道内部有积液，管道电位整体负向偏移，管道发生内腐蚀，如图 14－43 所示。

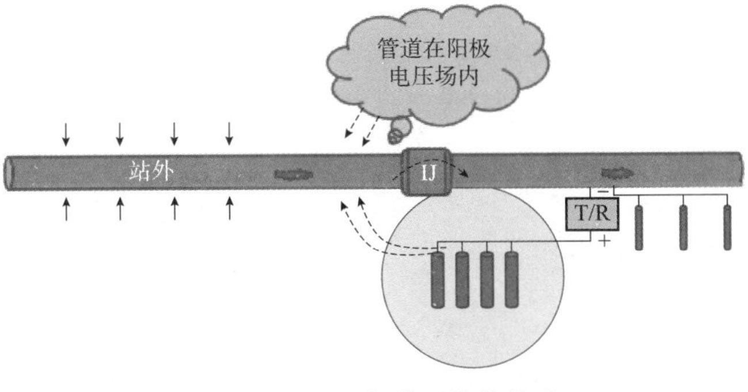

图 14－43 阳极靠近绝缘接头

四、阳极干扰的排除

进入管道的电流很小，一般不需要排流。调整站内阴极保护系统，减轻对站外的干扰。站外恒电位仪设置更负的电位或恒电流运行。如果站外管地电位仍然超标，可考虑移走站内阳极，或将站内接地极移过来。大修防腐层，保证站外管道防腐层没有漏点。

(1)用导体平衡电压场：

铜裸线以及电缆将远处的零电势与阳极附近的电压升相抵消，降低了管道附近的电压升，测量的管地电位正向偏移，如图 14－44、图 14－45 所示。

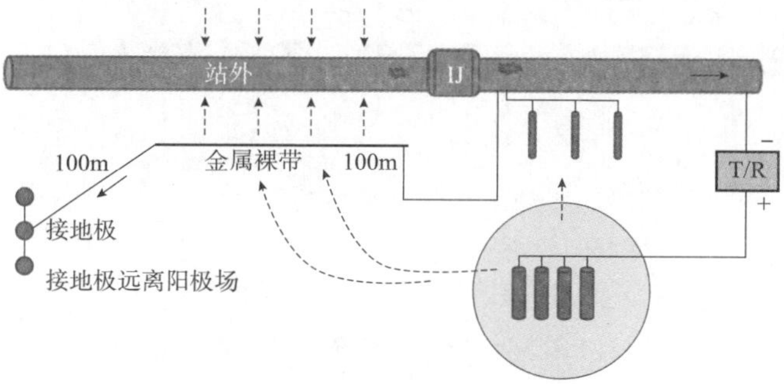

图 14－44　用导体削弱电压场

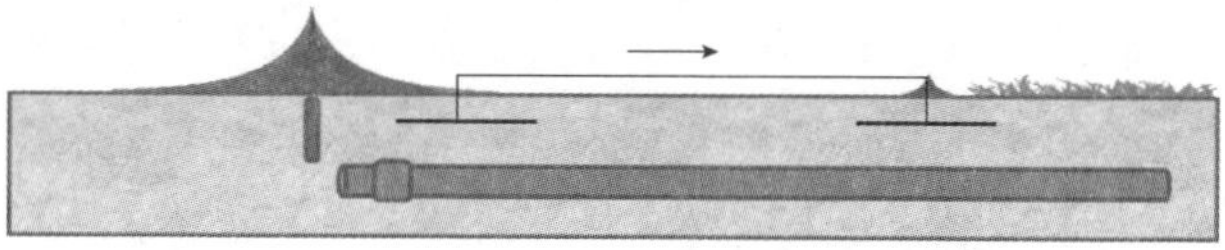

图 14－45　将电压场引到其他位置

如果阳极附近管道断电电位不超标，完全不用采取该措施。可以利用该原理，对站内阳极电压场分布、站内外电压场进行均衡。

(2)利用导体削减阳极电压场示例：

某管道长 30km，直径为 250mm，3PE 防腐层，采用外加电流阴极保护，阳极井深度为 40m，距离汇流点 15m，土壤电阻率为 100Ω · m。投产后，输出电流为 1.7A，汇流点位置电位为 －1.6V，离开绝缘接头，电位为 －1.1V。对此，甲方要求整改，如图 14－46 所示。

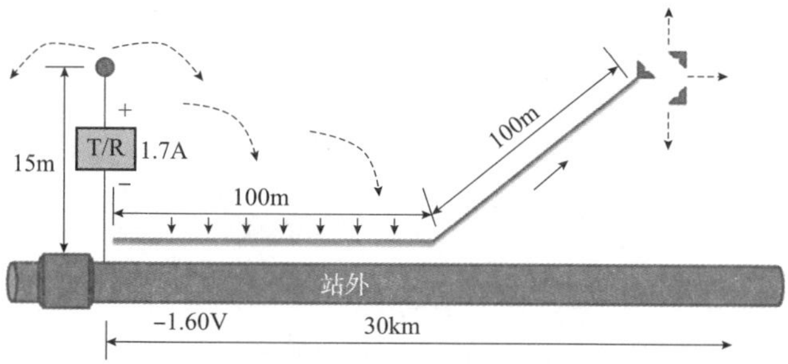

图 14－46　利用导体削减阳极电压场

整改方案：在距离管道 1m 与管道中部同高的位置埋设 $35mm^2$ ×100m 的长铜裸线，再用 100m 长的电缆引到接地极。接地极由三支 2.5m 长的角钢三点埋设构成，角钢埋深为 1m。整改后，汇流点电位正向偏移到 －1.15V，管道沿线为

-1.10V。

五、非保护侧受阴、阳极干扰及电位

(1)绝缘接头非保护侧受到阴极干扰时，绝缘接头附近管地电位一般发生正向偏移，可能发生外腐蚀。

(2)绝缘接头非保护侧受到阳极干扰时，绝缘接头附近管地电位一般负向偏移，远离绝缘接头管道可能发生外腐蚀，

(3)当管中有积液时，无论非保护管道受阳极干扰还是阴极干扰，电位可能负向偏移也可能正向偏移，都有可能导致管道内部腐蚀。

(4)如果绝缘接头位置外管道电位正向偏移，在线路恒电位仪输出电流不变的情况下，离开绝缘接头位置(第一个测试桩)，检查片通电电位不变，说明靠近绝缘接头位置(100m 内)的主管道防腐层没有破损点，管道没有受到干扰。

六、绝缘接头非保护侧腐蚀预防

绝缘接头远离阳极地床或站内接地极；尽量将绝缘接头安装在地面以上，或安装在阀井中，使绝缘接头两侧都处于空气中。如果管道内部存在导电液体，应该把绝缘接头安装在较高的部位或竖直安装，防止液体在绝缘接头处积聚。加强清管，避免管内积水。绝缘接头做内衬或使用绝缘短管。调整站内、外阴极保护系统，使绝缘接头位置内、外电位尽量接近。

1. 绝缘接头远离阳极地床或站内接地

(1)为了减轻绝缘接头位置的腐蚀风险，不论是站内阴极保护还是站外阴极保护，阳极地床都要远离绝缘接头。

(2)当站内有区域阴极保护时，绝缘接头要远离站内接地极，避免阴极干扰。

2. 管道内部做内衬

绝缘接头受保护侧涂覆内衬，加强绝缘接头受保护侧的防腐层；保持绝缘接头两侧电阻大于 100Ω，根据电阻值 R 计算受保护侧内衬长度 L，如图 14-47 所示。

$$L = R \times A/\rho$$

式中 A——输送介质的截面积，m^2；

ρ——输送介质的电阻率，$\Omega \cdot m$。

当绝缘接头两侧都有内衬时，要保证受保护侧内衬长度大于计算值 L。

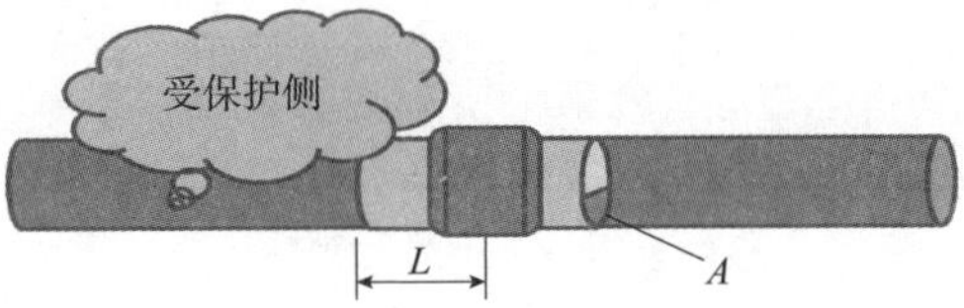

图 14-47 内衬长度

如果输送介质的电阻率大于100Ω·cm，或者液体的截面小于5%管道截面积，则内衬长度为4倍的管径且不小于1m。

如果输送介质的电阻率小于100Ω·cm，或者液体的截面大于5%管道截面积，则要使用绝缘短管，如图14-48所示。绝缘短管的长度L按下式计算：

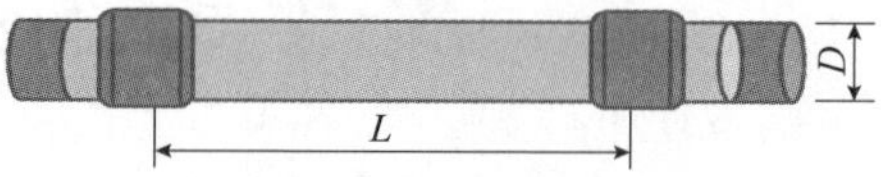

图14-48 绝缘短管长度

$$L = (400/\rho) \times D$$

式中 D——绝缘短管的直径，m。

绝缘短管可以由非金属材料制成或在带内衬的短管两端都安装绝缘接头。

3. 均衡绝缘接头两侧的电位差

用可调电阻跨接绝缘接头，在保持阴极保护正常运行的前提下，尽量减小两端电位差。在绝缘接头位置，站内管地电位或支线的保护电位应正于主管道保护电位。

第五节 站场区域阴极保护

一、站场区域阴极保护的特点

(1)管道密集，防腐层较差：靠近阳极的管道得到更多的阴极保护电流，远离阳极的管道得到的阴极保护电流较小，所以阳极均匀布置很关键，如图14-49所示。

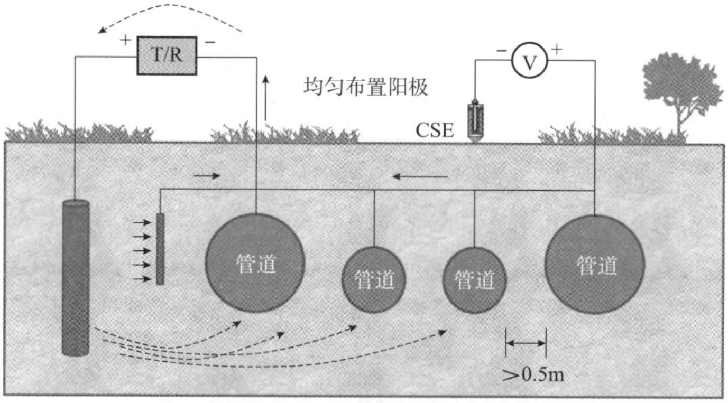

图14-49 均匀布置阳极

(2)接地极众多：站场区域接地极众多，接地极电阻和管道接地电阻为并联，因为接地极电阻远低于管道防腐层破损点接地电阻，大部分阴极保护电流沿接地极进入管道，回到电源负极，严重屏蔽流向管道的电流，如图 14－50 所示。

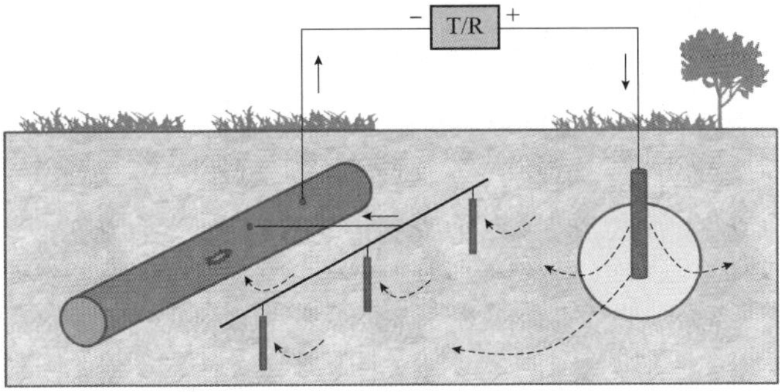

(a)

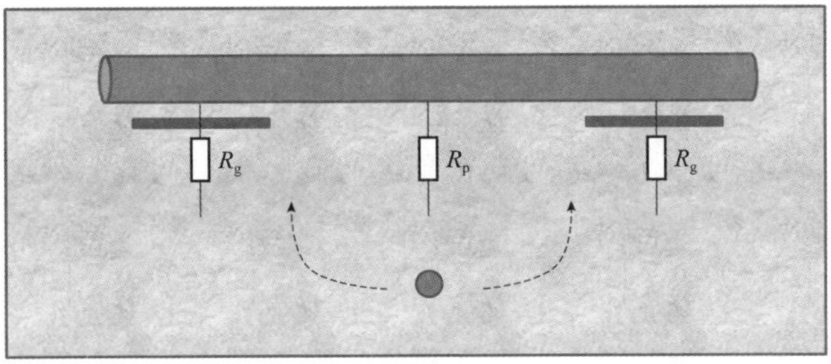

(b)

图 14－50 接地极吸收阴极保护电流

二、不同材料接地极需要的保护地流

(1)在缺氧环境中，不论是硅铁、铜包钢还是不锈钢，极化到－850mV 所需要的电流密度基本为 $2mA/m^2$。

(2)在透气良好的环境中，保护电流要增大 100 倍，对于铜接地极，要增大 1000 倍。

(3)在透气环境中，钢接地极、硅铁及锡铜接地极需要的保护电流约为 $200mA/m^2$，铜包钢接地极为 $2000mA/m^2$，不锈钢接地极为 $70 \sim 80mA/m^2$，镀锌扁钢接地极为 $10 \sim 20mA/m^2$。

三、接地极漏电处理方法

(1)站内管道地上安装，不用阴极保护。

(2)加强个别埋地管段防腐层或用防渗膜包裹阳极与管道。

(3)用锌包钢接地极代替镀锌角钢接地极，如图 14－51 所示。有外加电流阴极保护时，当管地电位负于锌阳极开路电位时，牺牲阳极漏电，如图 14－52 所示，应采用100mV阴极极化准则。

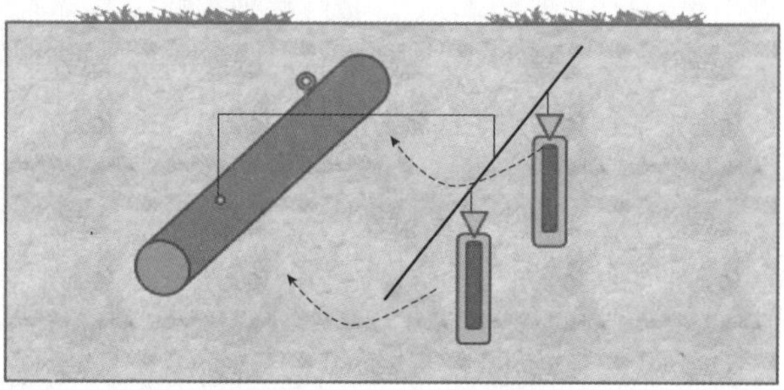

图14－51　锌包钢接地极

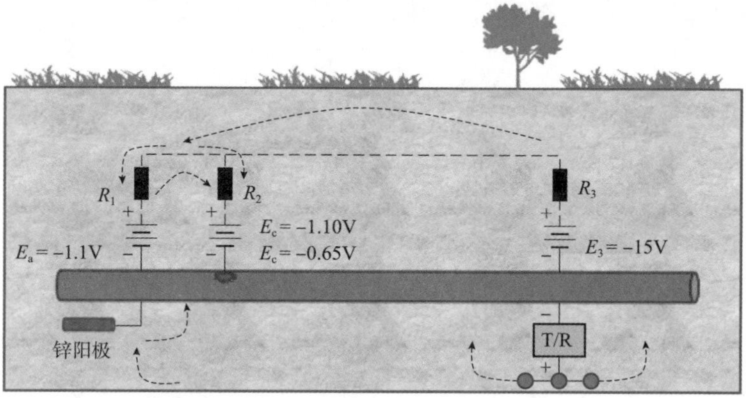

图14－52　管地电位负于－1.1V时漏电

(4)用惰性材料做接地极时，接地极会一直漏电，因此禁止用惰性材料作接地极，如图14－53所示。

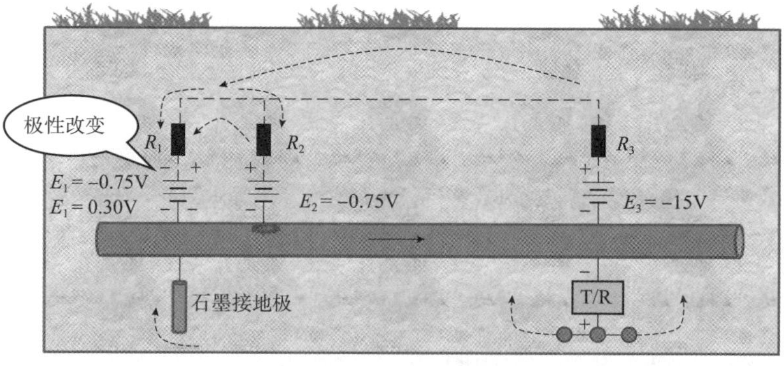

图14－53　惰性接地极一直消耗阴极保护电流

(5)仪表与管道直连，管道通过直流去耦合器接地，如图14－54所示。

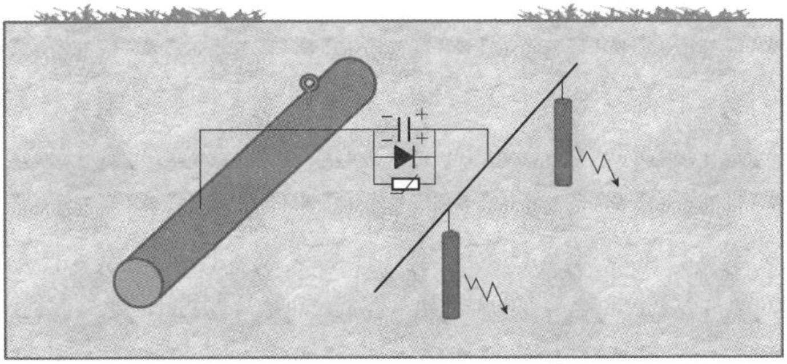

图 14-54 所有接地线经直流去耦合器入地

四、靶向阴极保护

对于站场内少量埋地管道，可以用防渗膜包裹阳极和埋地管段(如绝缘接头站内侧主管道)，或在储罐基础内(埋地储罐混凝土方箱内壁)安装防渗膜封闭阳极，如图 14-55、图 14-56 所示，防止阴极保护电流流到其他埋地结构或接地极。

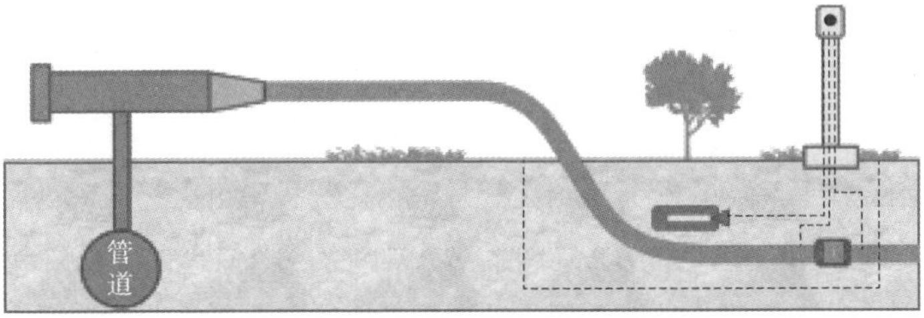

图 14-55 用防渗膜限制阴极保护电流

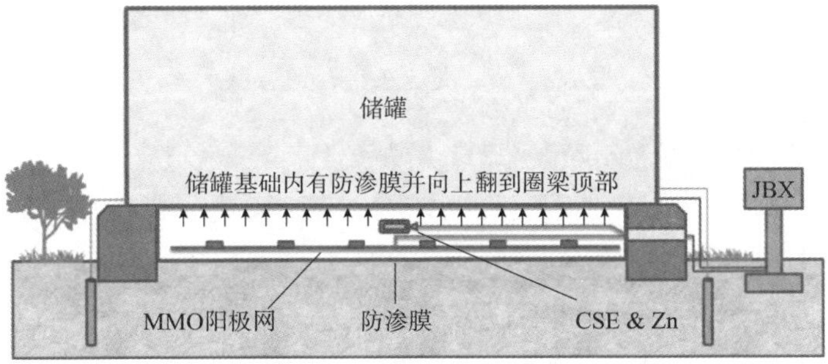

图 14-56 防渗膜限制阴极保护电流范围

五、站场区域阴极保护阳极布置

(1)线性阳极：沿被保护管道铺设，距离管道 0.3m。

(2)分布式阳极：沿被保护管道埋设，距离管道 1~2m，阳极间隔为 5~6m，或沿管道安装牺牲阳极(站内大部分管道在地面以上，阳极靠近埋地管段埋设)。

(3)深井阳极：在埋地管道几何中心位置安装，结构得到的电流和阳极位置关系不大。

(4)接地极消耗的电流量和与阳极间隔密切相关。阳极与接地极距离应尽量大，至少大于1m(间隔大于10d，d为接地极等量直径，或阳极在接地极位置产生的电压升小于0.5V)。

(5)零位接阴线和阴极线可以在任何方便的位置与管道连接，没必要一定连接到安装阳极的位置。站内无需跨接线或均压线。

(6)站内无需设置测试桩，但最好设置测量点，埋设检查片。

六、绝缘接头安装位置

(1)绝缘接头尽量安装在直管或立管段，距离管件的距离大于6倍管道外径，且不小于3m。

(2)管道绝缘接头不应安装在低洼、管内容易积水的管段，最好地上安装。

(3)距离绝缘接头12m范围内不能有碰死口，绝缘接头埋地安装时，远离站内接地极或阳极地床。站内有区域阴极保护时，绝缘接头距离站内最近的接地极宜大于60m；站内没有区域保护时，绝缘接头安装在站内管道出地面位置，地上安装，如图14－57所示。

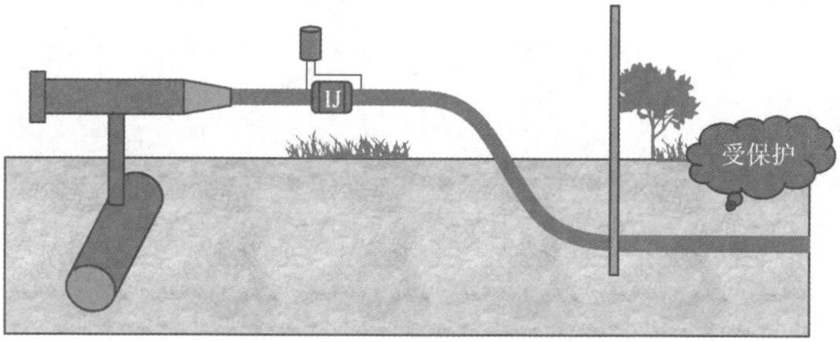

图14－57　地上安装绝缘接头

(4)绝缘接头要安装防雷击、防打火装置。

(5)线路阴极保护阳极地床应远离站场设施(线路阳极地床易引起绝缘接头站内侧腐蚀)。

七、站场区域阴极保护管理

(1)当站内采用镀锌材料作接地极时，不能使用$-0.85V_{CSE}$断电电位指标，应使用100mV阴极极化指标。

(2)如果被保护结构与惰性材料连接，不能使用100mV阴极极化指标，应使用$-0.85V_{CSE}$断电电位指标。

(3)如果站外线路阴极保护阳极地床位于站内，站内管道或接地极可能会吸收阴极保护电流，该电流沿主管道流向站外管线汇流点，跨过绝缘接头时，可能会导致绝缘接头站内侧严重外腐蚀或内腐蚀，如图 14－58 所示。站外线路阴极保护站阳极地床应尽量远离站场，尤其是远离站内接地网(站场内，沿围墙一般有埋地扁铁，作为监控、照明系统的接地极)。

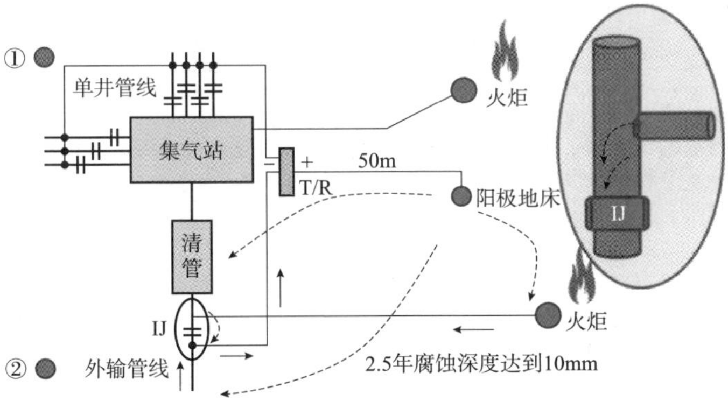

图 14－58　阳极地床位于站内

(4)通过调节站内外阴极保护系统，控制绝缘接头两侧的电位差尽量小。

第六节　阴极保护故障诊断

一、恒电位仪故障诊断

恒电位仪故障诊断见表 14－3。

表 14－3　恒电位仪故障诊断

故障现象	可能的原因	验证方法
恒电位仪输出电压、电流均增大	绝缘接头搭接，管道防腐层破损严重、地网与阀体搭接	检测绝缘接头及地网的绝缘性能，远离绝缘接头电位更负
	参比电极故障，电解液流空或参比电缆接地	阴极保护间内一般有多台恒电位仪，将恒电位仪全部关闭，测量参比电极之间的电位差或分别测量地网电位，比较差值
	参比电极受阴极电压场干扰	在汇流点位置，向远处移动便携式参比电极测量零位接阴线电位，电位负向偏移
	恒电位仪测量电位的仪表内阻小	恒流运行，拆下零位线和参比电极线，用万用表测量电位比显示电位偏负

续表

故障现象	可能的原因	验证方法
恒电位仪输出电压持续升高直到报警，输出电流为零	阴、阳极电缆断路	测量零位接阴与阴极电缆之间的电压为零，则是阳极电缆断路。用 PCM 查找电缆路径及断点
恒电位仪有稳定的输出电压，没有输出电流，管地电位达到设定电位	管地电位负于设定电位；恒电位仪对管道交流干扰进行整流，导致管地电位负于设定值	恒电位仪关机，测量管地电位、交流电压、阴极线电流。设置更负的电位，检查恒电位仪是否有输出电流
	管道上连接有牺牲阳极	
输出电压升高，电流不变	阳极地床接地电阻增大	测量阳极地床接地电阻
恒电位仪输出电流减小	参比电极位置受到阳极干扰	关闭站内区域保护电源，检查线路恒电位仪输出电流是否增大
	跨接线断路	检查跨接线是否开路
恒电位仪输出电压和电流增大，面板上的参比电位不变	恒电位仪给上下游管道供电，连接汇流点的阴极电缆断路	检查连接汇流点(埋设参比电极位置)处管道的阴极电缆或跨接线
恒电位仪输出电流始终波动	管道受到动态直流杂散电流干扰，恒电位仪处于通断模式	停掉恒电位仪，测量管地电位，检查恒电位仪工作模式
恒电位仪显示电位与汇流点实测电位差距大，实测电位偏负达到几百毫伏	恒电位仪测量电位仪表内阻低	将恒电位仪转到恒电流输出，拆下参比和零位线，用万用表测量电位，比面板显示电位负，为仪表内阻低、显示问题；与面板显示一致，为参比电极问题
	参比电极故障(流空、破损)	在汇流点位置，移动便携参比电极，电位不变，排除阴极场干扰
	参比电极受阴极场干扰	便携参比远离汇流点，测量到的电位逐渐偏负，为阴极场影响
恒电位仪输出电流大，电压低，回路电阻小	土壤电阻率低，阴、阳极搭接	拆下恒电位仪电缆，测量阳极电位，偏负(没有预填包的阳极电位为正值)

二、绝缘接头性能故障诊断

绝缘接头性能故障诊断见表 14－4。

表 14－4　绝缘接头性能故障诊断

故障现象	可能的原因	验证方法
绝缘接头非保护侧负向偏移	绝缘接头短路或被跨接	恒电位仪输出电流偏大，用 PCM 测量绝缘接头性能
	受阳极电压场干扰	将参比电极远离绝缘接头测量
		关掉附近结构的阴极保护电源
绝缘接头非保护侧少量负向偏移，幅度一般不超过 100mV	输送介质含水，电解液耦合，腐蚀产物跨接绝缘接头	恒电位仪输出电流偏大，用 PCM 测量绝缘接头性能
绝缘接头非保护侧正向偏移	受保护侧管道防腐层有破损	测量地表电压场，有梯度
绝缘接头两侧都有交流电压	绝缘接头性能下降或站内外之间安装有直流去耦合器	检查绝缘接头保护装置，用 PCM 确认绝缘接头绝缘性能
绝缘性能下降，恒电位仪输出电流逐渐增大	内检测导致管道磁化，腐蚀产物搭接绝缘接头	清管后电流减小，之后又周期性增大
在站场外近处测试桩施加 PCM 信号，站场一侧管中电流更大	绝缘接头搭接，站场上下游之间有跨接线，绝缘接头位置是汇流点	拆除阴极线和跨接线，再次测量管中电流，管中电流仍然大说明绝缘接头故障或存在跨接

三、主管道管地电位异常故障诊断

主管道管地电位异常故障诊断见表 14－5。

表 14－5　主管道管地电位异常故障诊断

故障现象	可能的原因	验证方法
管地电位异常正	受阴极场干扰	测量地表电位梯度，有梯度
	管道防腐层破损严重	测量地表电位梯度，有梯度
	阴极保护电流受到高电阻率土壤屏蔽	电位梯度很小或没有，PCM 测量管中电流没有损耗
	参比电极故障，陶瓷塞没泡透	校对参比电极
	管道与惰性材料或接地网搭接	用 PCM 查找搭接点或通过测量电位寻找搭接点
	测量导线断路	电位在－0.10V 左右，提高附近的恒电位仪输出电流，电位没有变化
		测量交流电压为零
	直流去耦合器容抗高，正向二极管损坏	检测直流去耦合器直流阈值以及直流电流
	高压直流接地极不平衡电流或单极放电干扰	调查高压直流接地极放电情况

续表

故障现象	可能的原因	验证方法
管地电位异常负	受阳极干扰，管道上有牺牲阳极连接	测量电位梯度，查找阳极位置
	恒电位仪或极性排流器对交流干扰进行整流	拆除恒电位仪阴极电缆或极性排流器，测量阴极线直流电流
	站场内有区域阴极保护，且站场绝缘接头性能下降	确认绝缘接头性能，远离站场电位更负
	直流去耦合器容抗高，反向二极管损坏或导通电压不对称	检测直流去耦合器直流阈值，检查直流去耦合器排放的直流电流
	高压直流接地极不平衡电流干扰	调查高压直流接地极放电情况
	站场或阀室位置的管地电位偏负，可能为站内直流设备漏电	用钳形表测量所有引下线电流
管地电位大范围波动	管道受地铁动态直流杂散电流干扰	管地电位有明显的安静期，与地铁运行时刻相对应
	管道受地磁电流干扰	管地电位没有明显的安静期，没有规律，绝缘接头两侧管地电位偏移趋势相反
	管地电位波动，受潮汐干扰	检测管地电位与潮汐的关系，相对应
	恒电位仪、直流去耦合器对电气化铁路干扰电流整流，输出直流电流	测量管道交流电压，测量恒电位仪关机时是否有直流电流输出。测量直流去耦合器是否有直流电流输出
管地电位快速衰减	参比电极离开了阳极电压场	测量管地电位偏负管段地电位梯度应该较大。测量土壤电阻率，PCM防腐层检漏，没有漏点或管中电流无衰减
	管道防腐层破损或搭接	
	管道和阳极地床同处于低土壤电阻率环境，而管道离开阴极保护站之后，进入高土壤电阻率环境	

续表

故障现象	可能的原因	验证方法
管地交流电压波动	管道受交流输电线路感应型干扰	管地交流电压缓慢波动
	管道受电气化铁路传导型交流干扰	管地电压频繁出现峰值
实测交流电流密度与公式计算电流密度相差较大甚至接近10倍	阴极保护改变了漏点附近土壤性质，当土壤中含有钠、钾离子时，土壤电阻率降低，电流密度实测值远大于公式计算值	实际测量漏点附近的土壤电阻率，以实测电流密度为准
土壤透气性好时电位偏正	氧气含量多，消耗了电子	$2H_2O+O_2+4e \longrightarrow 4OH^-$
阴极极化满足100mV仍然发生腐蚀	管道生锈后，自然电位比真实的自然电位偏正，相当于与惰性金属连接	应采用光亮检查片的100mV极化指标
土壤电阻率高时，满足-750mV和-650mV指标仍腐蚀	阴极反应会改变管道防腐层破损点附近的环境，使电阻率降低，低于100Ω·m	慎用该指标，尽量用$-850mV_{CSE}$指标
定向钻穿越段(550m)，一端的自然电位偏正(-0.4V)，另一端电位偏负(-1.2V)	受杂散电流干扰，一端流入，另一端流出	测量地表电位梯度进行确认
智能桩上传电位异常正	参比电极流空或故障	现场用便携参比电极测量管道电位(不要测量参比电极之间的电位差)

四、阀室故障诊断

阀室故障诊断见表14-6。

表14-6　阀室故障诊断

故障现象	可能的原因	验证方法
阀体及附近管道对地电位偏正	阀体与地网连通，阀体防腐层差	测量阀体与地网之间的电位差，用钳形电流表确认短路引下线
阀体与地网之间的绝缘卡套烧蚀	阀体受高压直流接地极放电或雷击、故障电流影响，缺少保护装置	检查阀室绝缘是否采取了保护措施

续表

故障现象	可能的原因	验证方法
地网与阀体短路，但仍能测量到电位差或交流电压差	电流沿短路引下线进入阀体，在导线上产生电压降	在短路引下线位置测量电位差最小，其他位置测量绝缘卡套两侧的电位差较大
地网没有搭接，但地网交流电压和直流电位都波动	参比电极位于阀体电压场内	将参比电极离开阀体 10m 再次测量，地网没有交流电压，直流电位(自然电位)稳定

五、直流去耦合器故障诊断

直流去耦合器故障诊断见表 14－7。

表 14－7　直流去耦合器故障诊断

故障现象	可能的原因	验证方法
直流去耦合器两侧交流电压相差较大	电容小，容抗大，有较大的电压降，或电容开路	更换直流去耦合器
靠近直流去耦合器，管地电位负向偏移	电容故障，导致二极管整流，直流去耦合器导通电压不对称或反向二极管损坏	用 9V 电池给直流去耦合器正反向充电，测量残压为阈值
		测量直流去耦合器排放直流电流
靠近直流去耦合器，管地电位正向偏移	电容故障，导致二极管整流，直流去耦合器正向二极管损坏	用 9V 电池给直流去耦合器正反向充电，测量残压为阈值
		测量直流去耦合器排放直流电流
通过直流去耦合器的交直流电流都偏大	直流去耦合器短路，电容充放电	拆下直流去耦合器测量电阻，电阻值小且稳定
用电流表跨接直流去耦合器，直流电流很小	接地极电缆断路。采用了锌接地极，接地极电位和管地电位接近	测量接地极电位或接地电阻，若电位偏正或接地电阻偏大，导线断缆

六、防腐层检漏中故障诊断

防腐层检漏中故障诊断见表 14－8。

表 14－8　防腐层检漏中故障诊断

故障现象	可能的原因	验证方法
PCM 找不到防腐层破损点	管道上装有直流去耦合器或存在大的接地点，	拆掉直流去耦合器
PCM 无法定位管道走向和埋深	管中信号电流太小或受高压交流输电线干扰	将管道上的绝缘接头短路，增大信号电流

续表

故障现象	可能的原因	验证方法
开挖后找不到防腐层破损点	管道附近存在埋地金属或处于管道弯头附近	查找是否有埋地金属
	管道补口材料或弯头防腐材料与主管道不一致，如3PE防腐层用无溶剂环氧补口或弯头采用双环氧粉末补口	确认补口及弯头防腐材料是否与主管道不一致
只有60%～70%的情况下，dB值大，漏点面积也大	dB值取决于土壤电阻率、管道埋深、信号电流强度以及与信号发生器的距离	在土壤电阻率低的位置，选择一些dB值小的漏点进行开挖验证
用A型架定位防腐层破损点时，指针指向背离漏点	信号发生器接地极和管道导线接反	确认接线极性

七、检查片使用中故障诊断

检查片使用中故障诊断见表14－9。

表14－9　检查片使用中故障诊断

故障现象	可能的原因	验证方法
检查片断电电位偏负	检查片附近管道有漏点，地电位梯度影响断电位测量	安装土壤管测量断电电位或参比电极靠近检查片安装
	参比电极靠近牺牲阳极，受阳极电压场干扰。检查片靠近牺牲阳极，得到过量的电流，极化充分	通断牺牲阳极，观察检查片自然电位是否有变化。安装土壤管测量断电电位或参比电极靠近检查片安装。将检查片远离牺牲阳极
	土壤中含有钠、钾离子，阴极保护产物使得检查片附近土壤电阻率下降，检查片处于填包料中	测量检查片电流是否过大，对检查片附近的土壤进行化验
检查片断电电位偏正	极化时间短，检查片埋设浅，土壤电阻率高，透气性好。检查片被参比电极铜离子污染	增加检查片埋设时间和深度，检查检查片埋设环境
检查片断电电位逐渐正向偏移	土壤干燥，水分逐渐消失	检查土壤干燥程度，核实埋设检查片时是否浇过水

续表

故障现象	可能的原因	验证方法
检查片断电电位逐渐负向偏移	检查片逐渐极化	检查片慢慢充分极化
检查片断电电位变化大	受动态杂散电流干扰，检查片反复极化或去极化	测量检查片电流及方向变化
检查片去极化很慢	土壤透气性差，含氧量低，检查片处于填包料中	确认土壤性质，淤泥、黏土环境经常出现这种现象
检查片去极化很快	土壤透气性好，电阻率高，检查片极化不充分	确认土壤性质，透气性好的高土壤电阻率环境经常出现这种现象

八、CIPS 检测中故障诊断

CIPS 检测中故障诊断见表 14－10。

表 14－10 CIPS 检测中故障诊断

故障现象	可能的原因	验证方法
CIPS 管道断电电位偏正	测量连接导线切割输电线路的磁力线，出现交流电压。仪器抗交流干扰能力差，参比电极接触不好	用万用表校对断电电位，检查校对参比电极
电源断开瞬间，管地电位正向脉冲	沿管道方向极化程度不一致，断电瞬间，极化强的位置放电，负 *IR* 降导致管地电位正向脉冲	用记录仪记录管道去极化过程，确定读取断电电位延迟时间
通断器连通后，管地电位不能及时负偏	恒电位仪恢复输出电流需要时间	恒电位仪输出安装假负载或更换灵敏度高的恒电位仪

九、站内区域保护对站外管道的干扰故障诊断

站内区域保护对站外管道的干扰故障诊断见表 14－11。

表 14－11 站内区域保护对站外管道的干扰故障诊断

故障现象	可能的原因	验证方法
区域保护开启，站外恒电位仪输出电流减小	站外管道参比电极受到站内阳极干扰	关闭站外恒电位仪，开启站内区域保护电源，站外管道电位负向偏移
区域保护开启，站外恒电位仪输出电流增大	站外管道参比电极受到站内阴极干扰	关闭站外恒电位仪，开启站内区域保护电源，站外管道电位正向偏移

续表

故障现象	可能的原因	验证方法
站内测量管道通电电位差距大	站内采用分布式阳极保护，参比电极和阳极（接地极）的距离不同	检查竣工记录，测量站内结构或检查片断电电位

十、钢套管穿越故障诊断

钢套管穿越故障诊断见表 14－12。

表 14－12　钢套管穿越故障诊断

故障现象	可能的原因	验证方法
主管道电位偏正	套管与主管道搭接	测量套管电位是否与主管道一致
开启主管道阴极保护电源，套管电位小量负向偏移	主套管电解液耦合	主套管有较大的电位差
钢套管内主管道腐蚀严重	套管与主管道搭接，屏蔽阴极保护电流	测量套管与主管道的直流电位与交流电压差异小

十一、参比电极故障诊断

参比电极故障诊断见表 14－13。

表 14－13　参比电极故障诊断

故障现象	可能的原因	验证方法
管地电位读数偏正	参比电极陶瓷塞没泡透，参比电极没有遮光纸，硫酸铜溶液不饱和	用其他参比电极测量管地电位，用遮光纸包裹参比电极，观察是否有晶体。参比电极的任何故障都会导致管地电位测量值偏正
硫酸铜溶液呈絮状，浅绿色	用自来水配置的参比电极或硫酸铜溶液受污染	更换饱和硫酸铜溶液

十二、库区或庭院管道短期内腐蚀穿孔故障诊断

库区或庭院管道短期内腐蚀穿孔故障诊断见表 14－14。

表 14－14　库区或庭院管道短期内腐蚀穿孔故障诊断

故障现象	可能的原因	验证方法
管道 1 年内腐蚀穿孔	管道与结构钢筋搭接，受到阴极干扰	测量临近钢筋混凝土位置管地电位偏正。其他结构阴极保护电源开启后，管地电位正向偏移

十三、其他故障诊断

其他故障诊断见表 14－15。

表 14－15　其他故障诊断

故障现象	可能的原因	验证方法
管道发生内腐蚀	管道内部积水	分析发生腐蚀的位置是否在低洼易积水的管段
同一阴极保护站，调换恒电位仪后，设定同一电位，输出电压、电流明显增大	恒电位仪测量电位的仪表内阻不同	将恒电位仪设置在恒电流输出模式，拆下零位接阴线和参比电极线，用万用表测量电位与面板显示不同

第十五章　阴极保护系统维护

第一节　阴极保护系统日常维护

一、日常维护的目的

(1)为了满足公共安全、环保以及工业标准要求，要对阴极保护系统进行日常维护，以确保其正常运行。

(2)阴极保护系统要正常运行，需满足阴极保护指标要求。

(3)杂散电流排流系统需满足相应规范的要求。

二、日常需要维护的设施

(1)阴极保护电源的维护；

(2)参比电极的维护；

(3)阳极地床的维护；

(4)测试桩的维护；

(5)跨接线的维护；

(6)绝缘接头的维护；

(7)钢套管穿越的维护；

(8)防雷以及排流设施的维护；

(9)阀室的维护；

(10)牺牲阳极的维护。

三、日常维护的内容

阴极保护系统日常维护的内容见表 15－1。

表 15－1　日常维护的内容

结构类型	测　量　内　容
管道	在测试桩及可以接触到管道的位置，测量管地电位
阀室	测量阀室地网以及阀体的电位，判断其绝缘性

续表

结构类型	测 量 内 容
排流设施	(1)管道及接地极直流电位、排流位置管地极化电位 (2)管道及接地极交流电压 (3)管道与接地之间交、直流电流 (4)排流接地极附近的土壤电阻率及接地极接地电阻
绝缘接头	保持参比电极位置不变，测量绝缘接头两侧的管地电位，如果电位差小于100mV，则要进一步验证其绝缘性能
管道交叉处	(1)与保护管道交叉处，测量被交叉管道的电位 (2)经过阳极地床附近其他管道电位
钢套管穿越处	测量主管、套管电位，如果套管短路，要尽快修复

四、阴极保护电源的维护

(1)记录电源输出电压、电流、电位，检查所有的电源组件，包括电阻箱、保护器、开关及其他组件，是否工作正常。

(2)检查导线接线柱是否松动，有无发热组件，有无异常气味，有无变色导线。

(3)用可靠的仪表校准电源电压表和电流表。

①恒电位仪设置：恒电位仪可以设置恒电位、恒电流、恒电压、恒断电位工作模式。

②根据阳极通、断电位计算阳极电阻：阳极的通电电位减去断电电位再除以输出电流为阳极地床接地电阻；管道通电电位减去断电电位再除以电流为管道接地电阻；恒电位输出电压减去断电时恒电位仪反电动势再除以输出电流为回路电阻，回路电阻等于阳极接地电阻加管道接地电阻(测量管道通电电位时，测量阴极线电位)。

$$R_a = \frac{V_{on}^a - V_{off}^a}{I},\ R_p = \frac{V_{on}^p - V_{on}^p}{I},\ R_c = \frac{V_{on} - V_{off}}{I} = R_a + R_p$$

(4)恒电位仪的故障诊断：恒电位仪输出电压、电流会因为防腐层老化、土壤电阻率变化、干湿季交替、管道绝缘情况以及地床接地电阻变化而变化。结构所需要的保护电流会随着防腐层的老化及破损，逐渐增大。根据周围环境以及电流密度的不同，结构的完全极化需要几天甚至几周。

①如果恒电位仪输出电压很小、电流减小或为零，保护电位达标：可能是因为管道电位负于恒电位仪设定电位。将设置电位调至更负的值，观察恒电位仪是否有输出电流或输出电流是否增大，如果是，说明恒电位仪没问题。

②输出电压升高，输出电流不变：可能是因为地床接地电阻升高或土壤电阻率增大。测量阳极地床接地电阻或土壤电阻率进行验证。

③输出电压和电流都增大：可能是由以下原因造成的。

a. 绝缘失效：用便携式参比电极检查绝缘接头、阀室地网、钢套管是否绝缘失效，与其他结构是否有搭接。

b. 设备显示故障：拆下参比电极电缆和零位接阴电缆，用万用表测量管地电位，如果与设备显示数值相同，说明恒电位仪没问题。

c. 参比电极故障：停止恒电位仪运行，将便携参比电极放到埋地参比电极位置，比较埋地参比电极与便携参比电极所测结构的电位差，如果差值大于200mV，说明埋地参比电极有故障。埋地参比电极受到阴极干扰时，关闭区域保护电源，观察站外电源输出是否减小，如果站外恒电位仪输出电流减小，说明站外参比电极受站内阴极场干扰。

d. 杂散电流干扰：测量地表电位梯度，判断埋地参比电极电位是否受到杂散电流干扰。如果电位梯度很小，说明埋地参比电极没有受到杂散电流干扰。

④输出电压升高，输出电流为零：可能是由以下原因造成的。

a. 阴、阳极电缆断路。通过测量阴极电缆与零位接阴电缆之间的电阻，确定是阴极电缆还是阳极电缆断路。可以用 PCM 测量电缆的走向、埋深甚至断路点。当电缆断开处与土壤接触不好时，这个方法应用困难。

b. 恒电位仪输出电流波动。

c. 参比电极受动态直流杂散电流干扰或恒电位仪受到交流杂散电流干扰，对交流电流进行了半波整流。

五、参比电极的维护

(1)埋地长效饱和硫酸铜参比电极用作恒电位仪信号源时，在干旱地区，应定期浇水湿润。参比电极流空后，接地电阻增大，测量到的管地电位偏正，但用便携参比电极校对时，电位差可能不大。校对埋地参比电极时，比较管地电位的差值，直接测量参比电极之间的电位差有可能出现误判。要用两个参比电极分别测量管道电位，比较电位的差值。

(2)将便携参比电极放置在埋地参比电极附近，测量零位线电位，再用埋地参比电极测量零位线电位，比较电位差应小于50mV。

(3)一般情况下，便携参比电极测量电位与恒电位仪显示电位差值在100～200mV之间(可能是恒电位仪内阻小所致)。

六、阳极地床的维护

阳极地床的地面标志及防护设施应保持完好。观察恒电位仪输出电压和电流，计算阳极接地电阻，也可以通过三极法测量阳极地床的接地电阻。如果阳极地床的接地电阻发生异常变化，应及时查找原因，及时修复。

如果每支阳极的电缆都接入接线箱，可测量每支阳极的输出电流，如果所有阳极都与主电缆连接，应按以下方式查找断路阳极：

(1)用两支参比电极，一支远离地床，另一支在阳极地床正上方，从一端开始(距离阳极地床 3.0m 到最后一支阳极后 3.0m)每隔 0.5m 测量一次地表相对于远地点的电位。

(2)绘制电位曲线，判断阳极是否断路。没有阳极场的位置，下方阳极失效。

七、牺牲阳极保护系统的维护

(1)将参比电极放置到管道正上方，测量管地闭路电位。断开阳极电缆，测量阳极开路电位，测量阳极输出电流，或用钳形电流表测量阳极输出电流。

(2)与以前的测量结果进行对比，如果阳极电位正向偏移严重，说明阳极质量有问题或土壤干燥，腐蚀产物积聚在阳极周围形成高电阻膜。

(3)如果阳极开路电位正常，输出电流很小，说明阳极耗尽或接地电阻太大，或者管地电位本身已经很负。如果阳极输出电流稳定而管地电位偏正，说明管道绝缘有问题：

①如果管道电位与阳极开路电位相近，阳极输出电流很小或为零。

②如果管道电位负于阳极开路电位，牺牲阳极会消耗阴极保护电流。

③单支阳极的输出电流一般在几毫安到几十毫安之间。

八、测试桩的维护

(1)测试桩应统一编号，累计里程。每月对测试桩进行一次全面的检查、维护。每年进行一次检修，应保持标记清楚、完整，并作好记录。

(2)如果测量的电位偏正($-0.10 \sim -0.20V_{CSE}$)，若阴极保护站输出电流增大而测量的电位无变化(或交流电压为零)，可能是测量电缆断缆，或测试线与测试桩搭接。

(3)管地电位明显偏负或偏正，可能受到附近阳极或阴极干扰。

九、跨接线的维护(均压线)

(1)跨接线是用电阻、导线或单向导通装置连接两个结构，用来排流或均压。跨接线要保证连通，要经常检查其连通性。可以采用电炉丝进行跨接。

(2)检查周期为 60 天或更短；测量跨接线电流及方向，测量两侧结构的电位。

十、绝缘接头的维护

(1)如果绝缘接头位置有阴极保护电源，检查其输出电流是否异常(过大)。

(2)沿线测量管地电位，是否远离接头后电位负向偏移。

(3)测量绝缘接头两侧电位，两侧电位差一般大于 100mV(交流电压有差别)。管地电位波动时，将电压表跨接在绝缘接头两端。

(4)用 PCM 发射机输入电流，检测绝缘接头站场侧是否有电流。

(5)绝缘接头测量导线的区分：

①测量接头导线与站内设施之间的电位差，电位差为零的测量导线在站内一侧。

②测量接头导线与参比电极之间的交流电压，一般情况下，站内测量导线交流电压为零，站外测量导线有交流电压。

③在受地铁干扰的地区，站外管地电位波动幅度远大于站内管道。

(6)绝缘接头位置避雷器的检测：

①拆掉避雷器一侧的导线，用万用表测量避雷器电阻，显示为开路。

②用 1500V 直流兆欧表测量避雷器电阻，同时测量避雷器两侧的电压。若电压达到避雷器导通电压后，电压不再升高，说明具有高压导通功能。

(7)绝缘接头检测案例：

管道 B 绝缘接头两侧电位均为 $-1.32V_{CSE}$，在 1km 外施加 PCM 信号，站场一侧管中电流为 290mA，说明管道与站场搭接，继续检测管中电流，靠近绝缘接头时还有 280mA 电流，说明搭接在站场内，在绝缘接头两侧，管中没有电流，如图 15－1 所示。

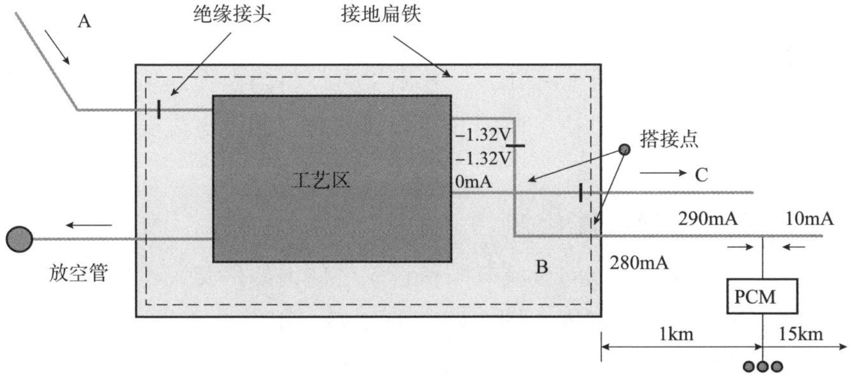

图 15－1 PCM 检测数据

管道 B 在绝缘接头到围墙之间与管道 C 或接地扁铁可能有搭接。开挖后发现，管道下沉，被接地极角钢戳破防腐层，导致站内外搭接。

十一、套管与主管的维护

(1)检查套管穿越位置主管电位，是否发生正向偏移。

(2)一般情况下，主、套管之间的电位差在 200～500mV 之间，如果电位差小于100mV，应进一步检查是否有绝缘不好的情况。

(3)测量主管和套管的交流电压，如果有差别，说明绝缘良好。

十二、站场、阀室阴极保护的维护

(1)站场内尽量少用(不用)测试桩，利用露出地面的管道进行电位测试。

(2)测量位置埋设土壤管(塑料管)，减小地面石子、硬化路面对测量的影响，测试桩无需防爆，无需专门接地。

(3)埋地管道复杂的区域，阳极电压场分布复杂，尤其是均布阳极，宜采用极化探头(检查片)测量结构断电电位。

(4)通电电位受阳极场电位梯度影响很大，没必要强调其均衡。电流分布决定于阳极位置，与汇流点位置关系不大。

(5)站场阴极保护指标宜选用100mV阴极极化指标(旧站场后加的阴极保护系统选用检查片100mV指标)。

(6)阀体与地网之间的电位差一般为200～500mV，没安装直流去耦合器时，交流电压也有差别，安装直流去耦合器后，不能通过比较阀体和地网交流电压来判断其绝缘性能。

十三、深井阳极地床的维护

(1)在有些情况下，由于气阻造成的阳极地床接地电阻增大，可以通过沿排气管注水的方式来解决，但一般情况下效果不大。

(2)如果注入降阻剂，应考虑其对阳极材料以及电缆绝缘层是否有破坏，同时要考虑其对地下水的污染。开孔式深井阳极可以将阳极提到地面，检查电缆是否有断路或是否阳极消耗过快。使用开孔阳极井时，阳极电缆要具有耐氯气、氧气老化的特性。

十四、排流设施性能检测

测量直流去耦合器两侧的交流电压和直流电位，如果交流电压相近，直流电位具有一定的差别，说明直流去耦合器性能良好。用电流表跨接直流去耦合器，如果测量到的直流电流很小(两侧有明显的电位差)，说明接地极断缆(接地极漏电量在50～200mA之内)。

十五、管道测量及防腐层检漏

(1)管地电位密间隔测量(CIPS)：其目的是确认测试桩之间的管道是否满足阴极保护规范指标要求，确认杂散电流的流入、流出点。

(2)管道PCM测量：确认管道的埋深和走向，加上A型架后，检测防腐层破损点。

(3)地表电位梯度 DCVG 测量：查找防腐层破损点以及破损点的活性。

(4)以上各方法受杂散电流干扰时，可能会产生误差。

十六、管道防腐层修复顺序

(1)防腐层修复不是首选的整改措施，尽量不要(慎重)采用防腐层修复的方式。

(2)对于阴极保护达标的管段，按防腐层破损点的破损程度、危险程度计划修复防腐层破损点。

(3)对于阴极保护不达标的管段，首先采取措施，使阴极保护达标或杂散电流排流达到规范要求，然后再按防腐层破损程度、危险程度计划修复防腐层破损点。

(4)有计划开挖管道防腐层破损点，确认阴极保护有效性。

十七、山区管道阴极保护的维护

(1)山区管道存在管道沿线土壤电阻率变化大的问题，山上土壤电阻率高，得到的阴极保护电流小。一般认为，漏点电流密度增大 10 倍，极化电位负向偏移 100mV。为了保证山上管道达到阴极保护指标，需要山下管地电位更负一些。

(2)假设山下土壤电阻率为 50Ω · m，山上土壤电阻率为 5000Ω · m，防腐层破损点电阻增大了 100 倍，则山上管道得到的电流小了 100 倍(与山下管道同样大小的漏点，电位偏正 0.2V)。为了使山上管道达到最小保护指标 $-850mV_{CSE}$，山下管道电位至少要负于 $-1.05V_{CSE}$(山上土壤透气性好，需要的电流可能更大一些)。

十八、定向钻穿越段阴极保护的维护

(1)定向钻穿越段管道处于泥浆之中，透气性差，氧气少，阴极保护电流需求量很小，容易达到极化指标。

(2)岩石地带定向钻穿越时，如果定向钻出土、入土点位置的土壤电阻率远低于穿越段的土壤电阻率，则管道出土、入土位置电位要更负一些。

第二节 阴极保护系统维护周期

一、国外标准规定的阴极保护系统检测周期

国外标准规定的阴极保护系统检测周期见表 15 -2。

表 15 –2　国外标准规定的阴极保护检测周期

法规或标准	详细测量	整流器检查	干扰、排流检查
美国 DOT 49CFR192 DOT 49CFR195	每年 1 次，间隔不超过 15 个月	每年 6 次，间隔不超过 2.5 个月	每年 6 次，间隔不超过 2.5 个月
加拿大 CSA Z662(CGA OCC –1)	每年 1 次	每月 1 次，不超过 6 周	每 2 个月 1 次
欧洲 ISO 15589 Part 1	每年 1 次断电电位测量，系统稳定时，可以每 3 年 1 次，但中间要进行通电电位测量	每 1 ~3 个月 1 次，取决于环境条件，如雷击、杂散电流、施工质量等	每月 1 次
	根据专业测量结果，可以适当延长检测间隔		
美国防腐蚀协会 NACE SP0169	每年 1 次	每 2 个月 1 次	每 2 个月 1 次

二、GB/T 21448—2017 规定的阴极保护检测周期

GB/T 21448—2017 规定的阴极保护检测周期见表 15 –3。

表 15 –3　GB/T 21448—2017 规定的阴极保护检测周期

项　目	内　　容	检查周期
强制电流系统	(1)检查阴极保护电源运行情况 (2)记录阴极保护电源设备的运行参数	每天
	综合测试强制电流阴极保护系统的性能，宜包括： (1)阴极保护电源运行情况检测 (2)阳极地床的接地电阻测试 (3)阴极保护电源接地系统性能测试 (4)电源设备控制系统检测(开关) (5)电源设备输出电压与输出电流校核	≤6 个月
长效饱和硫酸铜参比电极	测量与校准参比电极的误差	≤3 个月
安装阴极保护检查片或者极化探头测试桩	(1)检查片的 ON/OFF 电位 (2)检查片上的电流	≤3 个月
所有测试桩	测量断电电位	≤3 年
关键测试桩	测量通电电位	≤6 个月
牺牲阳极系统	综合测试牺牲阳极系统，宜包括： (1)输出电流 (2)管地电位 (3)接地电阻 (4)电缆连接的有效性	≤6 个月

续表

项　目	内　　容	检查周期
绝缘装置	电绝缘装置的有效性	≤6 个月
防浪涌保护器	防浪涌保护器的有效性	≤6 个月
直流干扰、交流干扰防护系统的管理与维护应遵循 GB 50991、GB/T 50698 的规定		

第三节　阴极保护系统监测及记录

一、阴极保护参数管理系统

建立计算机平台，储存数据，做到测量数据规范、存储格式统一、人走数据在、查询简便易行。

1. 阴极保护智能管理系统功能

(1)分级管理，可在控制室及任何地方登录网络，查询数据，对恒电位仪输出、采集器频率进行重新设置。

(2)测量数据可以以数据单、曲线的方式显示，便于对历史数据、管道沿线数据的查询及分析。

(3)可在网络上调整数据采集周期，并可通过专家库系统，对任何异常数据进行辅助分析。

2. 阴极保护智能测试桩安装位置

(1)管道特征不连续处(弯头、高压线换相、转弯位置)，有交、直流干扰的位置。

(2)土壤电阻率低(高)的位置，阴极保护站汇流点、阴极保护站中间位置。

(3)人员难以到达的位置以及高后果区管段。

3. 阴极保护智能桩采集信息

(1)检查片通电电位、断电电位、直流电流、交流电压、检查片交流电流。

(2)尽管智能测试桩还可以集成其他参数的测量，但随着测试参数的增加，设备更复杂，也更容易出故障。因此，测试数据满足实用就好，可靠性更重要。

二、资料保管

1. 资料保管的目的

(1)保存数据，可以对历史数据进行查询，便于对阴极保护系统进行评估和故障分析。

（2）法律法规的要求，便于事故发生后责任主体的认定。

2. 保管资料的内容

（1）管道直径、长度、走向带状图、施工年限、阴极保护站、牺牲阳极、分布图。

（2）管道竣工图，标明所有测试桩、套管穿越、阀室、绝缘接头、管道交叉位置等。

（3）牺牲阳极规格、型号、数量，地床结构图、位置标记等。

（4）阴极保护系统设计说明，阴极保护系统竣工图。阳极地床、牺牲阳极单体图，要注明牺牲阳极的成分、电化学性能、重量、尺寸等。

（5）管道防腐层结构、分布、补口等数据，管道自然电位分布曲线图，沿线土壤电阻率。

（6）管道相邻设施，如地铁、高铁、轻轨、高压交流输电线路、直流输电线路接地极相对位置。对于交、直流干扰管段，应提供干扰段长度、起止点，静态干扰要提供干扰电位分布曲线，动态干扰要提供干扰电位–时间曲线。

3. 阴极保护管理平台

（1）应建立阴极保护管理平台，将阴极保护数据及时或自动传入平台，不会因为管理人员的更换而导致数据丢失。

（2）具有专家咨询系统，对于常见问题给出答案或问题查找思路。具有阴极保护知识自学、培训系统，便于管理人员自身技能的提高。

第四节　阴极保护工作中的安全

一、阴极保护管理中的安全问题

（1）人的生命只有一次，安全是所有工作中最重要的部分。

（2）每项工作开始前，都要对工程的安全性进行分析，对潜在的风险进行识别。

（3）对于不安全的因素要进行消除，直至安全可靠，事故永远是意外，不要有侥幸心理。

（4）每个工作人员都要自觉防范风险，对于不安全的环境有权拒绝工作。

（5）安全是团队成员共同努力的结果，永远三思而后行。

二、阴极保护管理工作中的风险点

1. 交通安全

(1)行车及乘坐其他交通工具时，应遵守交通规则，乘车人中职位高或年龄大的人对乘车及人员安全负责。

(2)遵守货物运输安全规定：不能用塑料桶装汽油，更不能和氧气瓶、乙炔瓶混装运输；氧气瓶、乙炔瓶运输时，须进行固定，防止碰撞；随车须携带灭火器。

(3)注意路面上方下垂的高压输电线路。

2. 用电安全

(1)仪器设备使用安全规定：检修带电设备、接线箱等要穿绝缘鞋、绝缘手套；接触设备前，首先要测量机箱交流电压；进行阴极保护电源维修时，面板上断电不代表设备内部不带电，不要触摸外露的接线柱，应断开恒电位仪供电开关，挂牌上锁，之后才能检查设备内部；即便外电路断电，恒电位仪内部电容仍带高压(达到600V)，注意触电风险。

(2)站场内防燃防爆规定：在防爆区工作前，要接受安全培训；在站场内部工作时，遵守安全、防爆规定；打开防爆接线箱时，首先要断电，或确认没有可燃气体存在；不能在防爆区安装通断器；分开带电金属设施(受保护管道)之前，要安装跨接线；进入密闭空间之前，确认密闭空间内氧气含量、可燃气体含量等满足安全规定。

(3)预防设备漏电，进入设备内的动物会导致机壳带电，注意触电风险。

3. 工作环境中的潜在风险

野外的接线箱、排流柜或阀室内可能有毒蛇、马蜂等有害动物寄居，要注意防范。

4. 劳动保护

按规定穿戴人身保护服装，注意饮食卫生，工作张弛有度，冬天保暖、夏天防暑；高山密林中，备足食物、防止迷路；路途遥远时，备有通信设备及备用交通工具。

5. 高压线下作业安全

(1)风雨天停止作业，远离输电线路及管道设施。

(2)测量时，要穿戴绝缘鞋和绝缘手套。

(3)打开测试桩门前，首先要测量交流电压，稳态电压不能超过33V安全电压。

(4)在高压线下方测量管地电位时，要先放置参比电极，之后才能与测试桩导线连接。

(5)测量电压、电位时，尽量使用单手法则。

6. 沟下作业安全

(1)开挖工作坑时，遵循放坡、支护等安全规定。

(2)沟下作业时，需防止塌方、浸水。

(3)预留逃生通道、扶梯等。

(4)安装围栏、警示牌等避免路人跌落。

附录一　阴极保护主要材料技术规格

第一节　双锌接地电池

一、结构

双锌棒状接地电池由两支截面积为40mm×40mm、长度为1500mm的高纯锌棒组成，两根锌棒之间用绝缘块分开，距离应为25mm。阳极棒置于棉布袋中央。

二、化学成分及电化学性能

双锌接地电池的化学成分应满足高纯锌的要求，电化学性能应满足土壤中棒状锌阳极电化学性能的要求。

第二节　引出电缆

引出电缆与阳极连接应牢固，抗拉强度应大于1.5倍预包装总重。连接处的密封性应保证使用寿命期内连接处不腐蚀。

牺牲阳极引出电缆缆芯截面积应不小于$10mm^2$，电缆长度应不小于5m；双锌接地电池引出电缆缆芯截面积应不小于$16mm^2$，电缆长度应不小于5m。

电缆应符合以下要求：电压等级为0.6/1kV；绝缘层为PVC；绝缘护套为PVC。

第三节　直流去耦合器主要性能参数

直流去耦合器主要性能参数见附表1。

附表1　直流去耦合器主要性能参数

序号	项　　目	参　数
1	额定隔离电压(泄漏电流≤1mA)	−2V/ +2V(−4.5V/ +0.5V)

续表

序号	项　目	参　数
2	额定雷电冲击通流容量(4/10μs)	100kA
3	稳态交流电流(在 -2V/ +2V 条件下)	≤45A
4	直流泄漏电流	≤1mA
5	故障电流(AC - rms/工频/30 周波)	≥3500A
6	工作温度	-45 ~60℃
7	防护等级	IP65

第四节　饱和硫酸铜参比电极

(1)铜电极采用紫铜丝或棒(纯度不小于99.7%)。

(2)硫酸铜为化学纯，用蒸馏水或纯净水配制饱和硫酸铜溶液。

(3)渗透膜采用渗透率高的微孔材料，外壳应使用绝缘材料。

(4)饱和硫酸铜参比电极相对于标准氢电极的电位为 +316mV(25℃)，电极电位误差应不大于5mV，其使用温度范围应为0 ~45℃，在冻土地带埋设饱和硫酸铜参比电极时，应配置玻璃水或防冻液。

(5)长效铜/饱和硫酸铜参比电极引出线应符合下列要求：单芯绞合铜导线，截面积为4mm^2，PVC 绝缘层，黄色 PVC 护套。

(6)埋地使用时，用膨润土填料回填；配合参比管使用时，用原土回填。电极寿命宜长于5年。

第五节　锌参比电极

(1)锌参比电极相对于饱和硫酸铜参比电极的电位为 -1116mV(25℃)，使用温度范围为0 ~45℃，尺寸见附表2。

(2)锌参比电极中的锌电极应由高纯锌(见附表3)制成，用膨润土、石膏粉填包，埋地前浸泡透。

(3)锌参比电极引出线应符合下列要求：单芯绞合铜导线，截面积为10mm^2，PVC 绝缘层，黄色 PVC 护套。

附表2　纯锌参比电极尺寸

名　称	规格/(mm×mm)	参考使用寿命/a
Ⅰ型高纯锌参比电极	ϕ30×180	≥10
Ⅱ型高纯锌参比电极	ϕ60×200	≥20
Ⅲ型高纯锌参比电极	ϕ80×300	≥30
Ⅳ型高纯锌参比电极	ϕ100×300	≥40

附表3　高纯锌的化学成分

化学成分	镉	锌	铁	铜	铅
质量分数/%	≤0.001	99.995	≤0.001	≤0.0001	≤0.003

第六节　阴极保护接线箱

阴极保护接线箱的防护等级应为IP65；非防爆型接线箱的箱体上应有一个可以锁上的门，并配有特殊的专用钥匙。防爆型接线箱不可开门，应尽量减少螺栓数量，便于拆装。

一、基座式阴极保护接线箱

基座式阴极保护接线箱的制作流程：先在地上灌注混凝土基座，并预埋连接接线箱的螺栓，接线箱的箱体通过螺栓和螺母连接到基座上，基座上还应预埋镀锌钢管用以穿进出接线箱的电缆。

二、阴极保护接线箱尺寸

阴极保护接线箱的尺寸为400mm×300mm×150mm，接线箱顶部高度为1.45～1.50m。

第七节　高硅铸铁阳极

一、一般要求

阳极表面不应有孔隙、裂纹或收缩纹。阳极外表面不应有环氧或塑料残留物。如无特别说明，阳极应为圆棒状。

二、规格及材料要求

阳极可采用预包装。在设计时，可根据实际情况选用不同规格的阳极(见附表4)。高硅含铬铸铁阳极适用于含Cl^-的土壤和海水中，其化学成分见附表5。

高硅铸铁阳极的允许电流密度：土壤中为5~80A/m²，淡水中为2~5A/m²，海水中为10~50A/m²，高硅铸铁阳极的消耗率应小于0.5kg/(A·a)。

附表4　常用高硅铸铁阳极规格

序号	阳极规格		阳极引出导线规格		阳极质量/kg	
	直径/mm	长度/mm	截面积/mm²	长度/mm	棒状	筒状
1	50	1500	10	≥1500	20	—
2	75	1500	10	≥1500	50	29
3	100	1500	10	≥1500	85	49

附表5　高硅铸铁阳极化学成分　　%

序号	类型	主要化学成分					杂质含量	
		Si	Mn	C	Cr	Fe	P	S
1	普通	14.25~15.25	0.5~1.5	0.80~1.05	—	余量	≤0.25	≤0.1
2	加铬	14.25~15.25	0.5~1.5	0.80~1.4	4~5	余量	≤0.25	≤0.1

三、阳极引出电缆

高硅铸铁阳极均应连有阳极引出电缆，阳极引出电缆应符合下列要求：

(1)电压等级为0.6/1kV；PVC绝缘层；PVC护套；单芯多股绞合铜导线，截面积≥16mm²；电缆长度≥1.5m。

(2)阳极引出线与阳极连接处应进行严格防水密封。阳极引出电缆与阳极的接触电阻应小于0.01Ω，接头密封可靠，阳极表面应无明显缺陷。

四、填料要求

填料应密实；碳含量>90%；密度≥750kg/m³；最大粒径≤5mm，预包装阳极用填料粒径≤5mm；含水量小于1%；电阻率小于0.5Ω·m。

第八节　混合金属氧化物阳极

(1)基体材料：一级钛(GB/T 3620)；氧化膜：氧化铱/氧化钽(由于土壤中阳极反应产生氧气，加剧钌铱氧化膜的饱和氧化，降低导电性能，所以钌铱氧化膜MMO阳极主要用于海水中，因为海水中阳极反应主要产生氯气，不会导致钌铱氧化膜导电性能下降)。

(2)钛镀贵金属氧化物阳极尺寸：ϕ25mm×1000mm。

(3)阳极体应在工厂预先封装在ϕ219mm钢套管内，钢套管长度一般为

6000mm(或4000mm)，每根套管内串接3支(或2支)钛镀贵金属氧化物阳极。

(4)阳极周围应填充高纯度、低阻抗碳素填料且填充密实。填料密度≥1041kg/m^3，粒径<5mm，含碳量>90%。

(5)套管内应有良好的排气措施，并应安装专门的排气管以保证现场准确定位。排气管的孔或缝应足够小，能防止填料的进入。排气管应引出至地面。

(6)每个钢套管内应有一根阳极体电缆引出，电缆可采用YJV型或VV型铜芯电缆，电缆截面不小于16mm^2。钢套管电缆引出线长度应根据阳极体埋深确定，应能保证安装后引到地面上不少于5m，电缆地下部分应穿保护套管。电缆与阳极连接的接触电阻小于0.01Ω，阳极与电缆的接头可靠密封，且能承受水压和阳极释放气体造成的氧化降解。套管端部应有方便吊装的U形吊环，阳极贵金属氧化膜消耗率≤6mg/(A·a)。

第九节　恒电位仪技术要求

(1)一般要求：

①恒电位仪输出电压不宜超过50V，恒电位仪的机壳必须接地。

②恒电位仪的额定输出电流、额定输出电压宜控制在实际需要的2~3倍。

③恒电位仪内外表面不应有明显的凹痕、裂纹、变形等现象，标志应清晰，涂层不应起泡、龟裂、脱落或磨损；紧固件不应有锈蚀和其他机械损伤。

④在下列环境条件下恒电位仪应能正常工作：

a. 环境温度：-25~50℃；b. 相对湿度：15%~90%；c. 大气压力：86~106kPa。

(2)恒电位仪具有恒电位、恒电压、恒电流、恒断电电位输出功能。

(3)绝缘电阻：恒电位仪各输入输出端对机壳的绝缘电阻应不小于10MΩ。电位测量仪表输入阻抗大于10MΩ。

第十节　智能桩技术规格

1. 通电电位采样

(1)采样范围：±5V、±30V、±100V，自动量程切换。

(2)分辨率：0.1mV；准确度：0.1级；输入阻抗：≥10MΩ。

2. 断电电位采样

(1)采样范围：-5.000~5.000V。

(2)分辨率：0.1mV；准确度：0.1 级；输入阻抗：≥10MΩ。

3. 交流干扰电压采样(交流杂散电流干扰电压)

(1)采样范围：0~10V、10~30V、30~100V，自动量程切换。

(2)分辨率：0.1mV；准确度：0.5 级；输入阻抗：≥10MΩ。

4. 检查片交流电流采样

(1)采样范围：0~10mA、10~100mA，自动量程切换。

(2)分辨率：0.1μA；采样误差：≤5‰；准确度：0.5 级。

(3)电流采样电阻：≤10Ω；检查片面积：裸露面积为 $1cm^2$。

5. 检查片直流电流采样

(1)采样范围：±1mA、±20mA、±100mA，自动量程切换。

(2)分辨率：0.1μA；采样误差：≤1‰；准确度：0.1 级。

(3)电流采样电阻：≤10Ω；检查片面积：裸露面积为 $1cm^2$。

6. 抗交流干扰能力

抗交流干扰能力：>30V。

第十一节　MMO/Ti 型线性阳极技术要求

一、MMO/Ti 型线性阳极技术要求

1. 基本要求

(1)阳极主体应是一个线性的、连续的钛基混合铱/钽金属氧化物阳极。

(2)阳极主体应外覆焦炭粉并预包装于连续的柔性的织物覆盖层中。

(3)组装好的线性阳极所允许的最小弯曲半径应不大于 150mm，最低施工温度为 -18℃。

(4)在额定最大线电流密度下使用寿命应不小于 25 年。

2. 结构

MMO/Ti 线性阳极应由以下部分构成：

(1)MMO/Ti 阳极线；内部电缆；阳极线和内部电缆的连接及密封接头。

(2)焦炭粉；织物覆盖层及耐磨编织网。

二、MMO/Ti 阳极主体要求(见附表 6)

(1)基体材料：一级钛；氧化膜：IrO_2/Ta_2O_5(氧化铱/氧化钽)。

(2)混合物涂层与基体材料应有良好的黏结性能，能适应高热环境，晶体结构稳定，具有催化性及良好的导电性能。

(3)最大工作电流密度(有填充料、土壤环境)为 $100A/m^2$。

(4)阳极主体在氯化物环境下性能应呈现惰性。

附表 6　MMO 阳极要求

项　目	性能指标	试验方法
基材	一级钛	ASTM B863
涂胶量	≥6g/m²	GB/T 16921 或 GB/T 6462、GB/T 13298
强化寿命	≥25 年	NACE TM108
钛丝直径	1.0mm、1.5mm、3.0mm	

注：钛丝直径为 1.0mm 时额定线电流密度为 52mA/m，钛丝直径为 1.5mm 时额定线电流密度为 160mA/m，钛丝直径为 3.0mm 时额定线电流密度为 300mA/m。

三、内部电缆(阳极引线)要求

(1)在织物包覆管内应有一根连续的单芯铜芯绞合电缆，此电缆应与线性阳极的电流量和长度相匹配，铜芯线标称截面积≥10mm²，电缆的绝缘材料应耐阳极运行的高氯、高氧化环境，绝缘层厚度满足阳极寿命要求。

(2)用于一般土壤环境应采用高密度或高相对分子质量聚乙烯绝缘电缆，用于含氯化物或化学污染环境的应采用含氟聚合物绝缘高密度或高相对分子质量聚乙烯护套电缆或聚乙烯交联电缆。

四、阳极主体与内部电缆连接要求

(1)阳极主体应在工厂以一定间隔与电缆进行一次连接，钛丝直径为 1.0mm 时，连接点间距不大于 3.0m；钛丝直径为 1.5mm 时，连接点间距不大于 5.0m；钛丝直径为 3.0mm 时，连接点间距不大于 10.0m。这些连接点(节点)应保证低电阻连接及连接的牢固性，应采用机械压接与焊接连接方式，或其他更为可靠的连接方式，阳极与电缆接头的接触电阻应不大于 0.01Ω。

(2)为保证连接点密封绝缘质量的稳定性和一致性，宜采用机械化生产且自动化控制参数的注模技术工艺。当采用人工操作工艺时，应采用多级绝缘和密封防水保护。

五、焦炭粉填充料要求

焦炭粉应采用机械方式紧密地填充进织物包覆物内，类型应为煅烧石油焦炭。其相关技术指标见附表 7。

附表 7　焦碳粉技术指标

项　目	性能指标	试验方法
碳含量	≥98%	GB/T 2001
颗粒大小	0.1～1.0mm	YS/T 587.12
体积电阻率	≤0.05Ω·m	GB/T 24521

附录二　阴极保护管理人员分级

参照 ISO 15257，将阴极保护管理人员分为 4 级。

一、CP Level 1（测试员）

可以根据作业指导书，测量简单阴极保护系统的数据或完成其他与阴极保护相关的任务，把数据整理成表。不需要对数据进行分析。了解测量原理以及通常容易出现错误的地方，了解相关安全知识。测量内容包括日常阴极保护系统功能检测及简单的阴极保护有效性测量。

二、CP Level 2（助理工程师）

能够完成一系列阴极保护测量、检查工作，根据作业指导书完成阴极保护作业指导工作，能够对数据进行归类。具有一定的电气、腐蚀、涂层、阴极保护及测量技术基础知识。了解与阴极保护相关的安全知识以及标准。能够校对阴极保护测量仪表及设备，在阴极保护安装过程中进行监督、检查及测试。进行阴极保护日常测量。不需要选择测量方法及技术，不需要书写指导书和进行数据分析。

三、CP Level 3（工程师）

除了具有二级人员的能力之外，要了解腐蚀、阴极保护、电气原理。了解涂层的意义以及对阴极保护的影响。详细了解阴极保护测量程序及安全问题。根据作业指导书完成阴极保护各项工作，监督指导一、二级人员的工作。起草作业指导书和进行数据分析。

四、CP Level 4（高级工程师）

具有腐蚀以及电气方面扎实的基础知识，可以从事阴极保护设计、安装、投运、检测工作，对阴极保护系统性能尤其是受干扰状况进行评价。能够确定检测方法和性能指标，对各领域的阴极保护都有所了解。能够设计阴极保护系统，确定阴极保护设计、监测指南。能够解决技术及安全问题。能对各级人员的工作提供作业指导书，分析阴极保护数据。能独立工作，不需要更高级人员指导。

附录三　阴极保护领域优秀企业

一、华勘工程实业有限公司

华勘工程实业有限公司为集设计、研发、制造和施工于一体的高新技术企业。公司下设江苏中鼎信息产业有限公司、华勘技术发展有限公司、华勘(重庆)能源科技有限公司及西北、西南分公司，经过多年的发展，现已成为组织架构规范、管理模式先进、人才结构合理、专业种类齐全、技术装备精良的技术服务型企业。

公司立足江苏、拓展全国、放眼世界，以“可持续发展、保护生态环境”为己任，竭诚为社会各界提供一流的产品、优质的服务，为现代化城市建设和社会信息化发展作出新贡献。

二、廊坊威比爱机械有限公司

廊坊威比爱机械有限公司成立于2006年，专业从事整体式绝缘接头的设计、生产、检测等。产品用于输送油、气、水、碳氢化合物、蒸气及腐蚀性液体等管道和带压系统上的阴极保护。采用了世界知名绝缘接头生产商意大利努瓦金公司的包括“U型密封系统”在内的多项专利技术，从而保证了公司的产品质量处于国际领先地位，已经为西气东输管道、中俄天然气管道、兰成渝管道、川气东送管道工程，以及大庆油田、长庆油田、辽河油田、西南油气田等提供了大量绝缘接头产品。

三、廊坊市盈波管道技术有限公司

廊坊市盈波管道技术有限公司主要从事管道阴极保护技术咨询、培训、管道维护、管道检测等工作。公司由在管道防护领域工作多年的专家组成，具有丰富的经验和阅历，为国内阴极保护行业培养了大批技术人员。公司的宗旨是为行业技术进步、水平提高作出贡献。

四、廊坊市瑞博管道技术有限公司

廊坊市瑞博管道技术有限公司主要从事管道技术咨询、管道维护、管道外检测、阴极保护系统检测、阴极保护系统安装、杂散电流治理等工作。协助中国阴极保护协会有限公司在国内举办过多期阴极保护培训班。

五、河南河之洲管道技术有限公司

河南河之洲管道技术有限公司是一家专业从事管道阴极保护技术的国家高新技术企业。公司主要从事阴极保护材料生产、销售、设备研发、技术咨询及施工安装等工作。

公司在管道防腐、阴极保护等领域具有丰富的工程经验，服务范围覆盖全国多个重点工程项目，并与多家大型能源企业建立了长期合作关系。

六、香港棠记工程有限公司

香港棠记工程有限公司成立于1994年，是一家独资经营的专业工程公司；母公司棠记控股有限公司2018年已在香港联交所上市。棠记控股有限公司已在香港特区政府屋宇署注册为一般建筑承建商、小型工程承建商及专门承建商(拆卸工程类别)；也在机电工程署注册为电业承办商。

公司主要服务的客户包括集装箱码头公司、迪士尼主题公园、燃油公司、燃气公司、电力公司、顾问工程公司、总承建商、铁路公司、机场设施营运机构、发展商、公共设施公司及政府机构等。公司主要业务是大型物业的维护、保养及改装；钢结构及土建项目；码头混凝土钢筋、桥梁、管道、隧涵阴极保护业务，更是在香港首屈一指的持份者。

七、北京安科科技集团有限公司

北京安科科技集团有限公司深耕公用设施腐蚀控制和服役安全领域20余年，服务领域涵盖阴极保护模拟计算、设计安装、效果评价及维修维护，以及交直流杂散电流干扰的模拟、评价和治理等全产业链条。公司研发生产的恒电位仪、智能测试桩、排流设备以及阴极保护智能测试仪等检测仪器在国内有大量应用。

公司坚持创新驱动发展，拥有专利、软著168项，参与国标、行标编制19项，获得省部级奖项21项，是埋地管道阴极保护、交直流干扰防护方面的领头企业之一，为国家管网、三大石油公司、城市燃气等大型央、国企和民营企业提供服务，在行业内享有盛誉。

八、长园长通新材料股份有限公司

长园长通新材料股份有限公司(股票代码：836349)是长园集团股份有限公司(股票代码：600525)的控股子公司，是国家级和市级高新技术企业，拥有多项自主知识产权，从事油气管道防腐工程、内检测、外检测、阴极保护技术服务以及管道防腐蚀系列产品、材料的研发、生产、销售及施工；致力于腐蚀与防护一体化解决方案技术的研究与应用。

九、青岛雅合科技发展有限公司

青岛雅合科技发展有限公司成立于2004年，是集研发、生产、销售、施工于一体的民营科技企业，是青岛市政府认定的高新技术企业。

公司成功开发出了基于全数字控制技术和大功率高频开关电源技术的“IHF数控高频开关恒电位仪”，并通过中国石化集团公司鉴定，达到国内领先水平。近年来公司又先后成功研制出多路输出恒电位仪、核电站专用自控恒电位仪、智能电位采集仪、远程电位监测仪、固态去耦合器、GPS 同步通断器等一批自主知识产权的阴极保护相关产品，在国家大批重点项目上得到广泛应用。

十、西安英柯迈信息技术有限公司

西安英柯迈信息技术有限公司致力于管道外腐蚀智能监控技术研究，自主研发了管道腐蚀防护数字化管控平台、微控恒电位仪、智能排流器、智能数据采集器等多项先进的产品和技术。

十一、通奥检测集团股份有限公司

通奥检测集团股份有限公司及其子公司新疆佛友石油工程建设有限责任公司深耕油气检测领域 20 多年，秉持“油气资产，全部要检”的理念，提供阴极保护与腐蚀防护、管道内外检测、地面工程无损检测、气密封检测、油套管检测、仪器仪表检定与校准、资产完整性管理等多项服务，具备油气开发全过程一体化检测技术服务能力，可以为客户提供油气资产全生命周期的质量安全检测解决方案。

公司现有员工近 1000 名，服务于“一带一路”20 多个国家和地区，是国家级专精特新小巨人企业、高新技术企业，设有博士后工作站，拥有专利、软著 200余项。公司高度重视科技创新，在阴极保护方面为客户提供从方案设计、材料供应，到建设施工、运行维护、检测与评价，再到智能化管理的一体化解决方案，帮助客户实现阴极保护系统全生命周期的资产管理。

十二、陕西凌雷电气有限公司

陕西凌雷电气有限公司于 2008 年成立，主营业务为管道阴极保护、杂散电流防护、绝缘接头防雷等相关产品、工程及监、检测。

十三、深圳智高博实工程有限公司

深圳智高博实工程有限公司拥有专业齐全的人才队伍、先进的科研设备，在阴极保护、管道外检测与评价等方面具有雄厚的技术实力。公司秉承“诚信、协作、拼搏、专业”的理念，致力于为客户提供更优质的服务。

十四、四川宇通管道技术有限责任公司

四川宇通管道技术有限责任公司成立于 2005 年，于当年取得了国家市场监督管理总局颁发的长输管道定期检验资质(DD1)，并在后期增加了公用管道定期检验资质(DD2)和内检测资质(MFL)。

公司是专业从事压力管道定期检验及内、外检测与评价的专业性技术服务企业，在承压设备、压力容器、压力管道、炼油和化工装置等检测领域国内领先，是提供从生产制造、焊接安装到使用服役全过程质量控制解决方案与一体化服务的优质供应商。

十五、四川中德安邦电子技术有限公司

四川中德安邦电子技术有限公司成立于2015年，公司主要致力于防雷和电危害防护产品的开发、生产、销售及工程施工。

公司拥有一支经验丰富的高素质管理与技术人才队伍，常年从事阴极保护与防雷接地工作。同时聘请多名专家、教授为公司顾问，形成一支高水平智囊团队，为公司的可持续发展提供了有力保障。公司的主要产品有固态去耦器、排流器/极性排流器、等电位连接器、天幕型直击雷保护装置、防地电位反击汇流箱、浪涌保护器、接地材料等。

十六、四川德源管道科技股份有限公司

四川德源管道科技股份有限公司于2003年在成都市成立，是一家以技术创新驱动成长的高新技术企业，在石油天然气行业具有二十年以上的技术服务经验。公司始终关注客户的需求，为客户提供创新型的产品和工程技术服务等一站式解决方案。公司研制了PIGPROX电磁涡流、MEM、UT等上百套管道智能检测仪器装备，检测管径范围从3″~56″，为客户提供智能(监)检仪器装备及(监)检测技术服务。

公司在四川成都建设有科研制造基地、培训中心，愿与各界朋友合作，相互赋能，携手发展。

十七、天津嘉信技术股份有限公司

天津嘉信技术股份有限公司是一家从事管道探测检测技术开发及仪器研制生产的高科技企业，坚持走自主创新发展之路，相继完成江河ROV、磁应力检测系统MTM、多功能数据记录仪MDL等产品的研发生产。公司倾心打造的管道防腐层检测仪PDM，采用人机工程学设计，超大功率发射机支持远程操控，智能A字架无需连线，极大地提升了检测效率，为埋地钢质管道腐蚀检测提供了“嘉信”方案，成为检测行业的最佳选择。

公司将继续深耕管道探测检测领域，以技术领先精益求精的特色，为管道行业提供精良的产品和优质的服务。

十八、廊坊市泰锐通石油燃气管道工程有限公司

廊坊市泰锐通石油燃气管道工程有限公司成立于2009年，是一家集石油天然气管道防腐综合治理实现碳中和、阴极保护完整性工程施工创新工艺开发、新

技术产品研发生产于一体的专精特创新企业。公司主要产品智能固态去耦合器、智能电位采集仪、智能阴极保护系统等在国家管网、中国石油、中国石化等用户中广泛应用。

十九、成都陆迪科技股份有限公司

成都陆迪科技股份有限公司创建于 1998 年，长期致力于石油天然气管道安全生产运行中管道的检测、评价、修复及阴极保护、腐蚀监测等服务。公司凭借二十多年来的油气田及长输管道业务经验，与电子科技大学、西南石油大学等科研院所结合形成了专业科研力量，不断开拓创新。公司拥有发明专利、实用新型及软件著作权数十项，业务横跨十余个省区市，在中国石油、国家管网、中国石化等用户中享有较高知名度。

参考文献

[1]ISO 15589 - 1：2015　石油、石化和天然气工业　管道系统的阴极保护　第 1 部分：陆上管道 .

[2]GB/T 21448—2017　埋地钢质管道阴极保护技术规范 .

[3]GB/T 21246—2020　埋地钢质管道阴极保护参数测量方法 .

[4]GB/T 19285—2014　埋地钢质管道腐蚀防护工程检验 .

[5]GB/T 50698—2011　埋地钢质管道交流干扰防护技术标准 .

[6]W. von BaeckMann，W. Schwenk. 阴极保护手册 . TX US：海湾专业出版公司，1997.

[7]DNV - RP - B401：2011　阴极保护设计 .

[8]SY/T 0087. 4—2023　钢质管道及储罐腐蚀评价标准　第 4 部分：埋地钢制管道直流干扰腐蚀评价 .

[9]SY/T 0087. 6—2021　钢质管道及储罐腐蚀评价标准　第 6 部分：埋地钢制管道交流干扰腐蚀评价 .

[10]JTS/T 209—2020　水运工程结构防腐蚀施工规范 .